JN300920

内燃機関

古濱庄一 著　内燃機関編集委員会 編

Internal Combustion Engine

TDU 東京電機大学出版局

はじめに

人類はほんの100～200年前まで人力で，水を汲み上げ，人や荷物を運び，船を走らせ，また農耕作業をしていた。それを石炭や石油の熱エネルギーで機械的動力に変えて使うことは，長くて大きい願望であった。初めてそれに応えたのが蒸気エンジンであった。さらに小形・軽量で安全な熱原動機として「内燃機関」が研究開発，実用化された。それは人力ではとても及ばない大出力を便利で効率よく取り出し，たとえば飛行機で地球の裏側に一昼夜以内に旅行できるようになった。

このように，内燃機関は人々の生活を一変させ，欠かせないものとなり，将来いっそう拡大されることは確かである。それは質的発展だけでなく，量も莫大な数に達している。現在，世界の自動車生産台数は年間数千万に達し，その数の増大は他方で排気の大気汚染や騒音などの公害を引き起し，社会的大問題となっている。さらに，石油資源も今後1世紀を経ずして枯渇すると言われている。従来の内燃機関の研究開発の主目的は高出力化と低燃費化であったが，今やそのような社会的問題の解決が至上命題となっている。

問題解決に必要な基礎知識は，機械，電気，化学のほかに生物，医学などに及び，これらのあらゆる知識を駆使して斬新なエンジンの出現が望まれている。従来も多くの発明家による新しいエンジンが世間の注目を浴びたが，ほとんど消え去った。このような誤ちを繰り返さないためにも，エンジンの構造や性能の要点を基礎知識として持たねばならない。これらの知識は重要であっても理解されていないものや，経験的知識でそのメカニズムや理論が明確でないものがまだまだ無数にある。

本書はその要請に応えるために主として大学や専門学校の教科書または講義の参考書として計画し，できるだけ簡明に，また筆者が経験して必要であるがわかりにくい事項に着目して解説した。しかし，筆者の浅学非才のため不十分のところが多く，講義担任や研究指導の諸先生の適切な指導を祈念するものでる。

また，多くの貴重な資料を下記の書籍や文献から引用させてもらった。それらはできるだけ出典を示したが，これらの著者に深甚なる謝意を表す。

日本機械学会：機械工学便覧　新版

エンジンの事典，朝倉書店

長尾不二夫：内燃機関講義　上・下，養賢堂

中島泰夫・村中重夫編著：新・自動車用ガソリンエンジン，山海堂

村山正・常本秀幸：自動車エンジン工学，山海堂

John B, Heywood: *Internal Combustion Engine Fundamentals*, Mc Graw-Hill
Colin R. Ferguson: *Internal Combustion Engines*, John Wiley & Sons
Charles F. Taylor: *The Internal-Combustion Engine in Theory and Practice*, Second edition, The M. I. T. Press
Oscar Pinkus, and Beno Sternlicht: *Theory of Hydrodynamic Lubrication*, Mc Graw-Hill

最後に，武蔵工業大学の山根公高および滝口雅章の両氏に多大なご協力を得たので深謝する。

2001 年

古濱　庄一

本書の刊行にあたって

本書の草稿は古濱庄一（武蔵工業大学［現東京都市大学］）名誉教授（元武蔵工業大学学長）が執筆したものである。古濱先生は，エンジントライボロジーや水素エンジンの研究分野において多大なる功績を残された方であり，その集大成としてこの内燃機関の原稿をまとめ上げた。刊行に向けた校正作業を行う直前の平成 14 年 1 月 10 日，残念ながら永眠された。

我々は古濱先生のご遺志を引き継ぎ，古濱研究室のメンバーを中心とした内燃機関編集委員会を組織して内容の確認や校正作業を行った。内容については，最新の動向や事例を取り入れ，未完であった一部原稿の加筆を行っている。

本書の刊行に際しては，金沢工業大学加藤聡先生，千葉大学古山幹雄先生に多くのご助言やご協力をいただいた。当初から本書刊行に携わった瀧口雅章先生が，刊行準備半ばで他界されてしまい完成を見られなかったことは誠に残念である。多大なご尽力に感謝する。また，日本陸用内燃機関協会 LEMA 編集長の八木国夫氏，東京電機大学出版局の石沢岳彦氏には大変お世話になった。関係各位に心よりお礼を申し上げる。また，奥様の古濱光子様は，古濱先生の研究や教育活動を長年にわたり陰から支えてこらた。本書がこのように完成したのも奥様古濱光子様のご尽力の賜である。本書を古濱光子様に捧げます。

2011 年 10 月

内燃機関編集委員一同

もくじ

第1章

緒　論

1.1 内燃機関ができるまで

熱は冷・暖の温度差を自然界に与え，それが氷で岩を割り，なだれや風を起こし，また火によって空気に流れが起こり，容器内で爆発が起こる。このような現象は古くからわかっていたが，概して熱は動かないもので，それで物を動かす動力に変換する技術はなかなか現れなかった。それを可能としたのは，水を加熱して生じる蒸気の応用であった。またその当時，動力をとくに必要としたものの一つは鉱山の水の汲み上げで，奴隷，牛馬，水車，風力の動力では足りなくなっていた。

1.1.1 蒸気エンジンの出現

まず 1601 年にポルタ（Porta）は，図 1.1 のようなフラスコに水蒸気を入れ，外から冷やせば蒸気は水に凝縮して体積が約 1/1 700 になるので，残りの空間は真空になり，下方の水溜と連結されているパイプの弁を開ければ水が汲み上げられるこ

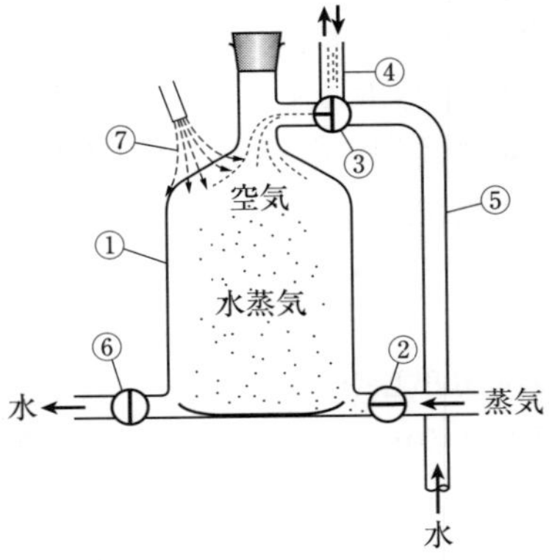

〔操作順序〕
1. ②より蒸気を入れ，空気を④から追い出しながら①を蒸気で充満させる。
2. ③で④⑤とも閉止，⑦の冷却水で①の中を冷却，水蒸気を凝縮，①の中は負圧になる。
3. ③を回して①～⑤を連結，④を止め，⑤から下の水を①に吸い上げる。
4. ⑥を開き，水を流出させ，同時に③で再び④～①を通して，空気を①に入れて水を追い出す。

図1.1　ポルタの蒸気による揚水器（著者想像）

とを実験で確かめた。シリンダも，その中を動くピストンもない蒸気の凝縮による負圧を利用した熱原動機で，のちの蒸気エンジンに道を開いたすばらしい実験であった。

1698 年には，イギリスのサベリー（Savery）がポルタの原理を実用化した。それは，ボイラーからの水蒸気を金属容器に移し，外面に冷却水を通して凝縮させるもので，弁の開閉を人手で毎分 5 回ぐらい繰り返し，鉱山の揚水を連続的に行ったと記録されている。

つぎに，イギリスのニューコメン（Newcomen）は 1710 年に初めてピストンとシリンダを使った。ボイラーからの蒸気をピストンが上昇中に下から弁を開いてシリンダに入れる，そこで空気は混入しない，つぎに弁を閉めて蒸気の流入を止め，別の弁から冷却水をシリンダ内に注入する。蒸気の凝縮でピストン下方が負圧になって押し下げられ，ポンプが駆動される。ピストンに溝をつくり，ピストンリングの代わりにロープを巻き付け，上から水を注入してガス漏れ効果を上げる工夫もされていた。本機は，内径 53 cm，長さ 2.5 m のシリンダ中をピストンが毎分 12 往復して 55 m の深さから 200 L の水を汲み上げた。蒸気機関第 1 号とみなされる。現在から約 300 年前のことである。

イギリスのワット（Watt）はニューコメンのエンジンの故障・調査を依頼されたのを機に，その問題点を科学的に究明した。たとえば，蒸気の潜熱をみずから測定し，従来のものは同じ場所で毎回冷却・加熱を繰り返していたので，蒸気の熱の 1/3 しか負圧を作るのに使われないと計算し，1764 年に図 1.2 のように冷却器を別にすることを考案した。ピストン下降時に弁 A を開いて蒸気を入れ，途中で弁 C を開いて下方室に入れ，それが弁 B より冷却器に入り凝縮されて負圧を生じ，ピストンの押し下げ力を増す。このエンジンは好評で，ただちに世の中に普及した。

これまでのところピストンは蒸気の高圧で押されるのではなく，負圧で引っ張られる作用が利用され，ポルタ以来 200 年近くもこの方式が踏襲された。高圧利用は容易に考えられたであろうが，当時の金属材料，設計法，加工，潤滑などの関連技術が未熟なために，爆発や破壊，故障が起こり高圧蒸気の採用ができなかったとみられる。

しかし，ワットはその後，回転軸による動力の取り出しや，2 シリンダエンジンの開発など数多くの改良を加え，蒸気エンジン実用化の代表者としてその名が後世に伝えられている。

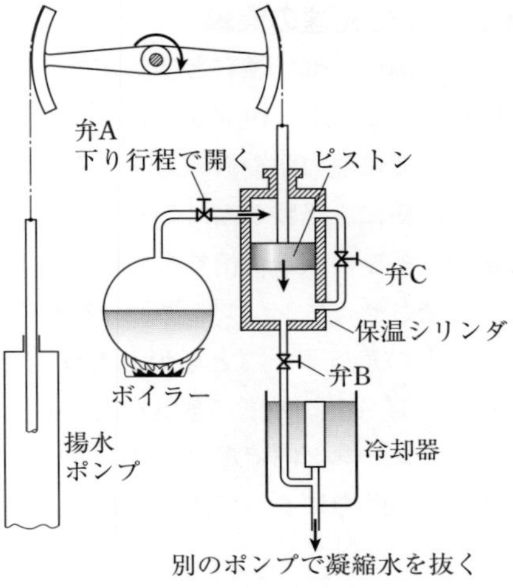

図1.2　ワットの蒸気ポンプの作用図

1.1.2 内燃機関への期待

蒸気エンジンは現在も一部で使われているが，1800年代に入って，つぎのような問題点から新しい熱機関の実用化が強く嘱望されてきた。

① ボイラーを含む全体が体積・重量とも大きい。

② 1800～1850年には飛行機の可能性が議論され，ケイリー（Cayley）は1809年に空気より重いものの飛行を支配する法則をうち立てた。それによると，軽くて大出力エンジンが必須条件で，蒸気エンジンでは不可能であると予言した。

③ ボイラー爆発の惨事が多発した。ボイラー内にはエンジンの数千サイクル分もの高圧・高温のエネルギーが入っているのでいったん破壊されると，膨大なエネルギーが噴出して大きい事故を引き起こした。一方，内燃機関では圧力・温度ははるかに高いが1サイクル分はわずかなエネルギーで，破壊しても大事故にはならない。

④ カルノー（Carnot）は1824年にカルノーサイクルを提唱し，高温ほど高い熱効率が得られるが，ボイラー内の温度は金属壁の耐熱性によって決まるので，あまり熱効率は高くできない。もし容器内で燃料を空気で燃焼させ，燃焼ガスでピストンを動かせば，壁温と関係なく高温にできることから，内燃機関の優位性を示唆した。

1.1.3 内燃機関をつくった先達の業績

内燃機関はこのように，機関の内部で燃料と空気が燃焼して高温・高圧の燃焼ガスとなり，それ自身が作動ガスである。19 世紀の前期に研究・開発が始まり後期に実用化に成功した。当時，すでに熱力学や機械力学の基本は存在していたが，多くの研究開発者はそれとは無関係に，経験と勘に頼っていたと見られる。ヨーロッパではエンジンに関する発明に多くの人々が情熱を傾けていたと想像でき，容器やシリンダ内で火薬やガスを爆発させるエンジンの図面や模型をつくった人は無数にいた。図 1.3 は，前述のワットの蒸気ポンプと酷似した構造で 1794 年にストリート（Street）がつくったもので，ピストンの下に蒸気を入れる代わりに燃料と空気を手動で供給し，加熱されているシリンダ内で爆発させ，重いピストンを高く押し上げる。仕事は落下するピストンの動力によって遂行される。実用内燃機関としてはこれが最初である。

また，イギリスのバーネット（Barnett）が 1838 年に得た特許は混合気（空気と燃料の可燃混合気）をいったん圧縮して点火する画期的発明であったが，当時の技術は，それによる高圧に耐える燃焼室まわりの構造，機密法，軸受などができなかったので実用にならなかった。また，彼は図 1.4 のような炎による点火法を考案した。内燃機関は毎サイクル同じ位相で確実に点火することが難問の一つであったが，図ではコック A が回転し，窓 G が炎 D の孔に通じて，F から出る圧縮混合気 M に点火する。このバーネット点火法は，彼の後輩オットーなどによって 60 年後に実用化された。これらの発明家のエンジンはきわめて実用化に近づいたが，最終の成功は得られなかった。

さて，その後の実用化初期の研究開発者は，いずれも天才的きらめきをもってい

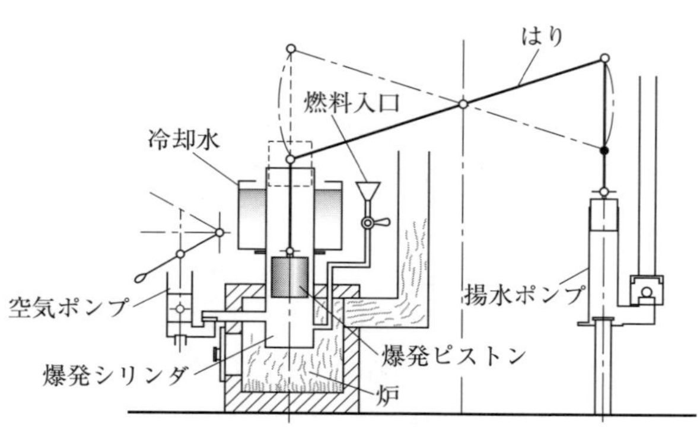

図1.3　ストリートによる最初の内燃機関

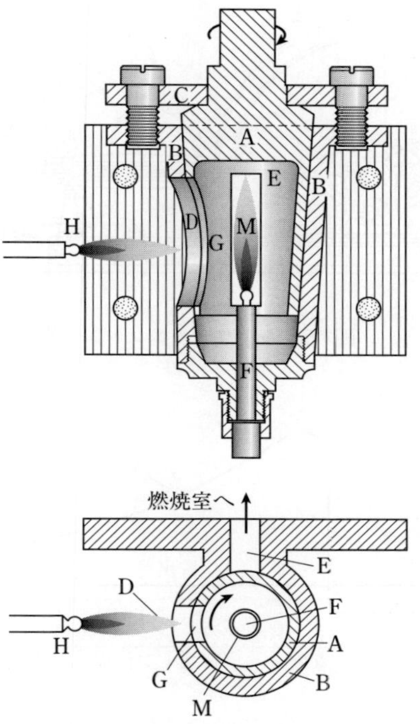

D：炎孔　E：燃焼室通路
F：点火　G：回転窓

図1.4　バーネットの点火コック

たが，なお難行苦行に打ち勝たねばならなかった。それらの多くは基礎教育を受けられない貧しい青年で，エンジンに魅了されたものと解される。それらのおもな業績を列挙すればつぎの如しである。

(1) ルノアールの無圧縮エンジン ――――――

1860年，フランスのルノアール（Lenoir）は無名の職人であったが，当時の代表的構造となった図1.5のような横形で，クランク機構，フライホイール，吸・排気滑り弁，遠心調速機などを応用して，初めての実用ガス燃料エンジンをつくった。このエンジンは，2サイクル，電気火花点火であったが，図1.6のシリンダ内圧力のピストン位置の関係からわかるように，上死点Tからある点Sまで混合気を吸い込み，Sで閉止して点火，爆発，下死点Bまで膨張させるもので，その膨張比OB/OSはSが早いほど大きく熱効率は高いが，吸い込む量が少なく低出力となり，低効率・低出力はやむを得ず，効率（＝実出力／燃料供給エネルギー）は4％（現代

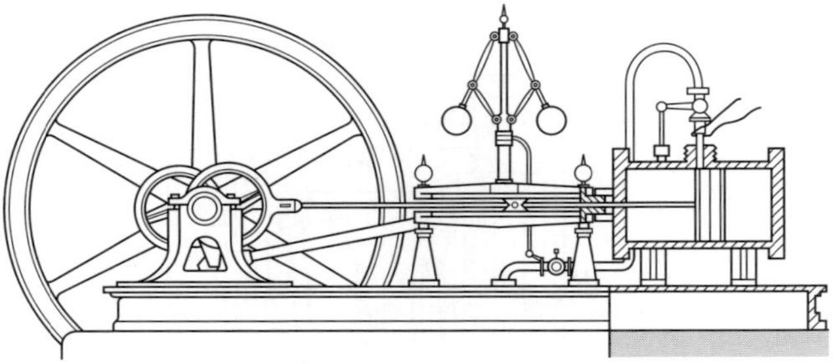

図1.5　ルノワールエンジンの構造

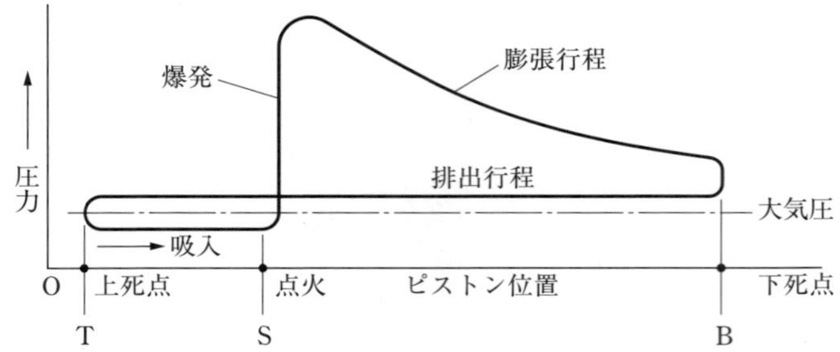

図1.6　ルノワールの無圧縮機関の圧力線図

のガソリンエンジンで最大約 30 %)，出力は 1 台当たり 0.4 ～ 2.3 kW であった。しかし，最大圧力が低く，爆発衝撃も低く静かな運転ができたので数百台が使われたとみられている。

(2) オットー・ランゲンの自由ピストンエンジン

イタリアのバルサンティ（Barsanti）とマテウチ（Matteucci）が 1857 年に特許をとったが実用化できなかったものを，オットー（Otto）とランゲン（Langen）が 1867 年に成功させたもので，縦型，ピストンの下側で混合気を燃焼させ，ピストンは飛び上がり，ピストン棒にはラックが刻まれ，それと噛み合っている歯車は出力軸とラチットで連結され，ピストン上昇中は空転し重力で落下するときに結合して，重力エネルギーを出力軸に与えるもので，熱効率はルノアールの約 2 倍であり，数千台が使われるほど好評であった。

(3) オットーの 4 サイクルガスエンジン

1876 年，現在の主流である 4 サイクルガソリンエンジンの元祖と言われているオットー（Nicholaus A. Otto，ドイツ）も，一介の青年行商人から転向した発明の天才であった。図1.7にその構造を示す。吸・排気用のMやOは，クランク軸よりPで調時駆動される。このように，無圧縮エンジンの欠点を完全に改良し，シリンダいっぱいに混合気を吸い込んで，全行程を膨張させ，熱効率14％を得て大成功を

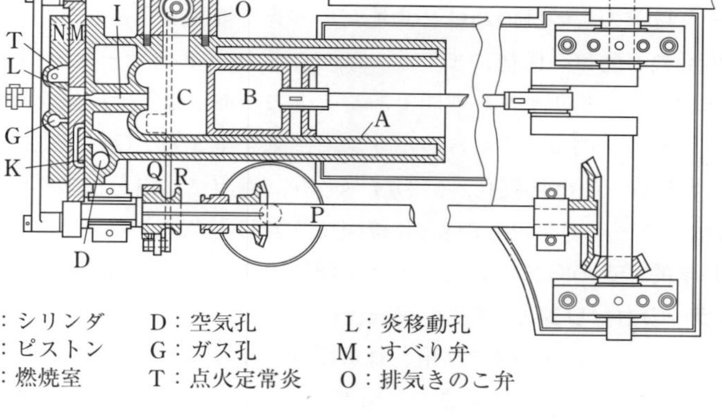

A：シリンダ　D：空気孔　L：炎移動孔
B：ピストン　G：ガス孔　M：すべり弁
C：燃焼室　T：点火定常炎　O：排気きのこ弁

Kの孔がGと，およびDとIとを通じたとき，ガスと空気がシリンダに入る。

図1.7　オットーエンジンの断面図

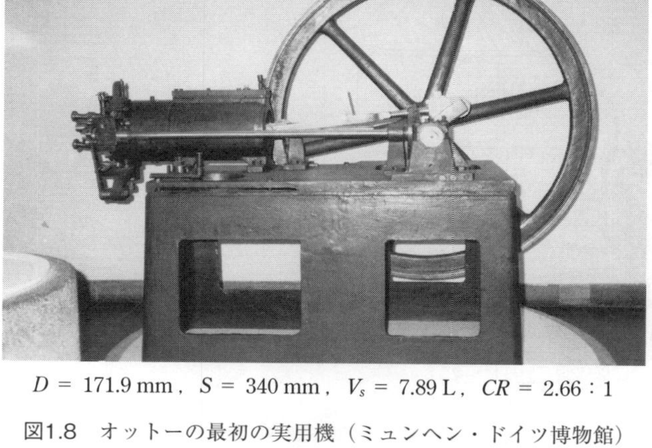

D = 171.9 mm，S = 340 mm，V_s = 7.89 L，CR = 2.66：1

図1.8　オットーの最初の実用機（ミュンヘン・ドイツ博物館）

収め，彼が59歳で世を去るまでに3万台が世界で使われた。オットーエンジンの一例は，シリンダ内径171.9 mm，ピストン行程340 mm，7.89 L，圧縮比 CR 2.66，回転速度157 rpmで正味出力3.24 kW，熱効率14 %で，多シリンダで7.4 kWのものもあった。図1.8は，ミュンヘンのドイツ博物館に展示されているオットーのガスエンジンである。

(4) クラークの2サイクルエンジン ————

4サイクルは，ピストン2往復，2回転に1回爆発して，確実な作動で高い熱効率を得たが，それ以前のものはいわば2サイクル方式で毎回爆発させた。これらを改良し，現在のものと酷似の構造にまで仕上げたのが1881年クラーク（Clerk，イギリス）による図1.9の2サイクル機関である。圧力のある吸気で排気を追い出す掃気法が，もっとも特長的である。Bのポンプで空気を1.3気圧にして主シリンダAに送る。Lは燃料管，Cは排気孔，Mはすべり弁，点火には白金板の熱面が使われた。図1.10はクラークの測定した p-V 線図で，当時すでにこのような測定に基づいた開発が科学的に進められていたことは驚嘆に値する。

(5) ダイムラーのガソリンエンジン ————

エンジンが車などの交通機関に利用されるようになり，ガス燃料は石炭などからのガス発生器を要し，大型で始動までに時間がかかった。一方，液体燃料は運搬，取り扱いも便利で発熱量も高い特長をもっていたが，シリンダに入って気化されていなくてはならなかった。液体で運搬し，シリンダ内でガス化するためのガソリンの利用技術が多くの人により長く研究された。ダイムラー（G. Daimler，ドイツ）は初め，オットーの協力者としてエンジンに精通し，1883年に図1.11のようなガソ

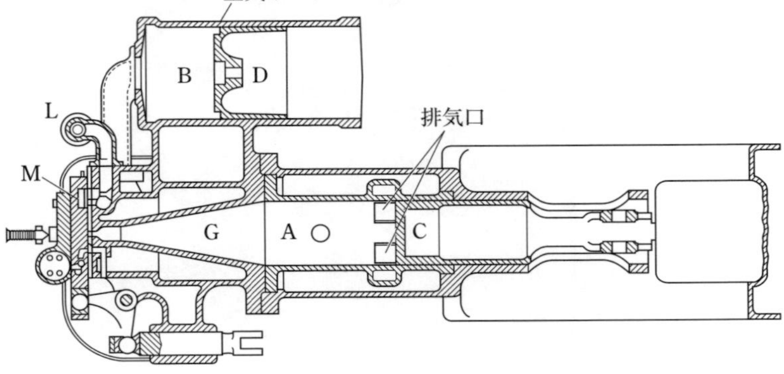

図1.9　クラークの2サイクル機関

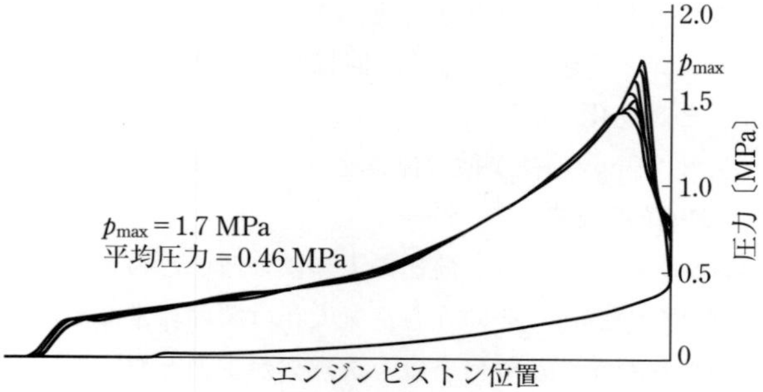

(a) 燃焼室 A

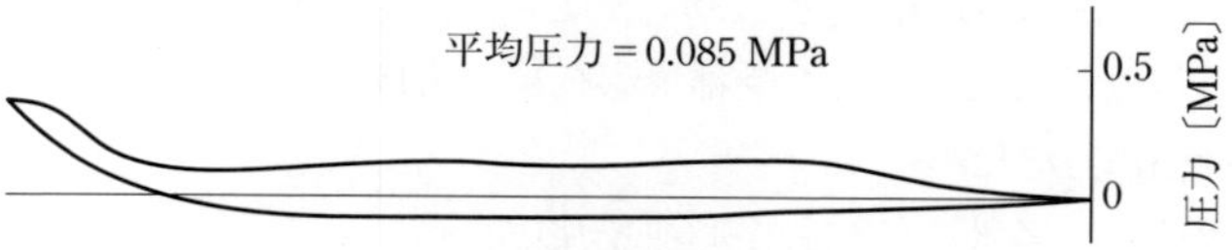

(b) 圧縮機 B

図1.10　クラーク機関の p-V 線図

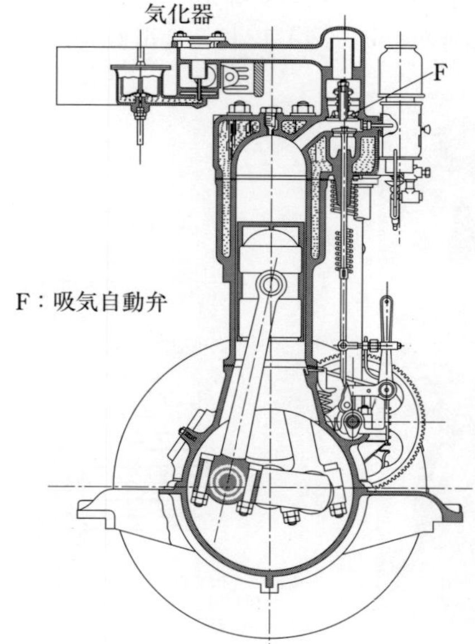

図1.11　ダイムラーのガソリン機関

リンエンジンをつくった。全体の形もそれまでのものと一変し，スマートになり，現在の自動車エンジンにきわめて近く，回転速度も 200 rpm ぐらいであったものを一躍 800 rpm へと高速化，小型化された。ダイムラーは 1900 年に 66 歳で亡くなったが，今日ベンツ（Benz）社が彼の偉業を継いでいる。

（6）ボッシュの火花点火法 ――――――

ピストンエンジンの点火法は，前述のようにいろいろの方法が使われたが，なかなか理想に近づけなかった。そのうち電気火花は瞬間非常な高温を空中に発するもので初期に実用されたが，途中何十年も炎点火が主力となった。しかし，現在の火花点火法のもとを築いたのがボッシュ（R. Bosch，ドイツ，ボッシュ社の創始者）で，1890 年に磁石発電機の開発に成功したことに端を発した。彼も職工として国の内外を転々としたのちに，エンジン補機の仕事で大成した。

（7）ディーゼルエンジン ――――――

混合気点火式には多数の研究者が心血を注いだが，圧縮着火式には，ディーゼル（Diesel，ドイツ）を除いて著名な開発者はいない。圧縮熱で燃料が着火することはすでにわかっていたが，そのような高圧縮が実現できるとは考えられなかったからである。ディーゼルはミュンヘン工業大学を卒業後，筆舌に尽くせない辛苦を重ね，1893 年にドイツのアウグスブルグにある現在の MAN 社において運転に成功した。今もその場所には記念碑があり，図 1.12 はその出力 18.4 kW のエンジンで MAN

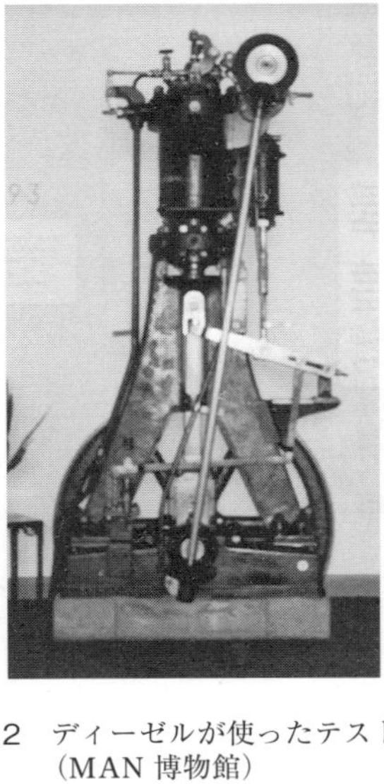

図1.12　ディーゼルが使ったテスト機関（MAN 博物館）

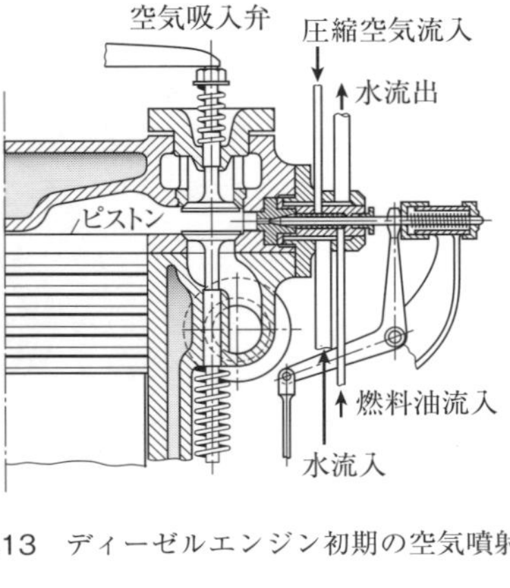

図1.13　ディーゼルエンジン初期の空気噴射法

の博物館で見ることができる。また，ディーゼルの大きい課題は燃料の噴射による微粒化であり，ディーゼルは図 1.13 のような空気噴射法を実用した。これは，蒸留しない安価な燃料を圧縮空気で噴射するものであった。

1.2 現状と将来展望

1.2.1 問題点

19 世紀の終わりにピストンエンジンの原型はでき上がり，20 世紀は小型，軽量，高出力，低燃料消費，耐久性，使いやすさの向上のために，各分野の科学と技術が応用されて発展を遂げてきた。軍用やぜいたくな機械から一般庶民用としての自動車をはじめ，各用途のエンジンに日本でも年間 1 千万台以上生産されている。図 1.14 は自動車用ガソリンエンジンの断面図の一例である。

その大量生産は生活を豊かにする一方で，健康被害や公害等環境問題を解決するため，エンジンの排気規制を義務づけた。1970 年代は主として光化学スモッグ対策として，一酸化炭素（CO），炭化水素（HC）および窒素酸化物（NO_x）の厳しい規制ができ，鉛の健康上および排気浄化触媒被毒対策のために無鉛ガソリンが義務づけられた。最近では，地球温暖化を起こす二酸化炭素（CO_2）の削減が大きい社会問題となっている。またそれは，炭素（C）の少ない燃料が要求されるとともに石

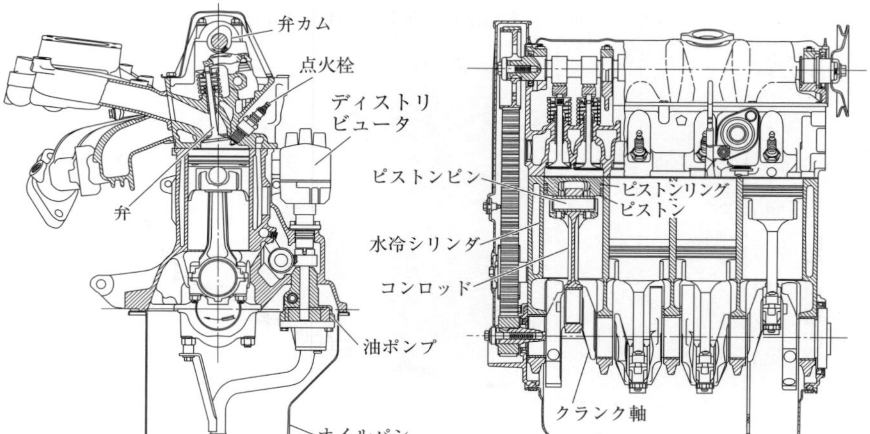

図1.14　自動車用ガソリンエンジンの例（$D \times S$ = 87.5×92 mm，4 気筒，V_S = 2.2 L）

油資源枯渇の問題も加わって，近い将来これらを満足する新燃料およびエンジンの実現が強く期待されている。

図 1.15 は世界の人口増加を示し，人口が 100 億人以上になると燃料のみでなく，多くの鉱物や食糧も不足すると予想され，それまでには半世紀しかない。図 1.16 は空中の CO_2 濃度の増加の測定値で，近年急速に増大していることを示す。

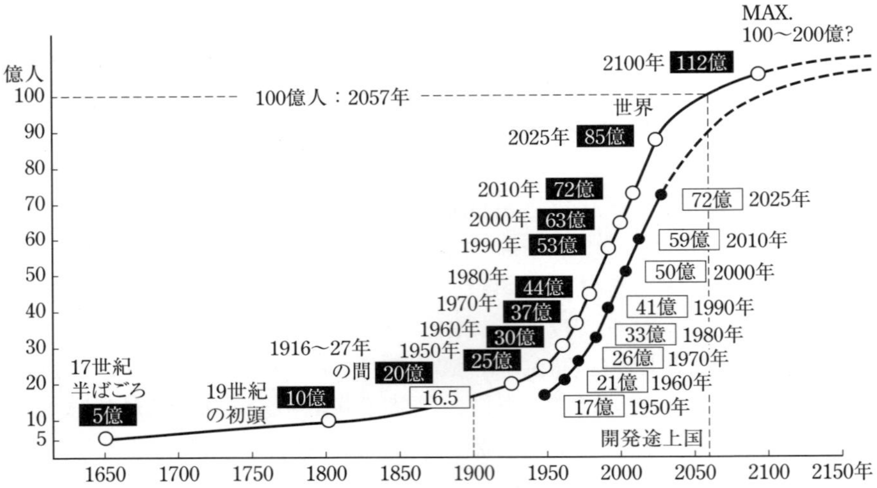

図1.15　世界の人口増加（毎日新聞1993年1月16日）

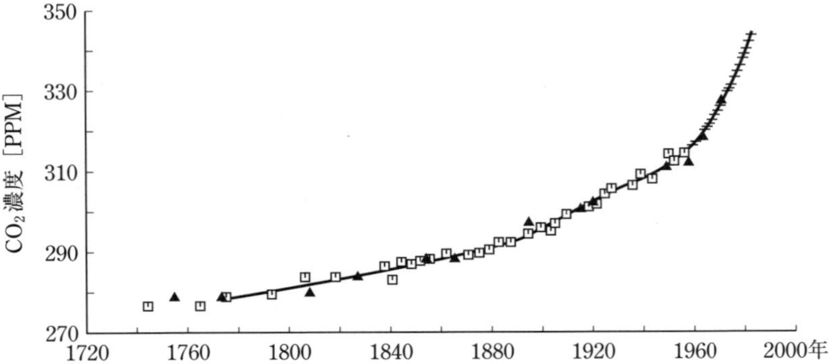

図1.16　南極サイプル基地での氷床コア中の気泡の分析から得られた近 200 年の CO_2 濃度の増加傾向（ベルン大学グループによる）

1.2.2 予想される新原動機

(1) 連続燃焼機関

すでに多くの研究・開発がなされた連続燃焼機関であるガスタービン，ランキンサイクル，スターリングは，運転変化が激しく小出力で，燃費や公害対策が期待される自動車用などの分野への実用的開発は休止されている。

(2) ロータリエンジン

ピストン往復動型は一見不自然で損失も大きいと考える人がいて，無数のロータリエンジンが考案されたが現在有望なものはない。図 1.17 はドイツのバンケル（Wankel）が考案したもので，主軸③と一体の偏心軸⑯に三角状のロータ①の軸受が入り，それに刻まれている内ば歯車⑤と静止ハウジングに固定のピニオン⑥が歯数比 3：2 で噛み合い，①の 3 つの頂点の軌跡がセンタハウジング②の内面を形成する。その結果，主軸 3 回転でロータは 1 回転し，ロータ各辺とハウジングで囲まれた室の体積はそれぞれクランク機構のシリンダ体積と類似の変化をする。その速度は主軸回転数が同じとすると，ロータリの速度変化はシリンダ速度変化の 2/3 である。1 ロータでその 1 室と同じ行程容積の 4 サイクルピストンエンジンの 2 倍の仕事をする。また，遠心力の釣り合いも容易で，吸・排気弁も不要である。しかし，アペックスシールなどからのガス漏れが大きく，潤滑油膜の形成が困難で，サイドハウジングの変形の問題などで実用化は停滞している。

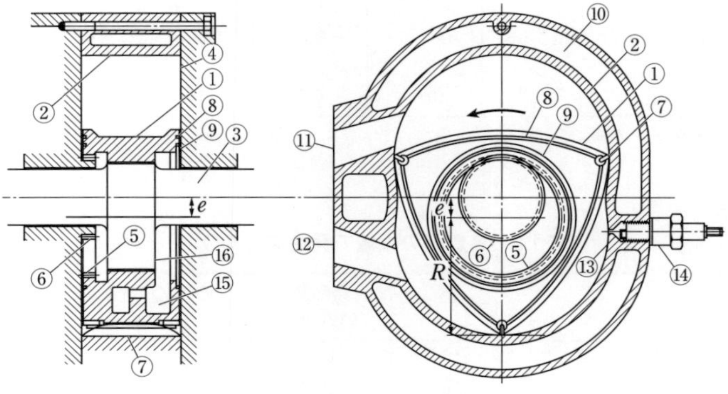

①ロータ，②センタハウジング，③主軸，④サイドハウジング，⑤内ば歯車，
⑥固定歯車，⑦アペックスシール，⑧サイドシール，⑨オイルシール，⑩冷却水，⑪排気孔，
⑫吸気孔，⑬点火室，⑭点火栓，⑮冷却油，⑯偏心輪，R：創成半径，e：偏心量

図1.17 バンケル式ロータリエンジンの構造略図

(3) 新燃料

石油代替およびCO_2排出の少ない燃料として，水素，天然ガス（NG：主成分はメタンCH_4），およびメタノール（CH_3OH）の自動車への利用が盛んに研究・開発されている。表1.1はこれらの燃料としての性質を示す。このなかで低発熱量には大きい違いがあるが，理論混合気（完全燃焼に必要最小限の空気と燃料の重量比の混合気）の気体の体積当たり発熱量は近い値で，同じエンジン行程容積V_S，同じ回転数では近い出力が出せる。また，表1.2は燃焼による同じ発熱量当たりのCO_2発生量のガソリンに対する比較で，軽油，ガソリン，メタノールはほぼ同じで，石炭は1.5倍，メタンは約0.8，水素は0である。

表1.1　各種燃料の性質

	エタノール C_2H_5OH	メタノール CH_3OH	天然ガス CH_4	水素 H_2	ガソリン（平均値）
密度：気体〔kg/(N·m³)〕	2.054	1.429	0.718	0.0899	5.093*
液体〔kg/L〕	0.790	0.796	0.425	0.071	0.74
低発熱量：質量〔MJ/kg〕	26.8	20.0	49.8	120.2	44.4
液体〔MJ/L〕	21.2	15.9	21.2	8.54	32.8
理論空燃比：重量	9.0	6.45	17.2	34.2	14.9
気体体積	14.3	7.13	9.55	2.38	59
理論混合気の発熱量〔MJ/(N·m³)〕	3.52	3.51	3.39	3.20	3.77
理論空気当たり発熱量〔MJ/(N·m³)〕	3.77	4.00	3.74	4.54	3.84
沸点〔℃〕	78.3	64.4	−162	−253	100*
発熱量当たり気化熱〔%〕	3.22	5.51	1.03	0.38	0.64*
自発火温度（大気中〔℃〕）	420	500	650	580	500（軽油340）
点火希薄限界　当量比（エンジン）	0.69	0.67	0.60	0.15	0.8

（注）＊はイソオクタンの値。

表1.2　各燃料の燃焼で発生するCO_2

燃料	代表分子	発熱量〔kWh/kg〕	CO_2/Q〔kg/kWh〕	ガソリンとの比較
石炭	C	9.42	0.384	1.53
ディーゼル軽油	$C_{16}H_{34}$	12.09	0.258	1.03
ガソリン	C_8H_{18}	12.33	0.251	1.00
メタノール	CH_3OH	5.55	0.248	0.99
天然ガス（主成分メタン）	CH_4	13.84	0.199	0.79
水素	H_2	33.37	0	0

（注）Q＝燃料の発熱量〔kWh/kg〕

そのうち水素は，ピストンエンジン用燃料として，また燃料電池用として，とくに後者用として注目されている。前者の場合，図1.18に示すように，同じ V_S でも出力はガソリンの85％である。これは水素の体積が V_S の約1/3を占めるからで，空気だけを吸い込んで吸気弁が閉止したのちに水素を噴射すれば，出力は逆にガソリンの120％に増大し，予混合で発生するバックファイヤも起こらない特長をもつ。しかし，水素を自動車に使うときの問題点の一つは運搬法で，表1.3はガソリン30L分の運搬法による重量の違いで，高圧ボンベでは14本，760 kgを要し，充填圧力70 MPa用に開発されている高圧ガス軽量タンクであっても100 Lの容積で約2.5 kg

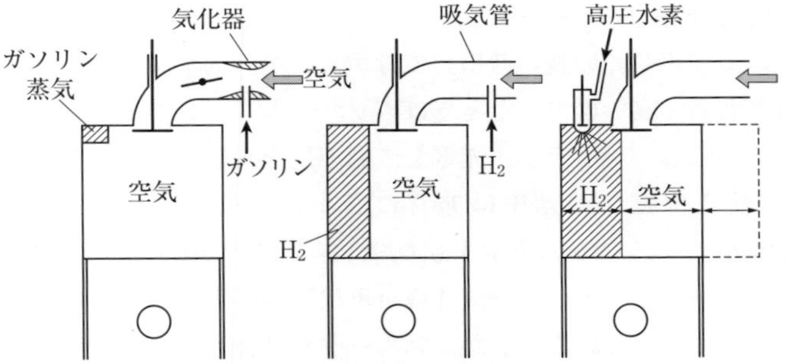

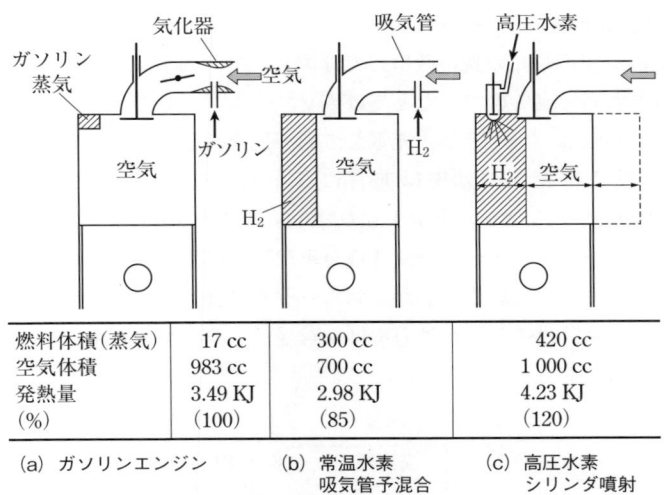

	(a)	(b)	(c)
燃料体積(蒸気)	17 cc	300 cc	420 cc
空気体積	983 cc	700 cc	1 000 cc
発熱量	3.49 KJ	2.98 KJ	4.23 KJ
(%)	(100)	(85)	(120)

(a) ガソリンエンジン　(b) 常温水素 吸気管予混合　(c) 高圧水素 シリンダ噴射

図1.18　V_S＝1 000 cc エンジンでの最大発熱量比較（20℃）

表1.3　ガソリン30L分の燃料貯蔵重量

燃料タンク	中身		タンク重量〔kg〕	全重量〔kg〕
	体積〔L〕	重量〔kg〕		
ガソリン	22	22	5	27
メタノール	62	49	8	57
水素	—	—	—	—
吸蔵合金（MH）	—	8.2	764	772
15MPa容器	600	8.2	755	763
液体水素（LH_2）	115	8.2	65	73
バッテリ*〔鉛〕	—	—	—	1 360

（注）＊は，エネルギー密度40Wh/kg，動力への変換効率を75％とする。

の水素しか貯蔵できない。水素吸蔵合金（メタルハイドライド，MH）も非常に重く，車のスペース，走行距離，燃費を悪化させ，実用化を妨げている。

(4) 電気動力

最初に着目されたバッテリは前掲表1.3のようにさらに重さが大きく，将来性は薄れた。それに代わって，燃料電池（fuel cell）がきわめて有望視されている。水に電気を与えて電気分解すれば水素と酸素になるが，その逆に水素と酸素（または空気）を与えれば電気が発生し，その（出力／水素エネルギー）の効率はきわめて高く，水素をつくるまでを除けば無公害である。目下の問題点はコスト高，スペースおよび重量が大きい。

(5) ハイブリッド法

内燃機関は，使用時間の長い低出力ではエネルギー効率が低いが，電動機や発電機の効率はきわめて高いので，たとえばガソリンエンジンを絶えず最大熱効率の負荷・回転数で運転し，バッテリに充電し，過不足を調整し，モータとエンジンの組み合わせで使えば全体の効率は非常に高まる。図1.19はこのハイブリッド（hybrid）法の一つのシステムを示すもので，エンジンの出力は動力分割機構で，発電機→バッテリ→充電→モータ→減速機→車輪駆動のルートと，直接減速機を経て車輪駆動ルートに分けられる。また，両ルートを複合したもの，さらにエンジンブレーキやブレーキ時はモータが動力を外から受け，そのエネルギーをバッテリに充電するシステムである。

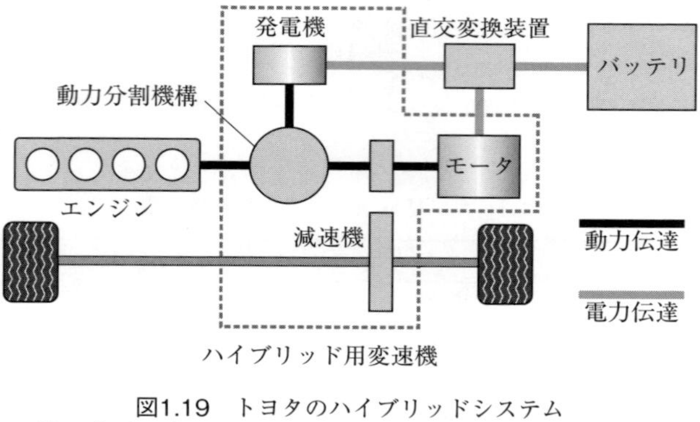

図1.19　トヨタのハイブリッドシステム
（佐々木正一「トヨタハイブリッドシステムの構成と制御」
エンジンテクノロジー，Vol. 2，No. 3）

1.3 分類とそれぞれの特徴

1.3.1 火花点火と圧縮着火エンジン

火花点火（spark ignition）は，燃料としてガソリンがおもに使われ，プロパン，天然ガスおよび灯油なども広く使われているが，ノックの起こりにくい（オクタン価の高い）燃料が高圧縮比と高性能を与える。この方式は，点火前に空気と燃料の割合を点火可能な比較的狭い範囲にして供給する。取り扱いが容易で，排気の浄化が触媒によってできる長所がある。

圧縮点火（compression ignition）は，圧縮比を 12 ～ 23 に高め，空気温度が 400 ～ 600 ℃になったなかに，軽油または重油のように自己着火しやすい（セタン価が高い）燃料を高圧で噴射する。出力の変化は，空気量を絞らずに燃料だけの変化による。したがって，理論混合比より薄い空燃比でないと完全燃焼できない。これらのことから，熱効率が高く大型舶用では 50 %に達し，低価格燃料が使え，点火装置がいらない長所をもつが，大型で騒音が高く，排気処理対策が行われている。図 1.20 は，両方式のシリンダ内の圧力変化を示す。

1.3.2 4 サイクルと 2 サイクル

4 サイクル（4 stroke cycle）では，ピストンの吸気・圧縮・膨張・排気の 4 行程，2 回転で 1 サイクルを完成するもので，多くのエンジンがこの方式である。各行程がほぼ確実にそれぞれの作用を遂行し，1 つの膨張または出力行程のために 3 つの

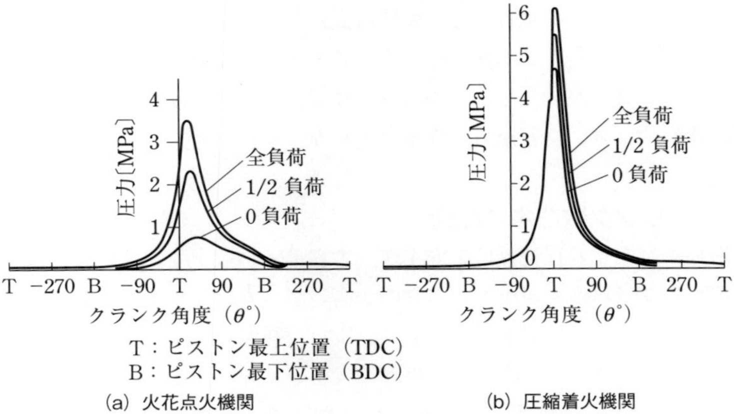

図1.20 負荷の違いによるシリンダ内圧力（無過給）の比較

行程でその準備をしている。

これに対して，2サイクルエンジンは1回転で4つの作用を行うもので，下死点前後約150°の間に排気と新気の交換を同時に行う。これに掃気作用（scavenging）と呼び，火花点火エンジンではその間燃料の一部が排気とともに流出するので，燃料消費を増し，排気中のHCを増加するので2サイクル方式は自動車用で激減した。しかし，毎回転に出力行程があるので高出力で，吸・排気弁がなくてもよい。それらの点から，主として小型ガソリンエンジンおよび大型船舶用ディーゼルエンジンに使われている。

なお，ピストンエンジンは膨張行程以外，とくに圧縮行程では逆方向の仕事を必要とするが，それが可能なのは膨張行程の出力を一度フライホイールの運動のエネルギーに蓄え，それを外部および圧縮エネルギーに変換するからである。フライホイールまたはそれに相当する回転質量がないと，エンジンは作動しない。その点で2サイクルは，一定時間に膨張回数が同一回転数の4サイクルの2倍であるので回転がスムーズであり，フライホイールを小型化ができる。

1.3.3 冷却法

エンジンは，熱を動力に変換する機械でありながら，高温部の材料を一様で許容値以下に冷却しなくてはならない。高出力化および耐久性の向上には，適切な冷却法が絶対必要である。その方法には普通，冷却水で高温部の熱をとり，その熱を放熱器で大気に放出する水冷式がとられるが，寒冷時に水が凍結する場合や軽量化を要する航空機やオートバイ用などは，高温部の外周に放熱面積を大きくするためにフィンをつけて，そこに走行風を流す空冷式が使われる。

逆に，冷却熱を減少させて熱効率を高める方法が熱伝導率の小さいセラミックスを使って開発されたが，シリンダ内面および潤滑油膜の温度が高すぎ，かつ放熱量の減少は比較的小さいことから，実用に至らなかった。

1.3.4 シリンダ数および配列

出力増加に対応して行程容積を増すが，大容量・小数シリンダの場合は低コストで，摩擦および伝熱損失が小さく熱効率が高いが，ガソリンエンジンではノッキングが起こりやすく，加熱部が生じやすい。また，往復質量のバランスが取りにくく振動が大きい。それらに対応して，小容量・多シリンダが使われる。シリンダの配列は，直列，V型，W型で，冷却風を受けやすくするためなどから飛行機用には星形が使われる。

1.3.5 間欠燃焼と連続燃焼方式

現在のエンジンは大部分が，膨張行程の初期に点火・燃焼を毎サイクル繰り返す間欠燃焼であり，燃焼を短期間，同じ時期に確実に繰り返すことが必要である。とくに公害対策上，毎サイクルの空燃比と点火時期が厳しく制御される必要がある。

一方，連続燃焼であるガスタービンなどは吸気・圧縮・膨張・排気作用はそれぞれ別の場所で行うので，上記の諸制御は容易である。また，回転運動のみで成立しているので運動慣性力はバランスし低振動であり，高回転で大量のガスを流すのでピストンリングに比べてガス漏れが大きいが，出力への影響は少ない。さらに，摩擦は軸受部のみで，摩擦損失および潤滑油消費量はきわめて小さい。

一方，出力や熱効率を決めるガス最高温度は空燃比を理論値にすべきであるが，ノズルやタービンの材料およびその冷却で，そこを通過する温度が制限されるので，薄い混合比で運転される。

このようなガスタービンは一般に，100 kW 以下のエンジンには成立しない点が多い。たとえば，運転条件の急変に追従し難い。バス用として今まで何回も開発が試みられたが，実用化されなかった。図 1.21 は比較的小型のガスタービンで，軸流遠心圧縮機を出た空気は燃焼器に入り，そのなかに燃料を噴射し高圧・高温の燃焼ガスが，まず圧縮機駆動タービンに動力を与え，最後に出力軸駆動タービンで動力を与える。出力軸は高速なので減速して使う。また，排気熱を再生するために，吸

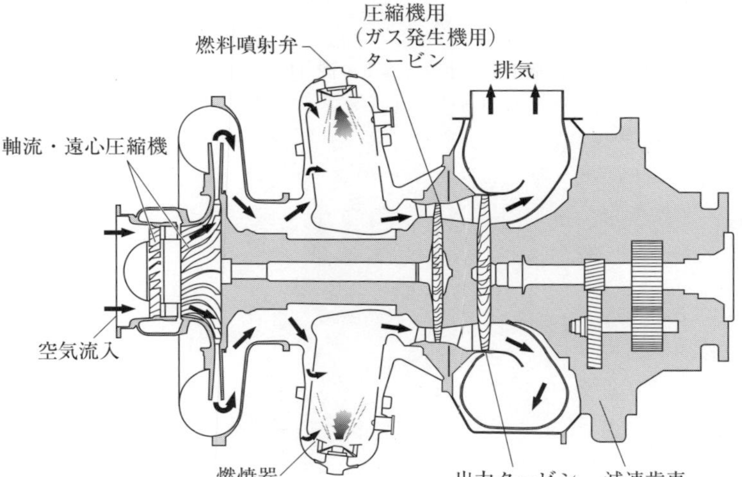

図1.21　ガスタービンの基本構造

気を加熱する方法をとる場合もある。図 1.22 は航空機用ターボジェットの例で，軸流 8 段圧縮機で圧縮された空気が，燃焼器で燃料の噴射によって連続的に燃焼させられる。その後に出力タービンはなく，高温・高速ガスを噴出させ，その運動量で飛行機を推進させる。

また，このような連続燃焼の噴出ガスで推進するものに，ロケットエンジンやラムジェットエンジンがある。これらは内燃機関のなかに入るが，本書では往復機関のみを取り扱う。

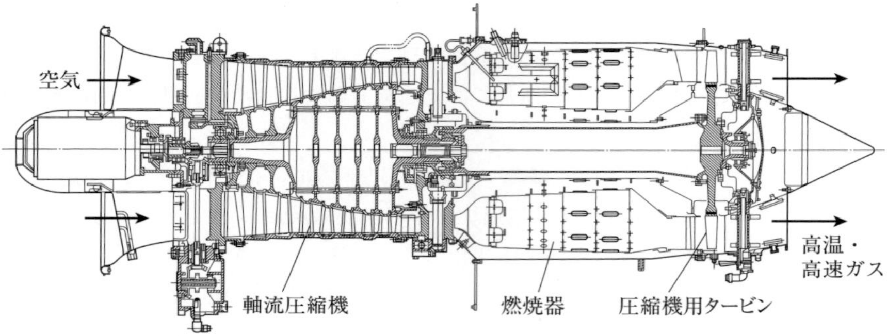

離昇推力 14 kN
離昇回転数 12 740 rpm
潤滑油消費量 260 g/h
軸流圧縮機 8 段，環状燃焼室，
タービン 1 段

圧力比4.5，空気流量25 kg/s
質量370 kg，全長1 661 mm，直径627 mm
始動電動式，低圧点火方式，蒸発式噴射弁，
燃圧 3 MPa

図1.22　航空機用ターボジェットの例（J3-IHI，石川島播磨重工業）

第2章 出力とサイクル

2.1 出力に関する定義

図 2.1 の下方は，内径（bore）D のシリンダ内をピストンが上死点（Top Dead Center: TDC）T と下死点（Bottom Dead Center: BDC）B の間を往復することを示し，TB = S を行程（stroke），その押し退け体積 $\pi/4 \cdot D^2 S = V_S$ を行程容積（stroke volume または piston displacement，または排気量）と呼ぶ。TDC でのシリンダ容積 V_c を隙間容積（clearance volume）と呼ぶ。V_S は，cc または L 単位で示され，機関の大きさ，出力に関する代表値として広く使われている。また，その機関の最大出力〔PS〕を V_S〔L〕で割った値をリットル馬力と呼び，出力性能の比較に使うことがある。

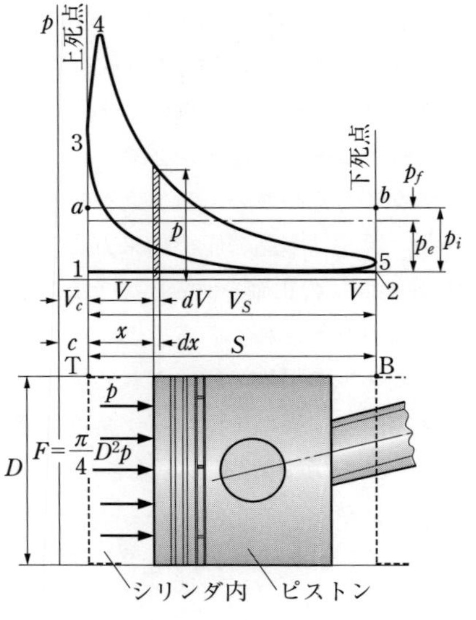

図2.1　シリンダ内圧力によるピストンの仕事

つぎに，

$$\varepsilon\ (\text{または}\,CR)=\frac{V_c+V_S}{V_c} \tag{2.1}$$

が圧縮比（compression ratio）で，熱効率的には膨張比とも言える。前掲図 2.1 の上方は 4 サイクル機関（4 stroke cycle engine）の p-V 線図で，シリンダ断面積はどこも同じで，V はシリンダ体積，x はピストン変位を表す。1→2 は空気または燃料との混合気をシリンダに吸い込む行程で，大気を吸い込む無過給時はピストンは負の仕事，過給時は正の仕事を受ける。この吸気行程でシリンダに入る空気量で燃焼し得る燃料の量が決まり，出力もそれで決まる。2→3 は圧縮行程で負の仕事，3→4→5 は爆発・膨張が行われる膨張行程で，これによる仕事ははずみ車にいったん蓄えられて，負の仕事を補充して外部の抵抗体を駆動する。5→1 は排気行程で，膨張を途中で打ち切るために，未利用となった大きい熱エネルギーを持っている燃焼ガスを放出する。

以上の 1 サイクル間に，ピストンに与えるガス圧力 p による仕事は実際に測定できるもので，図示仕事（indicated work）と呼ばれ，

$$W_i=\frac{\pi}{4}D^2\oint_{1\text{サイクル}}p\,dx=\oint_{1\text{サイクル}}p\,dV \tag{2.2}$$

で 1・2・3・4・5・1 の閉曲線内の面積で表され，p の単位を Pa = N/m^2，V を m^3 にとれば Nm = J（= 0.102 kgf・m）単位の仕事量を表す。この曲線の形や面積は燃焼がサイクルごとに異なり，冷却，ガス漏れもあるので一般式で表せない。したがって，ピストン位置に対する圧力の測定が必要で，インジケータ（indicator）と呼ばれるものでかつてはガス力で小さいピストンを押し，それをばねの変位で受ける機械方式も使われたが，現在は水晶の圧電効果方式が一般に使用されている。しかし，それでも（2.2）式の面積の正確な測定，たとえば動力計による正味出力との差による摩擦動力の算出は困難とされている。燃焼自身が同じ回転数または負荷でも変動するので，数百サイクルの平均で議論される場合もある。図 2.2 はガソリンエンジンのインジケータ線図で，横軸をクランク角度で表し，前掲図 2.1 に比べて燃焼部が拡大されるが，その下の面積は仕事を表さない。図 2.2 は 10 回のサイクルを重ねたもので，大きい変動があることがわかる。ディーゼル機関の変動は比較的小さい。いずれにしても，インジケータ線図はエンジンの性能診断に欠かせないものである。

前掲図 2.1 の p-V インジケータ線図内の面積は 1 サイクルの仕事を示すが，その面積を V_S と行程に対する平均圧力 p_i（3→4→5 は正，5→1→2→3 を負）の矩

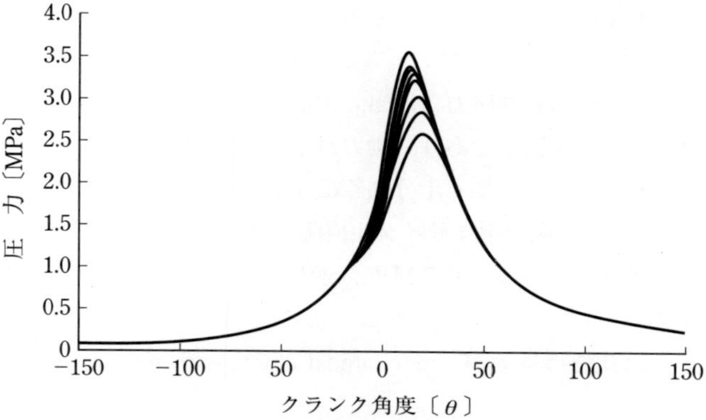

図2.2　ガソリン機関の圧力変動（10サイクル連続）

形と考えるとき，p_i を図示平均有効圧力（Indicated Mean Effective Pressure, IMEP）と呼ぶ。

$$p_i = \frac{W_i}{V_S} \text{〔N/m}^2\text{〕（または〔Pa〕）} \tag{2.3}$$

一定の p_i が全膨張行程中ピストンに作用していると考えられる。これは，エンジンの大きさ，種類および運転条件などに関係なく，出力性能を示す因子として使われる。回転数が〔rpm〕が n のときの出力 N_i は，(2.4) 式で表される。

$$N_i = \frac{\pi}{4} D^2 p_i S \frac{n}{60i} = \frac{V_s n p_i}{60i} \text{〔W〕} \left(\text{単位：} \mathrm{m}^3 \frac{1}{\mathrm{s}} \frac{\mathrm{N}}{\mathrm{m}^2} = \frac{\mathrm{Nm}}{\mathrm{s}} = \mathrm{W}\right) \tag{2.4}$$

重力単位では，p_i を kgf/m^2，出力を 75 kgf·m/s ＝ 1 馬力〔PS〕とすれば，

$$N_i = \frac{V_s n p_i}{4500i} \text{〔PS〕} \tag{2.5}$$

ここで，i は1サイクルに要する回転数で，4サイクルエンジンでは2である。この N_i を図示出力（indicated output power）と呼び，ピストンがガスから受ける実動力で，シリンダ内で実際に発生している。しかし，エンジンは N_i を外部に出せないので，摩擦や補機駆動に消費された残りが，外部抵抗を駆動する正味出力（effective output power）または軸出力（brake output power）N_e となる。N_i との差を合計して，摩擦動力（frictional power）N_f と呼ばれる。

$$N_f = N_i - N_e \tag{2.6}$$

また，

$$N_e = \frac{V_s n p_e}{60i} \tag{2.7}$$

と書けば，p_e を正味平均有効圧力（Brake Mean Effective Pressure; BMEP）と呼び，真の出力性能を示す因子であり，動力計が測定した N_e より（2.7）式が求められる。N_i の測定精度は前記の如く十分高くはないことから，実用的には p_i よりも p_e が広く使われている。自動車用 4 サイクル機関では，p_e は過給なしで最大 0.8 ～ 1.1 MPa，小型 2 サイクルで 0.3 ～ 0.7 MPa，舶用過給 4 サイクルディーゼルでは 0.5 ～ 2.5 MPa である。

また，p_e と p_i の比を機械効率（mechanical efficiency）η_m と呼び，（2.8）式で表される。

$$\eta_m = \frac{p_e}{p_i} = \frac{N_e}{N_i} \tag{2.8}$$

最大トルク（または負荷）時で η_m は 0.7 ～ 0.95 であるが，自動車の市街走行時は 0.5 ぐらいまで下がる。なお，p_e と N_e を brake を付して呼ぶのは，動力計でエンジン回転軸にブレーキをかけて測定するからである。

また，上記の動力は変動するガス圧をはずみ車でほぼ一様な回転力またはトルク（torque）T_e にして仕事をする。たとえば，圧縮行程の負の仕事ははずみ車作用によってなされるので，エンジンにははずみ車作用は不可欠なものである。そのとき，

$$N_e = T_e \omega = 2\pi \frac{n}{60} \cdot T_e \tag{2.9}$$

（2.7）式より，

$$T_e = \frac{1}{2\pi i} V_s p_e \ \text{〔Nm〕} \tag{2.10}$$

p_e は V_s に無関係に示され，T_e は個々のエンジンのある運転条件におけるトルクで，俗称「エンジンの力」に当たる。

2.2 出力測定

エンジンの出力は本来，使用されている状態のまま，一定の安定した条件のみではなく，加減速の如く変動中でも測定する必要があり，そのためにはトルクメータによる瞬間トルクの測定法もあるが，精度が十分でない。そこで，一般にはある回転数，負荷のもとで，温度その他の状態が一定となるときを待って動力計で測定する。図 2.3 は動力計（dynamometer）の基本構造である。エンジン出力軸に直結さ

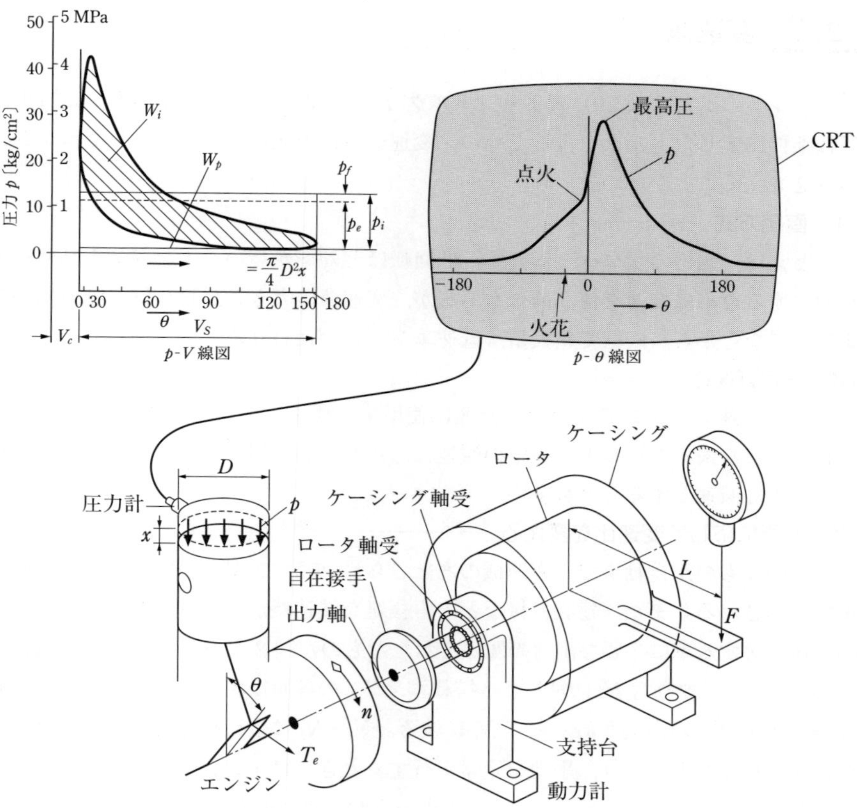

図2.3　エンジン性能実験法

れた回転体で水を撹拌，渦電流または発電力で適当な抵抗を与え，その抵抗トルクをケーシングに固定された長さ L の腕にかかる力 F として測定するものである。ロータ軸受の摩擦トルクは，ケーシングに作用するので誤差とはならない。また，ケーシングは支持台の転がり軸受で支えられているが，ケーシングは浮動状態であるが回転しないので，摩擦力は無視できると考えられる。また，シリンダ内の圧力はインジケータで測定されるが，一般に電気的出力をクランク角または時間軸に対して表し，$p-\theta$ 線図と呼ばれる。これにより点火時期，圧力上昇，最大圧力，異常燃焼などがわかり，エンジンの聴診器と言える。θ をピストン位置に変換した p-V 線図は仕事の関係を示すが，絶対値の精度が問題である。

2.3 変速機

エンジンの出力は（2.9）式より，トルク T_e と回転数 n の積であるが，走行中は運転条件に応じたトルクを得るために，変速機（transmission）を介してエンジンの n を変えることが多い。

（1）直結方式

たとえば，船用のプロペラは大型・低回転ほど効率が高い。エンジンを高回転・小型にするために変速を使う場合もあるが，変速機の大きさ，耐久性，動力損失および騒音などから，直結で超大型，低速エンジンが使われる。

（2）一定減速比

小型・高速エンジンで大出力・低速に使用する要求は多い。それに応ずるため，主軸の回転を歯車やベルトで一定の減速にしたり，農工用などではカム軸を出力軸として 1/2 減速とすることも多い。

（3）必要に応じて変速比を変える

代表的なものが自動車で，変速機のあとさらにタイヤまで，一定減速比の差動歯車で減速される。また，建設機械などでも複雑な減速機が使われる。自動車の場合の車速に対する車に必要な出力の関係を示したものが図 2.4（a）で，走行抵抗に打ち勝つための必要動力 N_r に対して，搭載エンジンの各回転数での最大出力は N_e，減速機や歯車などの損失があるので N_s に減る。$N_s - N_r$ は余裕動力で，加速や登坂走行に使い得るものであり，平地を定常走行するときにはエンジンは部分負荷で使う。M は最大可能速度を与える。しかし，スタート時や急な坂道などでは，1 つの N_e–V 特性では対応できないので，変速機を介し大きい余裕動力をもつようにする。図 2.4（b）は 4 段変速機の特性で，一定動力（出力）のエンジンは理想的に変速して，速度に反比例したトルクをタイヤに与えて走行できる。無段変速機で流体トルクコンバータも，その目的のためのものである。図 2.4 の各段の実線はそれぞれの減速比での N_s–V 特性を示し，そのうちで最良の段の変速比を選んで運転する。また，道路の勾配傾斜角 α の $\tan\alpha$ を％で示す抵抗力を点線で示し，加速のための力も同様に示すことができる。いま 20 ％の坂道を登るためには第 1 速では余裕動力があるが，第 2 速以下では運転できない。

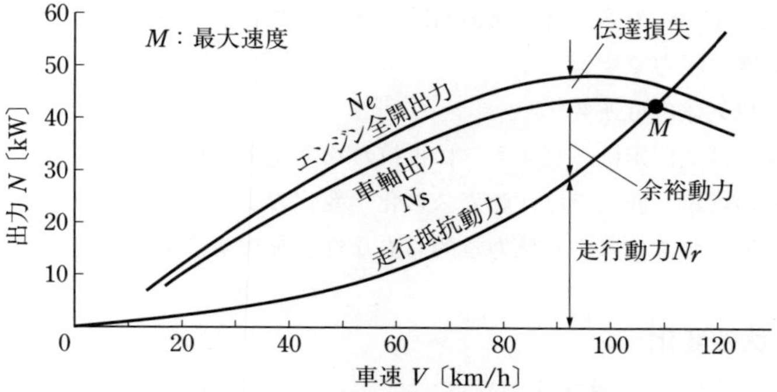

(a) 自動車エンジンの出力と車の要求動力（平地，定常走行）

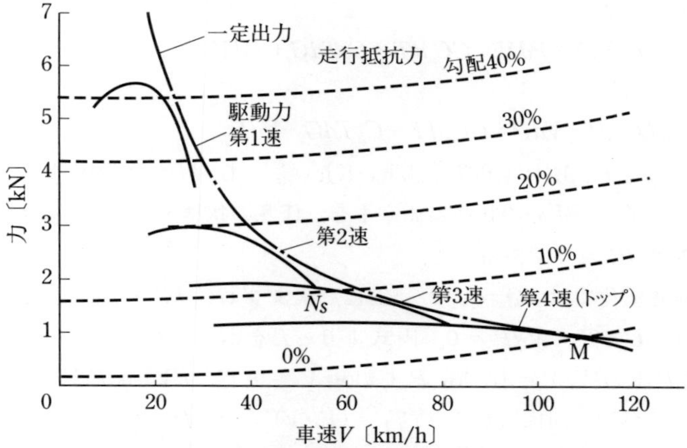

(b) 変（減）速機を使うときの駆動力と抵抗力の関係

図2.4　自動車の車速と必要出力および変速機

2.4 空気サイクル

2.4.1 その意義

シリンダ内のガスの状態変化は，温度，圧力，成分など多くの因子によって複雑であるので数学的表示ができにくい。そこで実際とかけ離れるが，空気サイクルと呼ばれる，つぎの設定による熱力学のサイクルを定性的な考察に使うと便利である。

① 作動物質が完全ガスで，その特性は標準状態（20℃，0.1013 MPa）の空気の値，分子量 $M = 28.97$，定圧分子比熱 $C_p = 29.17$〔kJ/kmol·K〕，定容分

子比熱 $\boldsymbol{C}_v$ = 20.82〔kJ/kmol·K〕，ガス常数 R = 287.1〔J/kg·K〕。これらは温度，圧力で変わらない。

② 理想気体の可逆変化。

③ 吸・排気作用は，ピストンに抵抗がなく完全に行われる。

④ 熱の供給，放出では作動ガスの化学変化およびモル変化がない。

以上の空気サイクルによる熱力学的おもな性質を次項に説明する。

2.4.2 状態変化

質量 G についての一般式は，

$$PV = GRT \qquad PdV + VdP = RGdT + RTdG \tag{2.11}$$

エネルギー式は，

$$dQ = dU + PdV = GC_v dT + C_v TdG + PdV \tag{2.12}$$

または，

$$dQ = dI + VdP = GC_p dT + C_p TdG + VdP \tag{2.13}$$

ここで，$C_p = \boldsymbol{C}_p/M$ = 1.007〔kJ/kg·K〕，$C_v = \boldsymbol{C}_v/M$ = 0.719〔kJ/kg·K〕，I はエンタルピ。また，始めの状態に添字 1 を，任意の状態を無添字で示し，漏れなどのないときは $dG = 0$ であるので，

① 断熱変化では $dQ = 0$ で，(2.12) 式より $GC_v dT + PdV = 0$，(2.13) 式より $GC_p dT - VdP = 0$，両式より dT を消去，比熱比 $\kappa = C_p/O_v$ すれば $dP/P + \kappa dV/V = 0$，$\log_e P + \kappa \log_e V$ = 一定，$PV^\kappa = P_1 V_1^\kappa$ となり，$P/P_1 = (V_1/V)^\kappa$，同様にして $T/T_1 = (V_1/V)^{\kappa-1} = (P/P_1)^{\frac{\kappa-1}{\kappa}}$，仕事量の増加は，

$$dW = PdV = -dU \tag{2.14}$$

図 2.5 は，体積比（または ε）に対する圧力および温度比を，κ を因子として画いたものである。ただし，κ = 1.4 以外は空気サイクルではない。

② 等温変化では，

$$\frac{P}{P_1} = \frac{V_1}{V} \qquad dQ = dW = PdV \tag{2.15}$$

③ 等容変化では，

$$\frac{P}{P_1} = \frac{T}{T_1} \qquad T - T_1 = \frac{V}{GR}(P - P_1) \tag{2.16}$$

$$Q = U - U_1 = GC_v(T - T_1) = \frac{V}{\kappa - 1}(P - P_1) = \frac{C_v}{R}V(P - P_1) \tag{2.17}$$

④ 等圧変化では，$T/T_1 = V/V_1$，

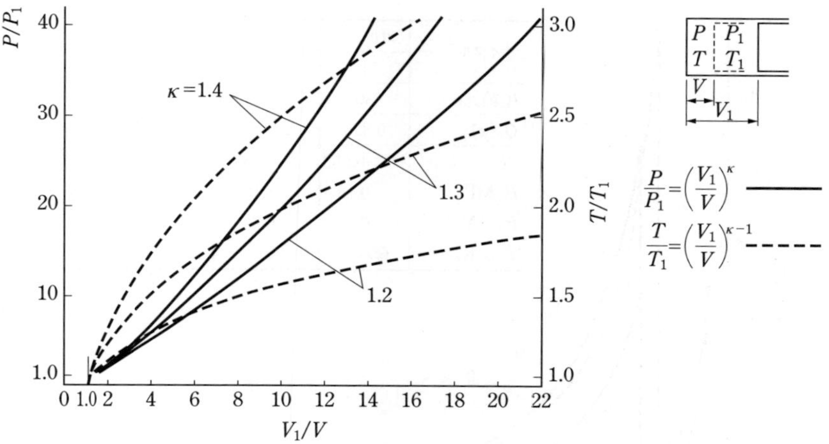

図2.5 断熱変化の体積変化に対する圧力，温度の影響

$$Q=I-I_1=GC_p(T-T_1)=\frac{\kappa}{\kappa-1}P(V-V_1) \qquad W=P(V-V_1) \quad (2.18)$$

2.4.3 サイクル

以上のような単純な状態変化の組み合わせから成るおもなサイクルは，つぎのとおりである。

(1) カルノーサイクル ――――――

図 2.6 の I（1 → 2 → 3 → 4 → 1）は V_s が 1 L のカルノーサイクルで，各行程の圧縮比によって熱効率 η，仕事 W が図 2.7 のように変わり，全圧縮 ε が 30 では $\varepsilon_1 \fallingdotseq 4$ で W が最大になる。図 2.6 でわかるように，最大温度は低いが最大圧力が比較的高く，W はやせて小さく，実際の行程も実現し難い。なお，熱効率は，

$$\eta=\frac{W}{Q_1}=\frac{Q_1-Q_2}{Q_1}=\frac{T_1-T_2}{T_1}=1-\frac{T_2}{T_1} \quad (2.19)$$

で同じ T_1，T_2 間の熱効率では最高である。

(2) スターリングサイクル ――――――

上記サイクルの実用化を図ったものがスターリング（stirling）エンジンと呼ばれる外燃機関で，図 2.8（a）のようにピストン P 上の体積 V の空間にディスプレーサ D があり，その左右の圧力は同じで温度が異なり，外部より頂面が加熱されるので，そのなかの作動ガス H は高温となり，再生器 R で熱を与えて裏面に流入し低温

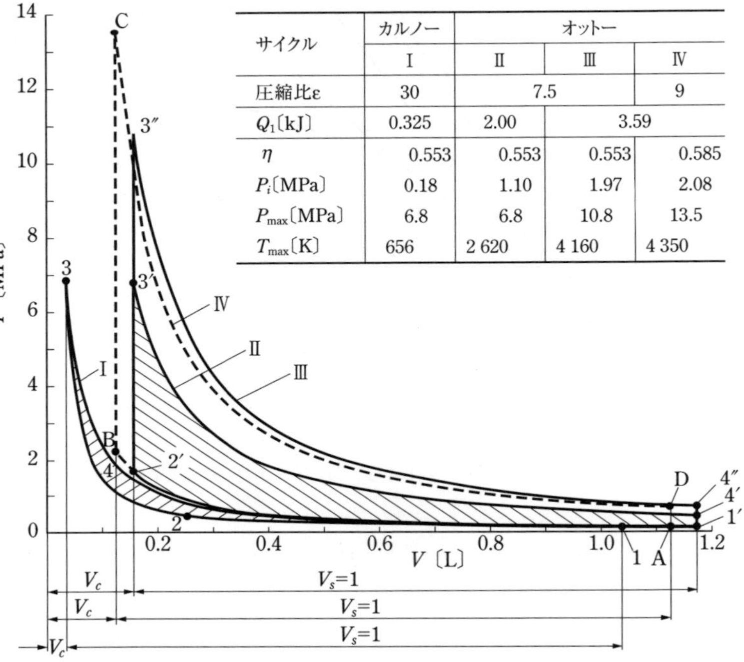

サイクル	カルノー	オットー		
	Ⅰ	Ⅱ	Ⅲ	Ⅳ
圧縮比ε	30	7.5		9
Q_1〔kJ〕	0.325	2.00	3.59	
η	0.553	0.553	0.553	0.585
P_i〔MPa〕	0.18	1.10	1.97	2.08
P_{max}〔MPa〕	6.8	6.8	10.8	13.5
T_{max}〔K〕	656	2 620	4 160	4 350

図2.6　サイクル特性の比較（V_s, P：一定）

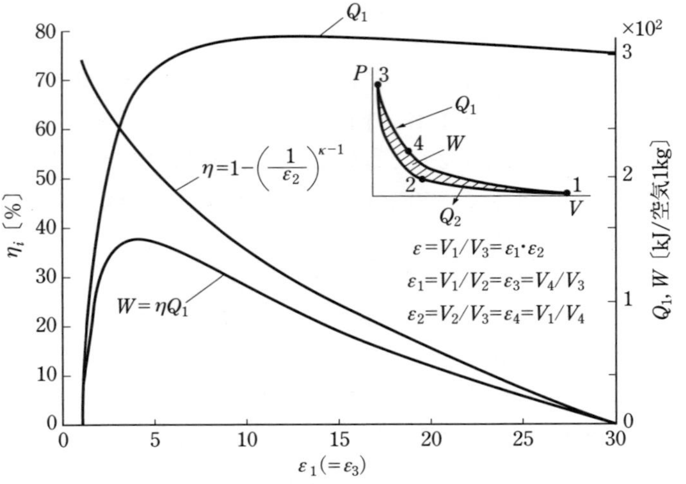

図2.7　カルノーサイクルの圧縮比特性（ε＝30の例）

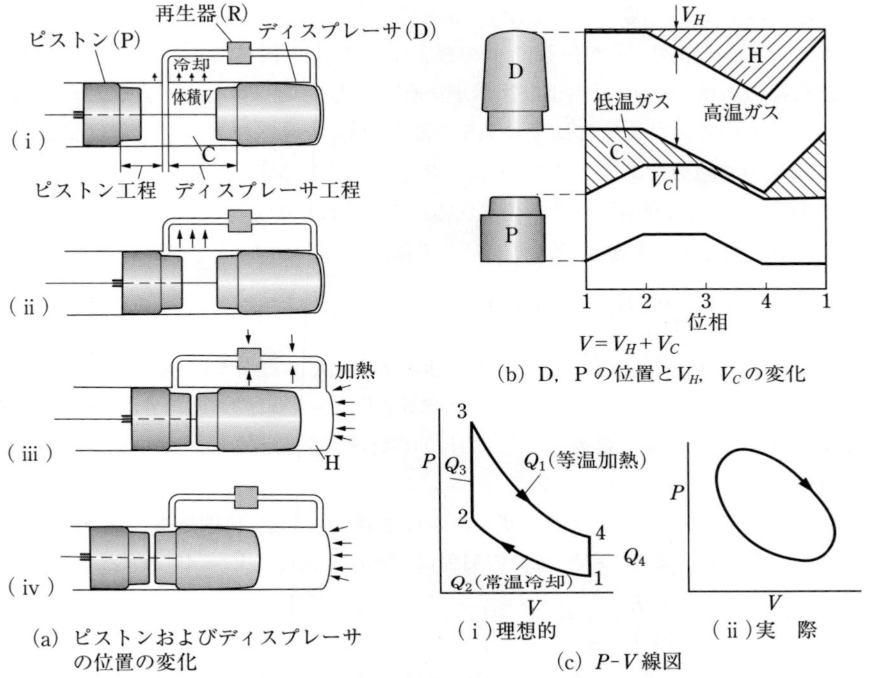

図2.8　理想的スターリングサイクル

作動ガスCになる。したがって，Vが小さくHの大きい（iii）で最高圧力になる。もし，PとDの動きを図2.8（b）のように画けば，等温加熱膨張，冷却圧縮および2つの等容変化から成るスターリングサイクルが得られる。その際，4→1のQ_4がRに吸収され，それを2→3でCからHにガスが返るときにすべて返還すれば，図2.8（c）（i）のサイクルで$Q_3 = Q_4$となり，カルノーサイクルと同じ熱効率ηになる。

(3) オットーサイクル ――――――

前掲図2.6の1′→2′は断熱圧縮，2′→3′は等容加熱，3′→4′は断熱膨張，および4′→1′は等容排熱からなるオットーサイクルで，その熱効率は2′→3′の供給熱量Q_1とサイクル内面積で示される仕事Wより，$\eta = W/Q_1 = 1 - (T_4 - T_1)/(T_3 - T_2)$，$T_1V_1^{\kappa-1} = T_2V_2^{\kappa-1}$などから，$T_3 - T_2 = \varepsilon^{\kappa-1}(T_4 - T_1)$で，

$$\eta = 1 - \left(\frac{1}{\varepsilon}\right)^{\kappa-1} \tag{2.20}$$

図 2.6 の I は $\varepsilon = 30$，$\varepsilon_1 = 4$，$\varepsilon_2 = 7.5$ のカルノーサイクルで，II はオットーサイクルの $\varepsilon = 7.5$ で，η が同じで $3'$ の最大圧力 $P_{\max}$ も同じである。しかし，Q_1 および斜線の面積で示す W および図示平均有効圧力 P_i は，オットーがきわめて大きいことがわかる。なお，III は $\varepsilon = 7.5$ で最大の Q_1 を与えたときで，IV は III と同じ Q_1 で $\varepsilon = 9$ の場合である。この Q_1 は，$P_1 = 0.1013$〔MPa〕，$T_1 = 293$〔K〕で $V_S = 1$〔L〕の空気の理論燃料量（化学反応式で示す最大の完全燃焼できる燃料量）で，完全燃焼したときの発熱量で，ガソリンでは，

$$Q_1 = \frac{V_S \gamma_1}{\lambda A_0} H_u = 3.59 \text{〔kJ〕} \tag{2.21}$$

ここで，$V_S = 10^{-3}$〔m^3〕，$\gamma_1 = 1.205$〔kg/m^3〕，A_0 ＝燃料 1 kg を完全燃焼できる最小空気量（ガソリンで 14.9 kg），λ ＝空気過剰率＝吸入空気量／$A_0 = 1.0$ とする。H_u ＝燃料の低発熱量（燃焼で生じる H_2O の凝縮熱を加えない，ガソリンは約 4 万 4 400 kJ/kg）。

(2.20) 式のように，オットーサイクルの η は Q_1，$T_{\max}$ に関係なく，ε と κ のみによってきまる。また，ε と $P_{\max}$ の関係は (2.17) 式で，$V = V_2 = V_1/\varepsilon$ より，

$$P_{\max} = \frac{Q_1 R}{C_V V_1} \varepsilon + P_1 \varepsilon^{\kappa} \tag{2.22}$$

いま，ε を III の 7.5 より点線 IV の 9 に上げれば，$P_{\max}$ は C のように高くなり，その圧力エネルギーを大きく膨張させて仕事に変換できて η を増す。

つぎに $\kappa = C_P/C_V$ が大きいときは，C_V が小さく同じ Q_1 で，図 2.9 のように $T_{\max}$，$P_{\max}$，P_i および η が増す。このことは，κ が大きいと，自己の温度のみを高める抵抗 C_V に対して，外部仕事のためのエネルギーを含む C_P の比率が高いためと解せられる。また，図 2.10 のように ε の増加による η の増加はしだいに緩やかになる。このことは，1 サイクルの仕事を示す P_i でも次式から同様である。

$$P_i = Q_1 \frac{\eta}{V_S} \tag{2.23}$$

一方，点線のように ε に対して $P_{\max}$ の増加は急である。なお，$\kappa = 1.3$，$\varepsilon = 9$ と同じ η を与える $\kappa = 1.4$ では $\varepsilon = 5.2$ で，図 2.9 にそれを点線で示し，$P_{\max}$ は前者より低く，κ すなわち比熱比の影響の大きいことがわかる。

(4) ディーゼルサイクル

図 2.11 の 1 → 2 → 3 → 4 の 2 → 3 が一定圧加熱のサイクルで，ε が 15 のオットーサイクルと比較したもので，ディーゼルの等圧膨張比を $\sigma = V_3/V_2 = T_3/T_2$ と書けば，

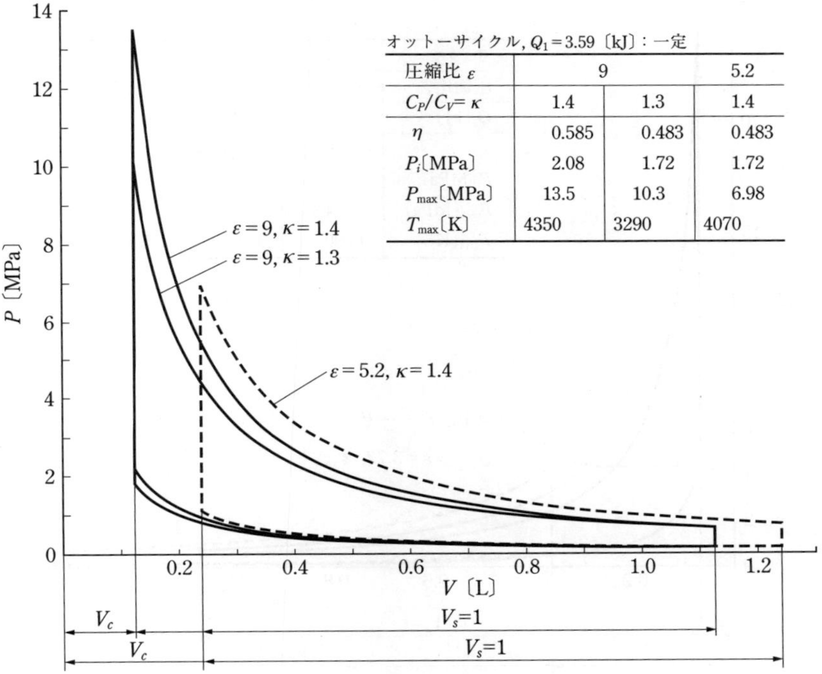

オットーサイクル, $Q_1=3.59$〔kJ〕: 一定

圧縮比 ε	9		5.2
$C_P/C_V=\kappa$	1.4	1.3	1.4
η	0.585	0.483	0.483
P_i〔MPa〕	2.08	1.72	1.72
P_{max}〔MPa〕	13.5	10.3	6.98
T_{max}〔K〕	4350	3290	4070

図2.9　κ（比熱比）の影響

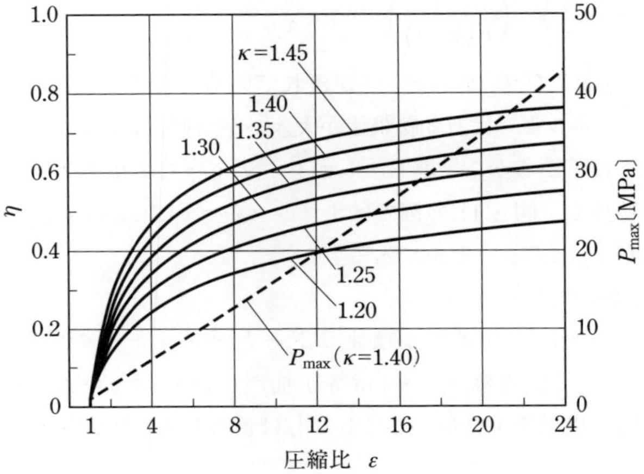

図2.10　オットーサイクルの特性

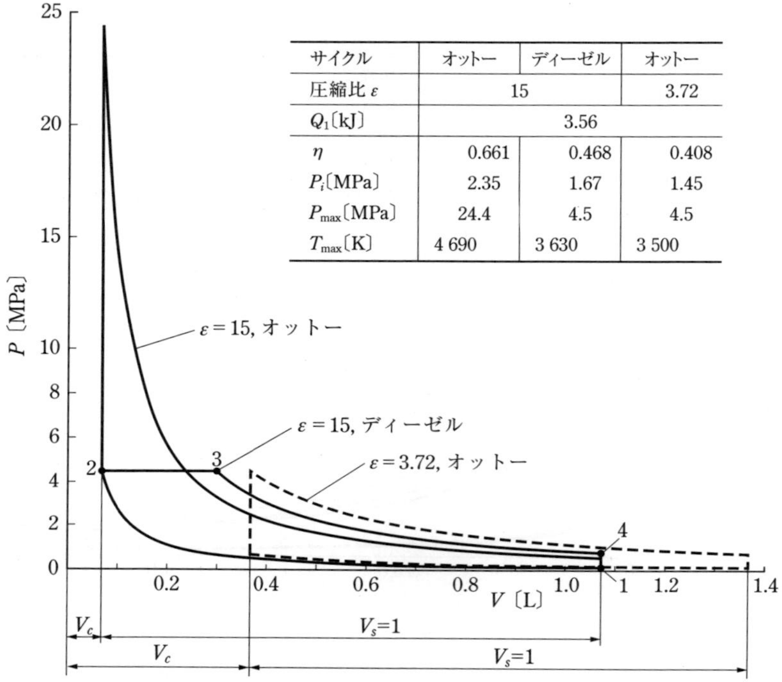

サイクル	オットー	ディーゼル	オットー
圧縮比 ε	15		3.72
Q_1〔kJ〕	3.56		
η	0.661	0.468	0.408
P_i〔MPa〕	2.35	1.67	1.45
$P_{\max}$〔MPa〕	24.4	4.5	4.5
$T_{\max}$〔K〕	4 690	3 630	3 500

図2.11　ディーゼルサイクルとオットーサイクルの比較

$$\eta = 1 - \left(\frac{1}{\varepsilon}\right)^{\kappa-1}\left(\frac{\sigma^{\kappa}-1}{\kappa(\sigma-1)}\right) \tag{2.24}$$

ε が同じとき，η および P_i はオットーが優れている。このことは，ピストンが上死点近くで受けたエネルギーは有効膨張比が大きいが，遅れれば低圧縮比に相当し，膨張比が小さく η は下がるからである。しかし，ディーゼルサイクルの $P_{\max}$ はきわめて低いことが特長で，図 2.11 の例ではオットーの $\varepsilon = 3.72$ の $P_{\max}$ と同じで，そのときの η および P_i はディーゼルに劣る。

(5) サバティサイクル ――――――

サバティ（Sabath'e）サイクルはオットーとディーゼルの中間で，図 2.12 の 1→2 が断熱，2→3 は等容，3→4 は等圧加熱，4→5 が断熱膨張のサイクルで，ディーゼル機関の擬似サイクルとしてしばしば使われる。圧力比を $\alpha = P_3/P_2$ とすれば，η は，

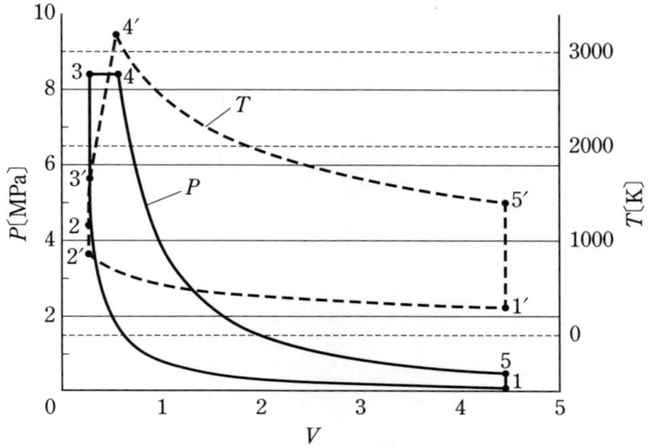

図2.12　サバティサイクルのP-V，T-V線図

$$\eta=1-\left(\frac{1}{\varepsilon}\right)^{\kappa-1}\left\{\frac{\alpha\sigma^{\kappa}-1}{(\alpha-1)+\kappa\alpha(\sigma-1)}\right\} \tag{2.25}$$

(6) ブレートンサイクル ――――――

ブレートン（Brayton）サイクルはガスタービンの理想サイクルで，図 2.13 はその p–V（比体積）線図で，圧縮機入口①の空気はいずれも p_1 = 0.1013〔MPa〕，T_1 = 293〔K〕，V_1 = 0.83〔m³/kg〕で，1 → 2′ → 3′ → 5′ → 1 は ε = 15（= 圧力比 $\gamma = p_{2}'/p_1$ = 44.9）で，1 → 2′ → 3′ → 4′ → 1 が前掲図 2.11 の ε = 15 のディーゼルサイクルであるので，それより 1 → 4′ → 5′ → 1 だけ大きく膨張仕事をするので η は高く，

$$\eta=1-\left(\frac{1}{\gamma}\right)^{\frac{\kappa-1}{\kappa}} \tag{2.26}$$

ここで，γ は圧力比（pressure ratio）= p_2'/p_1 で，圧縮機前後の圧力比で，体積比 $V_1/V_{2'}$ = ε で表しにくいからである。両者の関係は，

$$\gamma=\varepsilon^{\kappa} \tag{2.27}$$

これを（2.26）式に入れれば，オットーの（2.20）式と同じになる。つぎに，上記 γ = 44.9 で λ = 1.0 の燃焼では T_3 がタービン材料の耐熱温度をはるかに超える。γ = 9.52（ε = 5）にしても，λ = 1 では T_3'' = 3 330〔K〕となお高すぎる。$T_{\max}$ を 1 400 K または 1 000 K の実用可能範囲にするためには λ = 3.3 または 6.6 と希薄燃焼で Q_1 を下げ，斜影部のサイクルになる。また，Q_1 を変えて T_3 を変えても，2 ～ 3″ の間のどこで与えた熱も同じ膨張比で仕事に変換できるので，オットーと同様に

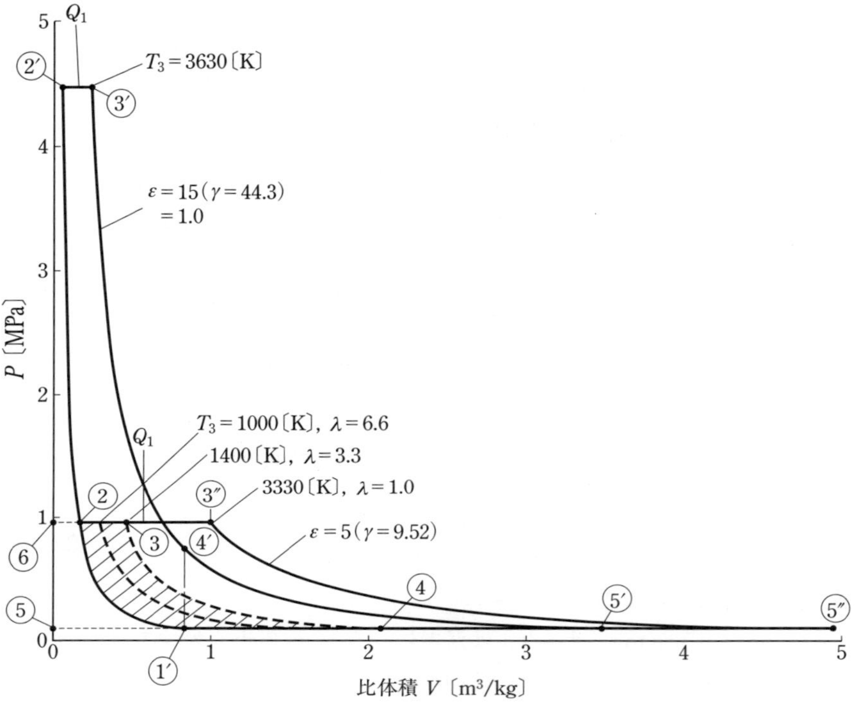

図2.13　ブレートン（ガスタービン）サイクル

η には影響しない。さらに，ピストン機関の仕事は $\int pdV$ であり，ガスタービンは $\int Vdp$ で，同じになるが，後者は比エンタルピ i を使って，

$$\begin{aligned}\text{仕事 } W &= \text{面積 } 1\cdot2\cdot3\cdot4 = \text{面積 } 4\cdot5\cdot6\cdot3\cdot4 - \text{面積 } 1\cdot5\cdot6\cdot2\cdot1 \\ &= (i_3-i_2)-(i_4-i_1)\end{aligned} \tag{2.28}$$

2.5 実際のサイクル

空気サイクルの仮定は実際と大きく異なり，諸性質の傾向の予測には有効であるが，絶対値は参考になり難い。一方，その違いを明確にすることが内燃機関の諸性質の理解につながる。以下にその主なる点を検討する。

2.5.1　作動物質としての燃焼ガス

熱の供給は混合気（燃料と空気の混合気）の燃焼により，その燃焼ガス（burnt gases）がそのまま作動物質となるので，熱力学的性質が常温の空気と異なる，それが作動ガスの温度，圧力が空気サイクルより低い原因の一つとなり，具体的には，比熱（specific heat）が成分ガス分子および温度で図 2.14 のように大きく変わる。

2.5.2　熱解離

いま，つぎの反応を考える。

$$2H_2 + O_2 \rightleftarrows 2H_2O + 484 \times 10^3 \text{〔kJ〕} \tag{2.29}$$

左から右への結合によって大量の熱が発生して高温になるので，生成物 H_2O の一部が逆向きに分解して，その分，結合時の熱を吸収する。この現象を熱解離（thermal dissociation）と呼び，熱解離は温度の関数で高温で急増する。化学変化にかかわる

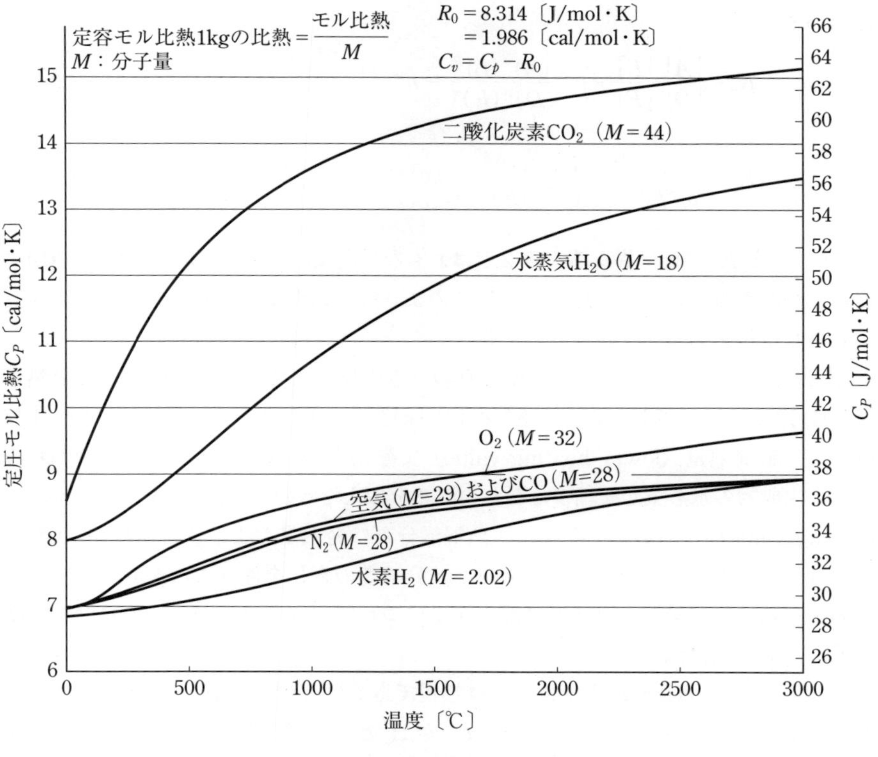

図2.14　ガスの比熱の温度による変化

全分子のモル数を n とし，H_2 のモル数を ［H_2］とすれば，H_2 の体積割合（H_2）は，

$$(H_2) = \frac{[H_2]}{n} \tag{2.30}$$

右への反応速度は C_1 を定数とすれば，C_1 ［H_2］^{2}［O_2］で，その解離である逆反応は C_2 ［H_2O］^{2} と書ける。両速度が等しく平衡に達したとき，

$$K_n = \frac{C_2}{C_1} = \frac{[H_2]^2[O_2]}{[H_2O]^2} = \frac{(H_2)^2(O_2)}{(H_2O)^2}n \tag{2.31}$$

（2.31）式中の［X］はその分圧 p_x と同意義で，全圧を p とすれば $p_x/p = (x)$ で，

$$K_p = \frac{{p_{H_2}}^2 p_{O_2}}{{p_{H_2O}}^2} = \frac{p^2(H_2)^2 p(O_2)}{p^2(H_2O)^2} = \frac{(H_2)^2(O_2)}{(H_2O)^2}p \tag{2.32}$$

K_n も K_p も平衡定数（equilibrium constant）と呼ばれ，温度の関数である。
これらを一般的に表せば，熱解離

$$aA + bB + \cdots\cdots \leftarrow dD + eE + \cdots\cdots \tag{2.33}$$

において，

$$K_n = \frac{[A]^a[B]^b\cdots}{[D]^d[E]^e\cdots} = \frac{(A)^a(B)^b\cdots}{(D)^d(E)^e\cdots}n^{(a+b+\cdots)-(d+e+\cdots)} \tag{2.34}$$

$$K_p = \frac{{p_A}^a{p_B}^b\cdots}{{p_D}^d{p_E}^e\cdots} = \frac{(A)^a(B)^b\cdots}{(D)^d(E)^e\cdots}p^{(a+b+\cdots)-(d+e+\cdots)} \tag{2.35}$$

この K_n と K_p の値は異なる。表 2.1 はおもな燃焼反応の K の値で，高温で急増することがわかる。ここで，K は一般にこのように分母が反応物質，分子が生成物質で表される値である。

（2.29）式で最後の項の熱量は $K = 0$ のときの反応熱で，ここでは $2H_2$ の発熱量で，H_2 1 kg に対しては，$H_u = 484 \times 10^3$〔kJ〕$\div$ 4.03〔kg〕$= 120.1 \times 10^3$〔kJ/kg〕で，低発熱量（lower heating value）で熱効率の計算などには H_u が使われる。また，生成物の水蒸気が凝縮するときの潜熱を加えたものが H_h = 高発熱量（higher heating value）である。実際には，熱解離分だけ発熱量および燃焼温度が下がる。それは，比熱増加と類似の現象であるが，分子数の変化を伴うことが異なる。また，この損失熱は行程後期にガス温度が下がるにつれて回収されるが，その熱は膨張度が低く，有効性は低い。

表 2.1 より，1 800 K 以下では解離は無視できるほど少ないが，高温では問題で，たとえば H_2O は 5 000 K で 82 %（$= x$）が H_2 と O_2 に解離し，ほとんど発熱しない。図 2.15 はその関係を示す。

表 2.1　燃焼におけるおもな反応の平衡定数（$K=K_p$）

T_K	K_1 $\dfrac{p_{CO}\cdot p_{O_2}^{\frac{1}{2}}}{p_{CO_2}}$	K_2 $\dfrac{p_{H_2}\cdot p_{O_2}^{\frac{1}{2}}}{p_{H_2O}}$	K_3 $\dfrac{p_{OH}\cdot p_{H_2}^{\frac{1}{2}}}{p_{H_2O}}$	K_4 $\dfrac{p_H}{p_{H_2}^{\frac{1}{2}}}$	K_5 $\dfrac{p_O}{p_{O_2}^{\frac{1}{2}}}$	K_6 $\dfrac{p_{NO}}{p_{N_2}^{\frac{1}{2}}\cdot p_{O_2}^{\frac{1}{2}}}$	K_7 $\dfrac{p_{CO}\cdot p_{H_2O}}{p_{CO_2}\cdot p_{H_2}}$
1 000	5.69×10^{-11}	8.12×10^{-11}	5.19×10^{-12}	2.26×10^{-9}	1.66×10^{-10}	8.83×10^{-5}	0.701
1 200	1.73×10^{-8}	1.25×10^{-8}	1.62×10^{-9}	1.96×10^{-7}	2.49×10^{-8}	5.23×10^{-4}	1.38
1 400	9.74×10^{-7}	4.45×10^{-7}	9.86×10^{-8}	4.84×10^{-6}	9.40×10^{-7}	1.91×10^{-3}	2.19
1 600	1.98×10^{-5}	6.54×10^{-6}	2.16×10^{-6}	5.41×10^{-5}	1.44×10^{-5}	5.05×10^{-3}	3.03
1 700	6.82×10^{-5}	1.98×10^{-5}	7.69×10^{-6}	1.47×10^{-4}	4.44×10^{-5}	7.58×10^{-3}	3.44
1 800	2.04×10^{-4}	5.30×10^{-5}	2.39×10^{-5}	3.56×10^{-4}	1.21×10^{-4}	0.01077	3.85
1 900	5.50×10^{-4}	1.31×10^{-4}	6.58×10^{-5}	7.90×10^{-4}	2.96×10^{-4}	0.0148	4.20
2 000	1.31×10^{-3}	2.84×10^{-4}	1.64×10^{-4}	1.62×10^{-3}	6.64×10^{-4}	0.0197	4.61
2 100	2.91×10^{-3}	5.83×10^{-4}	3.74×10^{-4}	3.10×10^{-3}	1.38×10^{-3}	0.0256	4.99
2 200	5.97×10^{-3}	1.12×10^{-3}	7.90×10^{-4}	5.61×10^{-3}	2.69×10^{-3}	0.0324	5.33
2 300	0.01155	2.05×10^{-3}	1.57×10^{-3}	9.63×10^{-3}	4.93×10^{-3}	0.0400	5.63
2 400	0.0211	3.53×10^{-3}	2.94×10^{-3}	0.0158	8.61×10^{-3}	0.0488	5.98
2 500	0.0366	5.85×10^{-3}	5.23×10^{-3}	0.0250	0.0144	0.0586	6.26
2 600	0.0610	9.33×10^{-3}	8.90×10^{-3}	0.0382	0.0231	0.0690	6.54
2 700	0.974	0.01434	0.01467	0.0565	0.0359	0.0806	6.79
2 800	0.151	0.0214	0.0230	0.0814	0.0539	0.0930	7.06
3 000	0.330	0.0441	0.0525	0.157	0.1125	0.1203	7.48
3 500	1.568	0.185	0.267	0.586	0.485	0.200	8.48
4 000	4.97	0.549	0.924	1.585	1.477	0.293	9.05
4 500	12.13	1.273	2.39	3.435	3.49	0.393	9.53
5 000	24.6	2.49	5.09	6.39	6.95	0.496	9.88

（出典） A. G. Gaydon and H. G. Wolfhard:Flames, Chapman and Hall Ltd. 1970

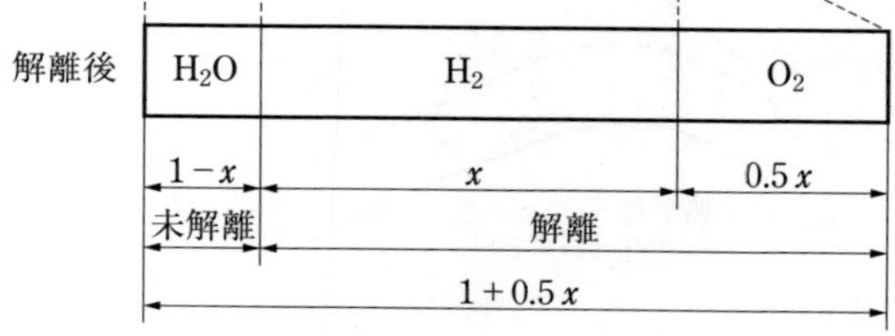

解離後

$$p_{H_2O}=\frac{1-x}{1+0.5x}$$

$$p_{H_2}=\frac{x}{1+0.5x}$$

$$p_{O_2}=\frac{0.5x}{1+0.5x}$$

$$K_2=\frac{p_{H_2}p_{O_2}^{0.5}}{p_{H_2O}}$$

$$=2.49$$

図2.15　5 000 K の K_3 と分圧の関係

2.5.3 断熱火炎温度

温度 T_1 の空気と T_F の燃料が，質量混合比 m で発熱量 H をもつとき，断熱，等圧下で燃焼したときの平衡燃焼ガス温度 T_f を断熱火炎温度（adiabatic flame temperature）と呼び，つぎの関係がある。

$$H=\sum_{i=1}^{n} r_i \int_{T_0}^{T_f} C_{pi} dT \tag{2.36}$$

ここで，i は燃焼ガス中の i 番目の成分，その質量分率が r_i，定圧比熱が C_{pi}，T_0

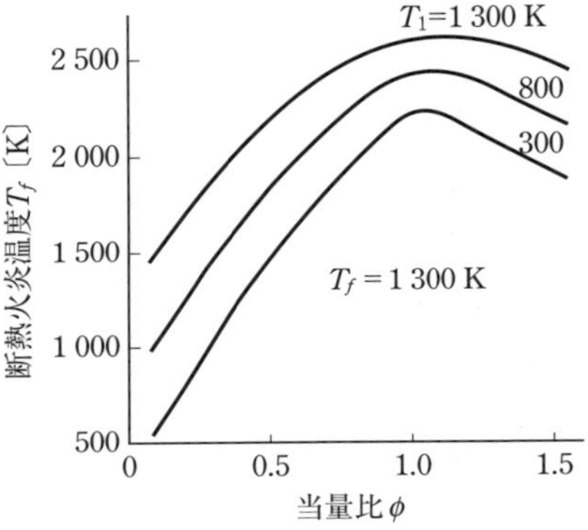

(a) メタンのT_f
（日本機械学会「機械工学便覧」A6）

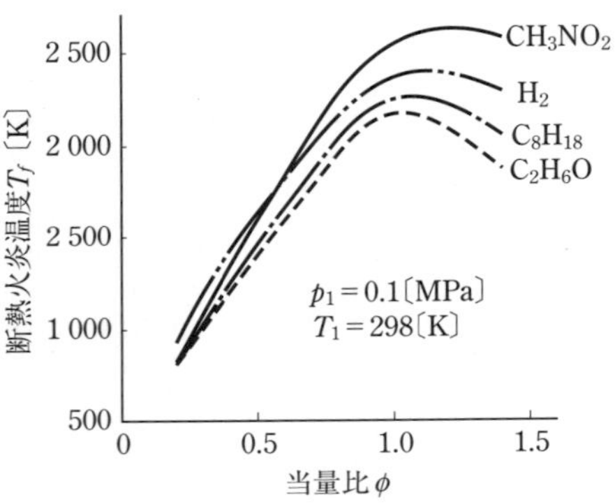

(b) 各種燃料のT_f
（Ferguson: Internal combustion Engines）

図2.16　燃料の断熱，定圧火炎温度T_f

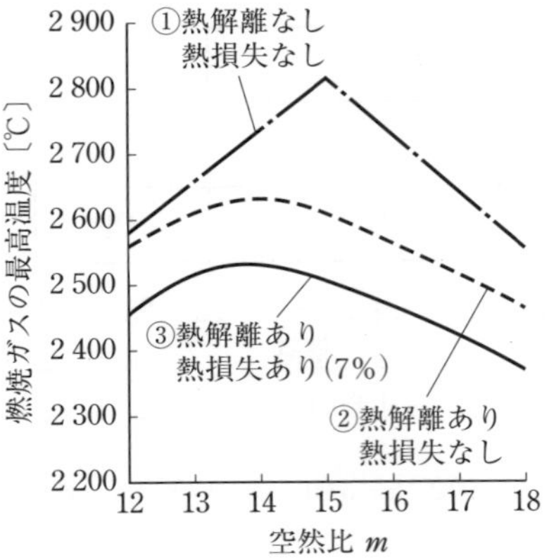

図2.17　オットーサイクルの最高温度 T_f の計算値（いずれも比熱変化を考慮）

は混合気の温度で T_1 と T_F より決まる。熱解離によって n は増し，T_f は下がる。図2.16（a）は CH_4 の T_f の計算値で，（b）はほかのいくつかの燃焼の中に対する値を示す。ここで，当量比 ϕ ＝理論空気量／実際空気量である。

図 2.17 はオットーサイクル（燃料ガソリン）での T_f の計算値で，①に対して現実に近い③は温度または圧力が低く，最高の温度を与える m は理論比（= 15）より小さい高濃度側に移ることを示し，エンジンの最大出力が濃混合気で得られる一因である。

2.5.4　空気と燃料の混合比

空気と燃料の質量比 $A/F = m$ を混合比（mixture ratio）と呼び，エンジンの燃焼や性能に大きい影響をもち，表示の方法も燃焼反応式から求まる完全燃焼に必要な最小空気量 A_0 と燃料 F_0 の比を理論混合比（A_0/F_0）（stoichiometric mixture ratio）と呼び，さらにつぎのように呼ぶ。

空気過剰率（excess air ratio）$\lambda = (A/F)/(A_0/F_0)$ は，ディーゼルでよく使われる。また，当量比（equivalence ratio）$\phi = (A_0/F_0)/(A/F) = 1/\lambda$ である。また，$\phi < 1$，$\lambda > 1$ を希薄（fuel lean），逆に $\phi > 1$，$\lambda < 1$ を過濃（fuel rich）混合気という。

ディーゼル機関では $\lambda < 1.2 \sim 1.5$ で不完全燃焼になり黒煙などが増すので，λ を 1 に近づけて無公害，高出力が得られる対策が期待される。一方，ガソリンでは希薄にするほど低温となって，比熱，熱解理の影響が少なく，熱効率が高く，公害排

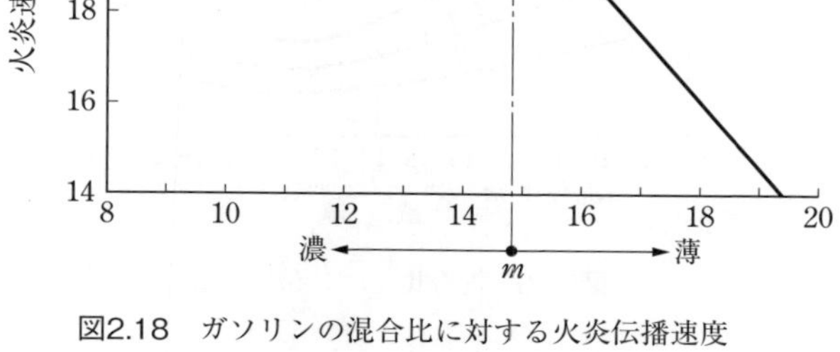

図2.18　ガソリンの混合比に対する火炎伝播速度

気も少ない特長をもつが，m = 16 ～ 18 で点火が不安定になる。そこで，点火火花を強くしたり，濃い混合気を部分的につくってそこにスパークするなど，いろいろなリーンバーン（leen burn）対策が試みられている。一方，図 2.18 のように濃混合気で火炎速度が速く，図 2.19 のような圧力変化となり，結局排気対策を無視すれば図 2.20 のように，m = 16 ～ 17 で b（= 1 kW，1 時間当たりの燃料消費質量 g）が最良となり，m = 12.5 で最大出力を出すことがわかる。

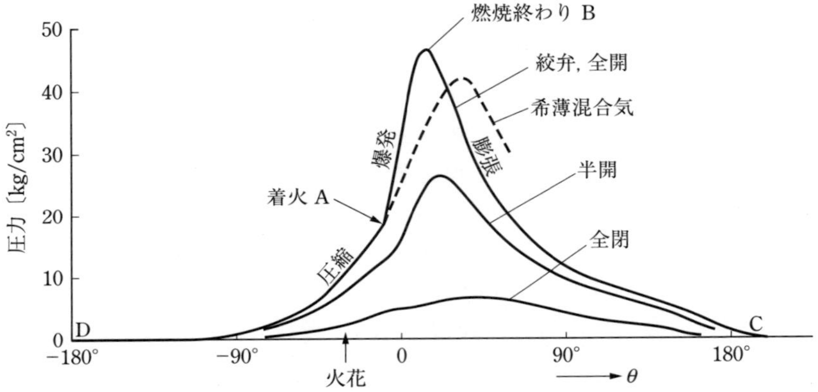

図2.19　ガソリン機関の燃焼室内の圧力変化（イジケータ線図）（絞り弁または負荷の影響）

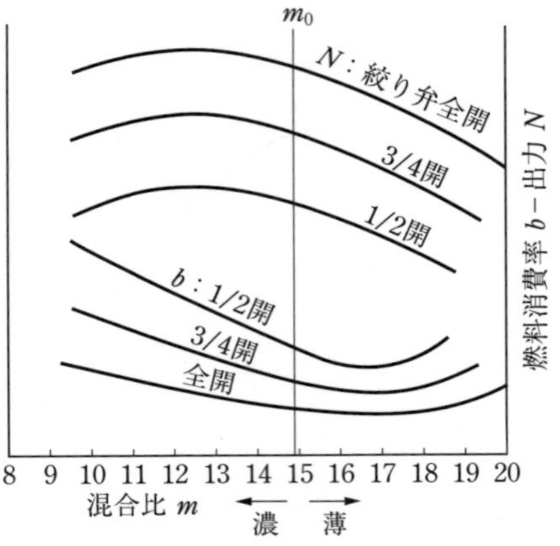

図2.20　混合比とエンジン性能

2.5.5 残留ガスの影響および分子数の変化

実際には排気行程で全燃焼ガスを排出できず，その一部が残留ガス（residual gas）として，つぎのサイクルの混合気に混入する。それによって，吸気の量，温度および圧力が影響を受ける。

つぎに，燃焼によって作動ガスの分子数が増減する。その数は熱解離を無視すれば，理論混合比で C_xH_y の気化した燃料と空気が燃焼するとき，次式のように（$y/4 - 1$）だけ増加する。

$$\begin{aligned} &C_xH_y + \left(x + \frac{1}{4}y\right)\left(O_2 + \frac{0.79}{0.21}N_2\right) \\ &\quad \to xCO_2 + \frac{1}{2}yH_2O + \left(x + \frac{1}{4}y\right)3.76N_2 \end{aligned} \tag{2.37}$$

ガソリンを C_8H_{17} に代表させれば，約 5.5 ％の増加である。また，$\phi < 1$ では増加割合は減少するが，$\phi > 1$ の濃混合気では CO_2，H_2O とならないで CO や H_2 になるので，増加割合は増大し図 2.21 のようになる。つぎに水素では理論混合比（A/F）$= 34.2$ において，つぎのように逆に約 15 ％モル数は減少する。

$$2H_2 + O_2 + 3.76N_2 \to 2H_2O + 3.76N_2 \tag{2.38}$$

このような分子数の変化で，体積および温度が変わらなければ圧力は分子数に比例して変わるはずである。しかし，発熱量が同じで分子比熱が一定であれば，温度上昇は分子数に逆比例するので，分子数の変化は圧力に影響されない。以上のように，分子数の変化がサイクルに与える影響は単純ではないが，一定体積内のガスの状態変化は基本的に分子数に関係するので重要である。

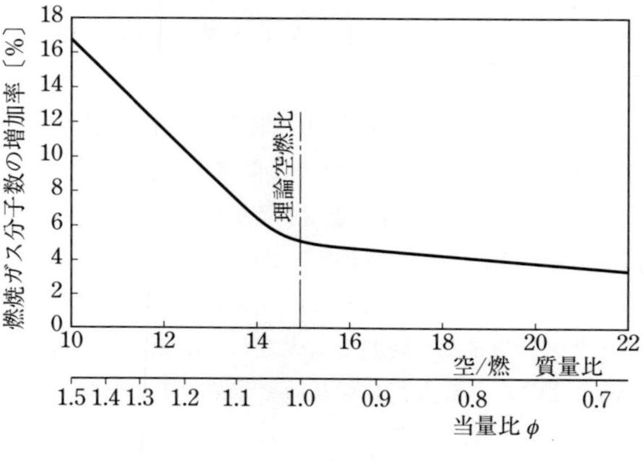

図2.21　ガソリン－空気の燃焼ガス分子数の増加率

2.5.6 仮定の異なるオットーサイクルの計算値

図 2.22 において，$f = 5$ %の残留ガスが全作動ガスのなかに含まれ，新気は $1 - f$ で $A + F$ より成り，そのなかの燃料は $F/(F + A) = 1/(1 + m)$，作動ガス 1 kg の発熱量 Q はガソリン $H_u = 44.4 \times 10^3$〔kJ/kg〕，$m = m_0 = 14.9$ では混合気 1 kg の発熱量は，

$$Q = \frac{(1-f)\,H_u}{1+m_0} = 2\,650 \text{〔kJ/kg〕} \tag{2.39}$$

このときの空気サイクルⓐに対して，比熱が前掲図 2.14 のように大きくなり，$C_P/C_V = \kappa$ が小さくなるときがⓑで，比熱のほかに熱解離および残留ガスを考慮したものがⓒで，ⓓは実際の P-V 線図で，これらの間の差の大きいことがわかる。

2.5.7 熱の発生

実際は，作動ガスの加熱は燃焼によるので，オットーサイクルのようにピストンの TDC で全燃焼が瞬時に終わることはない。燃焼は発火点から未燃部に伝播するため時間を要し，真のオットーサイクルにはならない。また，そのほうが圧力上昇速度が緩やかで，最大圧力も低く，爆発の衝撃が小さく実用的である。図 2.23 はガソリン機関の例で，燃料の燃焼した割合 y（質量燃焼割合：mass fraction burned）を圧力測定値 p の変化から計算で求めたもので，燃焼完了にピストン位置約 0.07，ランク角で約 30° を要することがわかる。同図は p-θ で，クランク角 θ またはそれに比例する時間に対する値で，上方にピストン位置の比 x/s の目盛りがある。TDC 付近ではピストン速度が小さく，p_{max} は $\theta = 18°$（1 行程時間の 0.1）で起こるが，x/s では 0.025 にすぎない。また，終わるのは $\theta = 25°$，$x/s = 0.06$ である。なお，TDC 付近でピストンの速度が遅いことは，同じ x 間に長い燃焼時間を与え，ピストン機関の一つの長所である。

図 2.24 は，y を与える燃焼主成分 CO_2 の増加と，それに使われて減少する O_2 を実測した結果である。図 2.25 はディーゼル機関での測定例で，(a) は空気 1 kmol，クランク角 1° 当たりの燃料噴射量，1° 当たりの噴射量を噴射率（rate of fuel injection）と呼ぶ。(b) はその燃料がシリンダ内で燃焼して空気 1 kmol，1° 当たりに発生する熱量で，熱発生率（rate of heat release）の経過を示す。噴射始め A から着火 B までのクランク角または時間を着火遅れ（ignition delay）と呼び，その間の燃料は一瞬に燃えるので，着火遅れが長いと未燃燃料が一瞬に燃焼するため圧力上昇は急で，大きい騒音・振動を発する。これをできるだけ短くすることが要求される。ほぼ 40° の間に燃焼は完了し，わずかの燃料があとまで燃えているが，これ

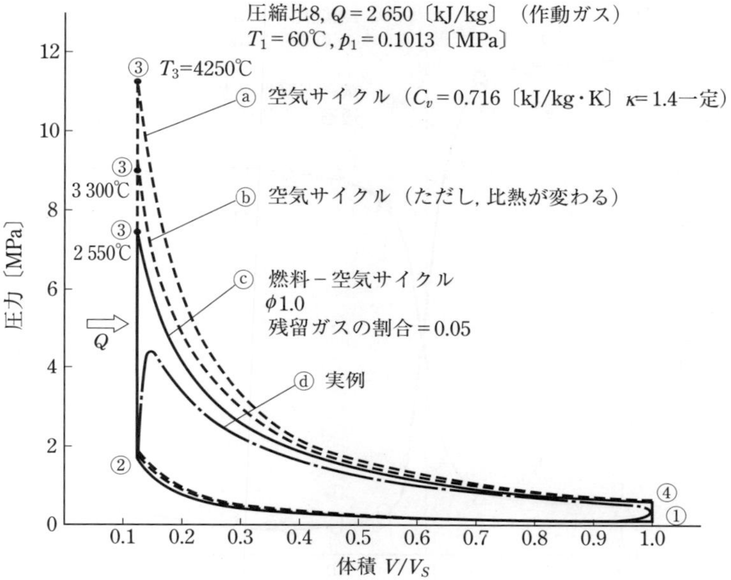

図2.22　空気サイクルと燃料－空気サイクルのオットーサイクルにおける違い（壁面への放熱なし）

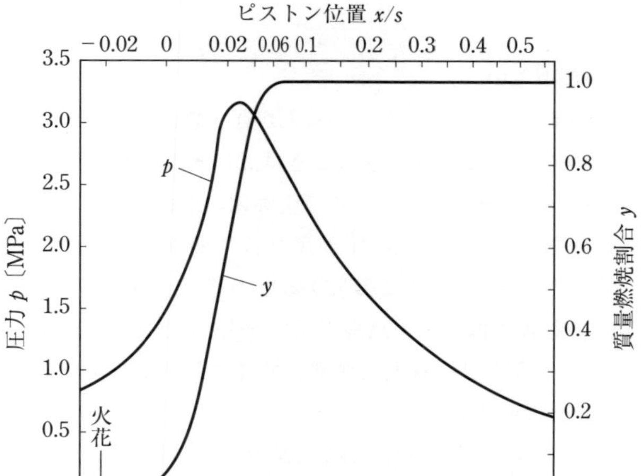

図2.23　ガソリン機関の燃焼経過の例
（K. Komiyama ほか：SAE-730475）

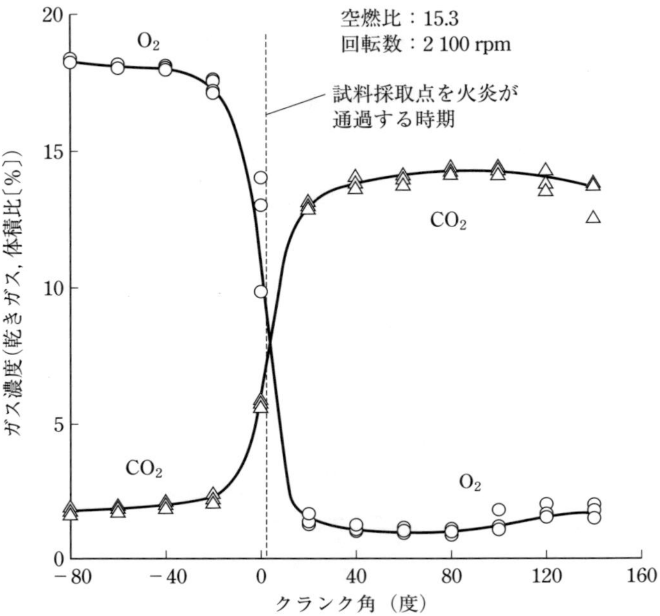

図2.24　燃焼ガスの生成過程
（滝下利男ほか「日本機械学会論文集」44巻381号）

は出力になる効率が小さい。

つぎに，図 2.26 はオットーサイクルの着火が遅すぎたり，早すぎるときの場合をわかりやすく示すもので，まず遅すぎるときは，1 → 2 で圧縮後 A で着火する場合で，1 → 2 → A → B → C → 1 のサイクルで圧縮比の小さいサイクルに相当し，効率 η は低い。つぎに，早すぎるときは，圧縮途中 A で着火 B で燃焼完了し，その高圧ガスをさらに B′ まで圧縮し，C まで膨張するもので，仕事は遅い着火の場合と同様に小さいが，BB′ の往復中は高圧・高温で伝熱損失などが大きく BB′ より B′ B のほうが低くなる。このような早い着火の異常な場合として，スパーク発生前に着火する過早着火（pre-ignition）がある。

図 2.27 は，過早着火の燃焼状態を実際の $p-\theta$ 線図で示したもので，スパーク前に何らかの原因で着火し，混合気が燃えて，A′B′ の圧力上昇し，その燃焼ガスを C′ まで圧縮し膨張するので $p-\theta$ 線図下の面積は大きいが，BB′ のような無駄な変化があり仕事はわずかである。

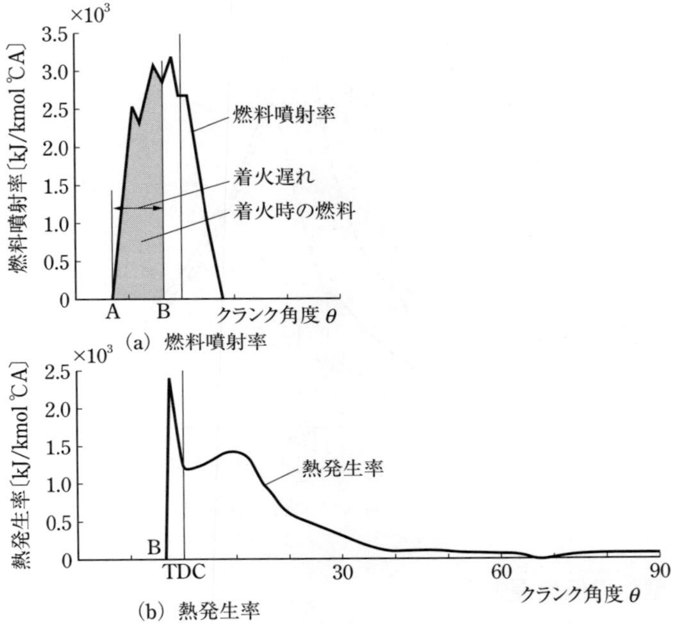

図2.25　ディーゼル機関の燃焼経過
(G. Woschniほか：SAE-740086)

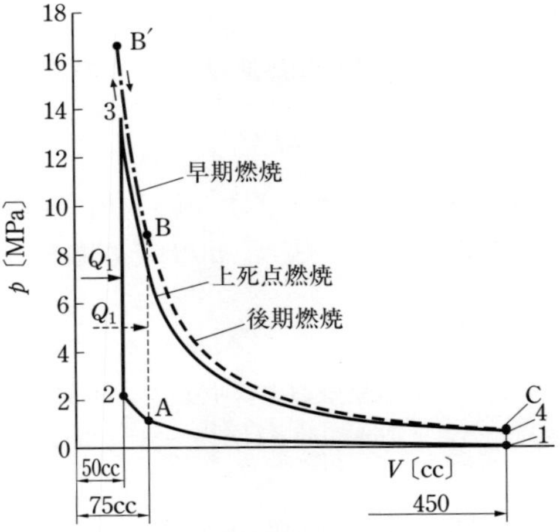

図2.26　Q_1の供給時期の影響

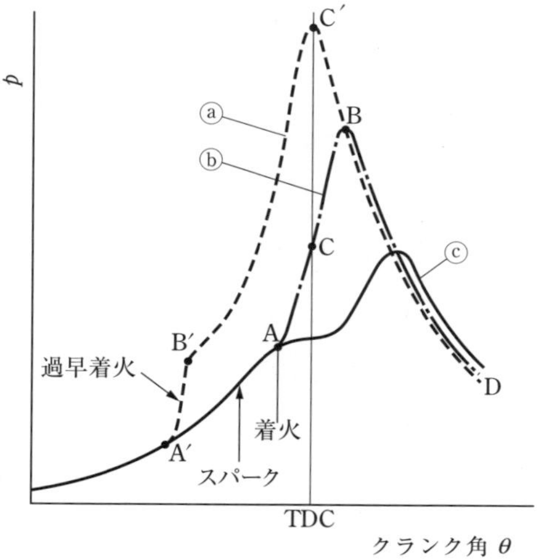

図2.27　着火時期と$P-\theta$線図

2.5.8　壁への伝熱損失

シリンダ内の燃焼ガス温度は2 000 ℃以上に達するほど高いので，シリンダ，シリンダヘッド，ピストンへの熱伝達量を無視してサイクルの予測はできない。一方，熱伝達量の予測も容易でなく，すでに多くの研究者の報告があるが相互の差が大きく，たとえば全伝熱量の燃料の発生熱量に対する割合は計算方法によって8～23 %の差があるほどである。

壁面に伝達される1サイクル中の全伝熱量Q_Wはつぎのように書ける。

$$Q_W=\int_{サイクル}\sum_i \alpha_H{}'A_i(T'-T_{wi})\,d\theta \tag{2.40}$$

ここで，T'はある時刻またはクランク角θのシリンダ内の平均ガス温度，T_{wi}はそのときのある壁面の部分面積A_iの平均温度，$\alpha_H{}'$はその場所，時刻におけるガスと壁面間の熱伝達率である。

(1)　α_Hの提案 ――――――

実際には簡単なために，全燃焼室壁およびサイクルの時間的平均熱伝達率α_Hが，つぎのように提案されている。Eichelbergはディーゼル機関による測定をもとにして，

$$\alpha_H=7.8\times10^{-3}\,W_m^{\frac{1}{3}}p^{\frac{1}{2}}T^{\frac{1}{2}}\ \text{〔kW/m}^2\cdot\text{K〕} \tag{2.41}$$

ここで，W_mはピストン平均速度〔m/s〕，p，Tはサイクル平均の圧力〔MPa〕お

よびガス温度〔K〕を示す。

つぎに，Nusselt は強制熱伝達の式を球形燃焼室での静的測定結果にあてはめて，(2.41) 式と同じ SI 単位で次式を提示している。

$$\alpha_H = 5.4 \times 10^{-3}(1 + 1.24\,W_m)\,p^{\frac{2}{3}}\,T^{\frac{1}{3}} \ \text{〔kW/m}^2\cdot\text{K〕} \tag{2.42}$$

また，Woschni は Nusselt の考えのなかに燃焼によって起こるガス流動の項を入れて，

$$\alpha_H = 0.82\,\frac{p^{0.8}}{d^{0.2}\,T^{0.53}}\left\{C_1 W_m + C_2\,\frac{p - p_0}{p_1}\,\frac{V}{V_1}\,T_1\right\}^{0.8} \ \text{〔kW/m}^2\cdot\text{K〕} \tag{2.43}$$

ここで，p_0 はモータリング時（燃料なし）のガス圧力〔MPa〕，$p - p_0$ は燃焼圧力との差で｛ ｝内の第 2 項は着火後に現われ，燃焼による項。

p_1，V_1，T_1：吸気弁閉止時の既知のガスの状態，V はシリンダ体積〔m^3〕。d はシリンダ直径〔m〕，C_1，C_2 は定数。

さらに，Annand は放射熱によるものを分離して，

$$q = \alpha_H(T - T_W) = a\left(\frac{\lambda}{D}\right)R_e^{0.7}(T - T_W) + b(T^4 - T_W{}^4) \ \text{〔kW/m}^2\text{〕} \tag{2.44}$$

ここで，a は定数で渦の大きさにより 0.35 ～ 0.6。λ はガスの熱伝導率（W/m·K），T_W は壁面温度〔K〕，T はガス平均温度〔K〕，D はシリンダ直径〔m〕，R_e は平均ピストン速度とシリンダ直径によるレイノルズ数，b はガス成分による定数で，ディーゼルでは 3.3×10^{-11}，ガソリンでは 4.3×10^{-12}〔kW/m^3·K^4〕。

(2) 表面温度測定からの計算

以上の α_H は運転中のガスと壁面の時間的平均温度差（$T - T_{wi}$）における熱流束の係数で，燃焼室の表面形状およびガス流動などによって異なるものをそれぞれ 1 つの式で表示したものであるが，そのものは各サイクル中のガス温度によって表面から壁内へ流入する熱によるものであり，つぎのようにして求める。

ガスが燃焼で高温になり壁面もその熱で温度が高まり，つぎの瞬間には吸気で冷やされる。そのときの真の表面温度は測定できないが，数 μm 以下の薄膜熱電対で普通測定され，時間に対して図 2.28（a）の $f(\omega t)$ のようになる。これから数学的に熱流束を求めるために Fourier 級数を応用する。まず，$f(\omega t)$ をつぎのように展開する。

$$f(\omega t) = T_m + \sum_{n=1}^{\infty}\{A_n \cos(n\omega t) + B_n \sin(n\omega t)\} \tag{2.45}$$

ここで，T_m は，

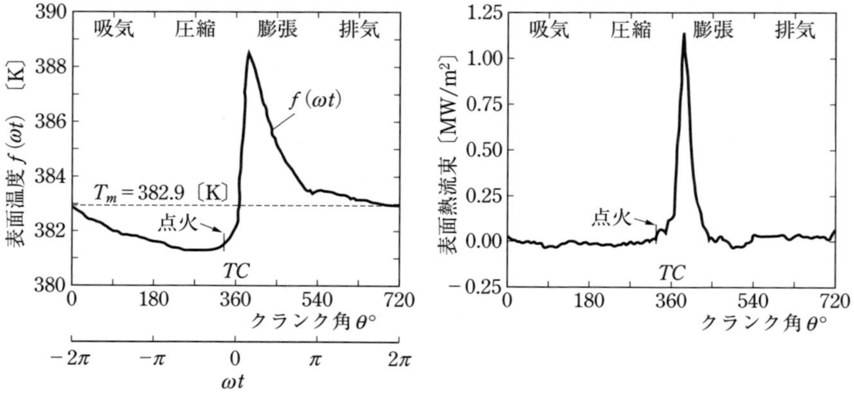

(a) 時間に対する表面温度の測定値例　　(b) 壁面への熱流束計算値

図2.28　ガソリン機関の部分負荷時の表面温度変化より計算される熱流束

$$\left.\begin{aligned} &\text{表面平均温度}\ T_m = \frac{1}{4\pi}\int_{-2\pi}^{2\pi} f(\omega t)\,d(\omega t) \\ &A_n = \frac{1}{2\pi}\int_{-2\pi}^{2\pi} f(\omega t)\cos(n\omega t)\,d(\omega t) \\ &B_n = \frac{1}{2\pi}\int_{-2\pi}^{2\pi} f(\omega t)\sin(n\omega t)\,d(\omega t) \end{aligned}\right\} \tag{2.46}$$

n は正整数で数 10 次まで計算しないと，(2.45) 式は収斂しない。

つぎに，表面から x 下方の温度も同時に示せば，

$$\begin{aligned} T(x,t) = &T_m - (T_m - T_e)\frac{x}{l} \\ &+ \sum_{n=1}^{\infty} e^{-\phi nx}\left\{A_n\cos(n\omega t - \phi_n x) + B_n\sin(n\omega t - \phi_n x)\right\} \end{aligned} \tag{2.47}$$

ここで，T_m，A_n，B_n は (2.46) 式の値，$\phi_n = n\omega/2a$，$\alpha = \lambda/C\rho$：温度伝導率，λ，C，ρ は壁材の熱伝導率，比熱，密度，l は温度変動がなくなる点，T_l はその温度。表面下 x の時間的平均温度を T_{xm} とすれば，

$$T_{xm} = T_m - (T_m - T_l)\frac{x}{l} \tag{2.48}$$

また，平均熱流束は $q_m = T_m - T_l\lambda/l$。そこで (2.47) 式右辺第 2 項は，

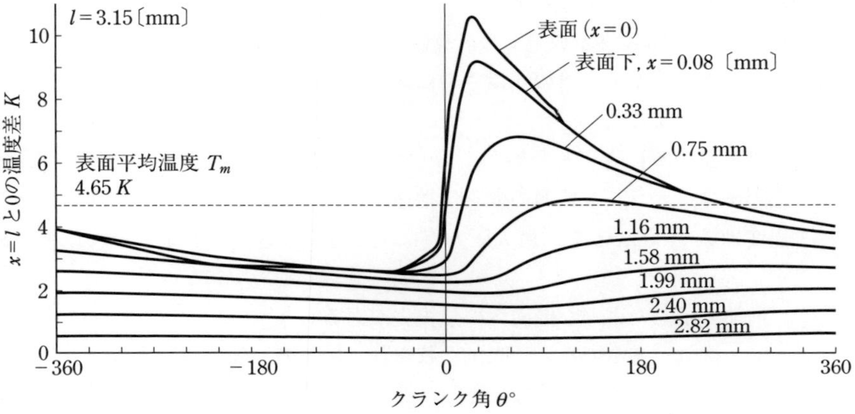

図2.29　表面下の温度変化

$$(T_m - T_l)\frac{x}{l} = q_m \frac{x}{\lambda} \tag{2.49}$$

(2.47) 式を計算したものが図 2.29 で，燃焼熱による表面の温度変動は x 方向ですみやかに消滅することがわかる。

最後に熱流束は，$q = -\lambda \dfrac{dT}{dx}$ である。

(2.47) 式，(2.49) 式より，

$$\begin{aligned} q(x,t) = q_m + \lambda \sum_{n=1}^{\infty} \Biggl[\sqrt{\frac{n\omega}{2a}}\, e^{-x\sqrt{\frac{n\omega}{2a}}} \Biggl\{ (A_n + B_n)\cos\left(n\omega t - x\sqrt{\frac{n\omega}{2a}}\right) \\ -(A_n - B_n)\sin\left(n\omega t - x\sqrt{\frac{n\omega}{2a}}\right) \Biggr\} \Biggr] \end{aligned} \tag{2.50}$$

表面 $x = 0$ では熱流束は，

$$\begin{aligned} q(x=0) = q_m + \lambda \sum_{n=1}^{\infty} \Biggl[\sqrt{\frac{n\omega}{2a}} \{ (A_n + B_n)\cos(n\omega t) \\ -(A_n - B_n)\sin(n\omega t) \} \Biggr] \end{aligned} \tag{2.51}$$

図 2.28 (b) は，この計算値で大部分の熱が上死点付近の狭い時間内に入ることを示す。

2.5.9 実働サイクルの解析

前掲図 2.22 のⓐⓑはある仮定での計算値であり，ⓒは実際の作動ガスによるオットーサイクルであるが，実働のⓓはさらに相当低い圧力，温度である。それは主としてつぎの原因による。

① 燃焼が一瞬に完了しないし，もしすれば衝撃的圧力上昇で実用できない。実際には，ガソリン機関の火炎伝播速度は正常で，ピストン平均速度の 2 倍程度の数～ 30 m/s で，最大圧力点は上死点より遅れ，燃焼はそれ以後も続く。

② 前節で示したような壁面への熱損失がある。

③ 吸・排気が完全でない，吸気が絞られ，排気の一部が残留する。

このようなサイクルのガス成分，圧力，温度の経過は実測によって求めることは圧力以外は容易でないので，普通は圧力変化（インジケータ線図）の測定値をもとにして計算によって推定する。この計算は，コンピュータの利用などで広く実用化されている。そこで得られたインジケータ線図からの計算法の手順の例を示す。

(1) 燃焼割合の概算

図 2.30 の p-V 線図で，1 ～ 2 の短い間（1° ぐらい）のエネルギー保存則は，

$$q = q_C - q_W = U_2 - U_1 + a \tag{2.52}$$

ここで，q_C はこの間の燃焼熱量，q_W は壁への伝熱量，U_1，U_2 は各クランク角での内部エネルギー，a は膨張仕事である。

また，$dq_C/d\theta$ を熱発生率（rate of heat release）と呼び，$\int_{\theta_i}^{\theta_1} q_C d\theta / \int_{\theta_i}^{\theta_m} q_C d\theta = x$

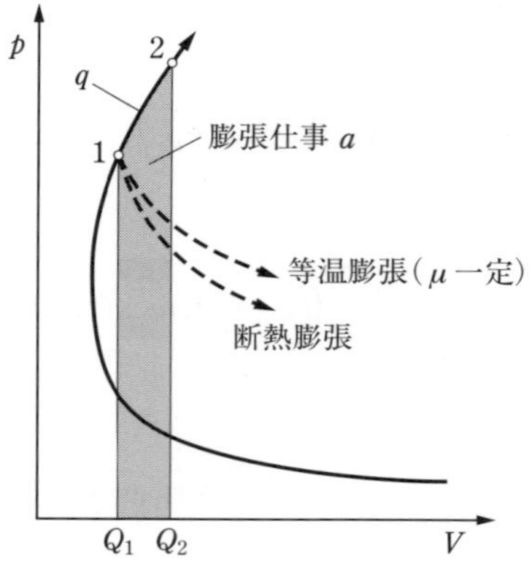

図2.30 燃焼中の状態変化

を燃焼割合と呼ぶ。θ_i と θ_m は燃焼始めと終わりの角度，実際には $x = b_1/B$，B は全燃焼燃料，b_1 は θ_1 までの燃焼燃料質量。この燃焼燃料割合と上記燃焼割合とは，熱解離のため正確には同じでない。

そこで測定された p-V 線図と有効供給熱量 q の関係を求める。

熱力学の第一法則（$dq = GC_v dT + pdV$），また状態式 $pV = GRT$ を $pdV + Vdp = GRdT$ として両式より dT を消去し，$R = C_p - C_v$ より，$(C_v + R)\, pdV + C_v Vdp = Rdq$，これを $C_v pV$ で割れば，

$$\frac{\kappa dV}{V} + \frac{dp}{p} = (\kappa - 1)\frac{dq}{pV}$$

1 ～ 2 間を積分すれば，

$$\log\frac{p_2 V_2^{\kappa}}{p_1 V_1^{\kappa}} = (\kappa - 1)\int_1^2 \frac{dq}{pV}$$

$$\therefore \quad \frac{p_2 V_2^{\kappa}}{p_1 V_1^{\kappa}} = \exp\frac{\kappa - 1}{GR}\left(\frac{q_2}{T_2} - \frac{q_1}{T_1}\right) \qquad (2.53)$$

展開して一次の項までとれば，

$$\frac{p_2 V_2^{\kappa}}{p_1 V_1^{\kappa}} \fallingdotseq 1 + \frac{\kappa - 1}{GR}\left(\frac{q_2}{T_2} - \frac{q_1}{T_1}\right) \fallingdotseq 1 + \frac{\kappa - 1}{GRT_1}(q_2 - q_1) = 1 + \frac{\kappa - 1}{p_1 V_1}(q_2 - q_1)$$

$$\therefore \quad q = q_2 - q_1 = \frac{p_1 V_1}{\kappa - 1}\left(\frac{p_2 V_2^{\kappa}}{p_1 V_1^{\kappa}} - 1\right) \qquad (2.54)$$

（2.53）式，（2.54）式で p，V はインジケータ線図よりただちに求まるが，κ，発熱量および q_W はガスの組成および温度の関数であるので，始めは近似的に，平均モル数 N については，$PV = NR_0T$ が成り立つとして，p_1，V_1 における T_1 を計算し，熱解離を無視して前掲図 2.14 や前項の α_H の式より，κ，q_W を求めて q_C および x の概算を行う。つぎに，前掲表 2.1 の平衡定数を用いて解離熱による修正を行い，燃焼割合 x の正確さを高める。

（2）非混合モデルによるガス温度の計算 ――――――

前記の計算は燃焼室全体が一様な組成，温度と仮定したものであったが，実際の炎は順次拡大するので，当然場所と時間でそれらは異なる。そこで，未燃焼部と既燃焼部に分け，それぞれのなかでは一様と仮定する方法もあるが，さらに実際に近いのは非混合モデル（unmixed model）と呼ばれるもので，図 2.31 のように，まず混合気全体をⓐのように n 個に区分し，それぞれのなかのガスは最後まで他の区分と混合しないものとする。A で着火し，区間 1 が燃焼を終えればⓑのように 1 だけが高温となって膨張し，2…n の未燃部は圧縮されて温度も上がる。この際，燃焼割

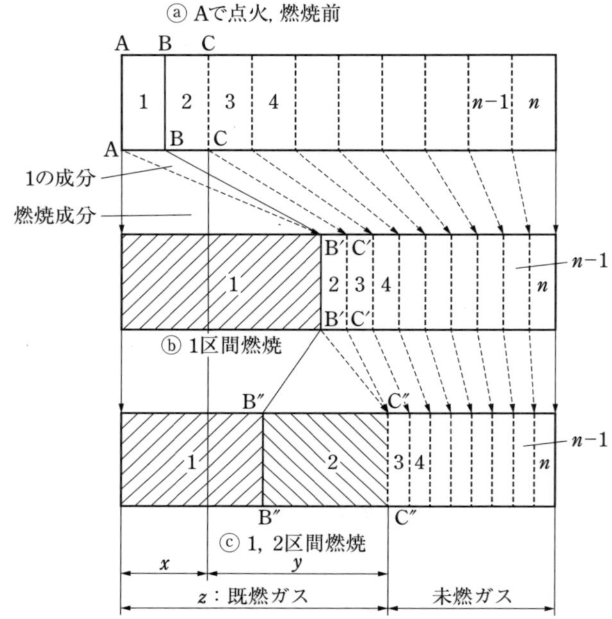

図2.31　非混合モデル

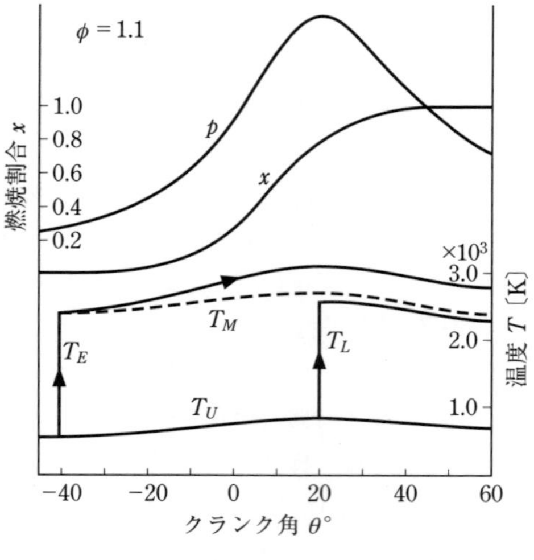

図2.32　初期燃焼部の温度 T_E と後期の T_L の経過の比較，
（T_M は燃焼ガスの平均温度，T_U は未燃ガスの温度）

合（A — B — C）と炎の伝播する割合（A — B′ — C″）とは異なることは重要な現象である。つぎに区間 2 が燃焼すれば，未燃部のみでなく 1 の既燃ガスも圧縮され，1 の温度はさらに上昇する（冷却損失が大きくないとき）。それゆえ，図 2.32 のように，初期に燃焼したガスの温度 T_E は後期の T_L より長く高温を保つ。このことは，実際でも点火栓の近くが燃焼室壁のうちで最高温度になることから了解できる。

2.5.10 ポンプ損失

吸気は外気圧より低く，ピストンは抵抗を受け，吸気量も減少する。また，排気中は逆に押し出すための仕事を要す。とくに，ガソリン機関の絞り運転では，図 2.33 の圧力線図のように吸気負圧が大きくなり，吸排気行程の p-V 線図間の面積（斜線部）であるポンプ損失（pumping loss）が大きく，サイクルの出力および効率を下げる。極端な場合，車両用では絞り弁を閉じ，エンジン回転数を上げて，この負の仕事と摩擦損失を車のブレーキに応用する。これをエンジンブレーキ（engine brake）という。

以上のような諸現象はサイクルに無視できない影響をもち，空気サイクルは実際と大きく異なる。図 2.34 はあるガソリン機関のインジケータ（p-V）線図で，図 2.24 と同様に簡単な理論サイクルで表しにくいことがかわる。

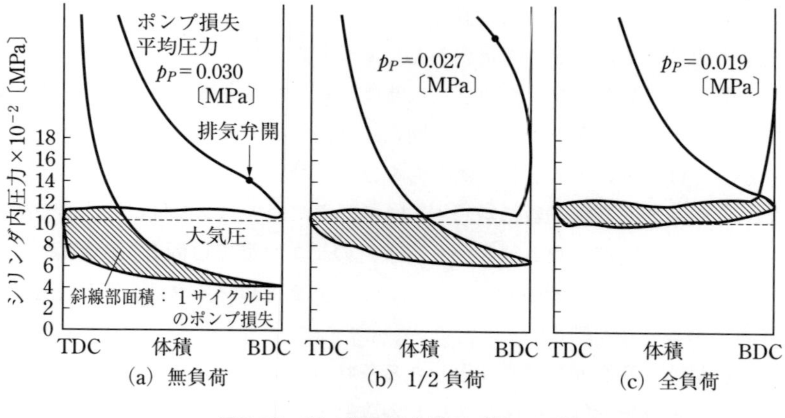

図2.33　吸・排気圧力線図（弱ばね線図）の例
（自動車用ガソリン機関，計測シリンダ ϕ84× 90 mm，回転数 2 000 rpm，λ = 1.0）

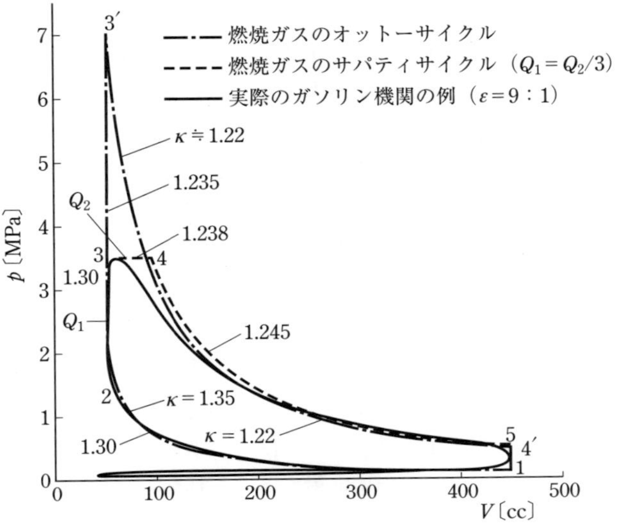

図2.34　実際のインジケータ線図の例

2.5.11　インジケータ

上記のことから，シリンダ内圧力変化を正確に測定することがエンジン諸性能を知るうえで不可欠であり，その測定器としてインジケータ（indicator）解析装置が最近発展し市販されているが，測定誤差としてつぎのものがある。

① 一般に，横軸をクランク角または時間に対して圧力変動をとるが，低回転でフライホイールが小さいときは回転速度が一様でない。

② かつては小さいピストンに働く力をばねで受けて，その変移を拡大したので，その系の固有振動数は数百 Hz にすぎず，ピストン変位は圧力変化に追従できず，振動波となる。しかし，最近のピエゾ型では固有振動数は，1万 Hz 以上で普通はこの問題はない。しかし，たとえばノック波の最高圧を正確に測定することは難しい。

③ 受圧部は，高温ガスに繰り返しさらされるので，その熱変形やセンサの温度特性の影響を受けない冷却法などの設計を要する。

④ ガスによる仕事を求めるためには，p-V 線図の面積を計算する。その際ピストン上死点位置の決定には，ピンやクランク軸の隙間なども考慮を要する。それは，わずかな誤差でも正確な値との差が，圧縮と膨張で，大きい変動時に逆に読み取ることになるからである。

第3章

往復動機関の燃焼

3.1 特徴

空気と燃料の混合気の燃焼によってガス温度を高め，それによって圧力を上げ，その高温・高圧ガスでピストンを押し動かすのが内燃機関の基本的な働きであり，その際実用上つぎのような特性がある。

① 点火および燃焼の諸特性は，空気と燃料の混合比に大きく左右される。

② 燃焼は燃料の酸化反応で，その促進の基本は温度および酸素濃度である。

③ 膨張初期に燃えず，遅く燃焼した熱は仕事変換効率が低く，排気熱を増す。

④ 往復動エンジンは，短時間で点火・燃焼が規則正しく確実に完了すべきである。

⑤ エンジン性能のみでなく，排気公害低減の要求を満たす。両者は相反する要求を燃焼に求めることがある。

⑥ ある条件下では異常燃焼が発生，運転不能または大きい障害を与える。

⑦ ある行程容積で高出力化するには，大量の燃料を燃焼させるので，壁温が高まり耐久性を劣化，焼き付きに至ることもある。ガスタービンはそれを避けるために，希薄燃焼で運転する。

3.2 燃料

3.2.1 燃料に要求される条件

① 運搬性　　内燃機関は交通機関に多く使われ，燃料やその貯蔵物が小型，軽量で，安全の確保が必要である。そのために，密度の高い液体または固体で運び，エンジンに入るやいなやガスになる必要がある。このような条件にほぼ適合するのがガソリンである。

② 敏速な制御を可能にする　　最近は，複雑で敏速な燃料制御が行われているので，それに精度よく対応しなければならない。

③ 低公害　　排気中には一般に，人体に有害な物質が含まれている。それを

無害化するために種々の対策がとられている。その清浄化が容易な燃料でないと使えない。

④ エンジンに無害　　メタノールがゴムやビニールを浸したり，ディーゼルの燃料中の硫黄分が燃焼して硫酸となって，低温運転で摩耗を増大させたり，排気浄化触媒を劣化させるなどの例があるので，特に新燃料では注意を要する。

⑤ 異常燃焼を起こし難い　　ノッキング，過早着火，ディーゼルノックなどは，燃料の性質が大きく関係する。

⑥ 低コストであること。

3.2.2 燃料の種類

(1) 石油系

内燃機関の燃料は，現在ほとんどすべてが石油を分留または化学工業的分解，合成によって精製された液体とガスで，その中でも運搬や使用に便利な液体が大部分である。また，それらはガソリンやディーゼル軽油などの様に，非常に多数の炭化水素分子の混合物が主である。

(2) 石油以外の化石燃料

現在までの世界のエネルギー消費の変化を図 3.1 に示す。そのなかで石油が最大量を示すが，1970 年以後は天然ガスなどの使用が大きく増している。石油枯渇までの期間が何十年しかないと予想されることから，比較的利用しやすい燃料の使用が増加している。

(3) 将来の人工燃料

将来，人類が文化的生活を維持・発展させるためには，化石燃料の枯渇に対応する新エネルギーの開発が叫ばれている。その根拠の第 1 は，世界人口の増加が前掲図 1.15 で示したように急激であり，1800 年に 10 億人が 1900 年には 16.5 億人，2000 年には 63 億人と急昇し，それが主として発展途上国に起こっている。また，図 3.2 は地域別の消費量で，全体の約半分を先進国（人口で約 1/6）が使っていて，将来発展途上国の人口がますます増え，かつ生活も向上すれば，エネルギーの要求が急増して化石燃料は不足するであろう。第 2 の要件として，人体への有害成分，さらに CO_2 の問題についてもすでに第 1 章で述べた。これらに対応するため原子力，水力，風力，太陽光などからエンジン動力のエネルギーを入手することが盛んに進められている。

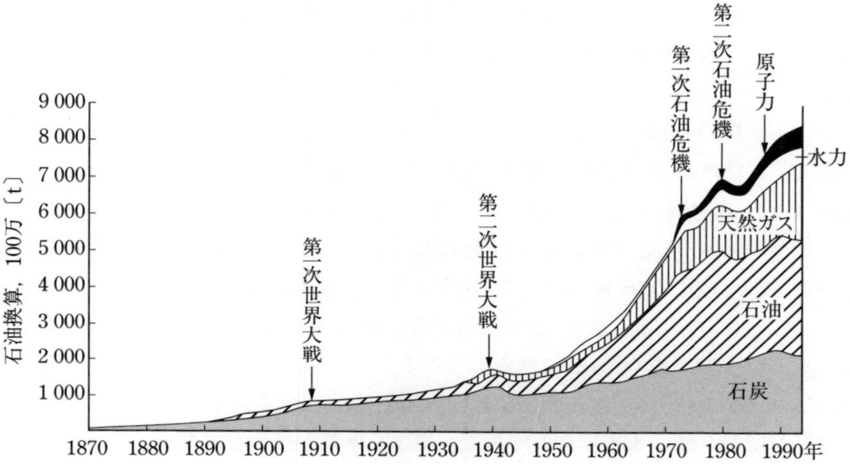

図3.1　世界の一次エネルギー消費の推移
（井原博之「三菱石油　技術資料」No. 81，1994）

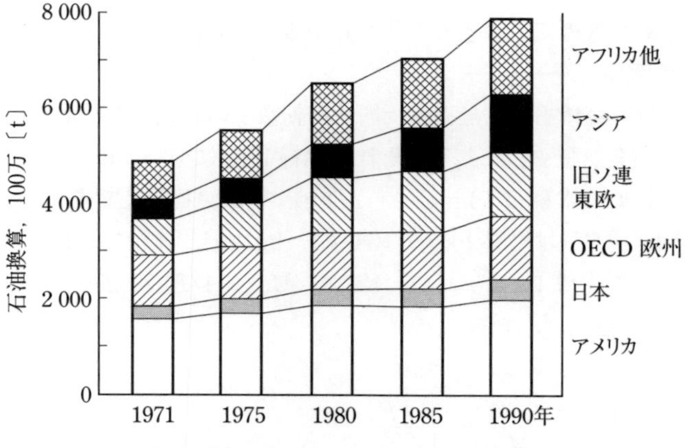

図3.2　代表地域の一次エネルギー消費量の推移
（井原博之「三菱石油　技術資料」No. 81，1994）

3.2.3 発熱量

(1) 意義

燃料の発熱量（heating value）は，ある温度（室温）で十分な酸素との混合気に点火し，完全燃焼させ，その燃焼ガスが初めの温度にまで冷却され，生成水分がすべて凝縮するときの放出熱量である。この値を高発熱量（higher heating value）と呼ぶ。一方，水素原子を含む石油などでは，燃料1 kg当たりつぎの量の水蒸気ができる。

$$H_2O = 9h \ \text{〔kg/kg〕} \tag{3.1}$$

ここで，hは燃料中の水素の質量割合。この量はガソリンではほぼ$h = 0.15$で，H_2Oは1 kgの燃料の1.35倍生成され，1 L（0.74 kg）のガソリンで1 Lの水ができる。乾き空気で理論混比が完全燃焼したとき，大気圧の排気中の水蒸気分圧は(2.37）式の右辺に$x = 8$，$y = 17$（実際に近い）を代入すれば，p_{H_2O} = H_2Oモル比 = 8.5/62.56 = 0.136，露点52 ℃に当たる。水素燃料では$x = 0$，$y = 2$であるので，$p_{H_2} = 0.347$，露点73 ℃になる。この水蒸気が全部凝縮するとき，潜熱$Q_l = 9hq_l$（q_l ≒ 2430〔kJ/kg〕）= 21870 h〔kJ/kg〕を放出する。この値は，高発熱量のガソリンで約7 %，水素で9 %である。実は，燃料が燃焼して発生する熱量は高発熱量H_hとQ_lの差で，Q_lは燃焼ガスがエンジン外に出て温度が露点以下に下がったとき，はじめて放出される。そこで，一般に内燃機関の熱効率などにはH_hでなく，$H_u = H_h - Q_l$で示される低発熱量（lower heating value）が使われる。

表3.1は内燃機関に関係のある燃料の発熱量で，上方には常温圧で液体，下方は気体の値を集めたもので，つぎのこともわかる。

（2）出力との関係 ――――――

エンジンの行程容積当たり無過給，同一回転数での最大出力は最右欄の理論混合気体積当たりの発熱量H_mによる。それは燃料1 kgについては，発熱量がH_u，その蒸気またはガス体積は1 kmol（= M kg）で22.41 Nm^{3}であるので，1 kgは22.41 ÷ M Nm^3，空気は燃料1 kgで（A/F）〔kg/kg〕，体積で（1/1.293）（A/F）〔Nm^3〕。混合気の体積V_mは，V_m =〔22.41/M +（A/F）/1.293〕。ここで，1.293は空気の密度（kg/Nm^3）であり，

$$H_m = \frac{H_u}{V_m} = \frac{H_u}{\dfrac{22.41}{M} + \dfrac{(A/F)}{1.293}} \tag{3.2}$$

これらの名称をまとめて書けば，H_h = 燃料の高発熱量，H_u = 低発熱量，Q_l = その差，Q_f = 生成熱。H_m = 理論混合気V_m〔Nm^3〕当たりの低発熱量。M_A：$\lambda = 1$でO_2分子当たりの空気量 = 138.2〔kg〕。M_f：$C_xH_yS_zQ_w$の燃料の分子量〔kg〕。A_0 = 理論空気量。（A/F）= 理論混合比，M = その燃料1 kmol当たりの質量。

なお，石油については，比重に対する発熱量は図3.3のように質量当たりでは比重の増加で減少する。しかし，1 L当たりでは点線のように増加する。一方，燃料

表 3.1　各種燃料の発熱量に関する値（3600〔kJ〕= 1〔kWh〕）

名称	化学記号	沸点〔℃〕	密度〔kg/L(注1)〕	理論空気量（A/F）〔kg/kg〕	理論空気量（A/F）〔Nm^3/kg〕	理論空気量（A/F）〔Nm^3/Nm^3〕	低発熱量 H_u〔kJ/kg〕	低発熱量 H_u〔kJ/L(注)〕	理論混合気の低発熱量 H_m〔kJ/Nm^3〕
n-ヘキサン	C_6H_{14}	68.7	0.664	15.20	11.75		44 750	29 720	3 726
n-ヘプタン	C_7H_{16}	98.4	0.688	15.15	11.72		44 540	30 640	3 730
イソオクタン	C_8H_{18}	113.5	0.702	15.10	11.68		44 500	30 980	3 751
n-ドデカン	$C_{12}H_{26}$	216.0	0.753	14.88	11.51		44 120	33 240	3 788
オクテン	C_8H_{16}	123	0.715	14.75	11.41		44 250		3 809
セタン	$C_{16}H_{34}$	280.0	0.774	14.90	11.52		44 330	34 330	3 813
ベンゼン	C_6H_6	80.1	0.884	13.25	10.24		40 140	35 500	3 813
メタノール	CH_3OH	64.7	0.796	6.45	4.99		19 970	15 860	3 512
エタノール	C_2H_5OH	78.3	0.794	9.01	6.97		26 870	21 310	3 604
ガソリン(注2)			0.740	14.9	11.5		44 370	32 820	3 788
ジェット燃料			0.800	14.7	11.4		43 950	35 160	3 788
ディーゼル軽油			0.825	14.6	11.3		43 530	35 920	3 788
重油（軽）			0.875	14.3	11.06		42 490	37 170	3 788
重油（中）			0.920	14.2	10.98		41 860	38 510	3 767
重油（重）			0.960	14.1	10.90		41 360	39 730	3 767
水素	H_2	—	0.0899×10^{-3}	34.2	26.5	2.38	120 140	10.8	3 194
液体水素	H_2	−253	0.071＊				120 140	8 540	
液化アンモニア	NH_3	−33.6	0.676＊	6.07	4.70	3.57（ガス）	18 630	14 360	3 144
メタン	CH_4	−162	0.714×10^{-3}	17.2	13.3	9.52	49 940	35.7	3 391
プロパン	C_3H_8	−42.1	1.965×10^{-3}	15.7	12.1	23.9	46 300	90.8	3 642
ブタン	C_4H_{10}	−11.7	2.586×10^{-3}	15.45	12.0	31.0	45 670	118	3 684
アセチレン	C_2H_2	−83.6	1.160×10^{-3}	13.3	10.3	11.9	48 310	56.1	4 353
一酸化炭素	CO	−191.5	1.288×10^{-3}	2.46	1.90	2.38	10 110	13.0	3 767

（注1）ガス体は0℃，760 mmHg，液体は15℃の値。＊1 atm，沸点時
（注2）一例を示す。

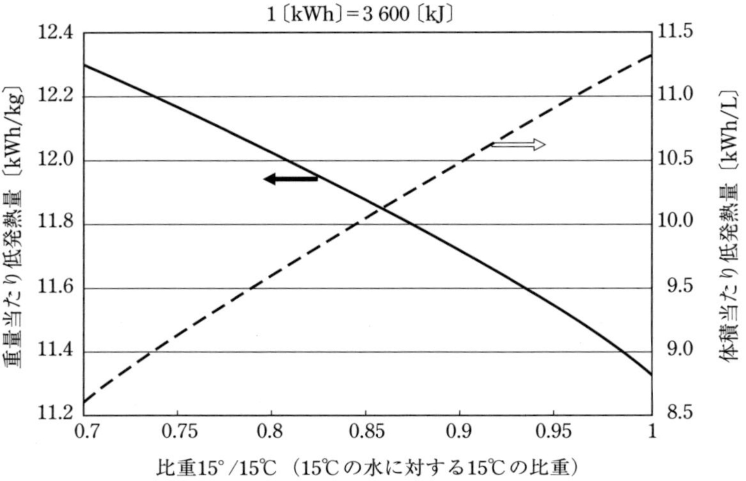

図3.3　石油燃料の比重に対する発熱量の概略値

の価格は体積で販売され，ガソリン機関は燃料消費が大きく，低い熱量で高価なものを使っている。

3.2.4 気化性

気化性（volatility）がエンジン性能に及ぼす影響について，以下に列記する。

① 始動時は吸気系からシリンダ内まで大気温であり，とくに寒冷時の始動には低温で 10 %蒸発量付近の気化性が重要である。

② しかし，気化性が過剰であれば，燃料タンクとエンジン入口間のパイプ内で燃料が気化して気泡ができ，燃料制御や供給の機能が失われる。これをベーパロック（vapour lock）と呼び，飛行機が上空で低圧になるとき，車が渋滞の路上でエンジン室が高温になるときなどに起こりやすい。このように，始動性とベーパロック制御は相容れない要求である。

③ 気化器を使うとき，吸気弁までの間を透明なパイプで観察すれば，ガソリンの大半は液状で，パイプ壁に沿って滝のように流入していることがわかる。急加速時，気化器から出る空気はそのままシリンダに入るが，燃料はいったん壁に付着して，遅れて入るので一時的に希薄化し，運転不調になる。気化しやすいほど，その遅れが短く，いわゆる加速性が向上する。そのためには，35 ～ 65 %蒸留温度が低いことが加速性に良い。

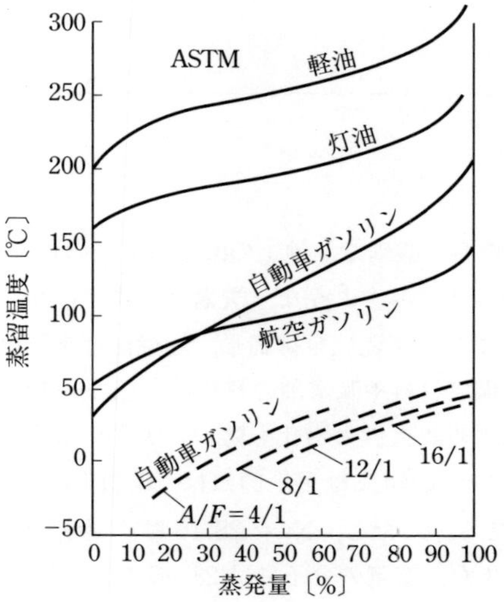

図3.4　ASTM 蒸留曲線および EAD 曲線の例

④　90 %点のような燃料の完全気化の温度が高いときは，シリンダ壁面に付着した燃料の一部が最後まで液体で残って，完全燃焼を妨げる。さらに，その液が潤滑油とともにピストンリングで掻き下げられオイルパンの潤滑油を燃料で希釈（crankcase oil dilution）することがある。灯油を使う石油機関の問題の一つである。

⑤　図 3.4 のような燃料では温度が低くなっても，それ以下で蒸発する部分をもつ特性があるので，冷寒スタートも濃混合比で可能である。これは一つの燃料が，非常に多数の分子の混合物であるためである。もし，メタノールのような単一分子燃料では，その沸点（64.7 ℃）以下ではほとんど蒸発しない。横軸に平行な線となる。このような場合は，蒸発できる温度または圧力をつくる必要がある。

3.3 混合気

3.3.1 空気

(1) 空気の物性

燃焼に必要なものは燃料と酸素で，地上の酸素は空気の約 21 %（体積割合）を占める。空気の組成は表 3.2 に示すような，酸素と窒素のほかに微量の不活性ガスとの混合ガスで，不活性ガスは燃焼性を抑制し，燃焼温度を下げて，比熱を増加，熱解離を減少させ，また構成材料や潤滑油の熱負荷（thermal load: 時間・面積当たりに壁面に入る熱量）による耐久性の劣化も防ぐ。実際に酸素のみでは実用エンジンは成立しない。なお，空気の組成は実用的には，$0.21\,O_2 + 0.79\,N_2$，または $O_2 + 3.76\,N_2$ と近似的に示せる。ただし，$N_2 = 28.16$ は，窒素その他の不活性ガスを代表する分子量である。また，空気の分子量は 28.96 で，近似値として 29.0 が使われる。密度 ρ および粘度 μ は次式で示される。

$$\rho = 1.293 \times \frac{273}{T} \times \frac{p}{0.1013} \ \text{〔kg/m}^3\text{〕} \tag{3.3}$$

ここで，T は温度〔K〕，p は圧力〔MPa〕である。

$$\mu = 17.24 \times 10^{-6} \frac{380}{T+107} \cdot \left(\frac{T}{273}\right)^{1.5} \ \text{〔Pa・s〕} \tag{3.4}$$

また，動粘性係数は，

$$\nu = \frac{\mu}{\rho} \ \text{〔m}^2\text{/s〕} \tag{3.5}$$

表 3.2　乾燥空気の主成分

成　分	体積割合	分子量	質量割合	モル割合	モル比
O_2	0.209500	31.999	0.231454	0.2095	1
N_2	0.780900	28.013	0.755266	$N_i = 28.16$ 0.7905	3.773
Ar	0.009300	39.948	0.012824		
CO_2	0.000300	44.010	0.000456		
空　気	1.000000	38.964	1.000000	1.0000	4.773

N_i = 不活性ガス全体の分子量　28.16

(2) 理論空気量 A_0，理論混合比 (A/F)

燃料分子を $C_xH_yS_zO_w$ とし，$\lambda > 1$ で完全燃焼するときの反応は，

$$C_xH_yS_zO_w + \lambda\left(x + \frac{y}{2} + z - \frac{w}{2}\right)(O_2 + 3.76\,N_2)$$

$$\rightarrow x\mathrm{CO_2} + \frac{y}{2}\mathrm{H_2O} + z\mathrm{SO_2} - \frac{w}{2}\mathrm{O_2} + (\lambda - 1)\left(x + \frac{y}{2} + z - \frac{w}{2}\right)\mathrm{O_2}$$

$$+3.76\,\lambda\left(x + \frac{y}{2} + z - \frac{w}{2}\right)\mathrm{N_2} \tag{3.6}$$

ここで，$C = 12.01$，$H = 1.008$，$S = 32.065$，$\mathrm{O} = 16$，$\mathrm{N_2} = 28.16$，$\lambda = 1$ で，O_2 分子当たりの空気量 M_A は，

$$M_A = \mathrm{O_2} + 3.76\,\mathrm{N_2} = 137.9\ \text{〔kg〕} \tag{3.7}$$

つぎに $\lambda = 1$ で，分子量，

$$M_f = 12.01\,x + 1.008\,y + 32.065\,z + 16\,w\ \text{〔kg〕} \tag{3.8}$$

の燃料の完全燃焼に必要な空気量 A_0 を，理論空気量（stoichiometric amount of air）と呼び，

$$A_0 = \left(x + \frac{y}{2} + z - \frac{w}{2}\right)M_A\ \text{〔kg〕} \tag{3.9}$$

燃料 1 kg に対しては A_0/M_f で，これを理論混合比（stoichiometric ratio）と呼び，(A/F) と記し，

$$(A/F) = \frac{137.9}{M_f}\left(x + \frac{y}{2} + z - \frac{w}{2}\right)\ \text{〔kg/kg〕} \tag{3.10}$$

体積では O_2 1 kmol は空気で，4.76 kmol × 22.41 = 106.7〔$\mathrm{Nm^3}$〕であるので，

$$(A/F) = \frac{106.7}{M_f\left(x + \frac{y}{2} + z - \frac{w}{2}\right)}\ \text{〔Nm}^3\text{/kg〕} \tag{3.10′}$$

同様にして，各成分元素の理論混合比での燃焼に関する値を，表 3.3 に示す。また，アルコールのように含酸素燃料では，燃料中の酸素 O_z〔kg/kg〕が $z = 1$ 当たり，$-1/2\,M_A = -69.08$〔kg〕，酸素 1.0 kg 当たり -4.32 kg/kg の空気が節約できる。

つぎに，燃料中の元素の質量割合を炭素 c，水素 h，硫黄 s および酸素 o とすれば，$c = 12.01\,x/M_f$，$h = 1.008\,y/M_f$，$s = 32.065\,z/M_f$，$o = 16\,w/M_f$ で，炭素は $x = cM_f/12.01$，A_0 に対しては $M_A \cdot x$ 分担する。ほかにも同様で，(3.10)，(3.10′) 式はつぎのようになる。

$$\left.\begin{aligned}(A/F) &= 11.51\,c + 34.28\,h + 4.31\,s - 4.32\,o\ \text{〔kg/kg〕}\\ &= 8.90\,c + 26.52\,h + 3.33\,s - 3.34\,o\ \text{〔Nm}^3\text{/kg〕}\end{aligned}\right\} \tag{3.11}$$

表 3.3　燃料の成分元素の理論空気量による燃焼

燃料元素	反応方程式	燃料元素 1kg 当たり				
		単位	燃焼生成物 B	消費酸素量	残存窒素量 N	排気量 $B+N$
炭　素	$C + O_2 = CO_2$		CO_2	O_2	$3.76N_i$	
	12 + 32 = 44	kg	3.667	2.667	8.847	12.51
	22.4　22.4	Nm^3	1.867	1.867	7.037	8.90
水　素	$H_2 + \frac{1}{2}O_2 = H_2O$		H_2O	$0.5O_2$	$1.885N_i$	
	2.016 + 16 = 18.02	kg	8.94	7.94	26.33	35.27
	22.4　11.2　22.4	Nm^3	11.11	5.56	20.94	32.04
硫　黄	$S + O_2 = SO_2$		SO_2	O_2	$3.76N_i$	
	32.07 + 32 = 64.07	kg	2.0	0.998	3.31	5.31
	22.4　22.4	Nm^3	0.698	0.698	2.633	3.33

（注）空気の成分のモル数の合計 $= O_2 + 3.76N_2 = 32 + 3.76 \times 28.16 = 138.16$ とする。

3.4 燃焼の経過の概要

(3.6) 式のような化学反応は，一瞬のうちに左から右に進行はしない。その準備期間が終了して燃焼ガス（burned gas）または燃焼生成物（products of combustion）になる。外部に放出されて排気（exhaust gas）になるまでには，複雑な化学的および物理的変化の過程を経る。それらの変化は，燃料，混合比，温度，圧力，ガス流動などに影響される。これらに関するエンジン内の経過は，つぎの順序による。

(1) 可燃混合気の生成 ――――

可燃混合気の生成（mixture formation）は，エンジンの運転条件に対して，最適の性能および環境対策となる平均的および局部的混合気をつくるもので，火花点火と圧縮点火方式ではこの生成法は根本的に異なる。

(2) 前炎反応 ――――

燃焼の前から酸化反応は進んでいるがそのときは反応速度が小さく，発生熱の大部分は周囲のガスまたは壁面に吸収される。この発熱と冷却の差でガスは高温になる。後述のように，反応速度は温度にきわめて大きい影響を受けるので，反応は加速され，ついには炎をともなう燃焼に発展する。しかし逆に，冷却に打ち勝てないと失火に終わる。このような燃焼の始まる前の準備期間の反応を前炎反応（preflame reaction）と呼ぶ。

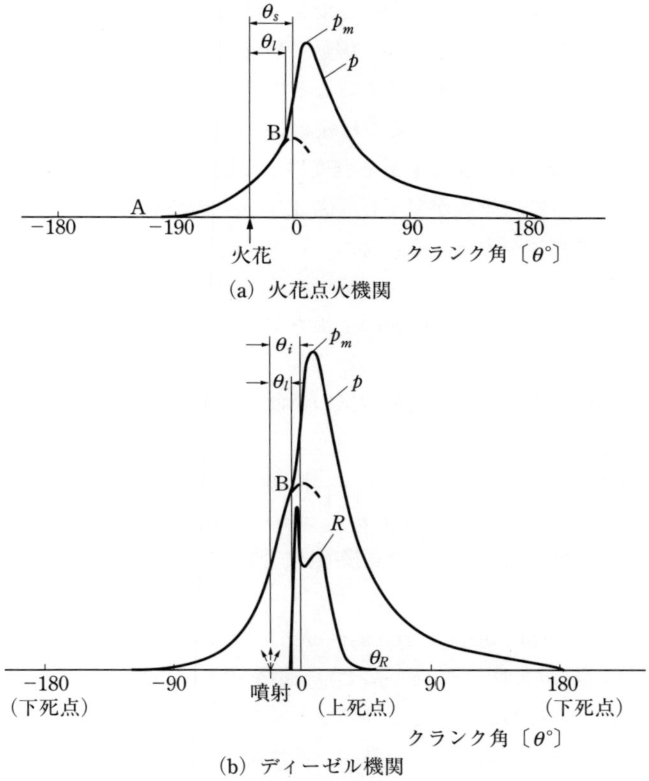

図3.5　燃焼と圧力の関係

(3)　燃焼の始まり

燃焼の始まりを点火，着火または発火（いずれも ignition）と呼ぶ。ただし，点火は点火の手段たとえば火花の発生を指すことがある。燃焼始めを示す現象には炎（光）の発生，温度上昇，イオン増大などもあるが，内燃機関では図 3.5 の $p-\theta$ 線図の B 点のように，圧力上昇が圧縮線を離れて急昇する点とするのが普通である。図 3.5（a）で，火花発生から B 点までの θ_l の期間を点火遅れ（ignition delay または lag），図 3.5（b）で燃料噴射始めから B 点までを発火遅れと呼び，その後の燃焼に大きい影響を与える。

(4)　燃焼速度

ピストンが上死点の近くで発熱するほど，その熱は高い効率で仕事に変換できる。

オットーサイクルのようにすべてがそこで急速燃焼すれば高い熱効率が得られるが，最大圧力，圧力上昇率が過大となり，振動，騒音が大きく，燃焼室壁面温度が高く耐久性が劣化し，冷却損失も大きくなるなどの問題が起こるので，結局燃焼始めのB点の圧力上昇の不連続性をできるだけ緩和し，その直後の上昇率 $dp/d\theta$ も過大になることを避け，最大圧力 p_{max} もある程度以下に制限される。しかし，p_{max} があまり遅くならないで早期に燃焼が完了し，図3.5（b）の熱発生率 R が0になる θ_R が早いことが理想的燃焼経過である。なお，燃焼に関する言葉の定義を以下に示す。

① 燃焼速度（burning velocity）v_b　炎の前面（flame front）が未燃混合気を燃焼していくとき，その面の法線方向の速度で，未燃混合気に対する相対速である。

② ガス移動速度 v_g　未燃混合気の炎面の法線方向の絶対速度での膨張や流動によって起こる。

③ 火炎速度（flame velocity）v_f　炎面の法線方向の絶対速度，または燃焼室に対する速度で，$v_f = v_b + v_g$ になる。これらのうち v_f は，イオンプラグ法や炎の運動を高速度写真で直接撮って測定できるが，v_b および v_g は測定困難である。

④ 熱発生率（rate of heat release）R　クランク角度 θ での熱 Q の発生速度 $R = dQ/d\theta$ で図3.5（b）にその一例を示す。ここで Q は，燃焼室での燃焼熱で温度上昇および圧力上昇のもとになり，R の計算には p の計測によらなければならない。しかし，熱の一部は圧力上昇以外に冷却損失で逃げるので，正確な計算は困難である。

⑤ 質量燃焼速度（mass burning rate）　混合気が燃焼して燃焼ガスに変わる質量変化の速度で，均質混合気が定容燃焼室で燃焼するときは未燃混合気の密度，燃焼速度および火炎面積の相乗積で与えられ，前記 R に比例する。

（5）完全燃焼 ――――

$\lambda \geq 1$ の燃焼では，燃料はすべて燃え尽くされるはずであるが，実際には混合が不均一のためや壁面で冷却されたりして，未燃焼に終わる部分が残る。それは熱効率を下げ，公害排出物を出し，また耐久性を劣化させる。もちろん，$\lambda < 1$ では必ず不完全燃焼になる。

（6）排気 ――――

排気中の有害物，たとえば一酸化炭素（CO），炭化水素（HC），窒素酸化物（NO_x），硫黄酸化物（SO_x），微粒物質（PM: particulate matter）および地球温暖化の CO_2 の低減が法規制で厳しく制限されている。

3.5 反応速度

3.5.1 温度の影響

(3.6) 式の燃焼反応は燃料が気化，分解して酸素と結合する素反応 (elementary reaction) を数多く経過して平衡成分に達する。たとえば，水素と酸素では 20 ぐらいの素反応が考えられるが，反応速度の小さいものは反応の進行上無視できるので，実際上つぎの 5 つの素反応式を解けばよいとされている。

$$H_2 + O_2 \rightarrow OH + OH \quad (0)$$

$$OH + H_2 \rightarrow H_2O + H \quad (\mathrm{I})$$

$$H + O_2 \rightarrow OH + O \quad (\mathrm{II})$$

$$O + H_2 \rightarrow OH + H \quad (\mathrm{III})$$

$$H + O_2 + M \rightarrow HO_2 + M \quad (\mathrm{IV})$$

このなかでラディカル OH，HO_2，原子 O，H および third body M が反応を推進する。(0) 式は遅い反応であるが，これでできたわずかな OH が (Ⅱ) ～ (Ⅳ) 式で急に増殖されて H_2O をつくる。また，これらの反応速度はつぎのアレニュース (Arrhenius) の式で表せる。

$$v = A\, N_a\, N_b\, e^{-E/R_0T} \quad (3.12)$$

ここで，A は各素反応で異なる定数，N_a，N_b は反応ガスのそれぞれの濃度または分子数，N_a，N_b は反応が分子の衝突によって起こることによる。E は物質によって決まる活性化エネルギー (activation energy) J/mol，R_0 はガス常数 8.3144 J/mol·K。常温は $v = 0$ になるが，高温では急増することを示す。

3.5.2 混合比の影響

2.5.4 項 (p.41) でこのことについては説明したが，一般に断熱温度上昇は (2.36) 式とは別の表し方として，

$$\Delta T = \frac{F(1-x)H_u}{(A+F+G)C} = \frac{(1-x)H_u}{\left(m+1+\dfrac{G}{F}\right)C} \quad (3.13)$$

ここで，A は空気，F は燃料，G は排気されなかった残留ガスの質量，C は全体の平均比熱で，熱解離も考慮した値。x は F のうちの未燃部の割合，H_u は低発熱量，$m = A/F$ は混合比である。これより m が大きくて，希薄燃焼では温度上昇が低いので，点火，燃焼性が遅い。m が過大では燃焼不能，失火する。図 3.6 はそのよう

なとき，燃焼室内の混合比が全体として薄く，サイクルごとに点火栓近くでの混合比が異なる場合の圧力線図のサイクル変動を示す。また，m が小さいと，空気不足により x が増すので，m が（A_0/F_0）より少し小さいとき，ΔT は最大になる。ただし，完全燃焼はできない。

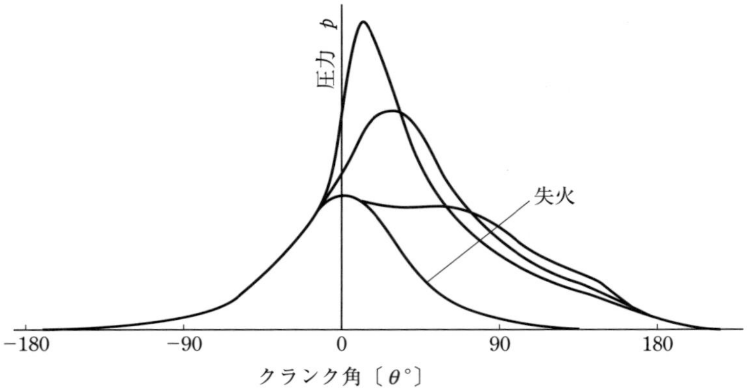

図3.6　希薄混合気でサイクル変動の大きい p - θ 線図を重ねて記録した例

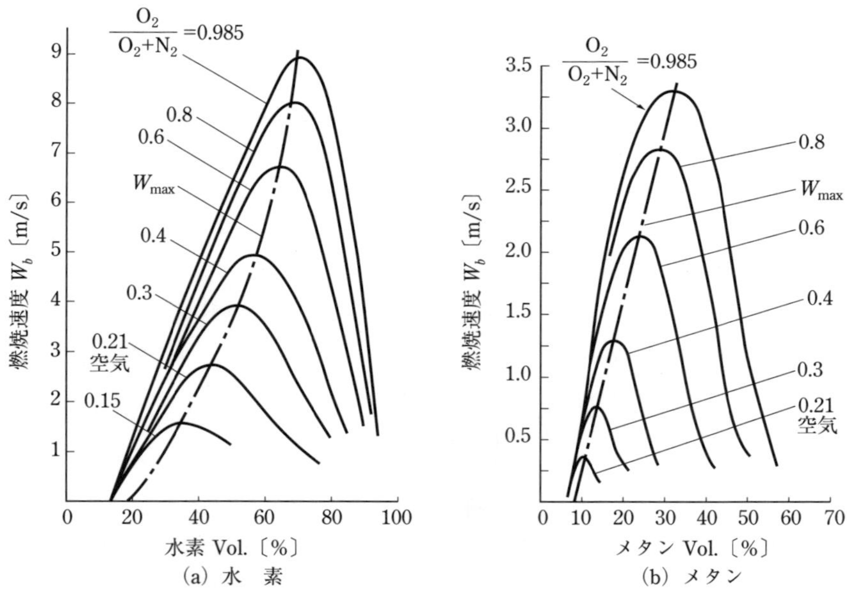

図3.7　燃焼速度（ブンゼンバーナ）が燃料および酸素濃度による影響

図 3.7 は，水素とメタン（天然ガスの主成分，CH_4）を酸素と窒素の混合ガスで燃焼するときの燃料濃度に対する燃焼速度を示す。このうち，$O_2/(O_2 + N_2) = 0.21$ は空気に当たる。酸素濃度が高いほど v_b は大きい。水素では，最大燃焼速度がほかの燃料より非常に大きい。また，そのときの水素濃度 $\gamma = H_2/(H_2 + \mathrm{Air})$ vol. は A_0 で $\gamma_0 = 29.5$〔%〕より相当高い。さらに純酸素（$N_2 = 0$）でも水素濃度 $\gamma_0 = 66.7$ より幾分高い γ で $v_{b\,\max}$ が最大になる。普通の燃料も，$v_{b\,\max}$ と A/F の燃料濃度との関係は同様である。一方，図 3.7（b）のメタンでは空気との A/F の燃料濃度 9.5 %，純酸素で 33.3 %が $v_{b\,\max}$ の γ とほとんど一致する物性をもつ。

3.5.3 ガス流動の影響

熱効率を高めるためには，ピストン上死点直後に完全燃焼させたい。そのためには，空気と燃料の混合および火炎の伝播をガス流動によって促進する必要がある。その流動発生法は，エンジン設計の一つの要点である。ただし，流動が激しすぎれば，壁との熱損失が増大したり，失火を起こすこともある。燃焼室内の流れの形態は種々さまざまであるが，つぎの 3 つに分けられる。

(1) 渦流れ ――――――

渦流れ（swirl）は，吸気系によって生じるシリンダ内の旋回運動や，図 3.8 のような，副室式（IDI）予燃焼室（または渦室式）内での旋回流のような流れで，不完全燃焼ガスが連絡孔を通って主燃焼室に吹き出したあと，吸気系による流動で全体が速やかに完全燃焼されることが期待される。その吸気系は，吸気弁以前のポートの長さや経路で弁直後で空気慣性効果や旋回運動が起こりやすくすることと，図 3.9 の（a）のように弁を吸気ポートに対して偏心させたり，図 3.9（b）のようなシュ

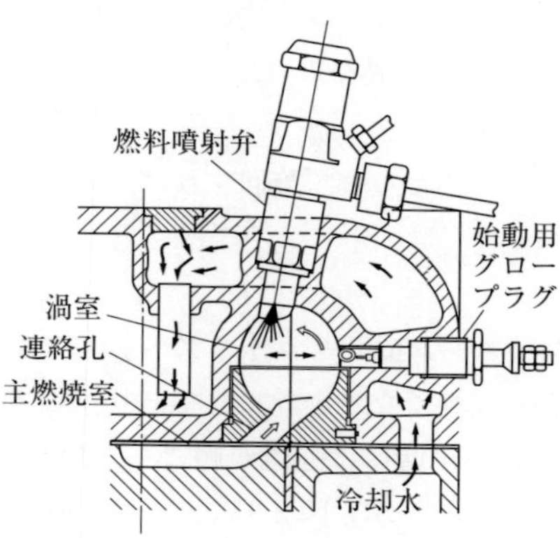

図3.8　高速ディーゼル機関用渦室式燃焼室

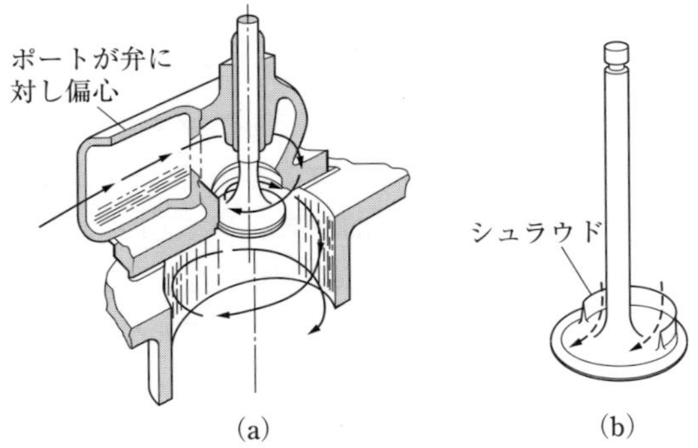

図3.9　吸気渦流発生法

ラウド（shroud）をもつ弁で吸気流動が促進できる。このような効果を評価するために，つぎのような試験が行われる。図 3.10 のようにピストンやクランク機構がなく，供試シリンダヘッドと供試エンジンと同径のシリンダを組み合せ，そのなかに軽く回る回転羽根を入れて下方から空気を吸引し，その流量 Q_1〔m³/s〕と羽根回転数 n を測定し，スワール比（swirl ratio）r_s をつぎのように定義するのがもっとも単純な表現である。

$$r_s = \frac{\text{周方向旋回流速}\left(=\dfrac{\pi dn}{60}\right)}{\text{軸方向流速}\left(=\dfrac{Q_2}{A}\right)} \tag{3.14}$$

ここで，d は羽根車平均直径，A はシリンダ断面積，Q_2 はシリンダ内流量 $Q_2 = Q_1\gamma_1/\gamma_2$ である。γ_1，γ_2 は，入口とシリンダ内の空気比重量（kg/m³）。もちろん，r_s は図 3.10 のような簡単で，実際と異なるもので，測定値は実働中の吸気スワールの強さの比較値を示すものである。

もしシリンダ内のガスが一体となって旋回すれば，スワールがないのと同じである。

(2) スキッシュ

図 3.11（a）は平らなピストン頂面とシリンダヘッド下面の一部（同図の左）のすきま S が上死点できわめて狭くなるようにしてあり，ピストン上昇により S 部の空気が右方に押し出され，下降時には逆流が起こり，激しいガス流動が発生する。これをスキッシュ（squish）と呼ぶ。図 3.11（b）は，直接噴射式ディーゼルのピストンキャビティに対する乱れの発生を示す。

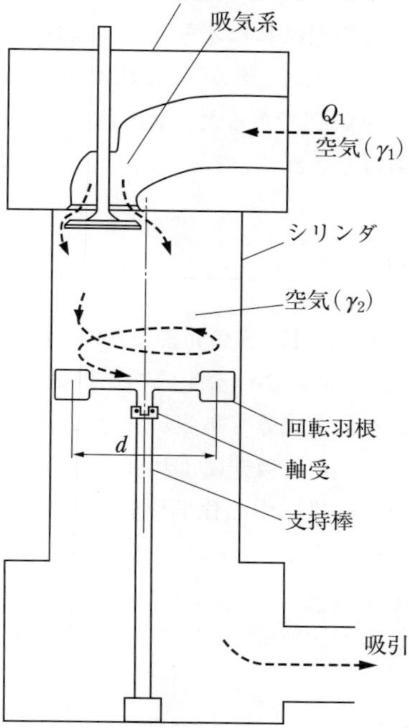

図3.10　羽根車による吸気スワールの計測法

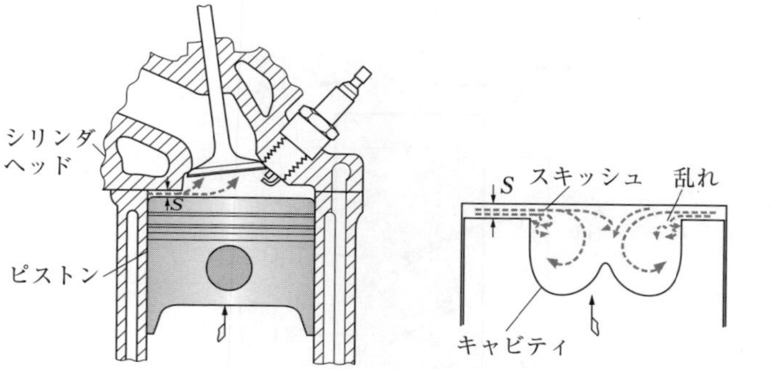

図3.11　スキッシュによる流れの生成

(3) 乱れ ―――――

比較的大きい回転半径をもつ渦流れとスキッシュ流れが図3.11 (b) のように急に方向転換させられるところで，細かく乱れた流れができる。これを乱れ(turbulence) と呼び，酸化反応部である火炎面に新しい混合気を供給する働きをし，燃焼促進に大きい効果があるとされている。

3.6 排気の主成分

図3.12のように，燃焼室にC，H，Sの元素より成る燃料と，その理論空気 A_0 の λ 倍の空気が入って燃焼し，右側のような生成物が排気となって出る場合を考える。排気成分中にはそのほかにも公害成分もあるが，それらは量としてわずかであるので，ここでは無視する。そこである仮定によれば，左の λ によって右の排気成分が決まる。また，逆も成り立ち，排気中の化学分析しやすい2成分 CO_2 と O_2 の分析から λ および燃焼効率 η_c が求まる。

$$\eta_c = \frac{\text{実際の発熱量}}{\text{完全燃焼による発熱量}} \tag{3.15}$$

3.6.1 完全燃焼の場合

$\lambda \geq 1$ で混合が完全であれば，完全燃焼する。そのときの排気体積 V_e は図3.13のように，吸入空気 λA_0 中の燃焼用 O_2 がなくなって燃焼生成物Bができ，その差

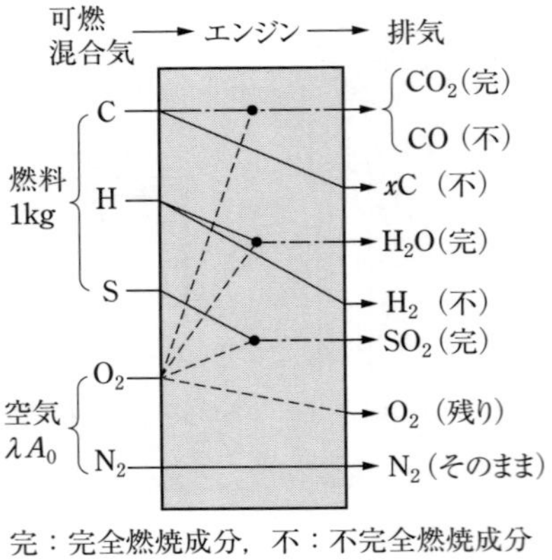

図3.12　おもな排気成分

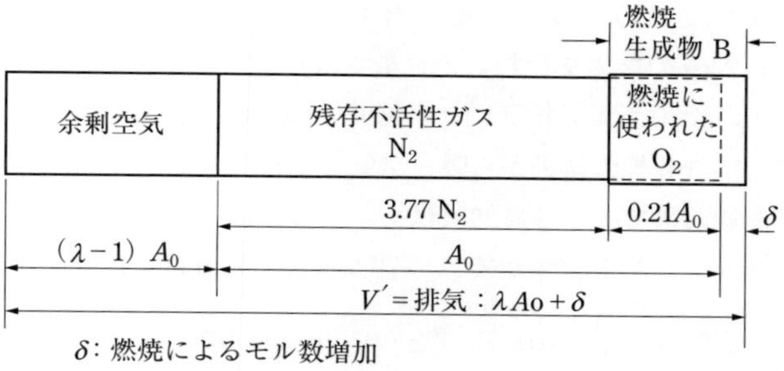

図3.13　空気過剰率 λ の燃焼での排気体積

δ が加わる。また，その B は前掲表 3.3 に示してある。結局，燃料 1 kg 当たり，

$$V_e = \lambda A_0 - 0.21\,A_0 + \underbrace{1.867\,c + 11.20\,h + 0.699\,s}_{\mathrm{B}}\ \text{〔Nm}^3/\text{kg〕} \tag{3.16}$$

式中の H_2O（11.20 h）は分析時に凝縮することが多いので，H_2O のない乾きガスを基準にし，ガソリン，灯油，軽油の s は小さいので無視すれば上式は，

$$V_e = (\lambda - 0.21)A_0 + 1.867\,c\ \text{〔Nm}^3/\text{kg〕} \tag{3.17}$$

のようになる。つぎに，V_e に対する各成分ガスの体積割合を CO_2 では（CO_2）のごとく

$$(CO_2) = 1.867\frac{c}{V_e}\ ,\ (O_2) = 0.21(\lambda - 1)\frac{A_0}{V_e}\ ,\ (N_2) = 0.79\lambda\frac{A_0}{V_e} \tag{3.18}$$

$\lambda = 1$ で排気 V_e〔Nm^3〕は最小，（CO_2）は最大になる。ガソリンでは約 $c = 0.85$, $h = 0.15$ で，$(CO_2)_{max} = 0.143$ になる。

3.6.2　不完全燃焼の場合

(1) 一般式 ————

炭化水素燃料の不完全燃焼成分の主なるものは，CO，H_2 およびすす（cx: 燃料炭素の質量割合 c の x 分）で，燃料 1 kg 当たりのそれらの保有熱量は前掲表 3.1 の発熱量より，3.6 V_e(CO)〔kWh/Nm^3〕，3V_e(H_2)〔kWh/Nm^3〕および c の $H_u = 9.42$〔kWh/kg〕より，燃焼効率は燃料の低発熱量 H_u〔kWh/kg〕に対し，

$$\eta_c = 1 - \frac{V_e\{3.6(CO) + 3(H_2)\} + 9.42\,cx}{H_u} \tag{3.19}$$

（第2項の分子・分母はkWh/kg）

つぎに，燃料 1 kg 中の炭素の割合 c のバランスは，すすになる cx を除いた

$(1-x)c$ が，CO_2 と CO になり，その体積は $V_e\{(CO_2)+(CO)\}$〔Nm^3/kg〕で，$22.4\ Nm^3$ 中に 12 kg の炭素を含むので質量では，

$$(1-x)c = 0.536\,V_e[(CO_2)+(CO)]\ \text{〔kg/kg〕} \qquad (3.20)$$

つぎに，前記排気分析の結果から吸入空気と燃料の空気過剰率 λ を算出する方法については，燃焼前後でモル数に増減はあるが質量は不変であるので，まず吸入空気を酸素（21 % vol.）と不活性ガス N_2（79 % vol.）に分ければ，A_0：Nm^3/kg より，

$$\text{吸入空気量} = \frac{\lambda A_0}{22.4}(0.21\times 32 + 0.79\times 28.16)$$
$$= 1.293\,\lambda A_0\ \text{〔kg/kg〕} \qquad (3.21)$$

その排気 V_e 中の酸素割合（O_2）は余剰酸素で 1/22.4 がモル数，1kmol32 kg で，CO_2 の場合 $V_e(CO_2)/22.4$ の酸素を消費，CO では 1/2 の酸素を消費し，H_2 が残留していれば 1/2 の酸素が不足していたことを示し，h がすべて H_2O となれば $7.94\,h$ の酸素が消費されるので，排気は，

$$\frac{V_e}{22.4}\Big[\underbrace{32(O_2)}_{\text{余剰酸素}} + \underbrace{32(CO_2)+16(CO)-16(H_2)}_{\text{消費酸素}} + \underbrace{28.16(N_2)}_{\text{残留不活性物}}\Big] + \underbrace{7.94\,h}_{\text{生成水用酸素}}\ \text{〔kg/kg〕} \qquad (3.22)$$

（3.21）式と（3.22）式は等しく，また（3.18）式の第 3 式および（3.11）式より s および o = 0.0 とした時の $A_0 = 8.90\,c + 26.52\,h$ を代入して，

$$\lambda = \frac{(N_2)}{(N_2)-3.76[(O_2)+(CO_2)+0.5(CO)-0.5(H_2)]}\cdot\left(\frac{1}{1+0.337\,c/h}\right) \qquad (3.23)$$

これより各排気成分の割合が分析できれば λ が計算できるが，このうちで分析が容易な（O_2）および（CO_2）以外は近似的仮定を利用すれば便利である。その際，不完全燃焼分析としてディーゼル機関では xc のすすのみ，予混合機関では CO と H_2 のみとすれば実際に近い。

(2) ディーゼル機関 ————

すすは固体で体積は無視できるので，

$$(N_2)+(O_2)+(CO_2)=1 \qquad (3.24)$$

（3.23）式は，

$$\lambda=\frac{1-(O_2)-(CO_2)}{1-4.76\{(O_2)+(CO_2)\}}\cdot\left(\frac{1}{1+0.337\,c/h}\right) \qquad (3.25)$$

(3.19) 式は,

$$\eta_c=1-9.42\frac{xc}{H_u} \qquad (9.42 と H_u の単位は〔kWh/kg〕) \qquad (3.26)$$

(3) 予混合機関 ――――――

$x=0$ で (3.20) 式より,

$$V_e[(CO_2)+(CO)]=1.867\,c \ 〔Nm^3〕 \qquad (3.27)$$

水素の質量バランスより,

$$V_e[(H_2)+(H_2O)]=11.20\,h \ 〔Nm^3〕 \qquad (3.28)$$

排気中の酸素体積 V_e (O_2) は過剰空気中の酸素 0.21 ($\lambda-1$) A_0, および H_2 および CO が残るときは, それぞれの 1/2mol の O_2 が余るので,

$$V_e(O_2)=0.21(\lambda-1)A_0+0.5\,V_e\{(H_2)+(CO)\} \ 〔Nm^3〕 \qquad (3.29)$$

この V_e は完全燃焼の乾きガス排気体積 (3.17) 式に比べて, 炭素の一部が CO_2 にならないで CO で反応が止まれば同じ酸素で 0.5 V_e (CO) 排気体積が増す。また H_2 1kmol があれば, その体積と, H_2O になって式中に入らないものが, H_2O になるべき O_2 の 0.5mol が余り, H_2 があるときは V_e が 1.5V_e (H_2) 増加し,

$$V_e=1.867\,c+(\lambda-0.21)A_0+0.5\,V_e(CO)+1.5\,V_e(H_2) \qquad (3.30)$$

以上の式で c, h, A_0, (CO_2), (O_2) を知って, λ, (CO), (H_2), (H_2O), V_e を求めるためには, さらに1つの関係式を要する。そこで, つぎのガス平衡式が利用できる。

$$\frac{(CO)(H_2O)}{(CO_2)(H_2)}=K \qquad (3.31)$$

K は定数で, 反応が凍結する温度約 1500℃における値 3.4 が適している。

以上の式より (O_2) と (CO_2) を座標に等 λ, η_c および (CO) 線を画けば, 図 3.14 のようになり, これを燃焼三角形と呼び, (O_2) と (CO_2) を分析すれば, 他の値を読みとることができる。なお, ディーゼルの場合や $h=0$ の石炭燃焼では, 燃焼三角形の等 λ 線も直線で簡単に画ける。

(4) 水素エンジン ――――――

(3.19) 式, (3.29) 式, (3.30) 式の炭素に起因するものを除き, 水素の $H_u=3$ 〔kWh/Nm^3〕または 33.34 kWh/kg, 両者の比は 0.09, $A_0=26.5$ 〔Nm^3/kg〕より,

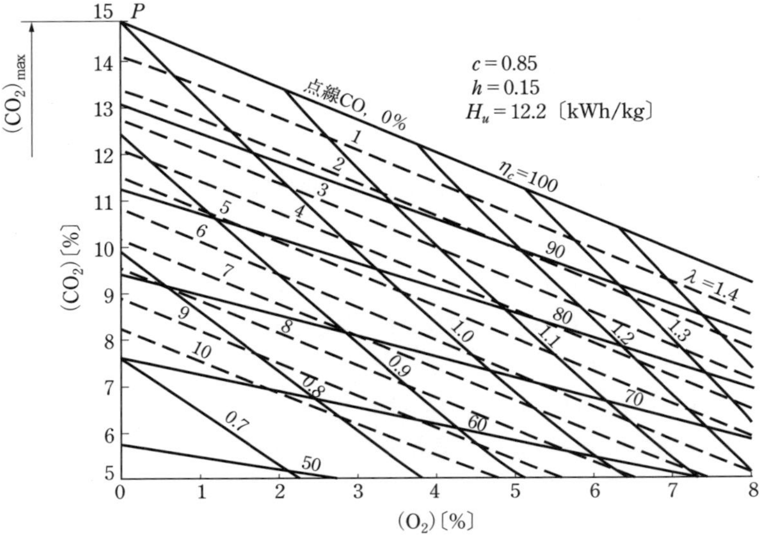

図3.14　ガソリン機関用燃焼三角形

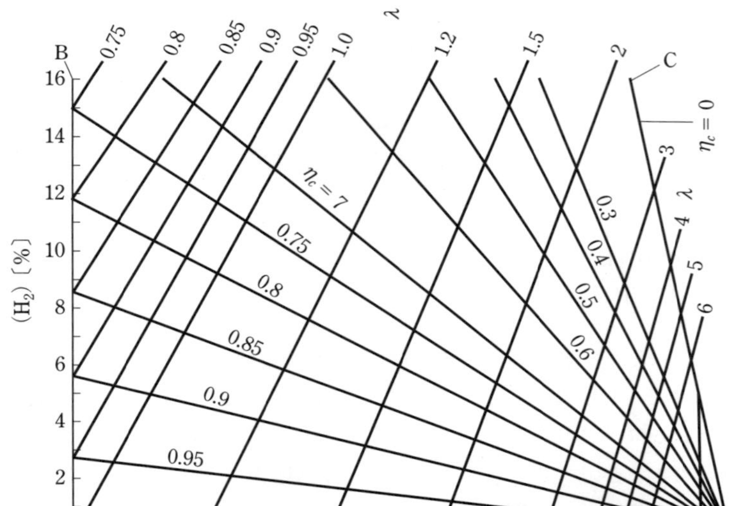

図3.15　水素エンジンの排気と燃焼特性

$$\eta_c = 1 - 0.09 V_e(\mathrm{H_2}) \qquad (3.32)$$

$$V_e(\mathrm{O_2}) = 5.565(\lambda - 1) + 0.5 V_e(\mathrm{H_2}) \ \text{〔Nm}^3\text{/kg〕} \qquad (3.33)$$

$$V_e = 26.5(\alpha - 0.2) + 1.5 V_e(\mathrm{H_2}) \ \text{〔Nm}^3\text{/kg〕} \qquad (3.34)$$

上２式より V_e を消去して，

$$(\mathrm{H_2}) = \frac{1 - \lambda + (\mathrm{O_2})(4.76\lambda - 1)}{1 + 0.881\lambda} \qquad (3.35)$$

（3.32）式，（3.34）式，（3.35）式より，

$$(\mathrm{O_2}) = \frac{\lambda - \eta_c}{4.76\lambda + 2 - 3\eta_c} \qquad (3.36)$$

（H_2）と（O_2）を座標にとり，等 λ，η_c 線の一部を画いたものが図 3.15 で，このうち OA は（H_2）＝ 0 で，η_c ＝ 100〔%〕，AC は混合気がまったく燃えないで，そのまま出るときで η_c ＝ 0。A 点は $\lambda = \infty$ で空気のみ，0 は λ ＝ 1 で完全燃焼。OB 上では λ と η_c が同じである。

3.7 火花点火エンジンの燃焼

3.7.1 点火の条件

燃焼が始まるためには点火を要し，可燃混合気の一部が外部の高温源で加熱されて酸化反応が始まり，その反応速度が混合気や固体面からの冷却速度に打ち勝って，炎を発するほど激しくなって周囲に火炎が伝播する。往復動エンジンでは毎サイクル，定刻に確実にすばやく，小エネルギーで点火させる必要がある。火花点火（spark ignition）法は，電極間の高電圧による放電であるスパーク，または火花が空間的にも時間的にもごく小さいが数千度の高温で，かつその部分のガスを電離，イオン化するので小エネルギーで優れた点火源をつくる方法である。しかし，その点火点と点火時に，点火に適した混合気が存在しなくてはならないこと，および両電極の絶縁が高温のために劣化しない必要がある。

3.7.2 燃料の点火性

混合比がある範囲内でないと点火はできない。表 3.4 は混合気の気化燃料の割合に対し，点火可能な希薄限界（下限）と過濃限界（上限）を示すもので，燃料によって大きく異なる。ガソリンでは，熱効率および公害対策上，希薄化のために点火の場所と点火時期のみ濃混合気とする層状給気（stratified charge）法が考案されている。図 3.16 は，各燃料に点火するために必要な最小エネルギーを示し，一般に λ

表 3.4　点火限界混合比（燃料-空気混合気の室温，大気圧での燃料（ガス状）の体積〔%〕）

燃　料	点火限界〔%〕		
	下　限	理　論	上　限
水素（H_2）	4	29.6	75
一酸化炭素（CO）	12.5	29.6	74
メタン（CH_4）	5.3	9.5	15
エタン（C_2H_6）	3.0	5.7	12.5
プロパン（C_3H_8）	2.2	4.0	9.5
ブタン（C_4H_{10}）	1.9	3.1	8.5
ヘキサン（C_6H_{14}）	1.2	2.16	7.5
オクタン（C_8H_{18}）	1.0	1.65	6.0
ベンゼン（C_6H_6）	1.4	2.7	7.1
メチルアルコール（CH_3OH）	7.3	12.3	36.0
エチルアルコール（C_2H_5OH）	4.3	5.7	19.0
アンモニア（NH_3）	15.0	21.8	28.0
ガソリン（C_6H_{18} に近い）	1.1〜1.4	1.7	6.0
天然ガス（CH_4 が主成分）	4.8	9.0	13.5

（出典）主として，H. F. Coward, G. W. Jones:U. S. Bur. of Mines Bull. No. 503（1952）による。

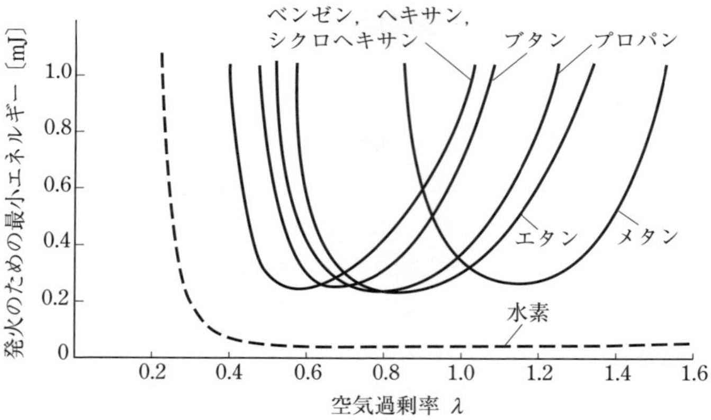

図3.16　点火性に対する混合比の影響

$=0.6\sim0.8$ のような過濃域にもっとも点火しやすい最小点がある。例外として，メタンが $\lambda\fallingdotseq1.15$ に最低点があり，また水素は広い範囲で点火エネルギーがとくに小さい。

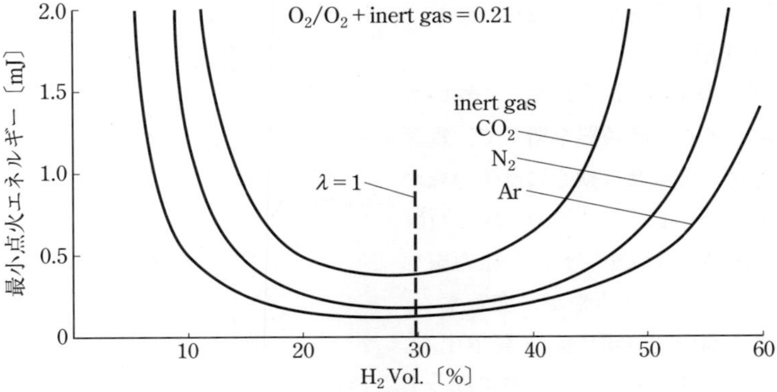

(a) 最小点火エネルギー

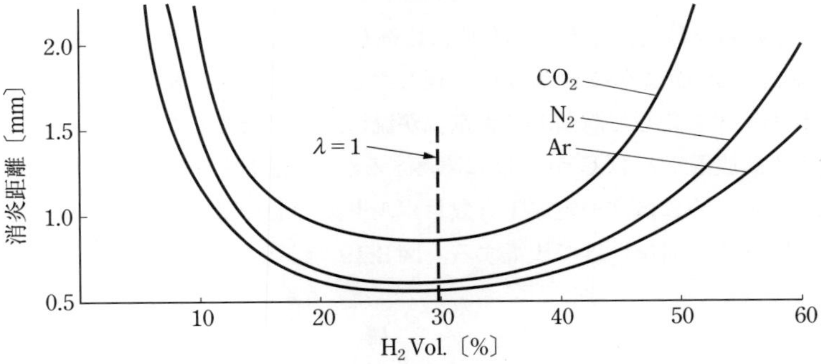

(b) 消炎距離

図3.17　H_2-O_2-不活性混合気の点火特性
（出典）B. Lewis and G. Elbe: *Combustion, Flame and Explosions of Gases*, Academic Press Inc. New York and London 1961

3.7.3 空気の不活性ガスを変えたとき

空気のうち燃焼に直接かかわる酸素をそのままにして，残りの 79 %の不活性ガスを 2 原子分子の N_2 の代わりに 1 原子分子のアルゴン Ar，および 3 原子分子 CO_2 に替えたときの点火最小エネルギー，および消炎距離（狭くて炎が通過できない隙間），これより狭い空間では点火はできないことを示すものが図 3.17 である。このうち，N_2 の C_p = 29.1〔kJ/kmol〕，κ = 1.40 に対し，Ar は C_p = 20.9，κ = 1.66，CO_2 は C_p = 36.1，κ = 1.301 であり，原子数が少ないほど高温になることが推測でき，図 3.17 のようになることがうなずける。

3.7.4 火花発生システム

(1) 基本作用

いま図3.18の回路で，鉄心に巻いてある一次コイルに断続器を閉じて，電源よりの電流 i_1 を流せば鉄心には磁力線が発生する。つぎに，図3.19のBで断続器を急に開いて電流を切れば，磁力線も急に衰えてコイルと速やかに交差する。その結果，高い誘導電圧 e_1 が発生する。この e_1 は，電流変化速度に比例する。また，鉄心には細い二次コイルが一次の100倍ぐらいの巻数巻いてあり，巻数に比例した $e_1 n_2/n_1 = e_2$ が二次側に発生する。

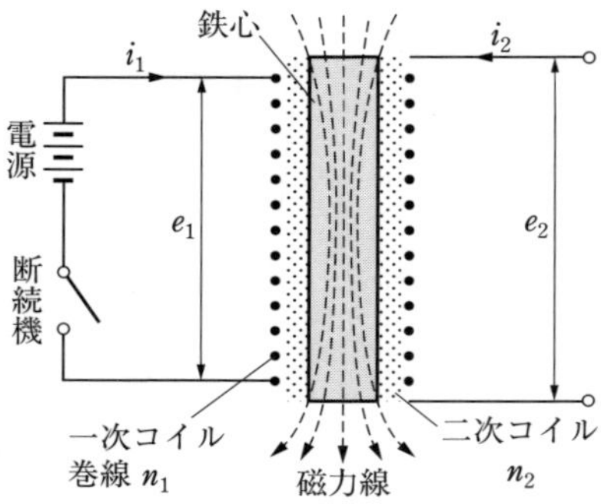

図3.18　点火コイルの原理

この e_2 が図3.19のようにBからCに達したとき，点火栓電極間の混合気の絶縁は破壊され，イオン化して瞬間的に大電流が流れ，その発熱で火花が発生して混合気に点火する。放電で e_2 はCからDに急落するが，電極間に一度電流が流れれば，それを維持するためにほぼ一定電圧（数百ボルト）でDE間で鉄心中に残っている磁気エネルギーを時間をかけて放電する。図3.19のように，i や e の変動によって起

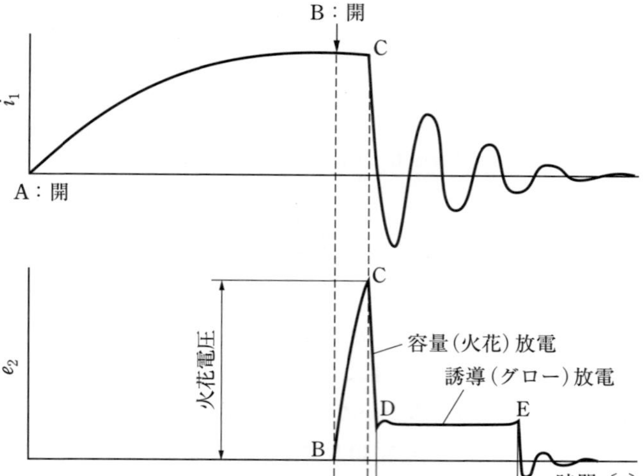

図3.19　点火系内の電気的変動

こる振動的変化はその回路の固有振動である。また，図 3.19 の時間座標は比例的ではないので注意を要す。

さて，点火のために発生する CD 間の放電は，電極間すなわち電気容量の回路の放電で容量放電と呼ばれ，10^{-6} 秒のごとく短時間で，5 〜 10 MHz の高周波で，20 〜 200 アンペアの大電流を流すので混合気は加熱とともにイオン化される。つぎに，DE 間のグローは，鉄心内の磁気による電磁誘動作用であるので誘導放電と呼ばれ，10^{-3}〔s〕と長く，1 アンペア以下の小電流であるので，イオン化でなく分子の活性化が主である。これらの放電現象のうち熱的作用，容量放電によるイオン化および誘導放電の活性化作用のどれが点火に支配的役割を果たしているかは，研究者によって意見が異なるが，いずれも関係があると考えられている。また，実際には B で電流を切ったとき BC 間で断続器接点部に放電が生じ，耐久性を下げるので，その近くにコンデンサを入れてピーク電圧を抑制する。

(2) 実用例 ――――――

① バッテリ式　図 3.20 にその回路を示し，自動車エンジンに使われ，電源用バッテリはエンジンで駆動される発電機（ダイナモ）で常時充電され，照明やスタータ，電子機器などにも共用される。多シリンダのうち点火するプラグに火花が発生するよう，配電器中のロータを調時回転させる。本方式は構造が簡単であるが，充電を要する重いバッテリを持たなければならない。また，高速では前掲図 3.19 の AB の時間が短いため，B の i_1 が飽和になる前に断続器が開いて e_2 が低下するので，コイルに抵抗を入れて i_1 の上昇を早めるが，高速性能低下の欠点がある。

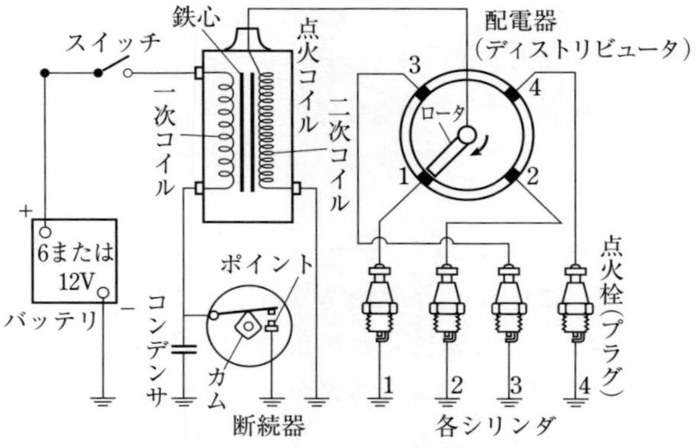

図3.20　バッテリ式点火回路

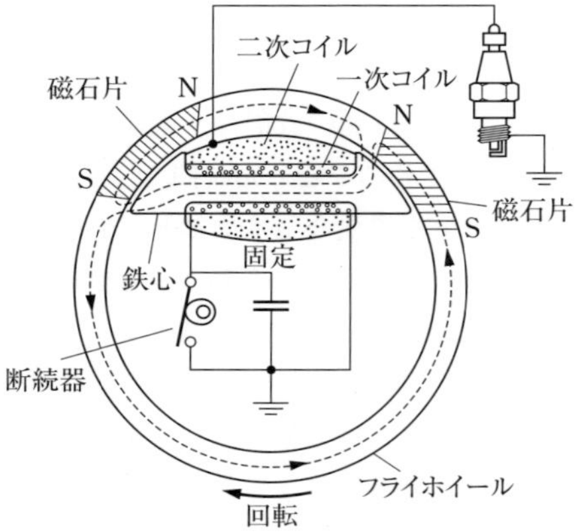

図3.21　フライホイール・マグネットの作用図

② マグネット（magneto）式　上記のバッテリ式の欠点のないもので，磁石発電機で一次コイルに電流を与える。オートバイや農工用エンジンなどに使われているフライホイール・マグネットは，図3.21のように，静止鉄心に一次，二次コイルが巻いてあり，それに面してフライホイールに埋め込んだ永久磁石が回転し，点線で示した磁力線の方向が変化するごとにコイルに電流が流れ，断続器で高電圧を発生させるものである。また，静止磁石に対してコイルを回転させる方式のものもある。これらの方式は磁石発電機の出力が回転数に比例するので，高速時は良いが低速時に火花性能が低下する欠点がある。

③ 半導体（transistor）式　エンジンの排気対策および燃費低減のためには，点火系統の点火時期の安定，耐久性および高エネルギー点火などの要求が高まり，上記の断続器方式から半導体応用へ変換している。この方式にも多くの回路があるが，ここではフルトランジスタ式と呼ばれるものを簡単に紹介する。

図3.22はその一成分であるシグナル・ジェネレータ（SG）で，ロータの突起が相手の突部に向かい合ったときに磁束は最大となり，前後では小さいので，磁束の変化で信号電圧 e_s が図3.23のように発生する。この e_s を図3.24のような Q_1，Q_2 のトランジスタからなるシュミット回路とパワートランジスタ Q_3 を含む回路に加えれば，e_s が⊕のときは点火コイルIGに一次電流 I_c が図3.24のように流れ，⊖に変わるとき，その I_c は遮断され二次コイ

ルに火花用高電圧が発生する。

④ その他　ロータリエンジン用，希薄混合気用，アルコール噴霧点火用など，点火にとくに高エネルギーを要するものに対しては，強力な放電または多重火花またはプラズマジェット方式などが開発および実用されている。

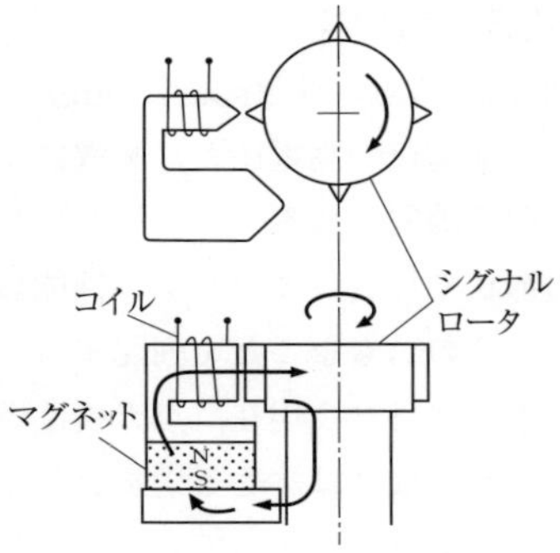

図3.22　シグナル・ジェネレータ(SG)の作用

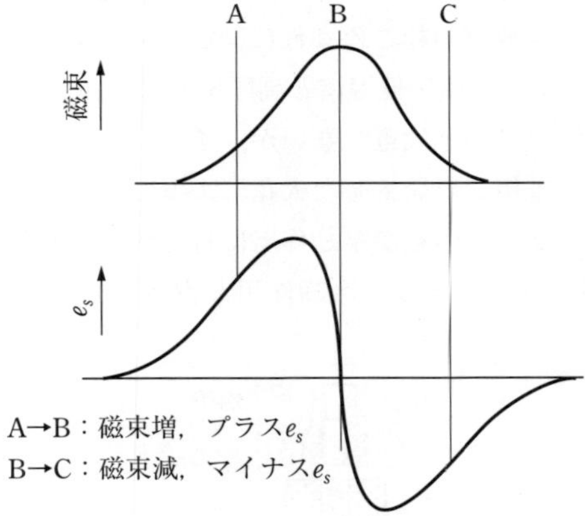

図3.23　シグナル電圧発生原理

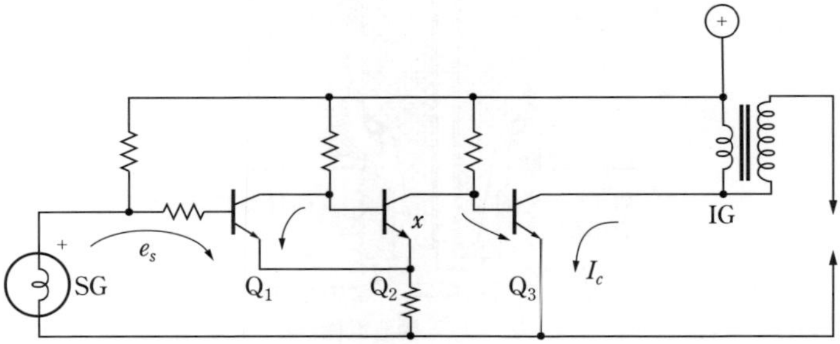

図3.24　フルトランジスタ点火回路の作用

3.7.5 点火栓

図 3.25 は点火栓（spark plug）の一般的な構造を示し，二次コイルに発生した 1 万ボルト前後の高電圧が，配電器を経て端子から中心電極にかかり，接地電極との間の火花隙間に放電（スパーク）し，その火花で混合気に点火する。その際，点火栓の形状や材質がエンジンの性能および点火栓自身の耐久性に深い関係がある。以下に，そのおもなことを列記する。

① 取付　　現在，点火栓は燃焼室壁面に埋め込まれているだけではなく，容易に取りはずせる構造としてある。これは，その耐久性および信頼性がほかの部分より劣っているからであり，埋め込み型にできれば多くの利点がある。

② 火花強度　　強い火花ほど火花発生から点火までの点火遅れが短く，かつ毎回一定時刻に確実に点火ができる。一方，強い火花は点火系に大きい電気を流し，電極も過熱されやすいので，耐久性に配慮を要する。

③ 放電性　　火花放電の起こる条件にはいろいろあるが，図 3.26 のように，圧縮された混合気が高圧・低温ほど高圧を要し，図 3.27 のように電極隙間を広げれば高電圧でないと放電しないが，そのときは強い火花である。

④ 消炎作用　　電極間に発生した火花によって火炎が発達し燃焼反応に達するためには，初期の反応熱が冷却作用に打ち勝つ必要がある。電極隙間が狭いときや極が大きいときは，冷却作用が大きく点火性が劣る。その例を図

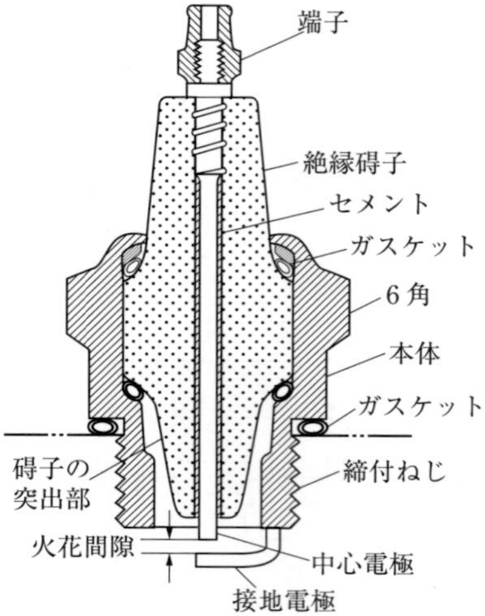

図3.25　点火栓断面図

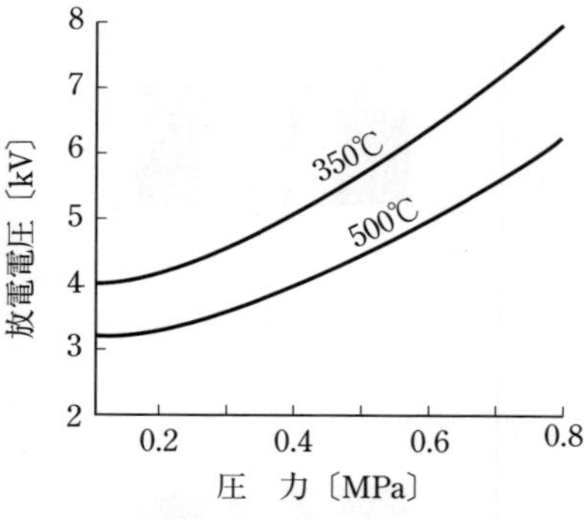

図3.26　ガス圧力の影響

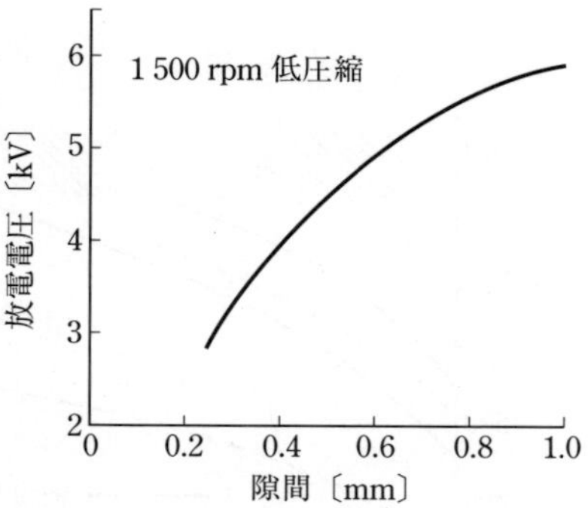

図3.27　点火プラグの電極隙間の影響

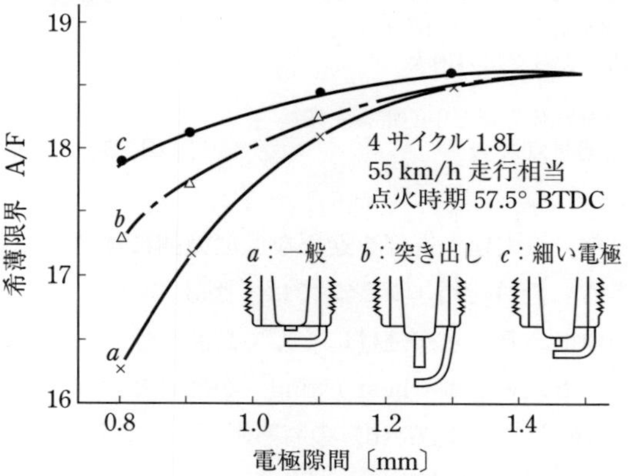

図3.28　電極形状と着火性の実験結果例
（日本機械学会「機械工学便覧」新版B7）

3.28 に示す。

⑤　電気絶縁性　　両電極は碍子で絶縁されているが，その表面温度が約 500 ℃以下では，表面に付着したカーボンなどの堆積物を燃焼させて清浄化することができないで，絶縁性が下がり十分な火花が得られない。

⑥　耐熱性　　碍子突出部または電極は火花や燃焼ガスにさらされるが，これらからは熱が逃げにくいので高温になる。そこで，碍子にひびが入ったり，電極が溶損したり，過早点火（preignition）のもとになる。図 3.29 は Champion の実験結果で過給して高温にしたときで，過早点火が起こる限界温度には中心電極ではなく，碍子先端が達し約 900 ℃に達した時である。

⑦　熱価　　上記⑤および⑥に対応するためには，それぞれに適した構造があ

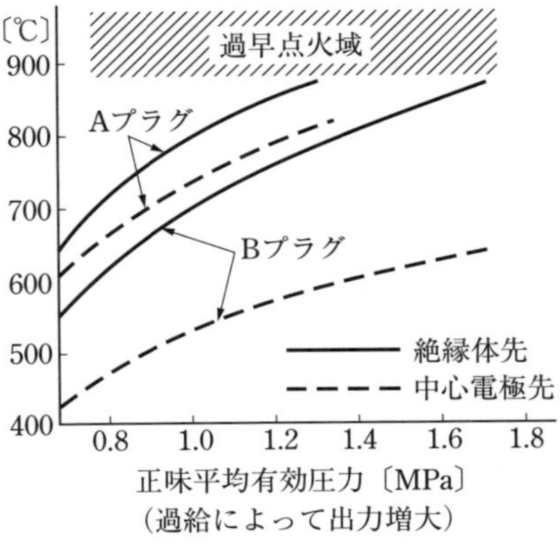

図3.29　プラグ絶縁体先端と中心電極先端温度と過早点火

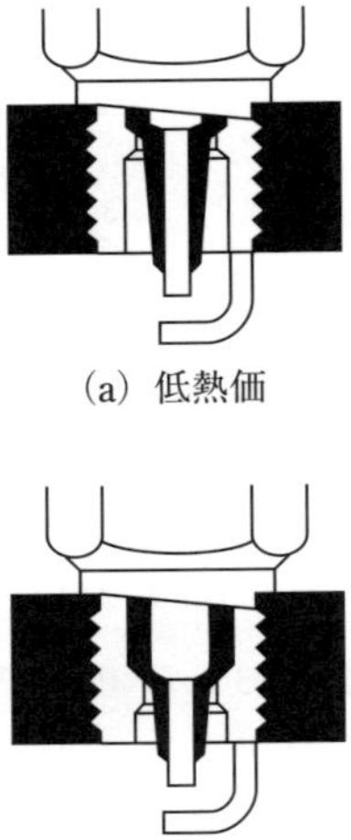

図3.30　熱価の異なる点火栓

る。すなわち，点火栓先端部を適正な温度範囲に維持するためにその部分の寸法を変える。低負荷用エンジンでは，図 3.30（a）のように，中心電極が細長く碍子中にあり，熱が逃げにくくて高温を保ち，碍子先端への堆積を防止する。この方式を熱価（heat rating）が低いと言う。逆に，電極部の冷却を促進するものが，図 3.30（b）の高熱価点火栓である。図 3.30（a）は主として低速，水冷，4 サイクルに，図 3.30（b）は高速，空冷，2 サイクル用である。

⑧ブリッジ　　放電電極の先端部に金属小片が，球状または図 3.31 のような針状で付着し，放電を不能にすることがある。これをブリッジと呼び，潤滑油消費の大きい 2 サイクルエンジンに起こりやすく，金属添加剤の少ないオイ

図3.31　点火電極にできた針状ブリッジ

ルでは起こらない。これらのことから，オイル中の金属添加剤が火花で溶けて極に付着するものと考えられる。

3.7.6 点火時期

火花発生の時期もエンジン性能上きわめて重要な因子であり，一般に外部から調節でき，上死点前（before top dead center，BTDC）何度で示し，点火進角（spark advance）と呼ばれる。火花発生後の点火遅れ期間を経て点火，燃焼が始まり圧力の上昇が起きる。図 3.32 は，点火時期（spark timing）を変えたときの p－θ 線図で，早過ぎれば最大圧力および温度が高すぎる。TDC 前の圧力は仕事に対しては負の圧力である。TDC 後に取り戻せるはずであるが，高圧による摩擦が大きく，高温による熱損失も大きい。図 3.33 の p－V 線図のように，やせた形になり出力はむしろ下がる。また，遅すぎるときはピストンが下がって燃え，圧力上昇が遅く，膨張仕事が少なく燃焼衝撃は小さいが，性能が下がり，排気エネルギーが増える。最大トルクを与え，かつできるだけ遅い点火時期を MBT（minimum spark advance for best torque）と称し，最適点火時期となる。

つぎに，エンジン使用条件に対する点火進角の決め方としては，排気対策や超希薄燃焼などのために，また電子制御法の進歩により種々，さまざまな方法がとられているが，ごく一般的には，

① 高回転ではガス流速〔m/s〕は増すが，回転数に比例するほどでないので，

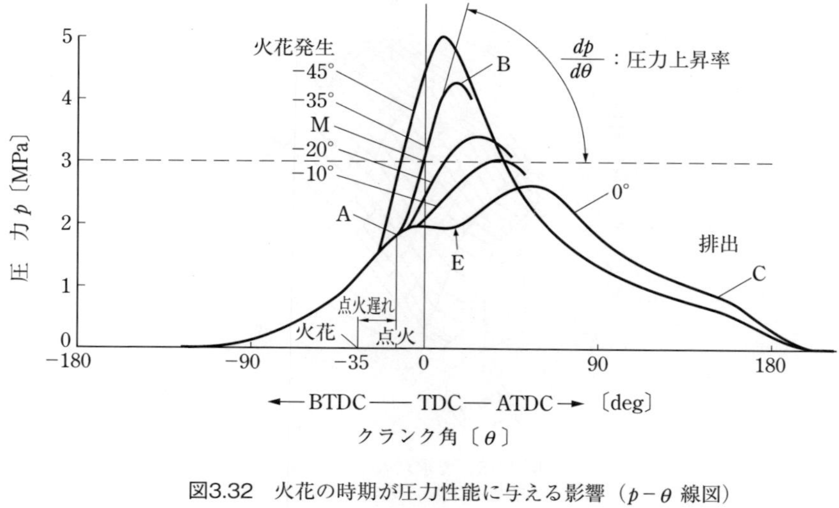

図3.32 火花の時期が圧力性能に与える影響（p－θ 線図）

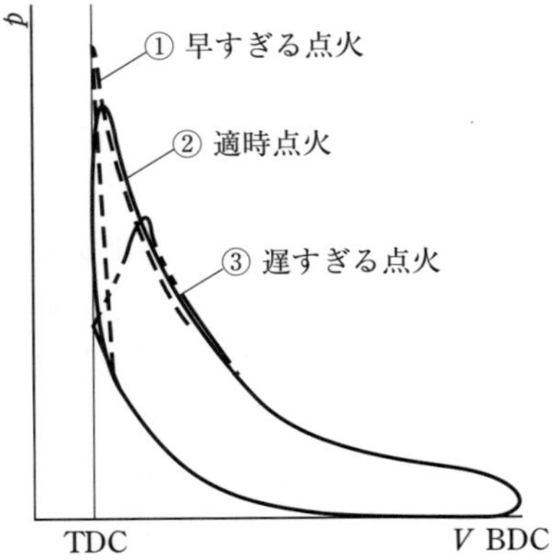

図3.33　点火時期の出力への影響（$p-V$ 線図）

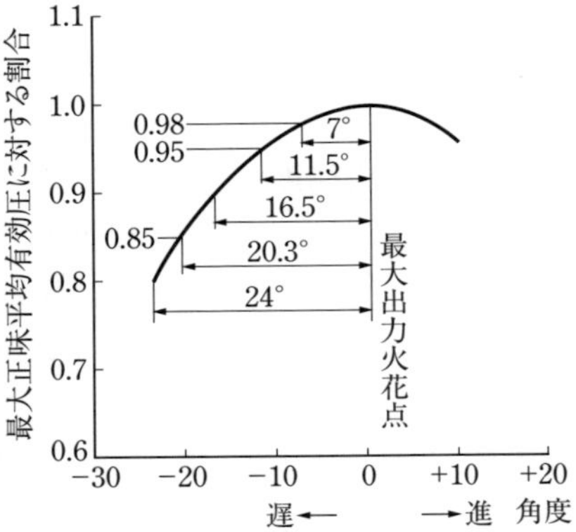

図3.34　最大出力点火時期からのずれが出力に与える影響

回転角 θ に対しては減少し，点火遅れ角が増すので点火を進める。

② 最大トルクを与える点火時期からのずれは，図 3.34 のように，トルクが減少する。この様子は回転数にかかわらず成り立つ。回転数と負荷が要求する点火進角を，図 3.35 のように決めて，電子制御回路に入れ，他補正値も加えて進角を決める方法が取られている。

③ 混合比に対してはガソリンエンジンでは $\lambda = 0.8$ ぐらいが点火性は最良で，

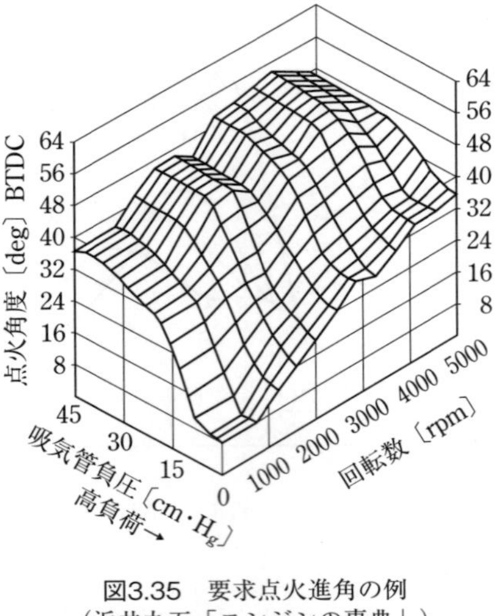

図3.35　要求点火進角の例
（浜井九五「エンジンの事典」）

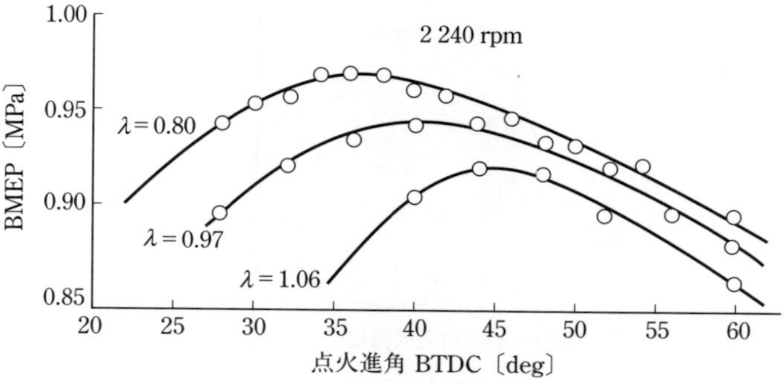

図3.36　混合比と点火時期が最大出力に与える影響

λ = 1.1 では不安定になる。図 3.36 はその実験結果で，希薄混合気ほど進角を進めて早く点火する必要がある。2 サイクルや EGR（exhaust gas recirculation: 排気再循環）方式のように，吸気に排気ガスが多く混入しているときも同様である。

④　異常燃焼の制御，排気浄化のために排気温度を高める，NO_x 低減策のために MBT より遅い点火法，などのために点火時期が制御される。

3.7.7　異常燃焼

混合気を火花点火し，火炎が連続的に全体に伝播して燃焼が終わる場合が正常な燃焼で，これとは別の燃焼経過で，かつエンジンに大きい障害を与える場合を異常燃焼（abnormal combustion）と呼び，以下のようなものがある。

（1）ノッキング ――――

a）現象　　たとえば，自動車が低速・高負荷で坂を登るとき「カチ・カチ」とノックするような異常音を出す現象で，正常な燃焼音と明らかに異なり，弱くても聞き分けられ，この運転を続ければ種々の障害がエンジンに起こる。ノック音を出すためノッキング（knocking）はノックとも称される。

b）発生メカニズム　　炎が火花点火で発生し，燃焼室全体に順次拡大するとき，その伝播速度は数十 m/s 以下であり，圧力上昇も連続的である。もし，燃焼速度が過大であったり，不連続的な圧力上昇が発生すれば，燃焼による異常な振動や音を発生する。その一つがノッキングである。

図 3.37 において，初め点火栓より火炎が正常に伝播し，既燃高温ガスの膨張で未燃混合気は断熱的に圧縮されて温度が高まり，自発火点に達する。この未

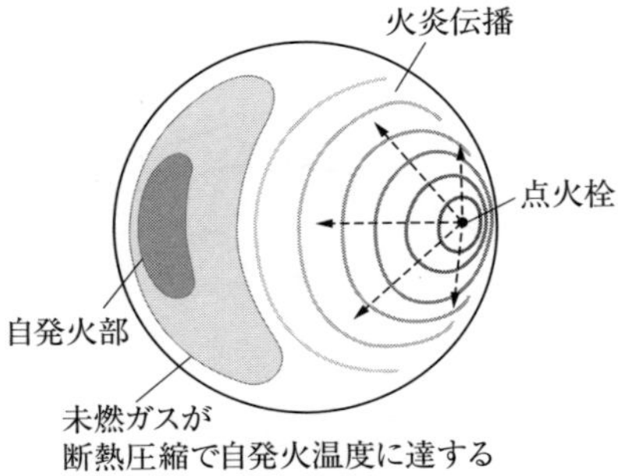

図3.37　ノッキング発生の説明

燃混合気は端ガス（end gas）と呼ばれ，自発火温度に達しても，ただちに発火せず，発火遅れ期間後に自発火が起こる。このときの燃焼は，正常燃焼と異なり端ガス全体がほぼ同じ状態に達しているので，ほとんど同時に燃焼する。すなわち，突然燃焼速度が異常に高まる（数百〜 1500 m/s）。その結果，図 3.38 の $p-\theta$ 線図で B 点で不連続な圧力上昇を起こし，C 点のような激しい圧力波が発生し，音速（ $=\sqrt{\kappa RT}$ ）で燃焼室内を往復する。その繰り返しが圧力振動，またはカッカッと聞こえるノック音となり，その周波数は 5000 〜 6000 Hz の高い音である。

以上のように，ノッキングは端ガスが自発火して起こるので，つぎのことが重要な因子になる。

① 圧縮比が高いときのように，上死点近くで混合気が高温になるとき，または燃料の自発火温度が低いときに起こりやすい。自発火温度は表 3.5 のように，石油系ではガソリンが最高でありノッキングしにくい。一方，水素は自

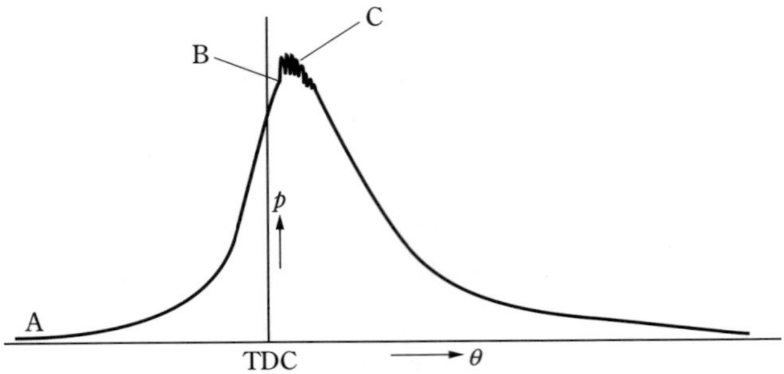

図3.38　ノッキングの $p-\theta$ 線図

表 3.5 混合気の自発火温度〔℃〕

燃　焼	大気圧		空気中		オクタン価 (RON)
	酸素中	空気中	10 気圧	30 気圧	
水　素	450	580			
一酸化炭素	590	610			
プロパン	490	510			112
エチルアルコール		450			107
ベンゾール		700	580	470	
ガソリン		480～550	310	260	91～99
軽　油		330～350	250	200	
原　油		400～450	250	200	
潤滑油		380～420			

発火温度は高く，一般に圧縮着火はできないほどであるが，ノッキング性はほぼガソリン並みである。

② 自発火の起こるまでの温度，圧力など物理的および化学的な予備反応は，圧縮行程中から漸次進み，端ガスの断熱圧縮中にはとくに激しく，ついに自発火に至るもので，このような準備期間が短いほどノックしやすい。準備期間は，自発火する部分の混合気に対しては着火遅れに相当する。図 3.39 のように，高温，高圧ほど着火遅れは短くなり，ノックを起こしやすい。また，燃料に鉛を混入すれば着火遅れを長くして，ノッキング防止に大きい効果がある。

③ 正常燃焼速度が大きいか，点火栓からの伝播距離が短いときは，自発火が起こる前に正常燃焼が完了し，ノックは起こらない。逆に低回転でガス流動

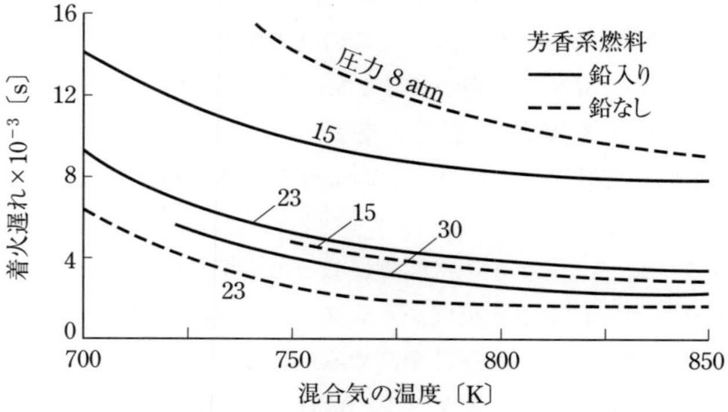

図3.39 温度，圧力が着火遅れに与える影響

が少なく燃焼速度が遅いとき，混合気が希薄の場合，L形燃焼室のように偏平形で広い場合はノックは起こりやすい。

c）ノッキング防止策

① 燃料　自発火温度，着火遅れ，燃焼速度などのノッキングに関係する因子は燃料によって異なるので，まず燃料のアンチノック（ノック抑制）性を考える。

一般的に分子構造がコンパクトなものは，炭素数が多く鎖の長いものよりアンチノック性が高い。たとえば，プロパンを主成分とするLPGや芳香族系はノックしにくい。このような分子は，まず原油の産地によって含有率を異にするが，化学工業的分解（cracking）や結合で製造することができる。

また，これら燃料分子の性質ではなく，少量の添加剤を加えてアンチノック性を向上させる方法がある。そのなかでもっとも効果の高いものは，着火遅れを増す作用のある鉛で，ガソリンに可溶性とするために四エチル鉛 $Pb(C_2H_5)_4$（20℃の比重1.659，沸点200℃，融点－156℃）で燃焼後鉛が燃焼室に堆積するのを防ぐために，掃鉛剤として塩素と臭素化合物も混合して点火する。このアンチノック添加剤はMidgleyとBoydによって発見されたもので，0.1％ぐらいの添加で著しい効果をあげる。とくにノックしやすい燃料ほど効果が大きい。添加剤を増しても，その割には効果は高まらない。また，分子量が大きく重いので多シリンダに一様に配分されず，シリンダごとにノック性が異なることも起こる。

しかし，排気公害が問題になってから鉛が有害であるとの心配，また排気浄化触媒が被毒（または劣化）されることから，無鉛ガソリンが義務づけられた。その際，鋳鉄の排気弁座は摩耗が急増し，1 000 kmの走行で弁と座の間に隙間ができるほどになった。この現象解明のために，座を放射化して実験したところ，弁座の材料が弁当り面に図3.40のように堆積し，弁の回転によって座が異常摩耗することがわかり，これを排気弁リセッション（recession）と呼び，ステライトのような特殊材料を弁座に使うことで解決した。

② オクタン価　ノッキング制御にもっとも深い関係のあるのは燃料で，そのアンチノック性を示す尺度がオクタン価（octane number）である。そのための基準燃料には，普遍性を高めるために，単分子の炭化水素のうちアンチノック性の高いイソオクタン（C_8H_{18}）を100とし，低いn－ヘプタン（C_7H_{16}）を0とする。供試燃料のアンチノック性がイソオクタン x〔％〕と

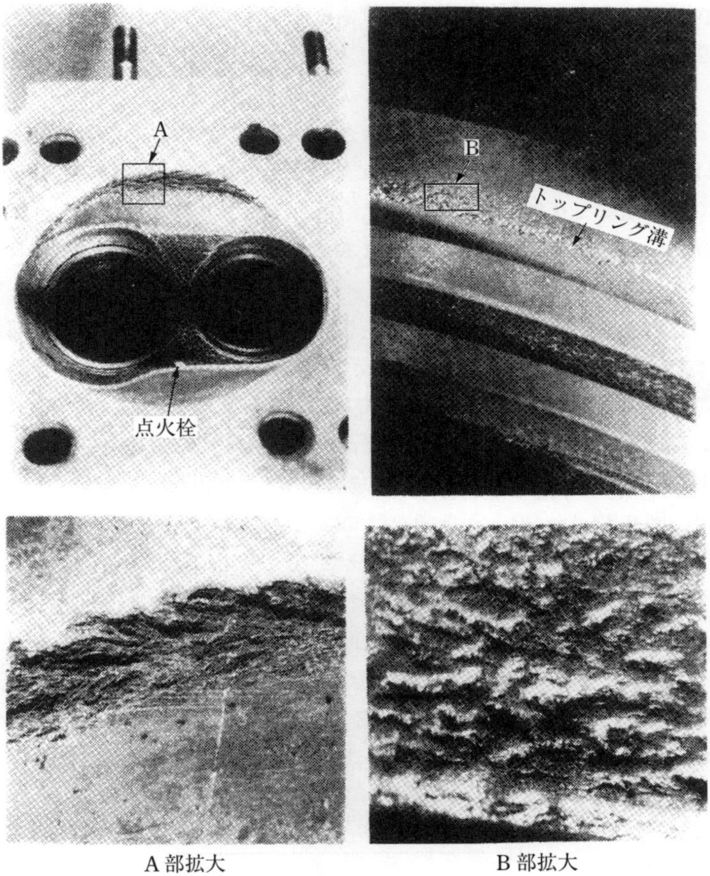

(a) シリンダヘッド・スキッシュ部　　(b) トップリング溝上部

図3.40　排気弁の当たり面にできる堆積物の拡大写真
(古濱，昼間「日本機械学会論文集」43-368，1977-5)

n－ヘプタン (1 － x)〔%〕の混合燃料と同じである場合，オクタン価 x と呼ぶ。

実際のテストは，C. F. R. (Cooperative Fuel Research) といわれる，単シリンダ，4 サイクル，OHV，$D \times S = 82.6 \times 114.3$ mm ($3\frac{1}{8}'' \times 4\frac{1}{2}''$)，ピストンに対して，シリンダとヘッド一体がウォーム歯車の回転によって運転中に上下でき，圧縮比が変えられる特殊な構造のエンジンを使い，供試燃料に対してオクタン価がその上下となるような 2 つの標準混合燃料を交互に供給して，アンチノック性を比較する。なお，運転条件によって，リサーチ法（600 rpm，RON）とモータ法（900 rpm，MON）および自動車の加速中にテストする走行オクタン価などがある。

③　燃焼室の設計　　ノックを起こさない条件は，燃焼室上方の壁面温度を下げることである。図 3.41 のように鋳鉄よりアルミ合金のほうが熱伝導率が高く，低温になりやすい。また，水冷は，空冷より熱伝達率が大きく冷却性が高いので，低い壁面温度が得られることから，アンチノックが優れ，高圧縮比にできる。

④　点火栓の位置　　点火栓で発生した炎がノックの起こる端ガス部に達するまでの距離が長いと，時間を要し，それまでに自発火しノックを起こす。そこで，図 3.42 のように，大径のものほど圧縮比を下げる必要があり，ガソリン自動車用では約 100 mm の内径が最大となっている理由の一つはここにもある。航空機用などさらに大径の場合，2 か所に点火栓をもつものもある。また，図 3.42（a）のような側弁型では，点火栓から遠い部分にまで燃焼室が広がっているので圧縮比は低い。そこで，ピストンとヘッドの一部に C のような狭い隙間をつくり，圧縮の終わりにその間のガスを追い出してスキッシュによる強い乱れを作って火炎速度を増し，未燃ガスが自発火する前に正常燃焼で燃やす。このようなガス流動の発生で，ノックを防止する方法は最近でも多く開発されている。図 3.43 は Texaco 社が 50 年も前に開発を進めたもので，筒内噴射で層状給気（濃淡のある混合気 : stratified charge）をつく

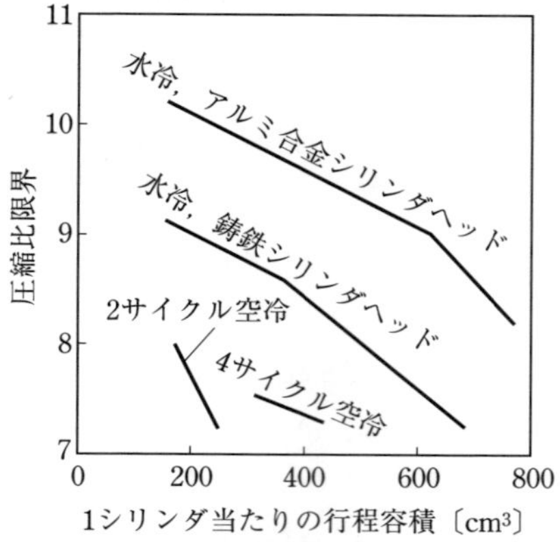

図3.41　ノックに対する冷却効率

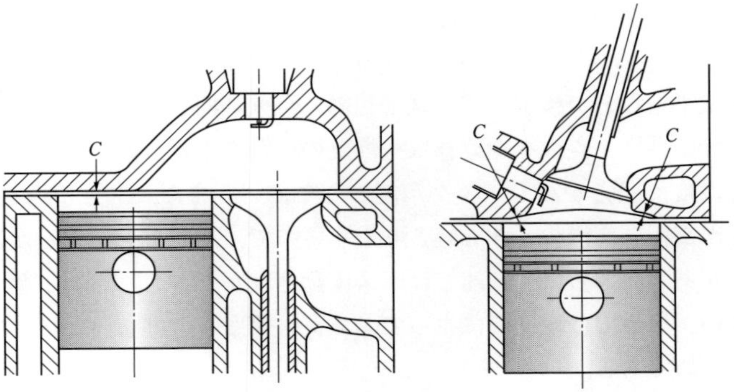

(a) L形で渦流を増す形(Ricardo型)　(b) OHVくさび(wedge)形

図3.42　燃焼室の形によるノック対策

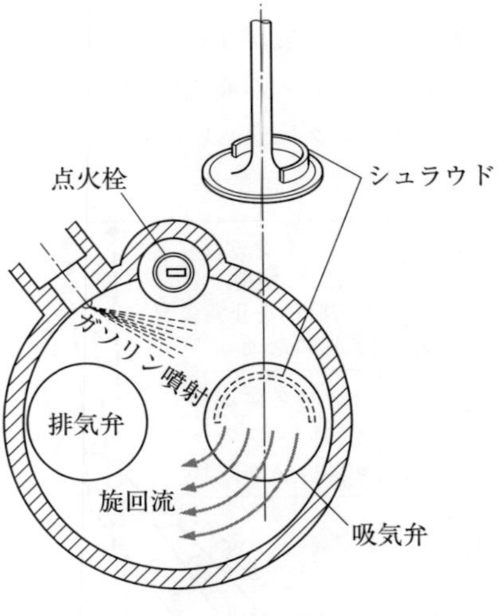

図3.43　ガソリン筒内噴射，ガス流動によるノック対策(TEXACO法)

り，吸気弁のシュラウドで吸気に旋回運動を与え，その流れに噴霧を乗せて点火栓に点火可能な混合気を運ぶ考えであったが，実用されなかった。おそらく，自動車では吸気の量が激しく変化するので，すべての運転条件では不可能であったためと考えられる。現在，日本の自動車会社はこの基本的考え方の実用化に成功している（4.5節に後述）。

⑤　電子制御による回避　　以上のノック防止の設計によれば，性能を犠牲にすることにもなりかねない。したがって，ノック発生直前で運転されるよう

に設定し，外気，燃料，過給などで，ノックが発生する場合は，後述の図4.14のように，エンジン外面にノックセンサを取り付け，ノックの異常振動を圧電素子などで検出して，電子制御で点火時期を遅らせる方法がとられる。

⑥　運転条件　　点火を進めれば，燃焼の後期が上死点直後に当たり，未燃ガスの温度，圧力が高くノックが起こりやすい。また，ターボ過給のように，給気が高圧・高温のときも起こりやすいので，エンジンに入る前に冷却することがある。さらに，低速ではガス流動速度が小さく，燃焼が遅くノックしやすい。坂道では変速機によってエンジン速度を上げないとノックするのはそのためである。

d）ノッキングによる障害

①　温度上昇　　ピストンエンジンでは，燃焼ガスの最高温度は2 000 ～ 2 500 ℃に達するにもかかわらず，ピストン頂面は200 ～ 300 ℃で，壁面の耐熱性のためにガス温度を下げる必要がないという特長をもつ。このように，低温を保ち得るのは壁面近くにガスの静止層があり，熱伝達を抑制しているからである。しかし，ノッキングは激しい圧力波が壁面に衝突を繰り返す現象で

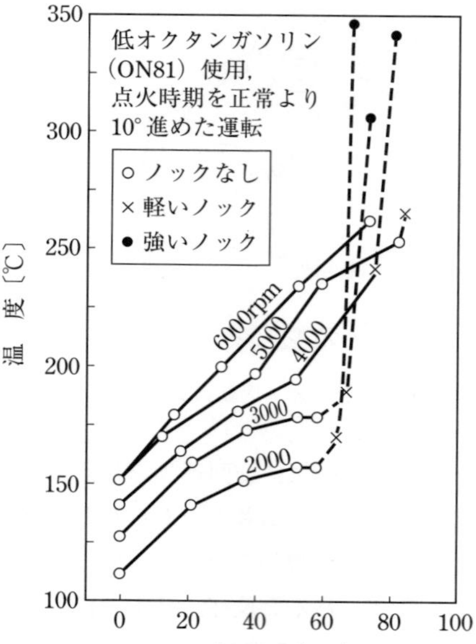

図3.44　ノッキングによるピストン頂面中央部温度の急昇
（古濱，榎本「日本機械学会論文集」39－317，1973.1）

あるので，この静止層が破壊され熱伝達を促進し，壁温を高める。図 3.44 はピストン頂面中央の温度測定結果で，ノックにより 100 ～ 150 ℃の急上昇が起こり，それによりさらにノックが激しくなり，ついに焼き付きに至ることもある。しかし，その前に着火が早くなりすぎて，エンジンの出力は低下し運転不能になる。

② 異常摩耗　　つぎに，圧力波は燃焼室壁の材料にも障害を与える。その障害作用は普通の摩耗と異なる。たとえば，圧力センサの水晶面は非常に硬いが，ノック時の測定を続ければ，すりガラスのように曇る。また，図 3.40 のように，(a) はピストン上面とシリンダヘッドの隙間および (b) のトップランドの底の部分は，押し込まれた混合気が自発火し，ノックが発生する部分で，図 3.45 のようなピッチングを起こす。おそらく，高温と大きい圧力振動と両方によるものである。

図 3.46 はリングを原子炉で放射化し，その放射能をもったリングの材料が摩耗し潤滑油に混入する。油の放射能の増加で，リングの摩耗が時間とともに変化する状態が測定でき，またクロムと鉄を別々に同時に測定できる特長をもつ。その結果，図のようにノックが起きれば摩耗が急上昇することがわかる。また，一般には，クロムは鋳鉄よりきわめて摩耗が少ないが，ノックによる摩耗ではクロムの摩耗が大きいことがわかる。

図3.45　ノッキングによって発生したピッチング

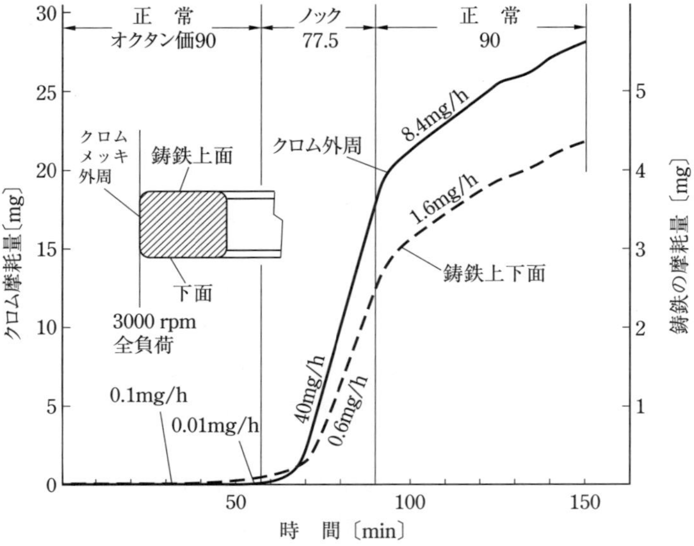

図3.46　ノッキング時のピストンリングの異常摩耗

(2) 熱面着火

ノックのような自発火ではなく，高温面が着火源となる異常燃焼としてつぎのものがある。

a) 過早着火　　過早着火（preignition）は，点火火花が飛ぶ前に着火・燃焼が起こる現象で，図 3.47 は 2 サイクルエンジンの $p-\theta$ 線図を重ねて撮ったもので，点火栓の過熱によりときどき火花前に着火している例である。また，水素は着火のための必要エネルギーが前掲図 3.16 のようにきわめて小さいので，図 3.48（a）のような過早着火を起こし，それが続けば図 3.48（b）のように火花電極

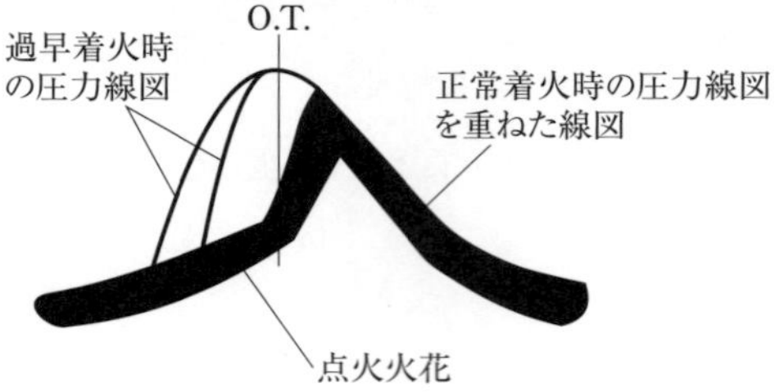

図3.47　点火栓過熱による過早着火

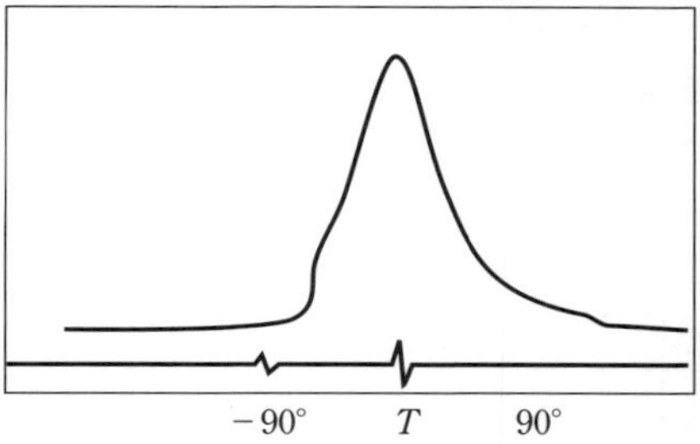

(a) $p-\theta$ 線図

(b) 過早着火運転による点火栓電極の溶損

図3.48　水素エンジンの過早着火

が溶ける障害となる。さらに，着火時期が早くなり，吸気弁が閉まる前に着火すれば逆火（back fire）になる。

過早着火では燃焼が早く，上死点までにはほとんどが終わり，圧縮行程後期は高温，高圧ガスを圧縮するので，その間の熱損失が大きく，作用行程でその仕事は取り戻せず，負の仕事となって運転が停止するに至る。

過早着火の原因は点火栓や排気弁が高温になったり，灰分やカーボンが壁面に堆積し，熱の不良導体で表面が高温となったり，はがれて浮遊して着火源となることによる。

b) ワイルドピング　　ワイルドピング（wild ping）はノックと過早着火が同時に発生する現象で，不規則でシャープな激しい音を発生する。堆積物から早期に熱面着火（surface ignition）するものと考えられる。

c) ランブル　　ランブル（rumble）は低周波のにぶく強い衝撃音を出し，運転が荒れるもので，非常な早期または多点着火による高い圧力上昇率によって起きると言われている。

(3) その他の異常燃焼

a) 続走　　続走（rum − on）は点火の電源を切っても，短時間燃焼が続く現象で，残留ガスで吸気が加熱され，高温となったものが圧縮着火されるもので，燃焼室壁に堆積物が付き，熱の絶縁層ができたとき起こりやすい。

b) アフタファイヤ　　アフタファイヤ（after − fire）は自動車が急に止まったり，坂道を下るとき，エンジンは車体の慣性力で回され，ブレーキをかける。これをエンジンブレーキと呼ぶが，そのとき絞り弁を閉じて高回転で運転されるので，新気が残留ガスに比べて少なく，実質混合比が希薄で，点火不能で未燃混合気を排出し排気管に溜まるが，数サイクル後に点火可能な混合気となり，再びシリンダ内で緩やかな燃焼が起こり，排気弁が開いたとき高温ガスまたは炎が排気管内の混合気に点火，爆発する現象である。

3.8 ディーゼル機関の燃焼

3.8.1 着火の条件

ディーゼル機関は火花などの着火源によらず，高圧縮比で空気を高圧・高温に圧縮し，燃料の自発火点以上になったところへ燃料をさらに高圧で噴射し，微粒化，蒸発して空気と混合し着火する。そこで，ガソリン機関のように，順次火炎が伝播する場合と異なり，図 3.49 のように，噴射弁に近い噴霧は燃料が過濃で，噴流から離れると過薄で，その中間のどこか，1 または数か所着火に最適な混合気が形成され，そこから着火が起こる。したがって，圧縮温度が着火に十分であれば全体の空燃比に無関係に運転ができ，低負荷でも空気を絞らず運転が可能である。このような点火法の違いが，両エンジンの特性を根本的に変えている。たとえば，全噴射燃料を完全燃焼させようとすれば，利用できない余剰空気を要し（$\lambda = 1.2$ ぐらいが最小），シリンダ容積当たり 1 サイクルの熱発生量が小さい。また，理論混合比（$\lambda = 1$）で，燃料を噴射すれば不完全燃焼によるすすが大量に出る。さらに，着火までに噴射された燃料はすべて同じ着火条件を満たしているのでほぼ同時に燃焼し，圧力上昇速度が大きく高い金属音を発する。

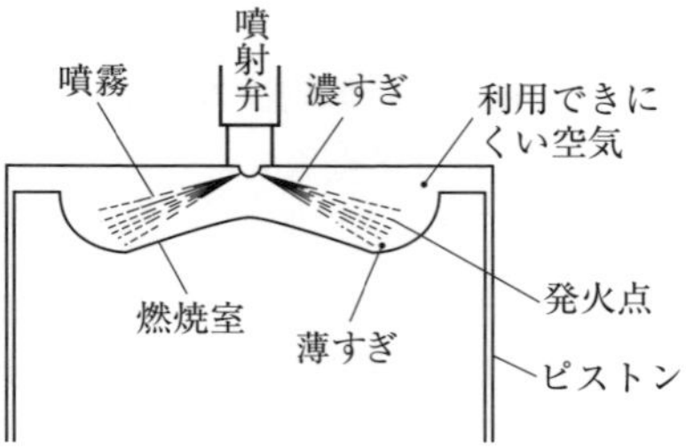

図3.49　ディーゼル機関で燃料噴射時の燃焼室内の混合比分布

3.8.2 燃焼の経過

図 3.50 において，圧縮行程中，空気圧力の上昇で燃料の自発火温度は下がり，一方，空気温度は上がり①で両者は一致する。ここで，燃焼室内は自発火できる温度

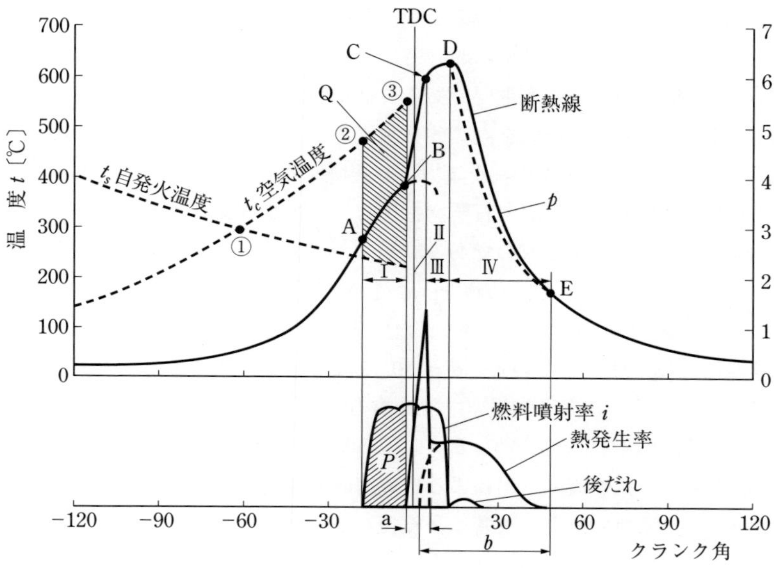

図3.50　ディーゼル機関の燃焼経過

に達するが，燃料はそれよりはるかに高温の②で噴射が始まる。i は噴射率（rate of fuel injection）でクランク角 1° 当たりの噴射量である。噴射と同時に発火すれば，噴射率に比例した熱が発生し，圧力上昇も緩やかで理想的燃焼過程になる。しかし，実際にはⅠの着火遅れ（ignition delay）期間後に着火し，それまでに噴射された燃料 P は燃焼準備ができているので，短期間Ⅱで燃焼し，点B→点Cのような急激な圧力上昇を起こす。これを予混合燃焼と呼ぶ。Ⅰが長く P が大量なほど圧力上昇は急で大きい。これがディーゼル特有の燃焼音のもとであり，ディーゼル燃焼改良の重要テーマである。つぎに，それに続くⅢでは，火炎のなかに噴射されるので，ほとんど噴射と同時に燃焼し，燃料噴射率に従って発熱し点C→点Dの圧力を与える。この期間は火炎中を噴霧が進み，まわりの空気が拡散しながら燃焼する。これを拡散燃焼と呼ぶ。その燃焼は，拡散のほかに燃料粒子と空気の相対速度，燃焼室内の酸素量などに支配される。

最後のⅣは後燃え期間と呼ばれ，噴射終了から燃焼が終わるまでの間で，それまでに燃えなかった燃料が酸素を見出して燃焼するので時間を要し，高速，高負荷では 50° ～ 60° におよぶ。また，いったん噴射が終わって再び噴射される「後だれ」や微粒化が悪いと燃焼が長く，遅く燃えた熱は熱効率が低いので，Ⅳは短くすべきである。さらに，最後まで酸素に出会えなかった燃料はすすとなる。

以上のように，ディーゼル燃焼においては，着火遅れが短いこと，および燃料粒子と空気の混合促進がもっとも重要であることがわかる。このような燃焼を実現させるためには，燃焼室内の経過を直接観察することがまず有効で，いろいろな測定法がある。図 3.51 は燃焼室中央部を下方より観察するもので，シリンダヘッド中央に噴射弁があり，ピストン頂面の石英窓を透して，アルゴンレーザを光源として燃焼写真を高速度ビデオで撮るものである。

図 3.52 はその結果の一例で，1 000 rpm，1 度ごと（1/6 000 秒）に撮り，噴射始めの後 3° では噴霧のみで火炎はない。また，その後に 4 つの弁の一部が見える。$\theta = 4°$ で噴霧の一部が発火している。$\theta = 10°$ では噴射が続き，全面が火炎となっているが，外方には N の不完全燃焼（すすを含む）があるが，$\theta = 20°$ では不完全部はほとんどなく，噴射はなくなる。$\theta = 40°$ では燃焼はほぼ終わる。以上の現象が，燃焼室の形や吸・排気の流入・出による燃焼室内の流動などで，影響される経過を知ることができ，燃焼の研究，改善に多く使われている。

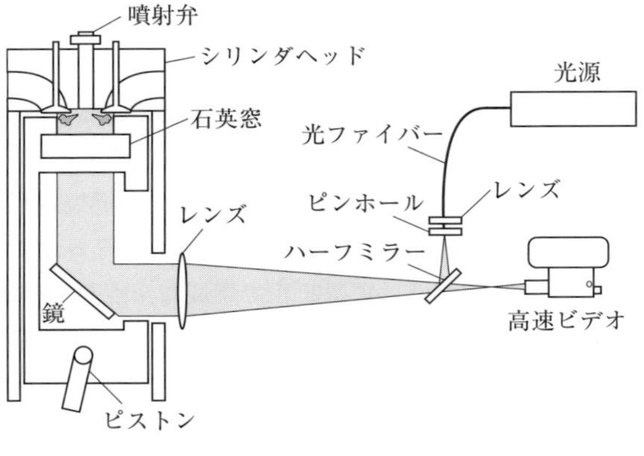

図3.51　燃焼室中央部を下方より観察する装置の光学系

3.8.3 ディーゼルノック

着火遅れ中の燃料 P がとくに増大し，圧力上昇が異常なときをディーゼルノック（diesel knock）と呼び，かん高い音を発し，ディーゼル機関のもっとも避けるべき運転状態を呈する。図 3.53 で着火遅れの特に長い（c）は，ディーゼルノックの圧力変化である。ディーゼルノックの起こりやすいのは始動時やアイドリング（無負

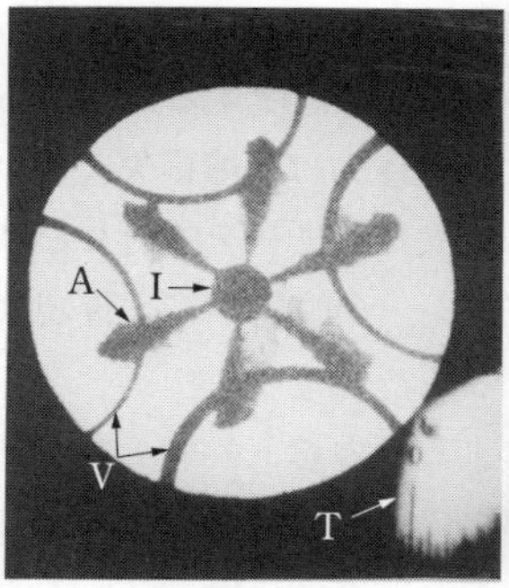

噴射始め後$\theta=3°$
噴射のみ

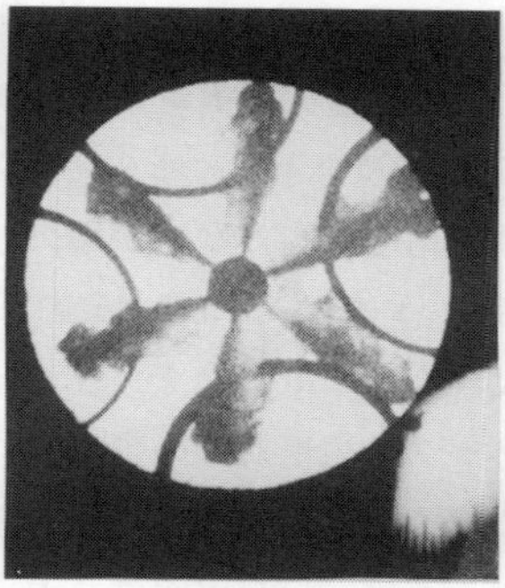

$\theta=4°$
一部着火

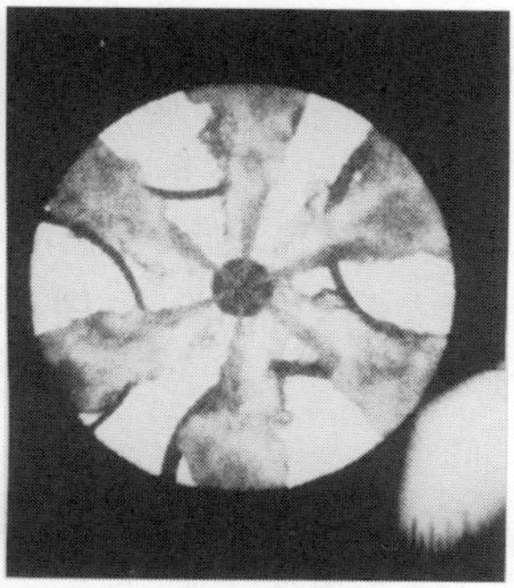

$\theta=5°$
全噴流燃焼

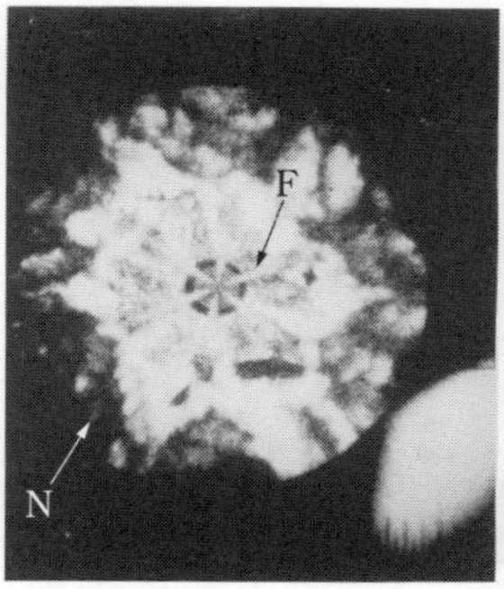

$\theta=10°$
全面燃焼，噴流燃焼あり
外周に不完全燃焼部

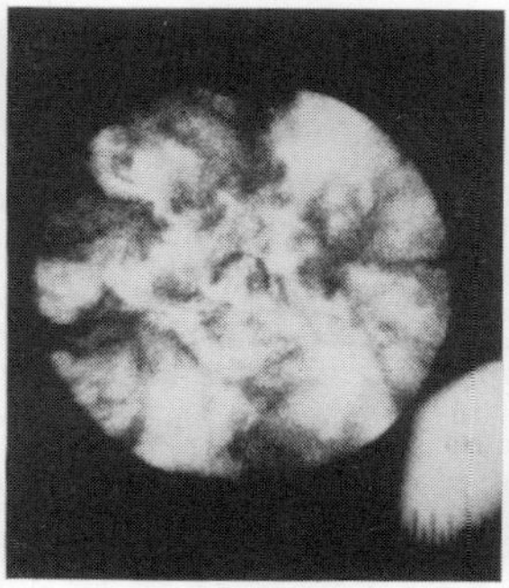

$\theta=20°$
全面燃焼中，噴射なし

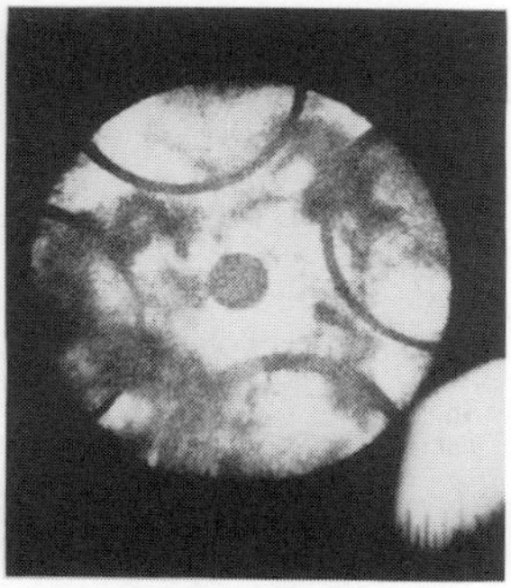

$\theta=40°$
燃焼ほとんど終わり

I：噴射弁，A：噴霧，V：弁，T：タイムマーク，F：噴流炎，N：不完全燃焼部，すすを含む
1 000 rpm，全負荷（$1°=1/6\,000$秒），$D\times S=135\times 150$〔mm〕，圧縮比18：1，噴射圧力：120MPa

図3.52　高速ディーゼルの燃焼写真（掛川俊明氏（日野自動車）提供）

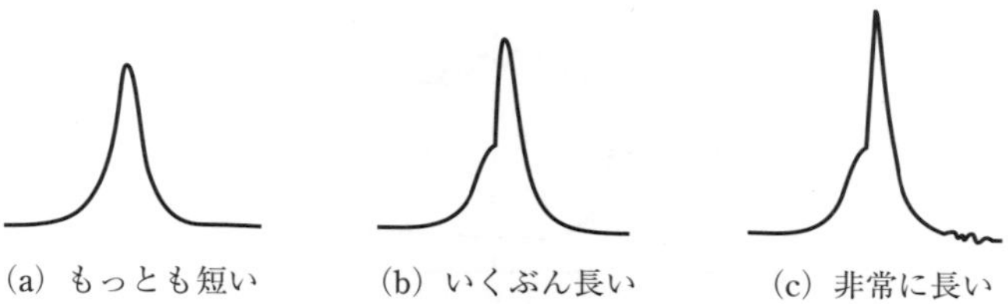

(a) もっとも短い　(b) いくぶん長い　(c) 非常に長い

図3.53　燃料の着火遅れと圧力上昇

荷）時で，吸気や燃焼室壁面などが低温であったり，圧縮中のガス漏れが大きいので圧縮空気温度が低く着火が遅れ，着火時大量の燃料が一時的に燃焼するからである。図 3.54 はアイドリング時の燃焼を示し，そのときの燃焼圧力は摩擦損失に使われ，冷却水温が低いと潤滑油の粘度が高く摩擦が増大し，大量な燃料を噴射しなければならない。また，図 3.54（a）のように着火遅れが長く，全噴射が終了後着火するので，圧力上昇は急で大きくアイドリングノックとなる。

このように，ディーゼルノックは燃焼初期の自発火による圧力急上昇で，ガソリン機関のノックは燃焼後期に起こる自発火による圧力急昇で類似の現象である。しかし，その発生因子はまったく逆で，自発火温度，着火遅れ，空気の温度，圧力などが着火を起こしやすいほどディーゼルノックは起こりにくく，ガソリンノックは

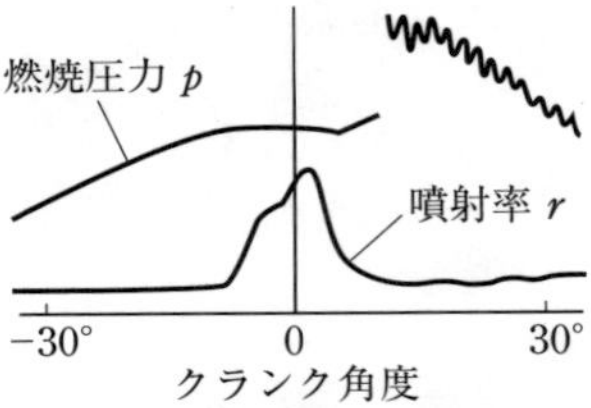

(a)　冷却水温度17℃，b = 0.014〔g〕

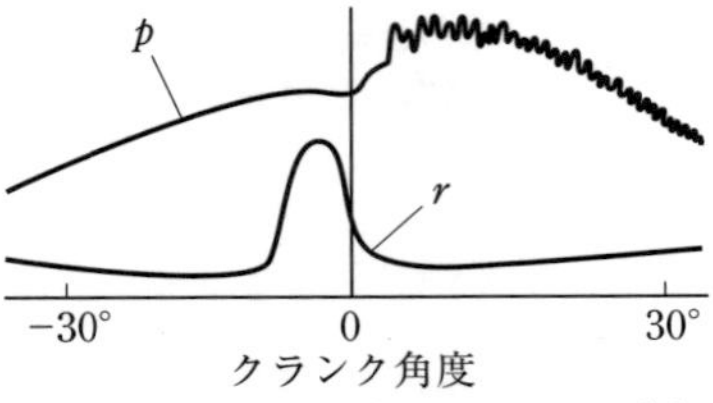

(b)　冷却水温度50℃，b = 0.010〔g〕

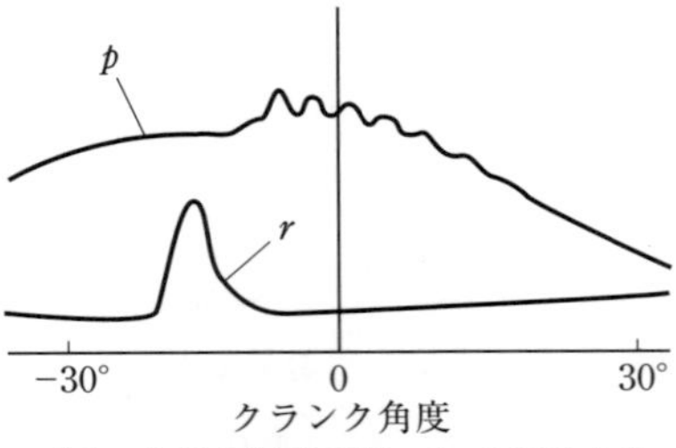

(c)　冷却水温度90℃，b = 0.008〔g〕

図3.54　アイドリングノックの例

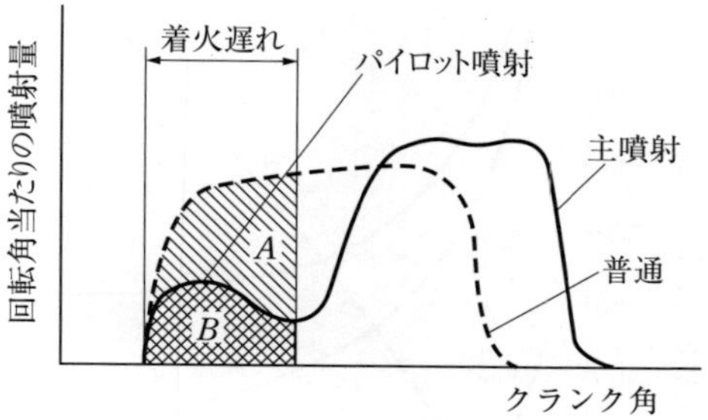

図3.55　パイロット噴射

起こりやすい。したがって，その防止対策も逆で，燃料には自発火温度の低い軽油（前掲表3.5），高圧縮比，過給で圧力，温度が高く，1シリンダの大きいものほど良い。つぎに，特殊な対策例として，図3.55のようなパイロット噴射（pilot injection）によって，同じ着火遅れでもその期間中の噴射量Bを少なくして，着火時の燃料，圧力上昇を小さく制御するもので，パイロット噴射と呼ばれる。電子制御噴射の発展で実用が増えている。また，着火促進剤（またはセタン価向上剤）として，硝酸エチル（$CH_3CH_2ONO_2$）や硝酸アルミ（$CH_3CH_2CH_2CH_2CH_2ONO_2$）などが試みられているが，オクタン価に対する鉛ほど顕著な効果はない。ディーゼル燃焼では元来安価が要求されていることなどから実用に至っていない。

3.8.4　着火遅れの特性

ディーゼルの着火遅れは微粒化された燃料が高温・高圧の空気中に噴射されて蒸発し，空気と混合し，いったん気化熱で冷却されて，再び熱を受けて，着火条件に達する物理的準備と酸化の予備反応を経て，激しい連鎖反応の火炎に成長するまでの化学的過程から成るもので，前掲図3.50の発火点 B は一般に圧力線図が不連続的な上昇に転じる点とする。

着火遅れは火の着きやすさを示すもので，まず図3.56は燃料と空気密度（または圧縮割合）の自発火温度に対する影響で，噴射されたときの空気と自発火の温度差が大きいほど遅れは短い。このことは前掲図3.50で t_c と t_s に挟まれ，斜線を入れた面積 Q がある値に達したとき発火すると定性的に説明される。それゆえ，着火遅れの中心が上死点にあるような噴射時期が着火遅れを最短にする。しかし，それでは性能上遅すぎる。

一般に，圧力（p：10 MPa），温度（T：K）のとき，着火遅れ（τ：s）は次式で

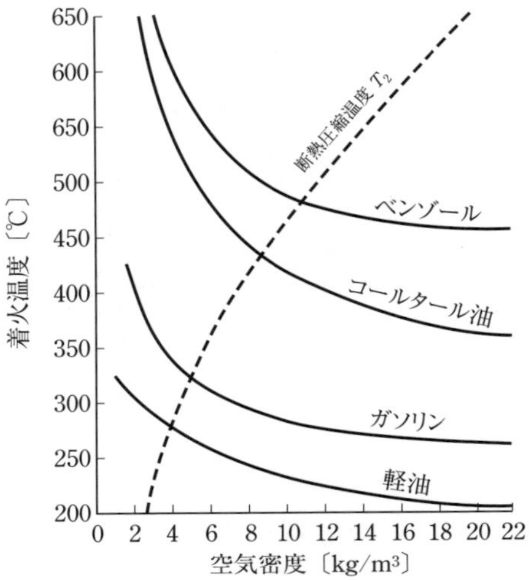

$$T_2 = T_1\left(\frac{V_1}{V_2}\right)^{\kappa-1},\ T_1 = 355\text{〔K〕},\ p_1 = 1\text{ 気圧},\ \kappa = 1.32$$

図3.56　加熱空気中へ燃料粒を噴射したときの着火温度

示される。

$$\tau = \frac{C_1}{p^n} e^{C_2/T} \text{〔s〕} \tag{3.37}$$

ここで，C_1，C_2，n は実験で定める定数。たとえば，Wolfer は $C_1 = 0.44 \times 10^{-3}$，$C_2 = 4650$，$n = 1.19$ を与えている。

着火遅れは，その本質からある最低時間を要するが，空気流動は着火準備を促進し，高回転でピストンは流動速度を高めるので，図 3.57 のように流動の弱い直接噴射式の点線では，着火遅れをクランク角で示せば回転数とともに増加するが，比例するほど増加しないので時間に表せば減少する。一方，流動性の強い渦式では，ある回転数以上では乱れの効果が大きいので，クランク角でも減少する。このように，ディーゼルの燃焼に流動は重要な因子で，最近その方向の理論的，実験的研究が盛んで有益な成果が多数あげられている。

つぎに，ガソリンにおけるオクタン価と同様に，燃料だけの着火遅れ特性を表示するものとしてセタン価（cetane number）が使われる。すなわち，もっとも着火遅れが短く静粛な運転のできる燃料としてセタン（$C_{16}H_{34}$）を，逆な分子として α-メチルナフタリン（$C_{10}H_7(CH_3)$）を標準とし，特殊測定エンジンで供試燃料と同じ着火遅れを示す，両分子の混合燃料のセタンの百分率をセタン価とする。図 3.58

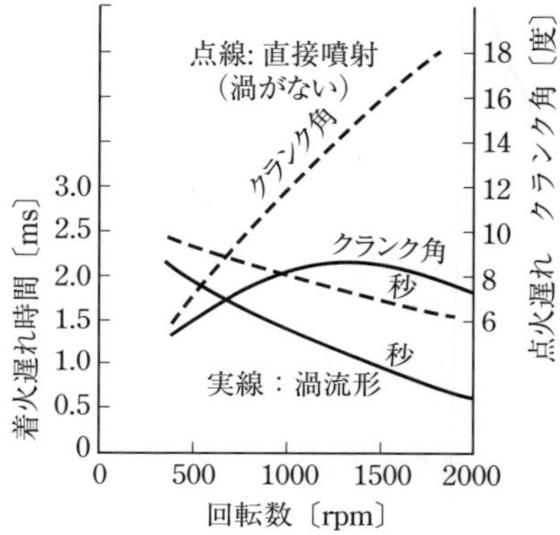

図3.57　回転速度の着火遅れに対する影響

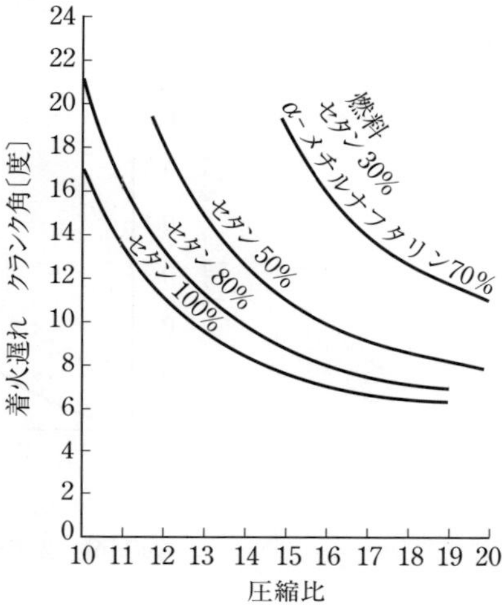

図3.58　圧縮比の着火遅れに対する影響

は，この標準混合燃料の着火遅れの圧縮比による影響である。

3.8.5　すすの発生

ディーゼル機関には，全体の混合比の希薄限界はない。しかし，完全燃焼できる燃料の空気に対する割合は理論値より少ない。それは，噴射される燃料が空気と一様な混合気をつくることができないからで，20 ～ 50 %過剰な空気を必要とする。それ以下の燃料濃度であれば，希薄燃焼で燃焼ガスの温度は低く，比熱の増加や熱解離が少なく壁への伝熱損失も小さく，圧縮比が高いこととあわせて，ディーゼル機関が現状ではもっとも熱効率の高い熱原動機であるゆえんである。しかし他方では，同じ行程容積では燃焼燃料，すなわち入力が小さく，また低回転性でリットル馬力（行程容積 1L 当たりの出力）が小さい欠点をもつ。

もし，完全燃焼限界以上の燃料を噴射すれば，エンジンの出力はある程度上がるが，酸素不足で不完全燃焼で，ほとんどすすになる。ガソリン機関のような予混合の場合は，過濃混合気ではすすはできないで，CO，H_2，HC（炭化水素）になる。すすになるのは，燃料が高温ガス中で酸素不在のまま熱分解され，水素が選択的に先に反応し，炭素が残るからである。この黒煙中のすすが人体にどのような害があるかは現在では不明であるが，臭気とともに不快感を与えることは事実である。現在は後述のように自動車の排気有害物として微粒子物質，パティキュレート

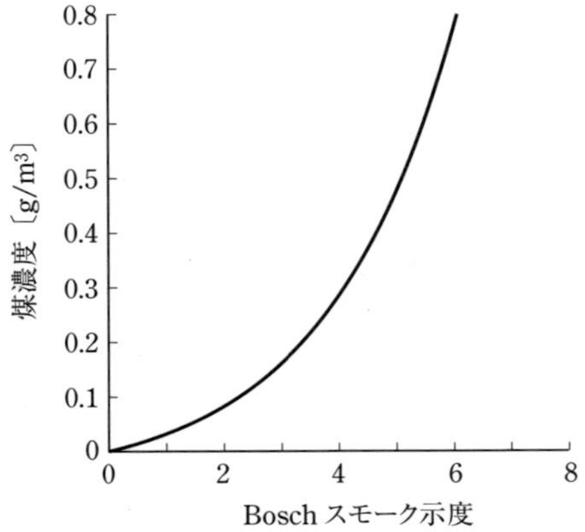

図3.59　スモーク示度とすす濃度の関係

(particulate matters) のなかで厳しく規制されている。

すすは，燃焼室の汚れ，潤滑油の劣化，摩耗増加などでエンジンの耐久性を低下させるので，自動車以外のディーゼルでもすすの濃度を最大出力の限界としている。この出力または負荷の限度をスモークリミット（smoke limit）と称する。また，排気の黒さを測定するには，つぎの Bosch 方式が広く使われている。それは，330cc の排気をポンプで吸い込み，その吸引通路の途中に濾紙を挿入し排気中のすすを吸着させ，その濾紙を取り出して一定の光をあて，その反射光をリング状のセレン光電池で受けて，発生電流を指示するもので，真黒を Bosch スモーク示度 10 とする。ただし，その示度は図 3.59 のように，排気中のすす濃度と直接的関係ではない。

第4章

混合気生成法

4.1 混合気への要求

これまで述べたように，エンジンの運転および諸性能に対して最適の混合比および混合状態は異なり，自動車のように運転条件が激しく変化するものでは，それに応じたシステムを要する。それらは，つぎのとおりである。

① 出力に応じた燃料および混合気の量を与える。

② 確実に着火できる状態の混合気。

③ 出力，熱効率，および排気公害や騒音などの諸性能が各運転条件で自動的に得られる。

4.2 火花点火機関の混合気生成法

4.2.1 点火

電気火花で点火できる限界の混合比は，前掲表3.4で示した体積〔%〕である。ガソリンの場合を質量の空燃比で示せば，希薄限界は理論混合比14.9：1に対して23～18：1，実働時は17：1ぐらいで，過濃限界は4.3：1である。もし，ガソリンを完全に気化混合して供給すれば，23～20：1でも運転可能とされている。すなわち，気化器で空燃比を調整するとともに，各シリンダおよびシリンダ内でも一様な混合気とすることが望ましい。

一方，始動時はエンジン全体が外気温で，前掲図3.4のEAD曲線のように50℃ぐらいでないと100％蒸発しない。それは，ガソリンが多くの沸点をもつ分子の混合体で，吸気管やシリンダ壁に付着して蒸発できない部分が多いからである。そこで，実質混合比を点火範囲にするために，空燃比を1～3：1のような非常に濃い混合気を始動時だけに与えなければならない。また，低回転・低負荷では残留ガスの割合が大きく，また空気流速が低く，ガソリンの霧化・混合の能力が少ないので，比較的過濃な混合比を与えないと点火できない。さらに，加速時に吸気の絞り弁を急に開くときにも空気だけがただちに増加するが，ガソリンは壁面に一時付着してシリンダに入るのが遅れるので，やはり一時的にあらかじめ燃料を過多に与える必要がある。

4.2.2 性能

点火ができ，エンジンが運転可能な条件が整えば，性能向上，排気対策のための混合気を与える必要がある。性能のうちまず最大出力のための混合比は，もっとも点火しやすく，燃焼速度最大でオットーサイクルに近い燃焼ができることである。前掲図 2.17 で示したように，燃焼温度が最高になり，かつ吸入空気を残らず利用できるためには，燃料が不完全燃焼で不経済であるが，図 4.1 のように，ガソリンでは 12 ～ 13：1 の濃混合気にしなければならない。しかし，エンジンは最高出力で使用されることは少なく，とくに自動車用ではほとんどが低出力で運転される。そこで，低出力時の熱効率向上が重要な課題になっている。

図 4.2 は，エンジンが要求する始動時以外の混合比の特性で，太線で示す曲線が経済混合比であることがわかる。しかし，排気対策上からこの混合比は使えない。

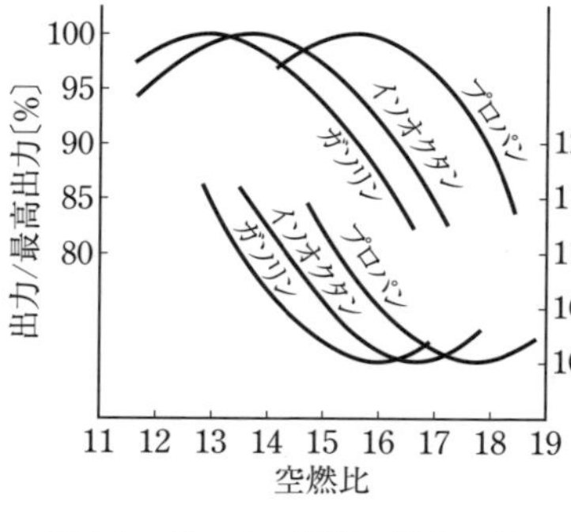

図4.1　ガソリン機関の性能に対する空燃比の影響

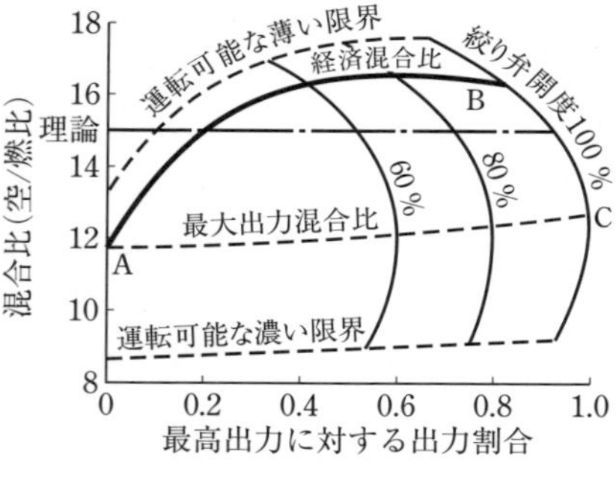

図4.2　エンジンの要求する混合比特性

4.3 単純な気化器

火花点火機関に適した予混合方式の混合気生成のために，かつてもっとも広く使われたものは気化器（carburetor）で，その主要部を図 4.3 に示す。エンジンが要求される出力に応じて絞り弁を開閉する（運転者が操作するのは通常これだけ）。ピストンのポンプ作用で吸入される空気量がこれによって調節され，この部分を流入

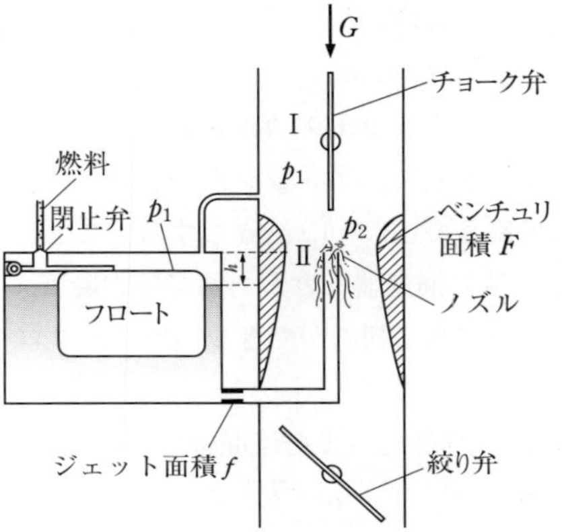

図4.3　基本的気化器の構造

する流速が変わる。流速によってベルヌイの法則にしたがって圧力が変わる。高速ほど負圧が増し，その負圧でガソリンを吸い出す。その結果，燃料の流量はおおよそ空気流量に比例する。このような両者の調量作用またはメータリングの精度を高めるために，まず流入管の一部をベンチュリ管としてスムースな断面変化で絞り，その部分の流速を高める。このことは負圧を拡大するためと，燃料の微粒化促進のためでもある。つぎに，負圧に対する燃料の基準液面を絶えず一定に保つために，液面が下がればフロートについている弁が開いて，燃料が流入する方法がとられている。

さて，この系を通って入る空気の流量は，断熱的にⅠからⅡに変化するとみなせるとき，

$$G=\mu_a F\sqrt{\frac{2\kappa}{\kappa-1}\frac{p_1}{v_1}\left\{\left(\frac{p_2}{p_1}\right)^{\frac{2}{\kappa}}-\left(\frac{p_2}{p_1}\right)^{\frac{\kappa+1}{\kappa}}\right\}}\ \text{〔kg/s〕} \tag{4.1}$$

ここで，μ_a は流路面積 F のベンチュリの流量係数。v_1 は空気の比容積。κ は空気比熱比。(4.1) 式は断熱温度変化による空気密度を計算に入れたものであるが，気化器では圧力比 p_2/p_1 は小さくても 0.95 ぐらいであるので，空気を非圧縮流体とみなした (4.2) 式で十分正確である。

$$G=\mu_a F\sqrt{2\gamma_1(p_1-p_2)}\ \text{〔kg/s〕} \tag{4.2}$$

ここで，γ_1 は入口の空気密度。

つぎに，燃料の流量は，フロート液面の圧力 p_1 をⅠの p_1 と同じになるように連

結すれば，(4.3) 式のように書ける。

$$B=\mu_b f\sqrt{2\gamma_b(p_1-p_2-\gamma_b h)} \tag{4.3}$$

ここで，μ_b は断面積 f をもつジェットの流量係数，γ_b は燃料の密度，h は燃料のノズル出口とフロート液面の落差で，エンジンが多少傾いて停止しても燃料が流出しないための必要最小限の高さで 10 ～ 15 mm とする。なお，フロート室を大気開放とすれば，空気圧 p_1 は上流に濾過器などがあって圧力降下するので，それによって過濃混合気となり，正確な空燃比制御ができないので，フロート室圧力 p_1 と一致させてある。

(4.2) 式と (4.3) 式から空燃比（または混合比）は，

$$m=\frac{G}{B}=\frac{\mu_a F}{\mu_b f}\sqrt{\frac{\gamma_1}{\gamma_b}}\sqrt{\frac{p_1-p_2}{p_1-p_2-\gamma_b h}} \tag{4.4}$$

実際には，つぎの条件で m を変化させることができる。

① F と f は固定されたものであるが，f はジェットを取り替えて変えられる。一般に，組み立てられたエンジンの最終的空燃比の調節には，このジェットを交換（内径が 0.02 mm おきに用意されている）して行う。また，運転中 F と f が連続して変わるものもある。

② μ_a と μ_b は気体と液体の流量係数で，圧力差は高出力で吸入空気量が増すので大きくなるが，その μ_a と μ_b への影響は図 4.4 のように大きく異なり，高出力時は μ_b が増して濃混合気となる傾向がある。

③ $\sqrt{\gamma_1/\gamma_b}$ の γ_1 は，外気密度に相当するので高地や高温で減少するが，γ_b は不変であるので濃混合気となる。また，高出力時に前掲図 4.3 の I が高温・低圧になるときも同様である。

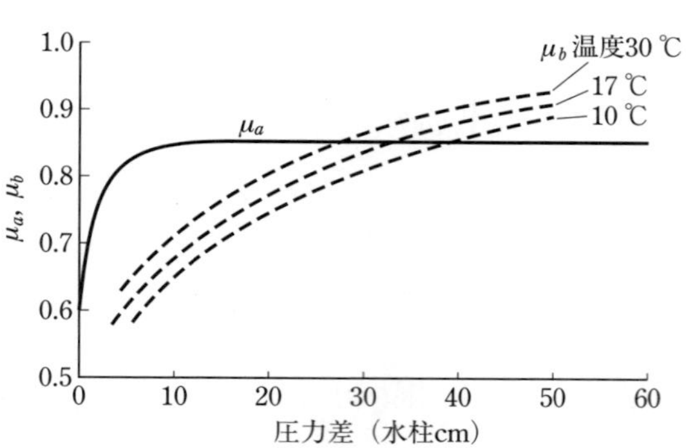

図4.4　圧力差と流量係数

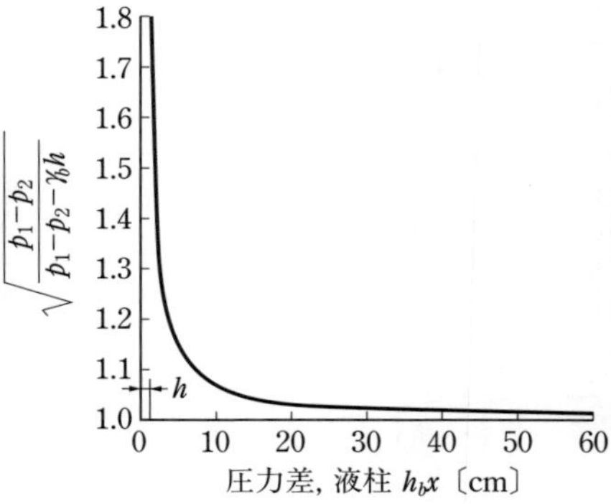

図4.5　h の空燃比に与える影響

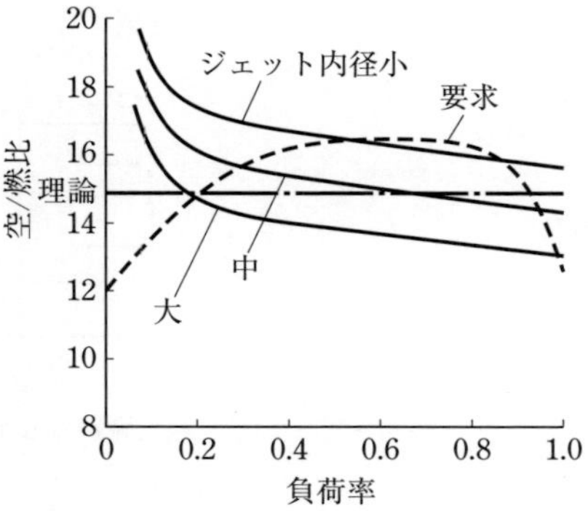

図4.6　基本構造の気化器特性

④　最後の項は，h による影響である。分子と分母を γ_b で割り，$(p_1 - p_2)/\gamma_b = h_b$ とすれば，$h_b/(h_b - h)$ となり，低負荷で h_b が小さく h に近づけば，この項が大きく m を増大させ，図 4.5 のように $h_b \leqq h$ で空気だけで燃料は出なくなることを示す。

以上のことから，F/f が一定，すなわち，同一気化器では，低出力では希薄に，高出力では過濃となり，図 4.6 の実線のように空燃比が変わり，前掲図 4.2 の経済混合比として要求される特性とは傾向が大きく異なり，自動制御装置としては適当ではないことがわかる。そこで，つぎのような種々の補正装置が使われる。

4.3.1　気化器の補助装置

(1) チョーク弁

元来，エンジンはもっとも重要な運転条件で最適の作動状態となるように設計され，燃料や潤滑油の性状もそれに適合するようなものが選ばれる。しかし，運転条件は一定でなく，とくに自動車用では広い範囲に，かつ激しく変化する。そのうち，始動時は特殊な条件で，エンジンは低温・低回転で，ガソリンの霧化が悪く，全燃料のうち 10 %ぐらいしか気化しない。それゆえ，火花発生時の燃焼室の実質混合比は，気化器で供給したものより非常に希薄で運転不能である。そこで，前掲図 4.3 のように，入口にチョーク弁を設けて始動時のみ空気を大きく絞れば，それより下流はベンチュリでできる負圧よりはるかに大きい負圧がピストンの吸入作用ででき，わずかな空気量で大量の燃料を吸い出し，A/F が 1：1 ～ 3：1 の濃混合気を与え，始動後はすみやかに弁を開く。

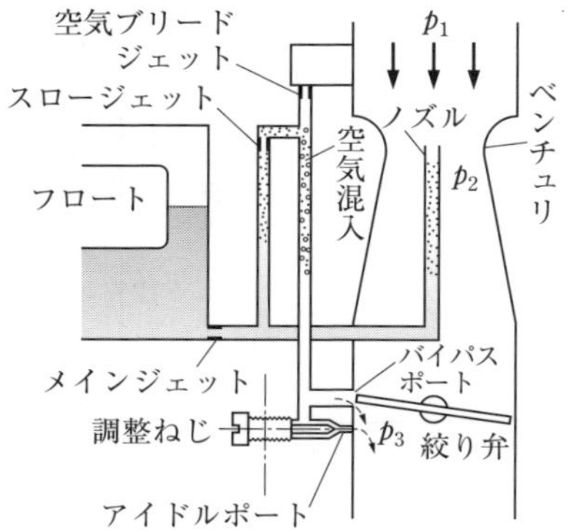

図4.7　無負荷および低負荷の補助装置

(2) スロー系統

単純気化器の混合比がエンジンの要求値と大きく異なる，図 4.7 の左側に当たる低出力時の補正装置をスロー系統と呼ぶ。図 4.7 でアイドリングや低出力時の絞り弁が閉じかかっているときは，ベンチュリの負圧が小さすぎて燃料流出量が不足する。それを補うために，絞り弁の真下または横の部分に発生する高速流にともなう大きい負圧部に，アイドルポートおよびバイパスポートから別途に燃料を出す。この 2 つの出口の大きさと絞り弁に対する位置を適当に選ぶことによって，絞り弁全閉のアイドリングから弁を開いて主系統だけから燃料が出るまでの燃料量変化をスムーズにすることができる。

スロー系統への燃料はスロージェットで調整され，燃料の途中に空気ブリード（air bleed）で空気を導入して，管内の負圧を弱めてスロージェットの孔を大きくし，加工を容易にし，ごみが詰まることを防ぎ，またエンジン停止のときスロー部がサイホンになって燃料が流出することを防止する。

(3) 空気ブリード

前掲図 4.6 のジェット内径が中・大の場合は中・高出力時に混合気は過濃化するので，前掲図 4.7 の主燃料管にも空気ブリードで空気を導入して燃料流量の上昇を抑制し，ノズル流出直後の霧化および気化を促進する。

(4) パワー系統

前掲図 4.2 で経済混合比のまま絞り弁を全開にしても，出力は B 点を超えない。最大出力 C を出すには，混合気の濃化が必要である。実際には，絞り弁全開近くで別系統から燃料を供給する方法がとられる。それをパワー系統と呼び，たとえば絞

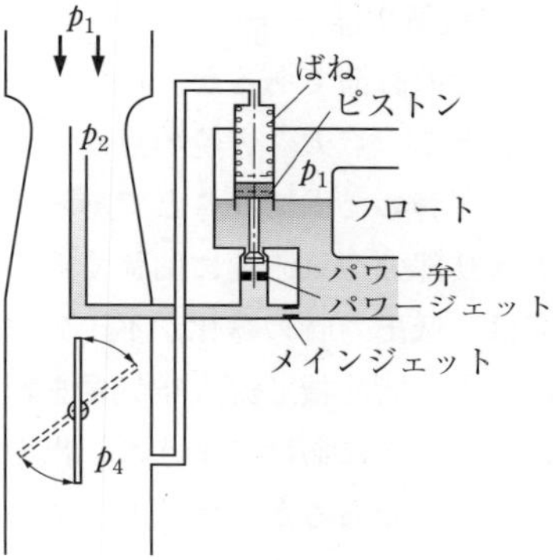

図4.8　パワー系統の作用

り弁を開く機構に連動して燃料弁を開くものや，図 4.8 のように，絞り弁直下の圧力 p_4 が全開時に増すので，その圧力で小ピストンと一体のパワー弁を開いて燃料を供給する方式などがある。

(5) 加速ポンプ

加速のために絞り弁を急に開くと，空気の流入量はただちに増す。しかし，燃料はノズル流出量が増しても，吸気管圧力が高まり気化性が低下すること，燃料のかなりの部分がいったん管壁に付着すること，液滴の流入は空気より遅れること，などから一時的に混合気が希薄化する。このような現象を補うために，やはり別系統から燃料を補充する必要がある。この場合は，一時的な補充であるので，図 4.9 のような加速ポンプが使われる。これは，小ピストンの上方に一定量の燃料を溜めておき，それを絞り弁が急開したとき p_4 の圧力上昇で押し出すものである。

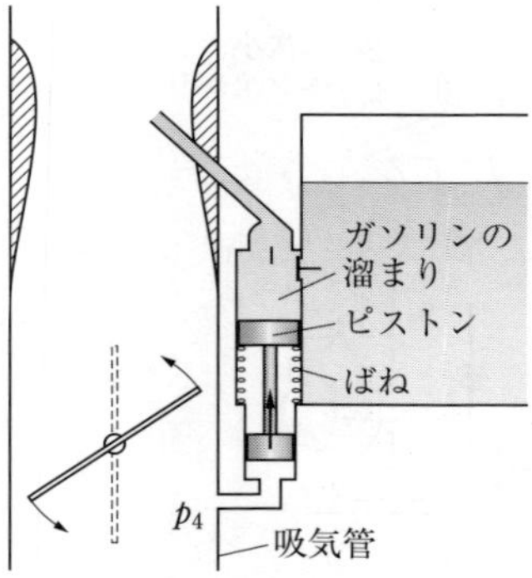

図4.9　自動式加速ポンプの例

(6) 二重ベンチュリおよび二段気化器

気化器のおもな役目は混合比の調節であるが，その名の示すように燃料を霧化して気化しやすい状態にすることで，点火，燃焼の点から，また多シリンダへの混合比を一様に配分する点からもきわめて大切なことである。

霧化は主として，ベンチュリ部の空気流速に関係するので，高出力時に適当な流速を与えるための断面積では，低出力時の霧化が不十分になる。また一方，最大出力の増大には，できるだけ大きい断面積で流入空気量を増す必要がある。これら相反する要求を満たすためには，つぎにあげるように，出力によってベンチュリ断面積を連続的に変える方式が理想的であるが，構造的に適当なものがないので，固定断面ベンチュリにつぎのような対策をする。

① 同じベンチュリおよび流量で，負圧を大きくして燃焼と空気の流速を増すため，図 4.10 のように，小ベンチュリを大ベンチュリのなかに置いて小ベンチュリ出口が大ベンチュリのど部，すなわち最小圧力 p_2 部にあるようにすれば，p_5 はさらに低下するからである。さらにもう 1 つが小ベンチュリを付けることもあり，これらを二重または三重ベンチュリという。

② 階段的にベンチュリ断面積を変えるもので，たとえば図 4.10 のようにベンチュリを 2 つ併用し，ある出力以下では一次側のみを使用し，p_2 負圧が小さく，二次側の絞り弁をダイヤフラムが左に押して閉止している。高出力時は，p_2 負圧が大きく，弁を開いて両ベンチュリから混合気が入って出力を増すも

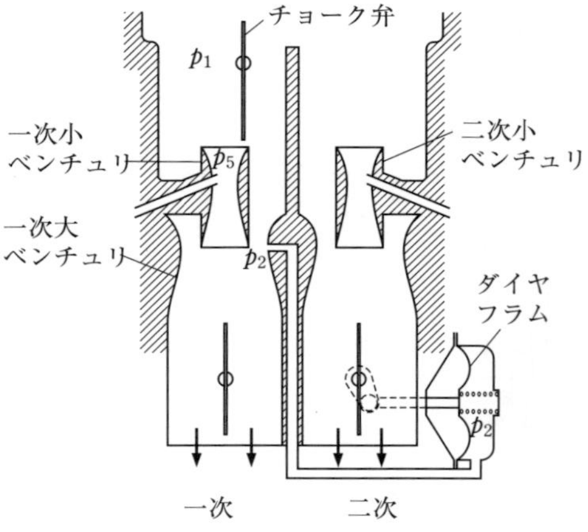

図4.10 二重ベンチュリ，2 段気化器(ダイヤフラム式)

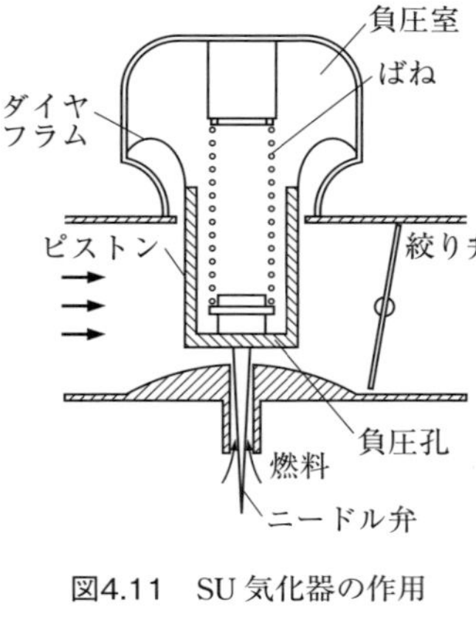

図4.11 SU 気化器の作用

ので，二段気化器と呼ばれる。

(7) 可変ベンチュリ ————

前述のように，連続的にベンチュリ断面積が変化することが望ましく，その際気流のパターンが変われば空燃比がそれによって変動するので，安定した運転のためにはベンチュリは円形断面のままで面積が変えられれば理想的であるが，それが困難なため，たとえば図 4.11 に示すようなイギリスの SU 社で開発されたものが一部で実用されている。絞り弁が閉じて流速が下がればベンチュリ圧が上がり，負圧室が高圧となってピストンを押し下げてベンチュリ部断面積を狭める。この際，燃料の流出は燃料流出孔の断面積をニードル弁で変える。このような構造では流線のパターンが変わることはある程度やむをえない。

4.4 電子制御吸気管ガソリン噴射

4.4.1 システム

気化器は基本的に，空気流量に関連して燃料を吸い出す性質を応用した混合気生成器であるが，前述のようにいくつもの補正法が必要である。また，排気ガス中の環境への有害成分の規制が厳しくなり，それに対応するためには適切な混合比を運転条件の変化にすみやかに即応させることが必要となった。とくに，CO，HC および NO_x を同時に浄化する三元触媒（TWC; three-way catalyst）は，図 4.12 に示すように，理論空燃比前後のきわめて狭い空燃比のウインドウ（window）内でのみ 3

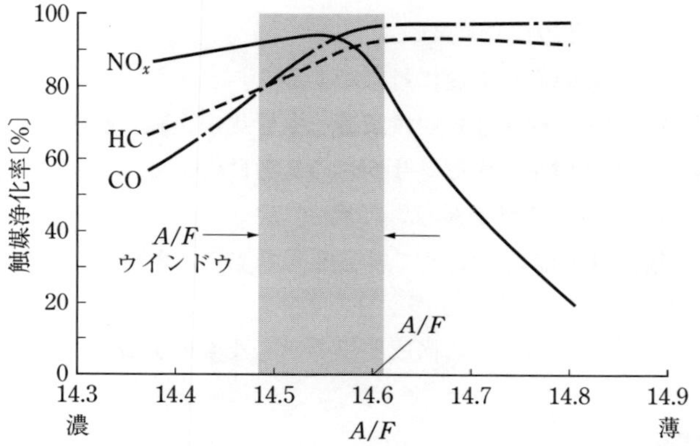

図4.12　三元触媒の浄化特性（Heywood）

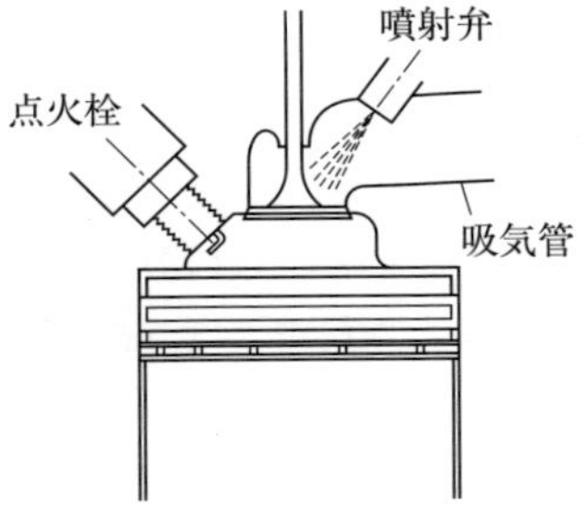

図4.13　吸気管噴射

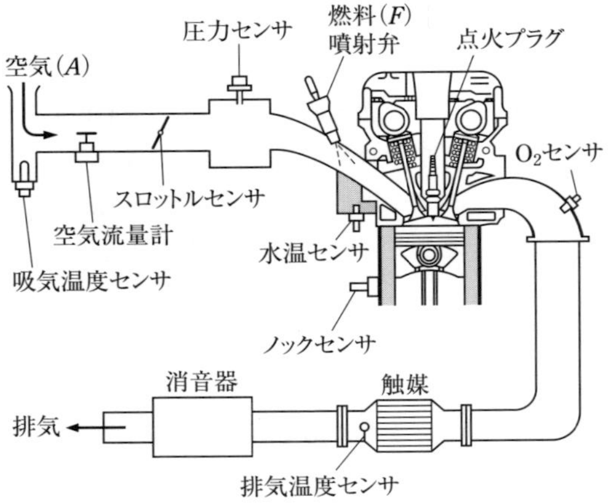

図4.14　電子制御用各センサの位置

成分の浄化効果が大きい。このような有害ガスは，運転条件の変化，とくに自動車の場合，始動，アイドリングおよび加速時に大量に燃焼室で発生するので，ただちに即応する混合比に制御する必要がある。

そのためには，まず各シリンダの吸気管にガソリン噴射弁を図 4.13 のように取り付ける。エンジン各部には，図 4.14 のような多数のセンサ（検知し信号に変換する素子）を取り付け，それらの信号はすべて電子制御装置（ECU; electronic control unit）に入れ，計算や経験値によって変換してフィードバックされる。

このようなシステムの特長は，

① ベンチュリがないので体積効率が高く，燃料のシリンダごとの配分が均一で高いトルク，出力が得られる。

② スロットルの急変に敏速に対応できる。

③ 冷間始動および暖機運転中に最適な混合比が正確に制御される。

④ 実際の運転状態を示すセンサからの入力に応えて，各シリンダ，各サイクルに最適な燃料を噴射できる。

⑤ 筒内噴射（4.5 節）に比べて，予混合で空気と燃料が一様に混合され，高出力が得られる。

このような電子制御システムの構成要素のおもなものをつぎに記す。

4.4.2 噴射弁

図 4.15 は噴射弁（injector）の構造の一例で，(a) はその組立図で，(b) は作用

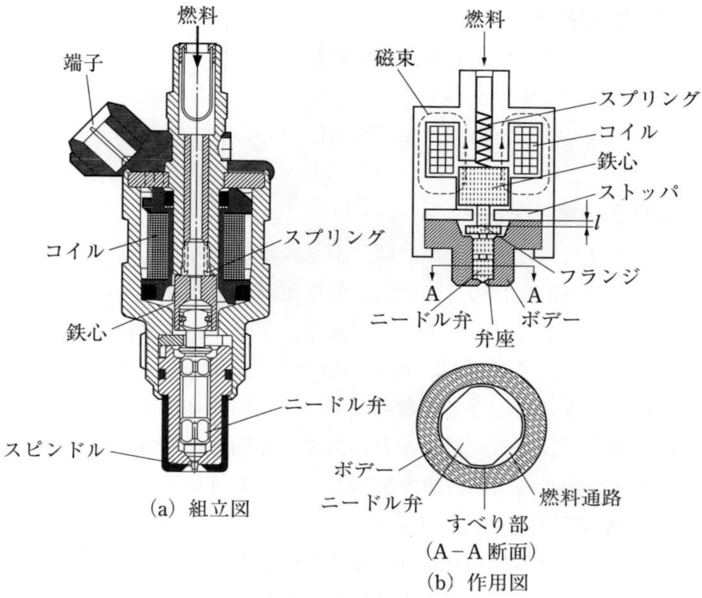

(a) 組立図

(A－A 断面)
(b) 作用図

図4.15　吸気管ガソリン噴射弁の一例
(衣川真澄「ガソリンエンジン制御システム 1，燃料系部品　インジェクタ，フューエルポンプ」エンジンテクノロジー，Vol. 1，No. 1)

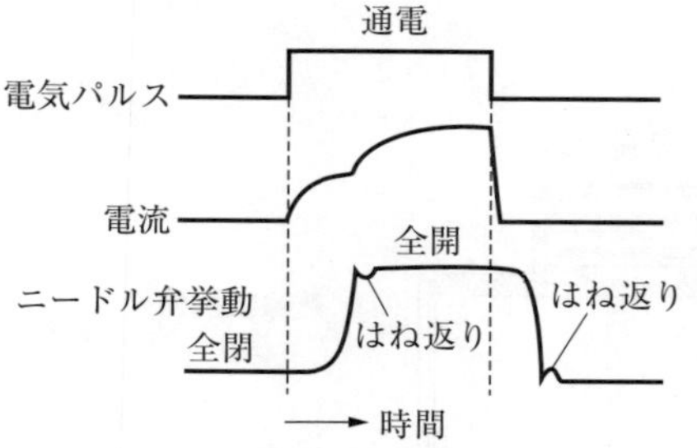

図4.16　噴射弁を流れる電流と弁挙動

図である。コイルに電気を通せば，図 4.16 のように電流が流れ，ニードル弁上方の鉄心を通る磁束が発生し，スプリング力に抗してニードル弁を持ち上げる。この運動は電流の変化より少し遅れる。その揚程は l で止められる。燃料は約 0.27 MPa の低い圧力に保たれ，弁の下端が弁座を離れると，弁座と弁の間の通路を通って吸気管内に噴射される。電流が止まれば，スプリングで弁は弁座に戻る。

4.4.3　空気流量計

気化器では空気を絞って生じる負圧で燃料を吸い出すので，高出力ほど大きい負圧を要し，ベンチュリ面積を小さくする必要があり，体積効率または最大出力は低下する。この欠点を補うために，多くの方法がとられている。その代表的なものをつぎに説明する。

(1) 熱線式空気流量計

空気の流れのなかに発熱体を置けば，空気流量に関係して冷却される。熱線式空気流量計は，この現象を利用して空気の質量流量を計測するもので，発熱体は白金線（径 70 μm）を使用したホットワイヤ式と，セラミック筒に白金を蒸着したホットフィルム式がある。図 4.17 は，後者の素子を吸気管内に装着したものである。図 4.18 は，その原理を示す。多くの場合，ホットフィルム発熱素子と吸気温度補償抵抗として白金を使う。空気流量にかかわらず，発熱体と空気の温度差が一定となるように，発熱体に加える供給電流を制御し，その電流を空気流量信号とする。

(2) カルマン渦式空気流量計

一様な流れのなかに円柱や三角柱のような物体があれば，その後方の両側から渦が発生する。この渦はカルマン渦と呼ばれ，発生または通過周波数は空気流速に比例する性質をもち，それを利用して空気流量を測定する。いま，渦発生周波数を f,

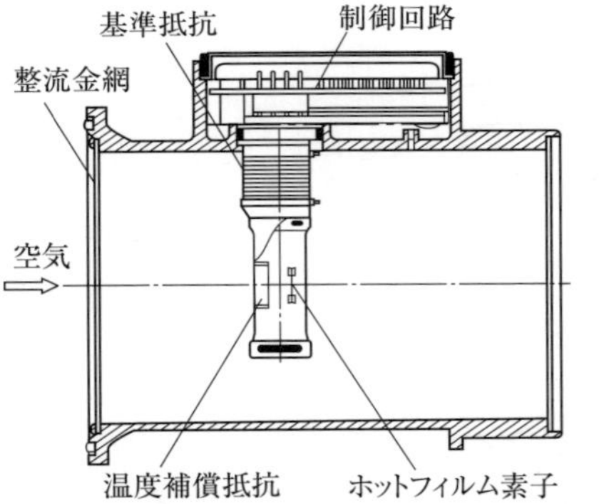

図4.17　ホットフィルム式空気流量計
（和沢潔ほか「新生ユニシアジェックスを支える自動車用電子技術」内燃機関，Vol. 32，No. 4，1993）

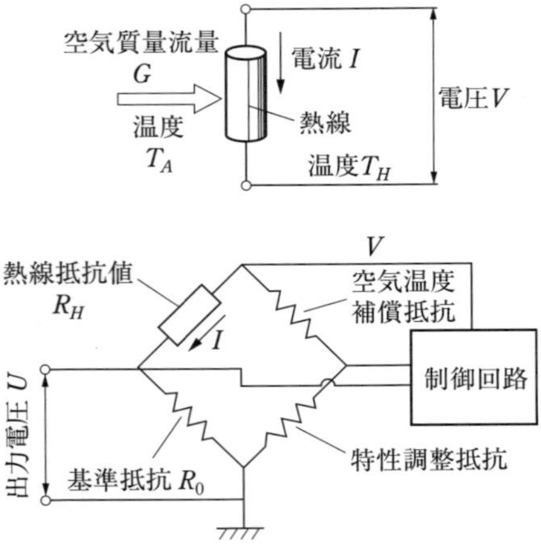

図4.18　熱線式空気流量計の原理
（永坂玲ほか「ガソリンエンジン空燃比制御系部品　2　エアフローメータ，吸気圧センサ」エンジンテクノロジー，Vol. 1，No. 2）

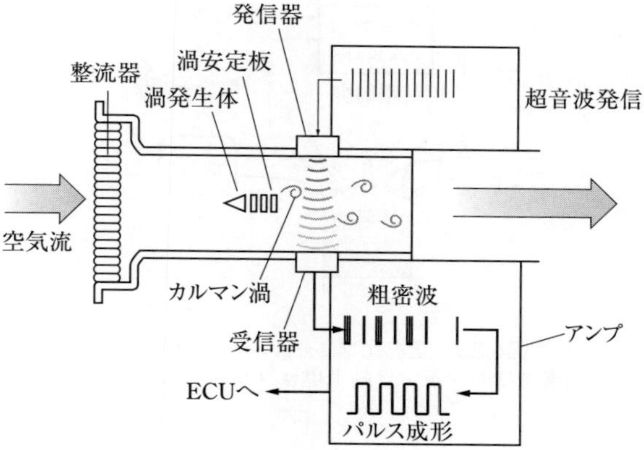

図4.19　カルマン渦式空気流量計による超音波検出法
（山崎英治「基本的なエンジン制御　燃料噴射制御の基本原理」
エンジンテクノロジー，Vol. 1，No. 2）

流速を V とすれば，

$$f = S_t \cdot \frac{V}{d} \tag{4.5}$$

ここで，S_t はストローハル数で柱の形状で決まる定数，d は柱の代表寸法である。

この周波数は検出の一つの方法として，図 4.19 ような超音波法が使われている。これは，渦発生体の後方に超音波の発生器および受信器を設け，渦発生にともなう密度変化を超音波の伝達速度差として検出するものである。この方法は体積流量を測定するもので，質量流量はそこでの空気密度の補正を要する。

4.4.4　排気酸素センサ

排気酸素センサ（または λ センサ）は，燃焼室の空燃比（A/F）を排気中の酸素濃度によって検知し，吸入空気量や冷却水温などの情報を図 4.20 のようにコントロールユニットに入れ，前掲図 4.12 に示したような A/F で約 0.1 のように狭いウインドウ内に入るように燃料噴射量を調製する。このシステムの特徴は図 4.21 に示すような酸素センサの作用で，主要部はジルコニア素子の固体電解質の内外に白金電極があり，その外側に排気，内側に酸素濃度一定の大気が存在する。両者の酸素濃度の差で，ジルコニア素子中を酸素イオンが通過し，ネルンスト（Nernst）の式より，つぎの起電力 E_s が発生する。

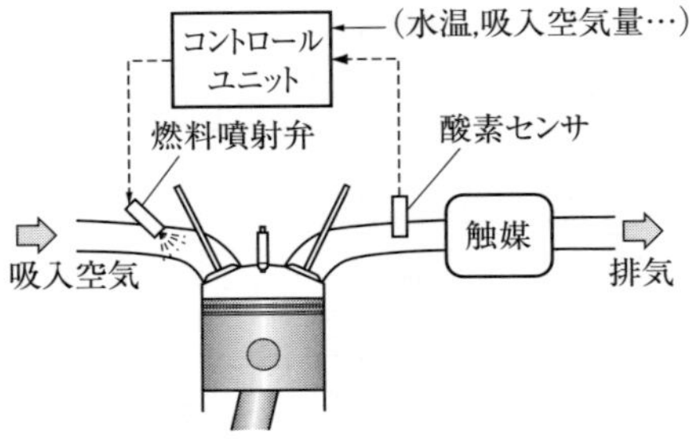

図4.20　空燃比フィードバック制御の概要
(中島泰夫ほか「新・自動車用ガソリン　エンジン」山海堂)

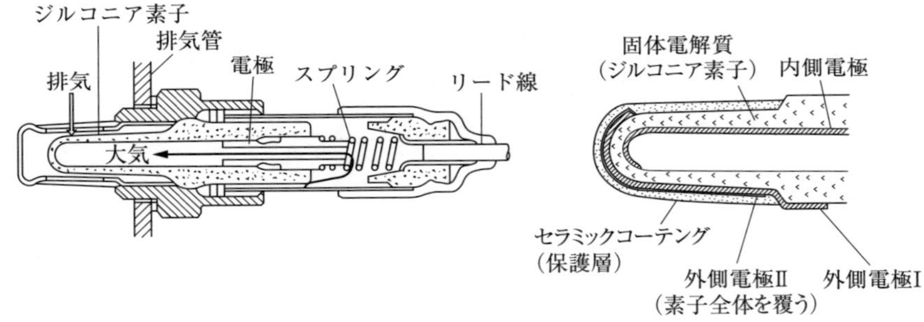

図4.21　排気酸素センサ
(斉藤正昭「エンジンの事典」)

$$E_s = \frac{RT}{\Delta F}\ln\left(\frac{P_{O_2''}}{P_{O_2'}}\right) \tag{4.6}$$

ここで，R ＝ガス定数，T ＝温度〔K〕，F ＝ファラデー定数，$p_{O_2'}$（排気：外側）および $p_{O_2''}$（大気：内側）＝それぞれの酸素分圧。

白金は，電極作用のほかに A/F，または $\lambda = 1$ を境にして $p_{O_2'}$ を急変させる触媒作用をもつ。すなわち，$\lambda < 1$ の濃混合気では，CO，HC，H_2 などの排気中の還元成分と，O_2 が反応し，残存する O_2 の $p_{O_2'}$ が大きく下がり，$p_{O_2''}/p_{O_2'}$ が急昇し，図4.22のように E_s が増大する。そのときは薄くなるように，また $\lambda > 1$ のときは E_s は急減するので，濃化するように燃料噴射量を電子制御する。すなわち，フィードバック制御である。

このようなジルコニア素子は，O_2 センサとしてユニークな特性をもつとともに，

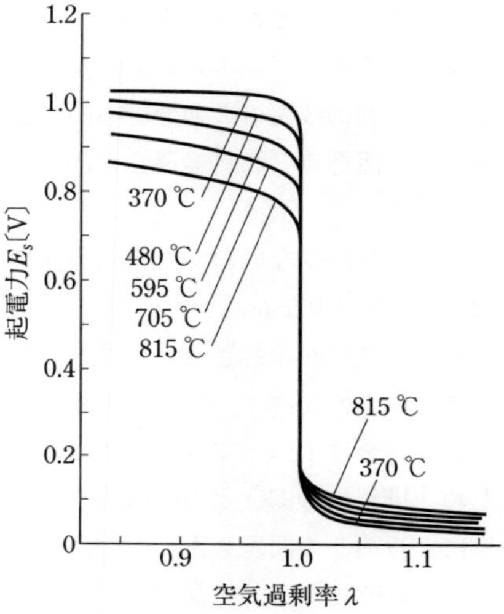

図4.22　λ-E_s特性

混合比の制御が，排気中のO_2を検出して，つぎのサイクルの噴射量にただちに影響を及ぼすほど対応が敏速であることが特長である。

4.5 シリンダ内ガソリン噴射

4.5.1 特徴

従来のガソリン・火花点火予混合方式は，燃料と空気が吸気系内およびシリンダ内でかなり一様に混合されて，シリンダで点火・燃焼するので，混合比を適当な範囲に調節すれば必ず点火が起こり，ほとんど完全燃焼もでき，かつ構造も簡単である。一方，希薄混合気では熱効率が高く，空気の吸入抵抗も減少することを経験によって理解していた。

ガスエンジンの創始者オットー（N. A. Otto）もすでに吸気中の燃料をシリンダ内で層状化（stratified-charge）して，全体を希薄で点火栓部だけを点火可能に濃化することを考えた。それ以来，その構想は多くの研究者によって引き継がれたが，達することはなかった。その理由は，エンジンの運転条件にかかわらず，点火栓の位置でスパーク時期に，いつも点火可能な混合気を生成させることが困難であったからで，とくにガソリンは点火可能な混合比範囲が狭いからである。

しかし最近，この給気の層状化で確実に点火できるシリンダ内への直接ガソリン噴射方式が自動車用に実用化された。それは，吸入空気および燃焼ガスの流動と吸気系や燃焼室の形状の関係や，ディーゼルエンジンの噴霧特性などが多くの研究で明らかになったこと，また電子制御技術のこの分野への応用が進んだことによる。

本法によれば，軽負荷時に希薄燃焼で燃料経済性が向上するとともに，つぎのような長所がある。

① 部分負荷時に空気の絞りが少ないので，吸気負圧とポンプ損失（pumping loss）が小さく，燃料消費が少ない。

② ガソリンの気化熱で燃焼室が冷却される。また，ガス流動で燃焼速度が大きいことからアンチノック性が高く，従来の圧縮比は一般に10：1ぐらいが最高であったが，この場合は12：1ぐらいに達している。

③ 希薄混合気のため，排気中のCOとHCは少なく，吸気管噴射では暖気運転中に未気化燃料によるHCの問題もあったが，それが本法では解決できる。しかし，余剰酸素が多い排気中のNO_x低減が問題であったが，適当な浄化触媒が開発されている。

4.5.2 システム

シリンダ内ガソリン噴射の構造は，図4.23で示すように，ピストン頂部の燃焼室

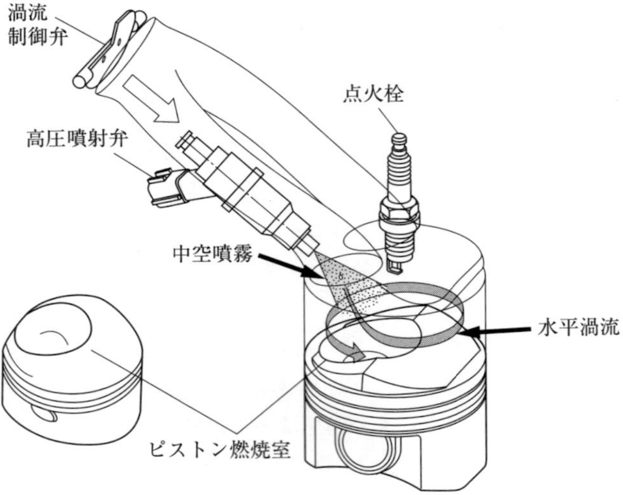

図4.23　シリンダ内ガソリン噴射の構造
（高木靖雄「直噴火花点火機関による燃費低減，出力向上と排気低減の同時実現」自動車技術，Vol. 52，No. 1）

に向けてガソリンが5～10 MPaの噴射圧力で噴射し，火花点火するものである。この方式でまず必要なことは，吸入空気量に対してきわめて希薄な燃料の噴射（たとえば，$A/F = 30 \sim 40$）でも，圧縮時に点火栓の近くに，点火可能な濃混合気が運転条件にかかわらず生成することである。また，層状給気化は余剰空気が大量にあり，高出力化が妨げられるので，高出力運転時は，むしろ均一混合を要する。これらの要求に答えるためには，つぎのことが必要である。

① 燃焼室の位置や形状
② 吸入空気の燃焼室に対する流速，方向
③ 噴射時期および火花時期（および強さ）
④ これらの運転条件に対する迅速で最適な制御

4.5.3 作動

図 4.24 は，噴射された燃料がピストン頂部のへこみの燃焼室の壁面に衝突し，霧

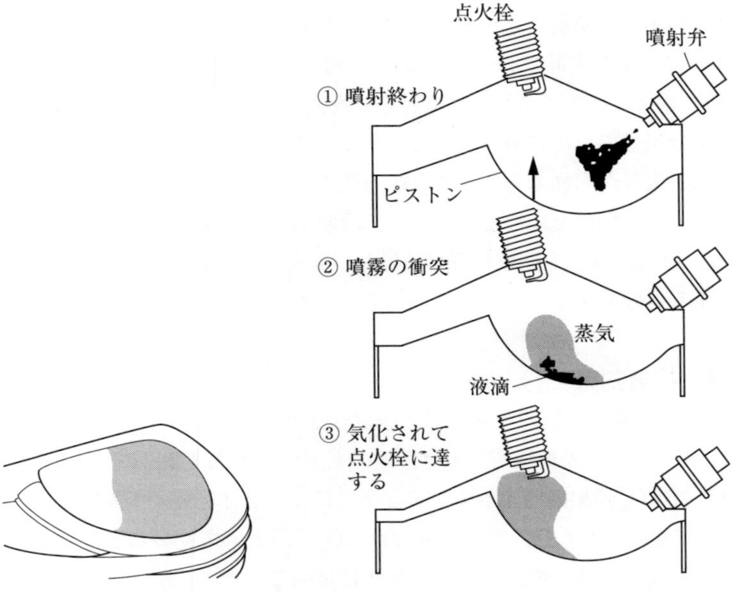

(a) ピストン頂部の球形燃焼室

(b) ピストン燃焼室で圧縮行程中に噴射された燃料の挙動

図4.24 シリンダ内噴射で点火栓付近に形成される層状給気
(岩本裕彦ほか「筒内噴射ガソリンエンジンの開発」自動車技術会前刷, 9732009)

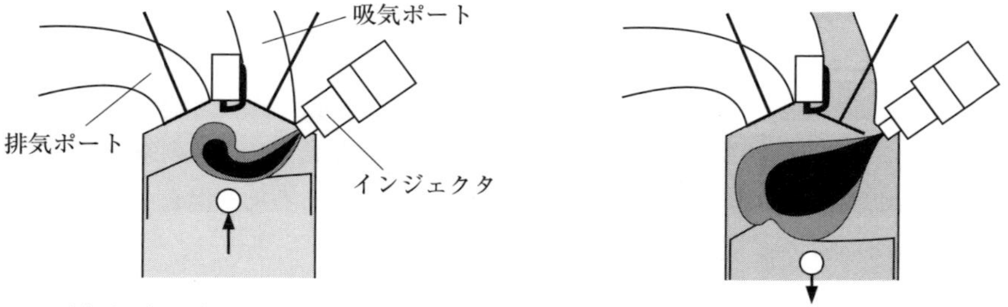

(a) 超希薄（$A/F = 30 \sim 40$）燃焼（圧縮行程で噴射）　(b) 高負荷（$A/F = 13 \sim 24$）燃焼（吸気行程で噴射）

図4.25　負荷に対応する噴射法
（加村均ほか「筒内噴射ガソリンエンジンの開発」自動車技術，Vol. 50，No. 12）

化，気化しながら点火栓に達し，スパークに備えるプロセスを示したものである。ピストンの運動と噴射および燃焼室壁の形の組み合わせの適性化の重要さがよくわかる。エンジンの回転数や噴射量および加減速時などでも，幾何学的形や位置は変えられないので，噴射や点火を適切に選定しなくてはならない。

たとえば，高出力時には空気をすべて利用できるように一様混合気とする，図4.25（b）のように，吸気行程に噴射し，吸気管噴射と同様の混合気生成を行う。ただし，混合促進のために噴霧角を広くする。その結果，燃料の気化熱による冷却効果で空気吸入量が増加することで高出力化ができ，またノックの制御効果にもなる。

さらに，その効果を高めるために，二段噴射も開発された。それは，吸気行程に全体の約 30 %，残りを圧縮行程に噴射し，着火後炎がすみやかに全混合気に伝播しやすくするものである。

4.5.4 排気対策

図 4.26 の横軸は空気過剰率 λ で，予混合三元触媒では $\lambda = 1$ 付近で運転される。一般に，$\lambda > 1.3$ の希薄域で運転は困難であるので，図 4.26 はそれができる水素エンジンでの NO_x 排出濃度を示す。予混合では $\lambda = 2.2$ ぐらいで規制値に対して十分に低い値である。しかし，筒内噴射では NO_x はきわめて高いことがわかる。それは，

① 予混合では，燃焼室ガス全体がほぼ同じ温度で，$\lambda = 1$ より濃混合気で最高温度であるが，NO_x 生成には酸素を要するので，図 4.26 のように，$\lambda = 1.2$ で NO_x 最大となる。また，λ が大きくなれば，ガス温度は全体が急速に下がり NO_x も急に減少する。

② 噴射の場合，ガス温度は燃料の噴霧が燃えている部分は高温で，その部分

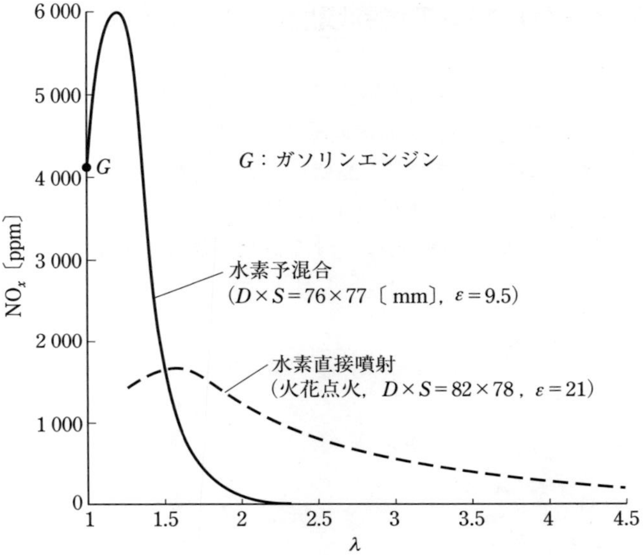

図4.26　希薄混合比での NO_x に対する予混合と直接噴射の特性
（無処理排気，2000 rpm，吸気絞りなし）

は高濃度の NO_x を生成し，また石油燃料では空気不足で微粒子（黒煙など）を生成する。λが大きい希薄域でも，部分的に濃混合，高温ガスがあり，NO_x を生成するので，予混合よりもはるかに大きい NO_x 濃度となる。

このようなことから，従来の三元触媒に代わる NO_x 対策が必要となり，つぎのような方法が開発されている。

排気ガスは比熱が大きく，反応性も低く，また，O_2 濃度を下げて NO_x 生成を抑制するので，その最大 30 % ぐらいを吸気に入れることで NO_x を大幅に低減できる。EGR（exhaust gas recirculation）は，ディーゼルにも応用されている。しかし，主としてシリンダやピストンリングの耐久性が問題であり，吸気量の減少も問題であり，EGR のみでは NO_x 対策は不十分である。

そこで，酸素過剰な排気中の NO_x を N_2 と O_2 に直接還元する触媒が開発されている。はじめに NO_x を硝酸塩（NO_3^-）として吸蔵して溜めておき，ときどき短時間燃料を濃化し，吸蔵された NO_x を還元する方法がとられている。

4.6 ディーゼル機関の燃料噴射に対する要求

ガソリンは，図 4.27（b）のように，ディーゼルでは，シリンダ内に噴射するので，空気と混合・気化する時間が非常に短く，また，燃料は気化しにくい。そこで，図 4.27（a）のように粒子のまわりが蒸発しながら酸素と反応する。しかし，粒子の中心部は酸素（または空気）不足で「蒸し焼き」されて，カーボン生成の原因になる。したがって，着火前に燃料が気化する対策が要求される。

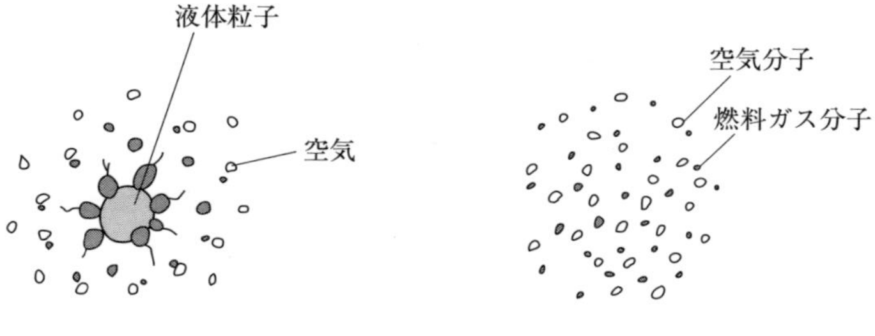

(a) ディーゼル噴霧と空気　　(b) 予混合気

図4.27　ディーゼル黒煙をともなう燃焼

4.6.1 噴霧特性

前掲図 3.50 で示したように，ディーゼル燃料の自発火温度は約 300 ℃に対して圧縮最終時の空気温度は約 500 ℃で，そのなかに高圧の噴霧が噴射されるが，噴射から着火までの着火遅れ時間ができるだけ短いことがディーゼルの燃焼衝撃対策上必要である。つぎに，着火された火炎がシリンダ全体に伝播し，黒煙または微粒子物質（PM; particulate matters）を発生させないで全空気を燃焼に使って $\lambda = 1$ で完全燃焼させることが期待される。

実際には，燃焼の広がりは燃焼ガスが空気に拡散し，火炎を出しながら進む拡散燃焼（diffusive burning）であるので，全空気の利用は困難であり，その促進のためには噴射のほかに空気や燃焼ガスの流動も同時に必要である。

(1) 霧化または微粒化

高圧液体燃料を小さい穴から噴き出せば最大数百 m/s の高速になり，それが高圧空気分子と衝突し粉砕され，1 ～ 100 μm の大きさの微粒子になって燃焼室内に飛散し着火する。この粒子が小さいほど霧化（atomization）が良いといわれる。

気化や空気との混合は霧化が良いほど促進され，また燃焼を含めた化学反応は，それが起こる面積が大きいほど盛んになる。

(2) 貫徹性 ——————

霧化が良くても粒子飛行距離が短いと，粒子は小さい空間内に密集し，利用できる空気はその空間内に限られるので，全体の完全燃焼はできない。逆に，燃料粒子が高温の空気中を広範囲に飛行して，つぎつぎに新しい空気に接して燃焼すれば，空気の利用率を増すことができる。そこで，噴射された粒子の到達距離が大きいことが要求される。これを貫徹性（penetration）と呼ぶ。

一般に，粒子が小さいほど運動量に対する空気抵抗が大きく，霧化と貫徹性の両立は難しい。

(3) 分布性 ——————

ディーゼル機関の上死点近くの燃焼室空間の形は偏平部をもつ複雑なもので，1か所の噴射弁から噴射された噴霧が全空間に一様に分布（distribution）されることは困難で，ガス流動を適切に利用するために，吸気入口までの吸気系の形，およびピストン頂面，シリンダヘッドおよび吸・排気弁で形成される燃焼室が研究・開発されている。

ディーゼル機関は燃費と耐久性に優れ，CO_2 低減や省資源上から，とくに貨物車用に使われている。しかし，排気中の微粒子，NO_x の公害物質，臭いや騒音が社会的問題となっている。その対策に対して，燃料噴射はもっとも深い関係があり，各種の研究・開発が進められており，かつ成果が上がりつつあるが，いっそうの発展が期待される。

4.7 ディーゼル機関の燃料噴射装置

4.7.1 概要

現代までもっとも一般的に使われてきた，列型噴射ポンプ系の配置を図 4.28 に示す。燃料はタンクから供給ポンプ（低圧）で，濾過器を経て噴射ポンプに送られる。ポンプや噴射弁は非常に精密に仕上げられ，高圧燃料が漏れずに軽く動く部品でできている。

一方，燃料は固形物を含んでいるので，ポンプに入る前に十分な濾過が必要である。ポンプはエンジンの側面に取り付けられ，図 4.29 のように，ポンプ供給管に入り，高圧にされたときだけ噴射管を経て噴射弁から各シリンダに噴射される。

このように，ポンプと噴射弁は各シリンダごとに独立し，ポンプは一体構造で，

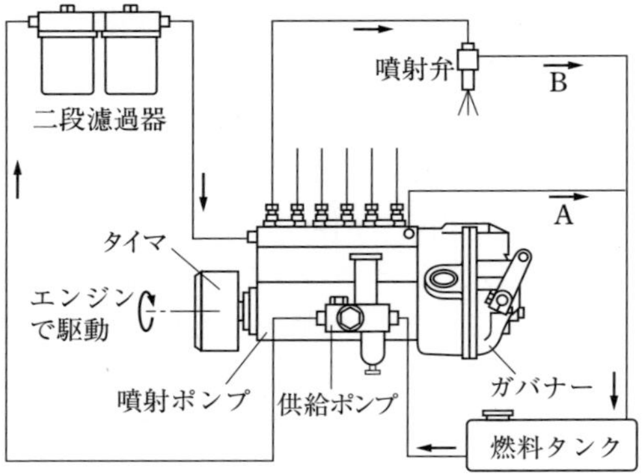

図4.28　列型噴射ポンプ系の配置

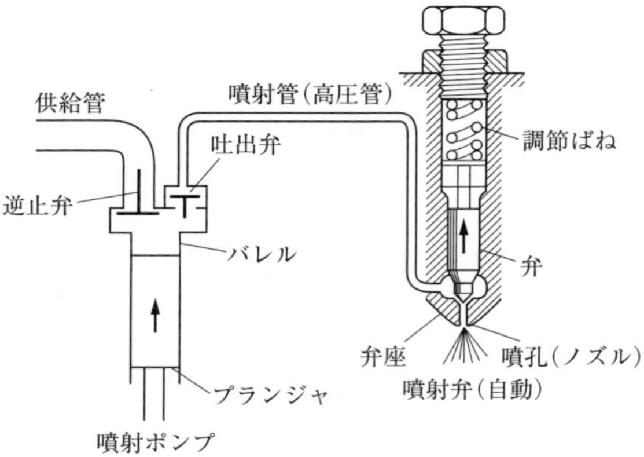

図4.29　燃料噴射装置の作用図

エンジンで駆動されるカムによってバレル（barrel: 一種のシリンダ）中をプランジャ（plunger: 一種のピストン）が 4 サイクル機関ではその 1/2 の回転数で往復し，バレル上部に吸入した燃料を吐出弁から噴射管を通って，エンジンのシリンダヘッドに取り付けてある噴射弁を強い調節ばねに打勝って押し上げ，所要量を燃焼室に噴出する。ポンプからの圧力が下がれば，弁は自動的に閉じる。弁が開くときの圧力を，噴射の初圧または開弁圧力と呼ぶ。また，ポンプはいつも同量の燃料を吸入し，噴射しないものは前傾図 4.28 の A の管でタンクに返す。噴射弁では，小量の高圧燃料が弁を漏れて上方に溜まり機能を失うので，その燃料も B の管から返す。

このように，ポンプや噴射弁は 100 MPa 以上の燃料が漏れないでわずかな力で動かなくてはならないので，O リングやパッキンは使えない。したがって，滑り面は焼入鋼でつくられ，隙間 1 ～ 2 μm の鏡面仕上げにしてある。また，ディーゼル燃料は粘性が十分あるので，これらの滑り面への潤滑油は不要である。しかし，ガソリン，メタノール，液体天然ガス（LNG），液体水素（LH_2）などは，粘度不足で焼き付くので何らかの対策が必要である。さらに，液体燃料はほぼ非圧縮性であるので，体積の縮小はごくわずかでポンプの動力はわずかでよい。以上の点から，気体燃料の高圧噴射には問題がある。

4.7.2 噴射量の調節法

ディーゼル機関では空気は絞らないで，出力は燃料噴射量のみによる。したがって，クランク角約 30° 以下の短時間に噴射期間を変化させる方法には各種のメカニズムがあり，それがそれぞれの噴射装置の特徴をつくっている。作用上から，つぎの 2 つの方法に大別できる。

① 噴射の終わりまたは始めの時期を変える方式。

② 燃料加圧中に一部の燃料を逃がすバイパス方式。

これらの作用図を図 4.30 に示す。(a) は，大型の低速エンジン用で，カムでローラと一体のプランジャを往復させ，供給管から燃料を吸い込んで圧縮し，ある圧力になって吐出弁が開いて噴射管から噴射弁へ吐出を始める。一方，調節棒の一端①の上昇で，②が棒④を押し上げて，⑤の逃し弁を開いて A の圧力を下げ，吐出弁を

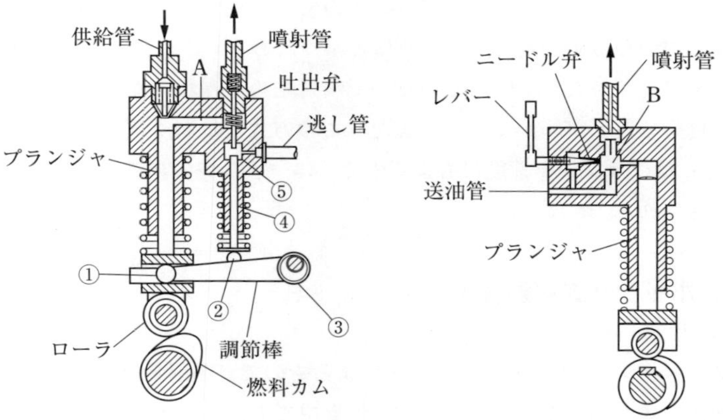

(a) 送油期間の調節　　(b) バイパス方式

図4.30 噴射量の制御方法

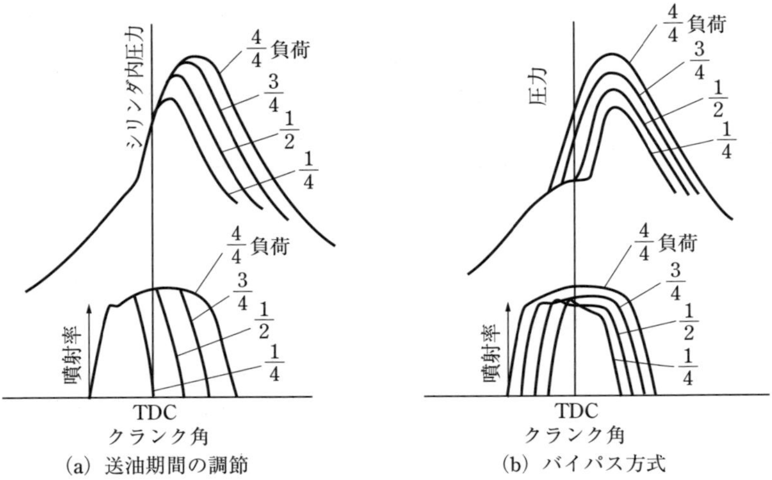

図4.31　噴射量調節方式の違いと燃焼経過

閉じて噴射を終わらせる。この逃し弁を開く時期は，③の偏心輪を回転させて②の上下位置を変えることによって調節される。

(b) のバイパス方式では，レバーを回してニードル弁を動かし，B 内の高圧燃料を逃がす量を調節して残りの噴射量を変える。

図 4.31 は，図 4.30 の (a) (b) 方式による噴射率 (rate of fuel injection: 回転角当たりの噴射量) およびシリンダ内ガス圧力変化の違いを示す。(a) は，噴射始めは噴射量にかかわらず一定で，低負荷ほど早く終わる。それに対して，(b) は低負荷時はニードル弁が大きく開いているので噴射始めが遅れ，ガス圧力上昇も遅れるので，低負荷で運転が静かである。また，この方式では図 4.30 (b) の B 内の圧力 (噴射圧力) はプランジャ速度にもよるので，ニードル弁の調節は負荷と回転数の両面から影響される。

4.7.3 ボッシュ式噴射装置

(1) ポンプ ――――

ドイツのボッシュ (Bosch) 社の考案によるもので，噴射量は前掲図 4.30 (a) に属し，独特のメカニズムによる。現在，世界中でもっとも広く使用され，とくに高速ディーゼル機関の大部分がこれを使っている。図 4.32 (a) はこのポンプの断面である。バレル外側に筒があり，その下端の切り欠きにプランジャ下方のつばがは

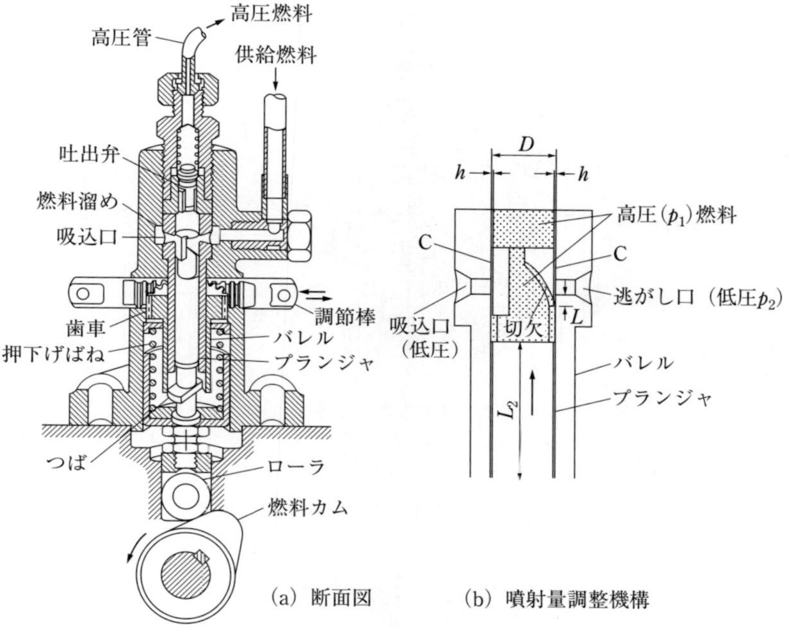

図4.32　ボッシュ噴射ポンプの断面

まり，その上端は歯車で，それと噛み合うラックが切ってある調節棒があり，運転者はこの調節棒を動かすことでプランジャを回し，噴射量をつぎのような仕組みで変えて出力に対応する。図 4.32（b）は，その要点であるプランジャおよびバレル上方の形状を拡大したもので，点の影部は同一圧力 p_1 で連通しており，C 部が密閉隙間で，プランジャを回せば斜め切り欠きと逃がし口の関係位置が変わる。

図 4.33（a）のように，プランジャが上昇中に上面①が燃料出口の上端②を通過したとき，A と B の燃料圧力は上昇し，吐出弁のばね圧力に打ち勝てば高圧管に吐き出す。(a) の状態を「静的な噴射始め」と呼び，実際の噴射はそれから噴射遅れのあとに起こる。(b) まで A と B 部は高圧で噴射が続けられるが，このとき切り欠きの下面④が逃し口の下端③に達し，B 部より⑤を経て燃料は流出し，A 部とともに圧力は下がり，吐出弁は閉じて噴射は終わる。噴射量を下げるためには，調節棒でプランジャを回して（c）のように④が上方になるようにすれば，早く噴射は終わる。燃料の圧縮送出期間は，l_e のプランジャ有効ストロークである。この例は，圧縮始めが一定であるが，プランジャ上方に傾斜切り欠きを付ければ噴射終わりが一定で，初めが変わることになる。

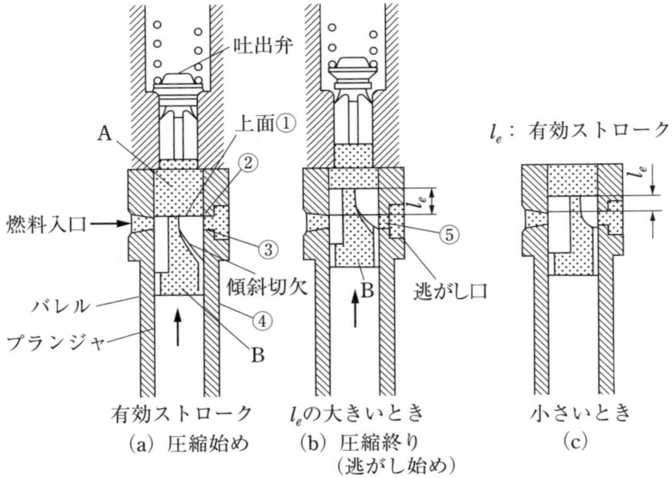

図4.33　ボッシュ噴射ポンプの噴射量の調節

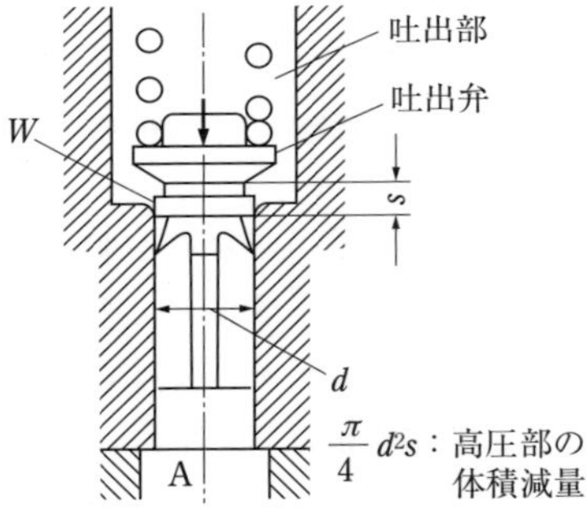

図4.34　ボッシュ噴射弁の減圧装置

吐出弁は，高圧燃料の逆止弁作用のほかに，図 4.34 のように，小ピストン W をもち，弁が下降し図の位置で W によって，その上下の燃料が隔離されるので，弁が閉じるまでに $\pi/4\cdot d^2s$ の吐出部体積が拡大される。そのなかの油圧が下がるので，噴射弁が閉じたあとに燃料が出る二次噴射または後だれと呼ばれる現象を防止できる。このようにして噴射燃料が急に完全に止まることを「切れ」がよいという。

(2) 噴射弁 ————

図 4.35 は噴射弁（または噴射弁ホルダ）の例で，噴射ポンプの高圧燃料は⑧から⑨⑩を経てノズル①に至る。⑨のなかには，ごみを濾すための棒が入っている。①

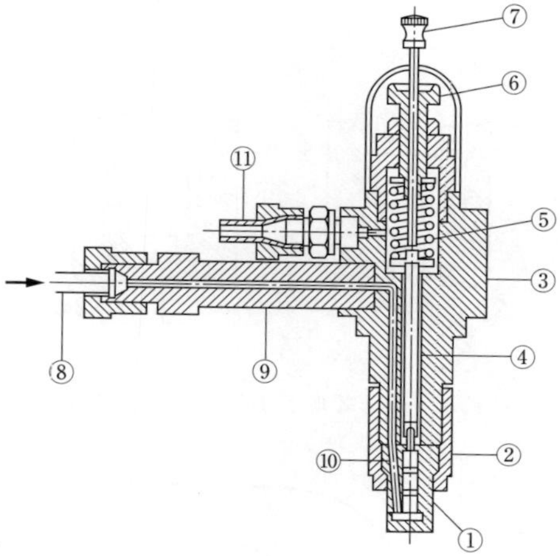

図4.35　噴射弁の例

のなかの針弁（needle valve）は棒④を経て，ばね⑤で押され，⑥はばねの強さすなわち開弁圧を調節するねじで，運転中も調節できる。⑦は，そのシリンダの弁が作動し，燃料が噴射されているかどうかを指先で検知するものである。ノズル部を漏れたわずかな燃料は，⑪からタンクに返される。

図 4.36 は，各種ノズル断面を示す。(a) はノズル全体で，弁の開く条件は，

$$\frac{\pi}{4}(d_1^2-d_2^2)p_f>F \qquad (p_f：燃料圧力，F：ばね力)$$

であるが，閉じるときはつぎのように低い p_f まで締まらない。

$$\frac{\pi}{4}d_1^2 p_f<F$$

(b) は，主として直接噴射機関に使われるホールノズルで，噴霧の貫徹性が良いが，細い孔にごみや燃焼固形物が詰まる心配がある。それに対して，(c) はピントルノズルと呼ばれ，ノズル先端のピンと孔の隙間から燃料は噴出し，ピンが上下するので詰まる心配はない。さらに，このピンが２段になっている (d) のスロットルノズルでは，弁の開き始めはピン径が d_1 で噴口面積が小さく，点線のように開き終われば d_2 の細いピンとの間を流出する。

したがって，(e) の曲線②のように，一種のパイロット噴射（pilot injection）で着火遅れ中の噴射量が少なく，燃料衝撃を和らげる作用を目的としている。実際には，ノズルの上昇が速いので，このような明瞭なパイロット噴射は得難い。なお，

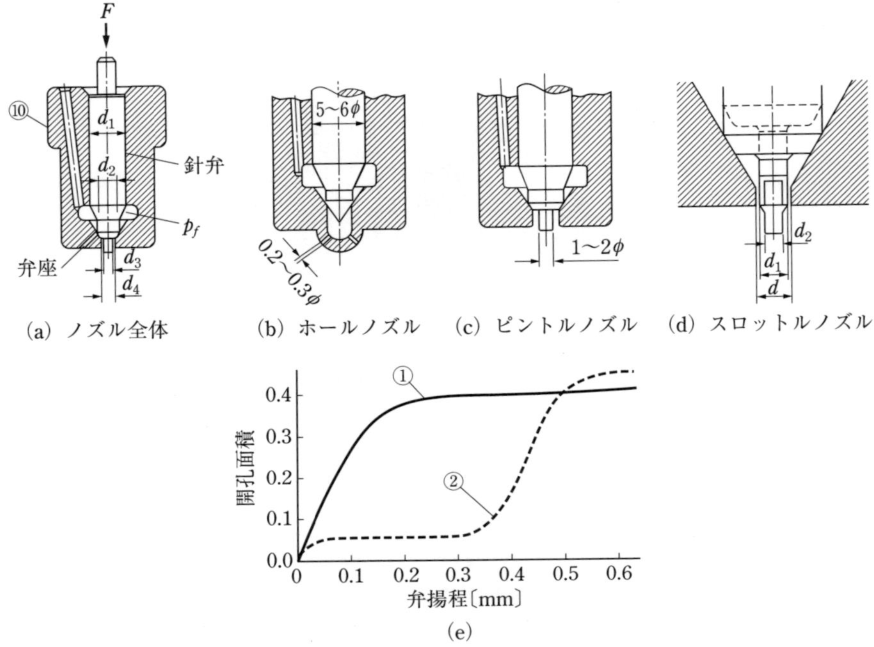

図4.36　噴射弁の種類
（数字は機関のシリンダ内径 200 mm 以下）

ピントルは噴口部で燃料との接触面積が大きく霧化が良く，副室式機関によく使われる。

4.7.4　分配式ポンプ

ディーゼル機関の高速化とポンプのコンパクト化のために，1 シリンダ当たり 1 つのポンプをもつ一般方式に代わって，1 つのプランジャで加圧した燃料を各シリンダの噴射弁へ配分する方式で，分配式ポンプと呼ばれ，種々の構造のものがある。

図 4.37 はその一例で，ボッシュ式分配型ポンプの作用図である。プランジャは，駆動軸で回転させられるとともに，カムとローラおよびばねによって往復運動する。プランジャの右端は小径で，燃料を加圧し，中央の大径部で各シリンダへ配分する。燃料供給ポンプで予圧された燃料は，まず調節プランジャに入り，切り欠き①を通って連絡孔に流入する。ここで，調節プランジャが左に動くほど切欠面積が増加し，流入量が増して噴射量が増大する。②の孔は 1 つで，プランジャには③の孔がシリ

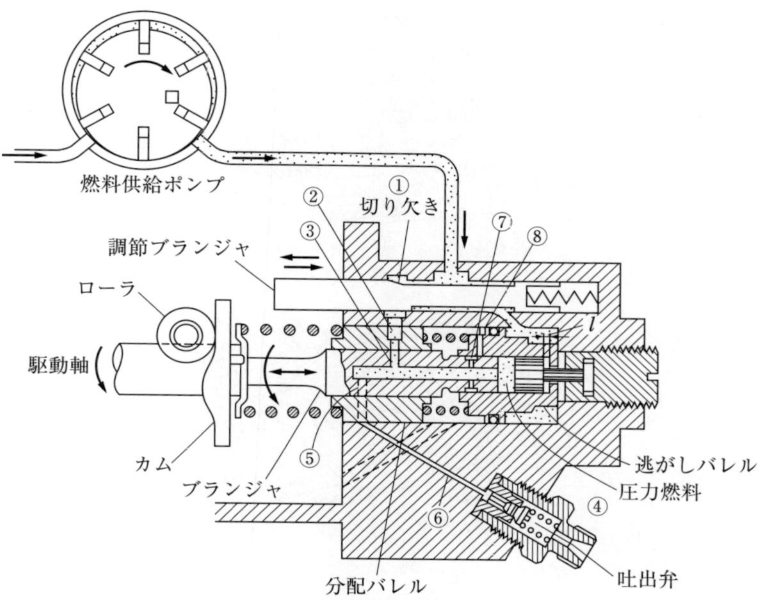

図4.37　ボッシュ式分配型ポンプ主要部の構造
（ディーゼル機器会社製）

ンダ数だけある。

4シリンダでは，プランジャは90°回転するごとに1往復し，1往復中に1回②と③が合致し，図4.38（a）のように燃料は④へ流入する。予圧燃料は，また⑨の穴から逃がしバレルの右側に入り，それを左側のストッパに押し付ける。このときの間隔lは，⑪のねじで調節できる。吸入行程を終わって，プランジャが回転しながら加圧して進めば，（b）のように1つの吐出孔⑤がバレルの孔⑥と合している間，吐出弁を経て燃料が噴射できるが，（c）のように溝⑦が逃がし孔⑧に通じたときに圧力が下がって噴射は止まる。その時期はlによって決まる。すなわち，切欠部で大きく絞られ，噴射量が小さいほど噴射始めは遅れるが，終わりは同じ時期である。一方，始動時は余分の噴射量を要するが，そのときは燃料供給ポンプ回転数が低いので，逃がしバレルはばねで右に押され，lだけ噴射期間が長くなる。

以上のことから，本機では1つのプランジャで多シリンダに高圧燃料を送るので小型化され，燃料が予圧されてプランジャに供給されるので，吸入時間が短く，短行程にできて高速化に適し，4サイクル・4シリンダで最高6 000 rpmまで可能とされている。

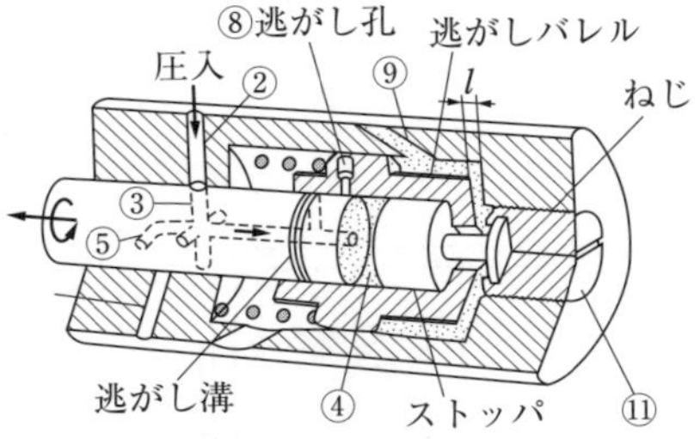

(a) 吸　入

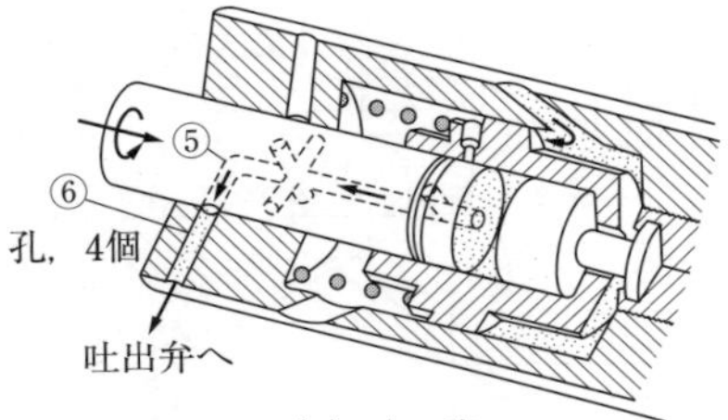

(b) 吐　出

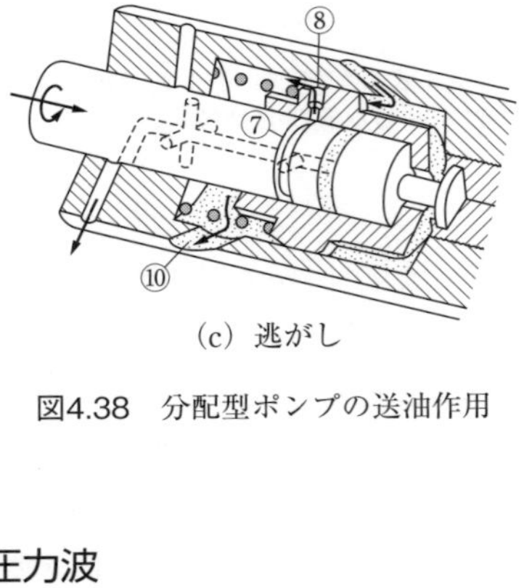

(c) 逃がし

図4.38　分配型ポンプの送油作用

4.7.5 噴射管内の圧力波

(1) 圧力波による圧力の伝播

噴射装置は，ポンプと噴射弁間の燃料を圧縮して高圧噴射することを繰り返す。その経過は，低回転で噴射時間が長く，噴射管がきわめて短いときは，燃料の弾性流体が圧縮量に相当しただけの圧力上昇が，ただちに全燃料すなわち噴射弁部まで伝播されると考えてよい。しかし，高速機関のように，数 ms の間に噴射が完了するような速い現象が長い管を伝播する場合は，その伝播速度である燃料の音速（約 1 500 m/s）を無限大と考えることはできない。たとえば，2 500 rpm，長さ 0.5 m の噴射管を伝播する期間は，クランク角で 5° に当たる。

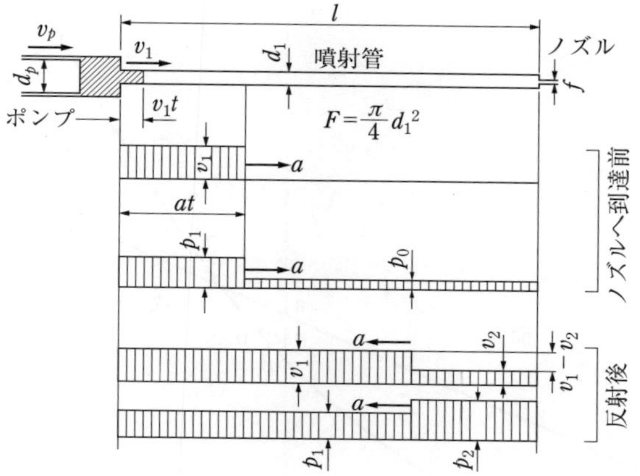

図4.39　噴射管内の圧力，速度の音速による伝播

図 4.39 において，プランジャの速度が v_p のとき，管内へ燃料は $v_1 = v_{\mathrm{p}}\ (d_p/d_1)^2$ で流入し，v_1 とそれによって発生する圧力 p_1 は音速 a で管内を伝播し，t 秒後には at まで進む。その間に流入した燃料の長さは v_1t であるので，燃料が $at - v_1t$ 圧縮されて，圧力が p_0 より p_1 に上昇し，密度も γ_0 より γ_1 に増大する。F を噴射管の断面積とすると，質量保存則より，

$$\gamma_0 Fat = \gamma_1 F(a - v_1)t$$

$$\therefore \quad \frac{\gamma_0}{\gamma_1} = 1 - \frac{v_1}{a} \qquad (4.7)$$

また，燃料の体積弾性係数を K（約 2 000 MPa）とすれば，その定義より，$K = \Delta P/(\Delta V/V)$ であり，圧縮体積 $\Delta V = v_1tF$，その前の体積 $V = atF$ より，

$$\frac{p_1 - p_0}{K} = \frac{\Delta V}{V} = \frac{v_1}{a}$$

すなわち，

$$p_1 - p_0 = v_1 \frac{K}{a} \qquad (4.8)$$

以上から，ポンプからノズルに伝播する圧力上昇 $p_1 - p_0$ は v_1 に比例することがわかり，図 4.40 の図式解法の $\mathrm{O_1A}$ 線であり，p_1 と v_1 はポンプ 750 rpm で A 点，430 rpm では a 点である。

l/a 時間後，その圧力 p_1 はノズルに到達し噴射が起こるが，ノズル断面積 f は管の F よりきわめて小さく，大きい速度 v_N で噴射される。このとき，ノズルの流量

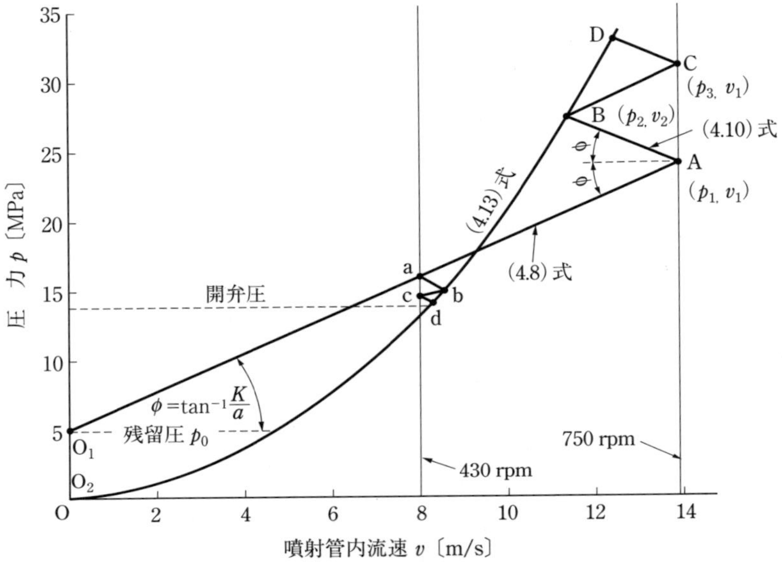

図4.40　噴射管内圧力および速度の図式解法例
（計算例の条件）

係数が μ で，噴射中は管内圧力および速度は，v_p とノズルの関係から p_1 は p_2 に上がり，速度は v_1 より v_2 に下がる。燃料の体積一定より，

$$v_2 = v_N \frac{\mu f}{F} \tag{4.9}$$

噴射できない余剰速度 $v_1 - v_2$ がノズルから押し込まれて，$p_2 - p_1$ の圧力上昇をきたし，ポンプに返り，p_2 で噴射する。p_2 と v_2 は極端な場合として，

① p_2 が開弁圧に達せずノズルが閉止していれば，燃料がノズルで v_1 で逆転してポンプからの v_1 を打ち消し，$v_2 = 0$ となる。一方，圧力は p_1 が反射，重なるので $p_2 = 2p_1$ になる。

② 噴口が大きく $v_2 = v_1$ のときは，反射圧力はなく p_1 で流出する。

しかし，一般には管内から v_2 で流出し，$v_1 - v_2$ で押し込まれ，p_1 が p_2 に高まり，それは (4.8) 式より，

$$p_2 - p_1 = (v_1 - v_2)\frac{K}{a} \tag{4.10}$$

図 4.40 の AB または ab で示される。

つぎに，ノズル部では前記とは別に，ベルヌーイの法則に従う。

$$\frac{1}{2}\left(v_N{}^2-v_2{}^2\right)=\frac{\left(p_2-p_g\right)}{\gamma_b} \tag{4.11}$$

ここで，P_g は燃焼室圧力，γ_b は燃料密度。

(4.9) 式と (4.11) 式より，

$$v_2=\sqrt{\frac{2\left(p_2-p_g\right)}{\gamma_b}\left\{\frac{1}{\left(\frac{F}{\mu f}\right)^2-1}\right\}}\ ,\quad F\gg\mu f \text{より,}$$

$$\fallingdotseq\frac{\mu f}{F}\sqrt{\frac{2\left(p_2-p_g\right)}{\gamma_b}} \tag{4.12}$$

また，$a^2 = K/\gamma_b$ であるので，

$$v_2=\frac{\mu f a}{F}\sqrt{\frac{2\left(p_2-p_g\right)}{K}} \tag{4.13}$$

図 4.40 の O_2 − D 曲線で，O_1 − A 線との交点 B または b が p_2 と v_2 を示す。このことは，(4.10) 式と (4.13) 式より p_2 と v_2 を求めることである。

(2) 計算例 ――――――

プランジャ径 $d_p = 7$〔mm〕，噴射管内径 $d_1 = 2$〔mm〕，噴射管断面積 $F = 3.14$〔mm²〕，長さ 1 m，ポンプカムリフト速度 $v_p = 0.253$〔mm〕/ カム回転角度，カム軸 n〔rpm〕 で は，$v_p = 0.253 \times 6n$〔mm/s〕，$K = 2\,000$〔MPa〕，$\gamma_b = 0.825$〔kg/L〕，$a = 1\,560$〔m/s〕，噴射管の残溜圧力 $P_0 = 5$〔MPa〕，$f = 0.209$〔mm²〕，$\mu = 0.7$，$p_g = 0$，$n = 1\,200$〔rpm〕，$n = 750$〔rpm〕，$n = 430$〔rpm〕について計算して，表 4.1 にそれぞれの結果を示す。ここで，4 サイクルエンジン回転数 1 500 rpm，ポンプの $n = 750$〔rpm〕の値を示す。

まず，圧力波がポンプとノズルを 1 往復するポンプ回転角 T_θ は $(2l/a)\ 6n$ で 5.8° であり，噴射期間を 25° とすれば，4.3 回の往復でプランジャの吐出期間は終わる。つぎに，v_1 はプランジャの速度 v_p より，$v_1 = v_p(d_p/d_1)^2 = 13.9$〔m/s〕。そこで，(4.8) 式より，

$$p_1-p_0=p_1-5=v_1\frac{K}{a}=v_1\frac{2\,000}{1\,560}=1.28v_1\ \text{〔MPa〕}$$

$$p_1=22.8\ \text{〔MPa〕}$$

さらに，噴射中の v_2 と p_2 については (4.13) 式より，

$$v_2=\frac{0.7\times0.209\times1560}{3.14}\sqrt{\frac{2p_2}{2\,000}}=2.3\sqrt{p_2}\ \text{〔m/s〕}$$

これを（4.10）式へ代入すれば，

$$0.189v_2^2 - p_1 = 1.28(v_1 - v_2)\ \text{〔MPa〕}$$

これより v_2 を求めれば 11.65 m/s となり，$p_2^2 = v_2^2/2.3^2 = 25.7$〔MPa〕と計算される。この p_2 と v_2 がポンプに返れば，ポンプの吐出速度 v_1 が不変のときは $v_1 - v_2$ で押し込み，p_2 が，$p_3 - p_2 = (v_2 - v_3)K/a$ により p_3 に上がる。このような階段的圧力および速度の変化を噴射が終わるまで続ける。

(3) 実験例 ——————

前ページの計算例と同じ噴射系によって噴射率を測定した結果を図 4.41 に示す。まずポンプカム軸をゆっくり回転してプランジャが逃がし口を閉じる点 I（静的噴射始め）から実際に噴射が始まる（動的噴射始め）までの θ を噴射遅れ（injectin

表 4.1　噴射管内圧力波の計算結果の例

ポンプ n〔rpm〕	往復期間 T_θ（度）	25° の往復回数	v_1〔m/s〕	P_1〔MPa〕	v_2〔m/s〕	P_2〔MPa〕
1200	9.2	2.7	22.3	33.5	15.0	42.5
750	5.8	4.3	13.9	22.8	11.7	25.7
430	3.3	7.6	8.0	15.2	8.7	14.3

（注）T_θ は，ポンプカム回転角。

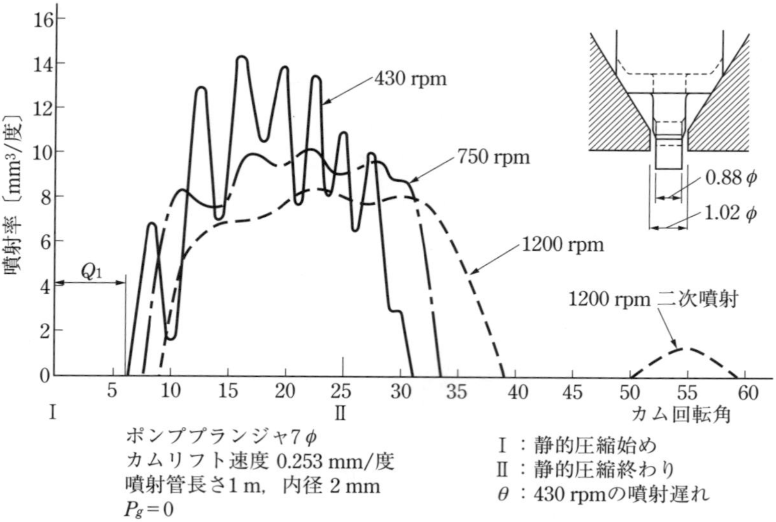

図4.41　噴射率の測定結果の例

delay）と呼び，燃料の圧縮，圧力波の進行，吐出弁や噴射弁の動きなどに要する時間に相当し，高回転では時間は減少するが角度 θ は増す。

噴射中の脈動の山の間隔は，各回転数とも圧力波の往復に要する角度 T_θ とほぼ一致している。430 rpm のように，v_p および v_1 が低速では噴射圧 p_2 は p_1 より低く，本実験の開弁圧 14 MPa よりわずかに高いだけで，圧力波の到来のときはノズル針弁は全開するが，その前後は弁は十分開いていないので，噴射率（v_2 に相当）の変動が大きい。しかし，高速では高圧力で，弁はほとんど全開のまま噴射する。さらに，1 200 rpm のような高速では吐出弁が閉じたあとも管内残留圧が高く，反射圧力波や噴射系の振動などで再びノズルが開き，二次噴射を起こしている。

4.7.6 噴霧の特性

噴射ノズルから噴射する燃料粒子の大きさおよび速度は一様でなく，いろいろな

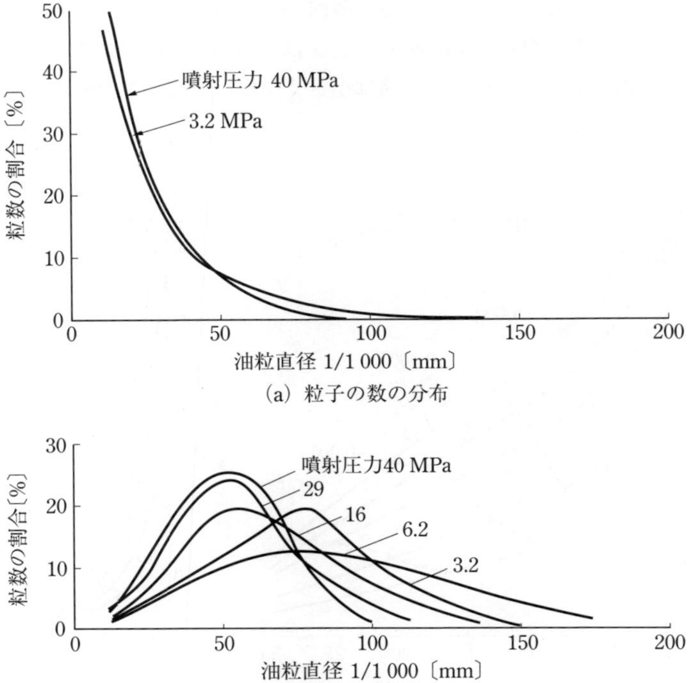

図4.42 噴霧粒子の大きさの分布

ものが混合されているので，その表現法を目的によって選ぶ必要がある。いま，1 cm^3 の球が 1 個と 1 mm^3 の球が 100 個あるとき，前者は全体に対して数では約 1 %，体積または重量では 91 %で，表面積は 50 %である。同じ噴霧でも図 4.42（a）のように，粒径に対して数の割合は噴射圧力にそれほど影響されないが，（b）の体積割合は同じ粒子群でも大きい違いがある。これらは，粒径をいくつかのグループに分けて，それらに含まれる粒子の数や体積の割合を表す頻度曲線である。また，別の霧化の単純な表現法である「平均粒径」も種々の定義があり，直径の算術平均もあるが，蒸発や燃焼には表面積が重要な意義をもつので，直接 d_i のものが n_i 個あるとき，つぎのようなザウター（sauter）平均径，S. M. D. $\overline{d}$ が広く使われている。

$$\text{S. M. D.} \quad \overline{d} = \frac{\sum n_i d_i^3}{\sum n_i d_i^2} \tag{4.14}$$

$\overline{d}$ が小さくなるのは基本的に空気との衝突によるので，燃料流速に反比例的である。それゆえ，噴射圧を高める必要がある。ノズル内にじゃま板などを入れることは流速を下げて，逆効果になる。また，噴口が小さいほど流量当たりの噴流表面積が大きく，孔壁および空気摩擦が増すので $\overline{d}$ は小さくなり，空気密度（圧力）が大きいほど衝突抵抗が大きくなり，流速は小さくなる。また，燃料の表面張力および粘度が低いほど微粒化がよくなる。

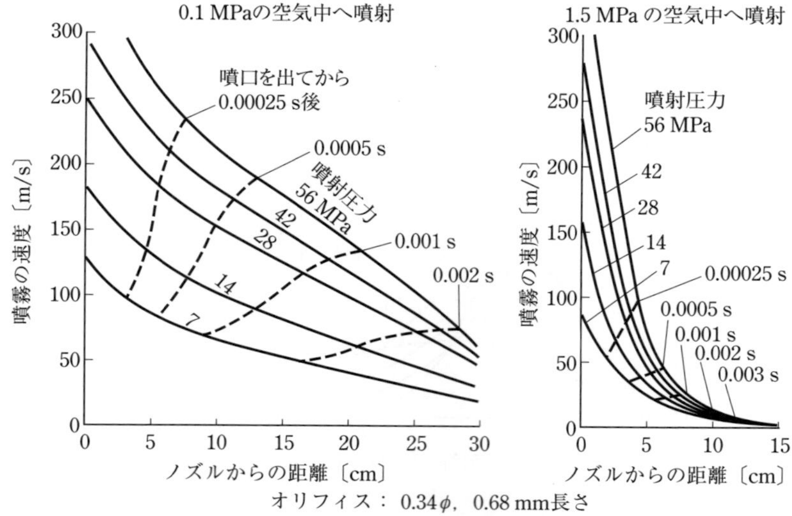

図4.43　噴霧の速度に対する噴射圧力，速度低下に対する背圧の影響

図 4.43 は，0.1 MPa と 1.5 MPa の空気中の噴射したときの，各噴射圧力でのノズルからの飛行距離と時間における速度を示すもので，粒子の貫徹性または空気抵抗が背圧に大きく影響されることがわかる。

つぎに，現在ディーゼル車にもっとも厳しく求められているものの一つは，排気中の黒煙または微粒子（PM）の低減である。そのために，噴射系であれば霧化を良くし噴霧を微小化し，できるだけ貫徹性を増して広範囲に粒子を飛ばす必要がある。それによって PM だけでなく燃料消費率などの性能も向上する。このような噴射法の一つが高圧噴射であり，実際にその効果があげられている。

4.7.7 高圧噴射

従来の噴射法（列型噴射とも呼ばれる）では，まず前掲図 4.40 の A 点を高くすることで，(4.8) 式で K/a は一定であるので v_1 を大きくするためで，$v_1 = v_p(d_p/d_1)^2$ でプランジャ径を噴射管内径 d_1 に比べて大きくし，カムによる揚程速度 v_p を高めることができる。しかし，$v_p = cn$（c はカム揚程，n はポンプ回転数）であるためこれらの設計値には限度があるとともに，n の低い運転で v_p を大きくとれない問題がある。

つぎに，B 点の噴射圧は（4.13）式で $v_2{}^2$ に対して，$F/f = (d_1/d_N)^2$ に比例して $p_2 - p_g$ は増すので，高圧化には限度がある。さらに，噴射率の変更なども列型のように，噴射の圧力波がエンジンの噴射弁に到達して直接噴射するものでは噴射遅れもあり，運転条件に応じて変えることは困難である。そこで，電子制御で作動する噴射法であるユニットインジェクションや最近ではコモンレール法が出現した。

(1) ユニットインジェクション

ユニットインジェクタ（unit injector）は，図 4.44 に示すように，噴射ポンプと噴射弁が一体で噴射管がないもので，図 4.45 のようなロッカアームでプランジャが駆動される。電磁弁によって燃料通路の右端が閉止されれば，プランジャの下の燃料は圧縮され，ノズルが開いて噴射する。電磁弁は，噴射始め，終わり，パイロット噴射などの噴射法を要求に応じてコンピュータ制御して作動できる特長をもつ。図 4.46 は英国 Lucas EUI Systems の結果で，噴射圧力が高く，噴射期間が長いほど黒煙（Bosch smoke unit）が低いことを示す。

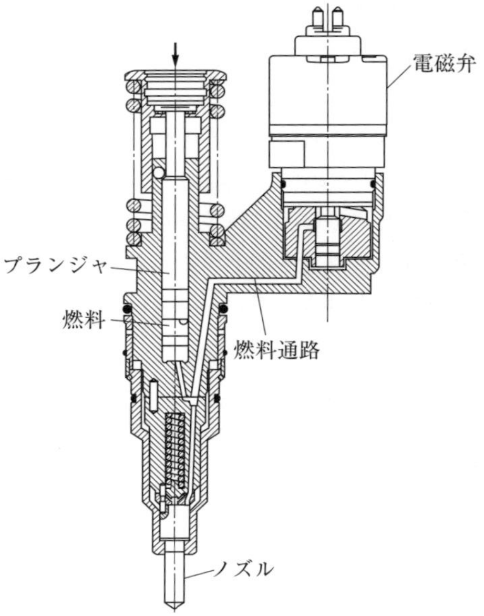

図4.44　ユニットインジェクタ断面
（G. Franklほか：FISITA，1992）

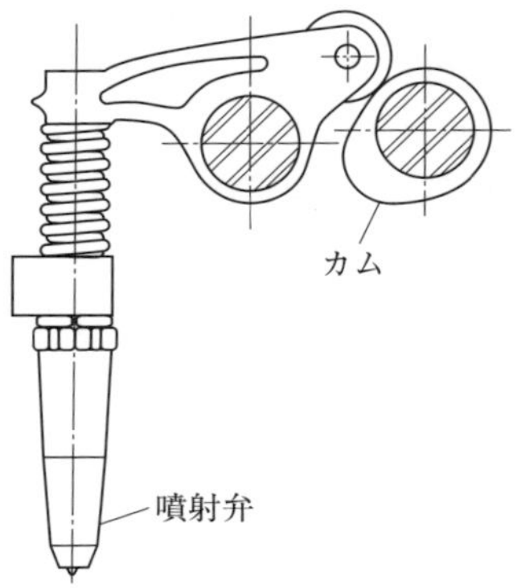

図4.45　プランジャ駆動法の例

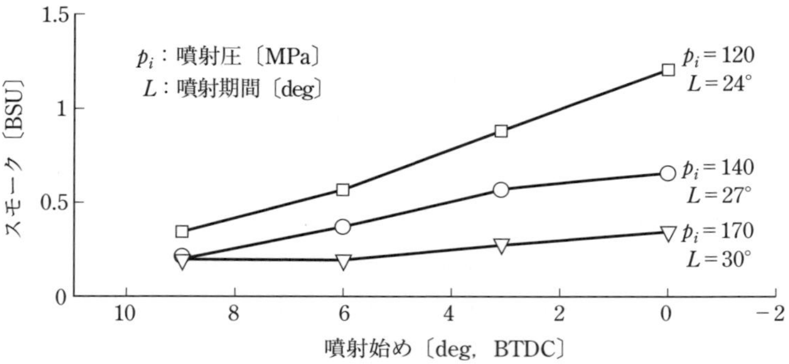

図4.46　黒煙に対する高圧噴射の効果
（G. Franklほか：Emissions developments of the EUI systems towards improved performance and emissions standards, FISITA 92，I. Mech. E, C389/016）

(2) コモンレール方式

コモンレール（common rail）方式は，最近実用化されるようになったもので，図4.47にその全体のシステムを示す。高圧燃料ポンプは，従来の噴射ポンプと同様にカムで駆動されるプランジャの往復によって高圧（現在は約120～250 MPa）の燃料をいったん燃料蓄圧部であるコモンレールに入れる。そこから各シリンダの噴射弁に入り，噴射弁はエンジン運転中の各種情報をもとにECU（electrical control unit）で最適の噴射のタイミング，噴射率，パイロット噴射や二段噴射などの決定をして，各部の制御用電磁弁などを作動させる。プランジャの往復数は，図4.47の例ではカム1回転で3回で，プランジャが2つのときはエンジンのシリンダ数6と同期できる。

噴射弁は圧力波の伝播を無視できるほど，コモンレールの近くから噴射管で高圧燃料を受ける。その作動を図4.48に示す。流入した高圧燃料は，ノズルの下側と噴射弁のピストン上部の制御室に入り，(a) のように外側弁がばねで押し下げられて，外側シートが閉じているときは制御室圧力はノズル圧と同じになり，ピストン受圧

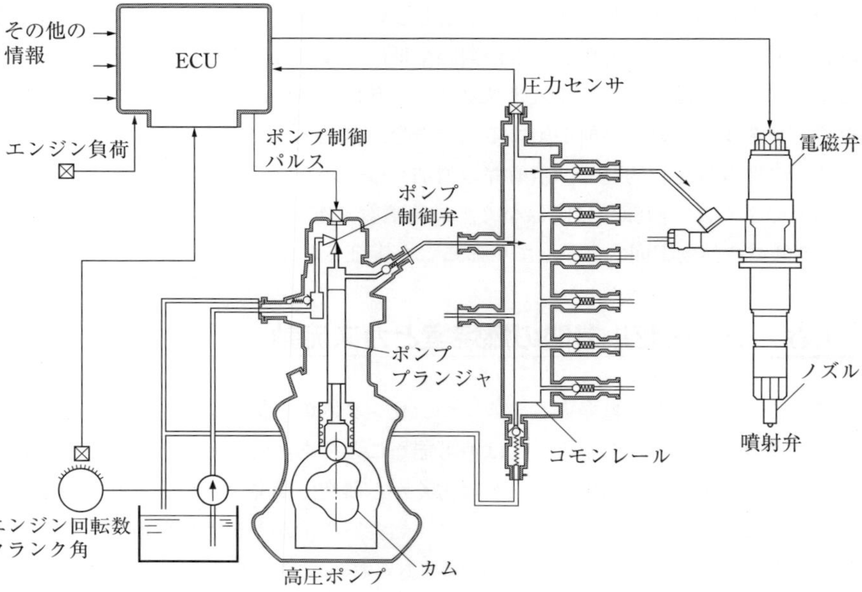

図4.47　コモンレール噴射系
（加藤雅彦ほか「'98 USA排ガス規制対応M / Dディーゼルエンジンの開発」自動車技術，Vol. 52，No. 9，1998）

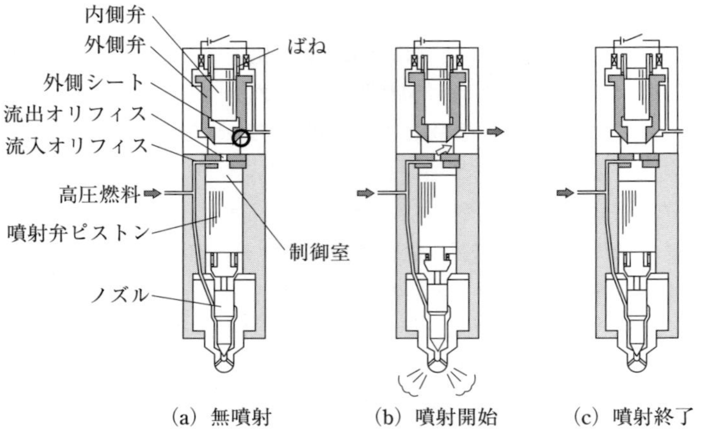

図4.48　コモンレール方式の噴射弁作動図
（加藤雅彦ほか「'98 USA排ガス規制対応M / Dディーゼルエンジンの開発」自動車技術, Vol. 52, No. 9, 1998）

面積が大きいのでノズルは開かず，噴射しない。つぎに，(b) のように外側弁が電磁石で引き上げられ，外側シートが開いて低圧となれば，大径の流出オリフィスから制御室の燃料は流出し，流入オリフィスの孔は小さいので制御室への流入量は少なく，ノズルが開いて噴射が始まる。その際，流入オリフィスからの流入によって，ノズルの開きは比較的遅く，噴射弁の増加も緩やかな特長をもつ。

以上のように，回転数に関係なく，最適噴射を電子制御できる高圧噴射ができ，PM の低減や熱効率向上に適していることが実証されている。

4.8　ディーゼル機関の燃焼室とガス流動

噴射によって噴霧に自発火させ，かつシリンダ内の空気をすべて利用するような霧化，貫徹性，分布性を得ることは不可能なことであって，ピストンの往復運動によるガス流動をそれに利用することは古くから研究・開発・実用化されている。そのためには，吸・排気系の形状とともに，燃焼室の形が多種多様に研究されていて，シリンダ内ガソリン噴射（4.5 節）の成功もこれらに負うところが大きい。

現在実用化されているものは，つぎの 2 つに大別される。

① 直接噴射式（direct injection; DI，または open chamber）

② 副室式（indirect injection; IDI，または divided chamber）

副室式のなかには，渦流室式（swirl prechamber）と予燃焼室式（turbulent prechamber）があるが，現状は主として燃料消費率が優れていることから直噴式に移行しつつある。

4.8.1 直接噴射式燃焼室

直接噴射式燃焼室の形式にもいろいろの形のものがある。図 4.49（a）は浅皿形の燃焼室がピストン頂面にあり，大型・低速エンジン用で，燃焼時間が長く渦流への依存度が少ないもので，中央の多孔噴射ノズルから噴射する。噴口からシリンダ壁までの長い飛行距離を燃料は燃焼しながら分散，混合し，拡散燃焼する。そこで，つぎのような長所をもつ。

① 形が単純で伝熱面積が小さく，壁面と高温ガスの関係速度も小さいので伝熱損失が低い。したがって，熱効率が高い。

② 圧縮時の放熱が少なく，圧縮温度が高く，圧縮比は 12 ～ 15：1 のように低くても始動が容易で，予熱装置は不要である。

（b）は，シリンダ内径 200 mm 以下の高速ディーゼル用の一つで，混合気生成および燃焼に許される時間が短いので，ピストン頂面のボール（bowl-in-piston）を深くし平行面を広くして，シリンダヘッドとの間の空気のスキッシュ運動を強くし，ボールへの流入速度を高めて，渦流と乱れ（回転気流でない不規則な流れ）を強くするもので，さらに吸気系の流れを利用して空気渦流を増加させる。

図 4.50（a）は高速ディーゼル機関によく使われているもので，スキッシュされ

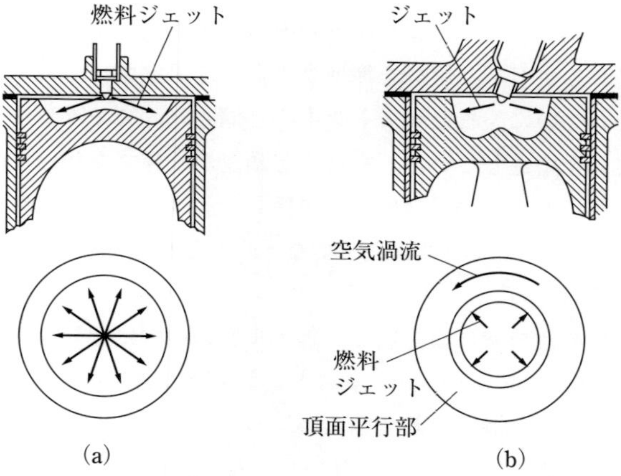

図4.49　直接噴射式エンジンの燃焼室

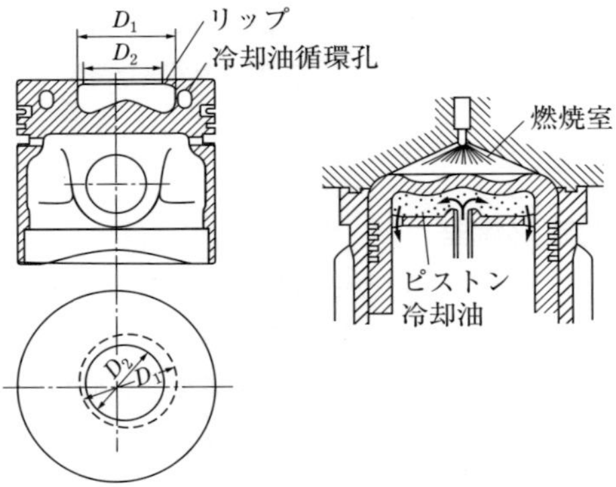

(a) スキッシュリップ型　(b) 大型２サイクルの例

図4.50　直接噴射式燃焼室のほかの例

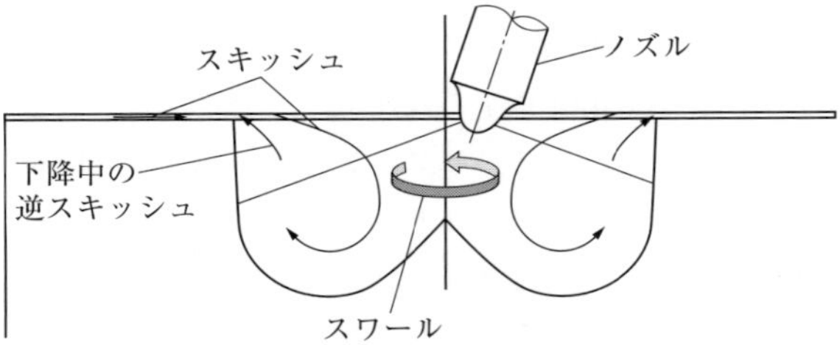

図4.51　ボール底の突起によるガス流動の形成

た空気がボールに流入したり，またボール内のガスが流出するとき，ボール入口の縁のリップで乱れを生じて，燃焼を促進するように工夫されている。また，ボールやリップの中心が互いに，またピストン中心と偏心し，スキッシュや流動を非対称にして渦流や乱れを増進している。もともと渦流が一様であれば，流体粒子間の関係運動はなく，燃料と空気の混合には無関係で，渦流によって，燃料が空気と接する機会を増す効果がある。ボールが円形でなく四角なものも開発されているのは，そのためである。

さらに，これらの燃焼室には一般に，ボール底の中央に突起がある。それによって，図 4.51 のように，スキッシュ，ピストン下降時の逆スキッシュ，スワールの流れの形成を助けるように設計されている。

図 4.50（b）は大型２サイクルの燃焼室で，掃気流の関係と吸・掃気弁がないかもしくは１つであるので，シリンダヘッドに燃焼室の窪みを付けたものである。

4.8.2 副室式燃焼室

副室式燃焼室は，小型・高速ディーゼルに使われている燃焼室で，主室から別の副室に燃料を噴射し，圧縮行程で激しく流入する空気流のなかに噴射された燃料は高温で，未燃燃料および不完全燃焼成分となり，ピストン上方の主室へ吹き出し，そこで最終的に燃焼する。したがって，直噴式に対する長所と欠点はつぎのとおりである。

a）長所

① 副室からの噴出炎流で攪拌されながら燃焼するので，空気の利用率が高く，$\lambda = 1.2 \sim 1.3$ の高濃度でも無煙の完全燃焼が可能である。

② 噴霧の良否に鈍感で，噴射圧力も 10 ～ 15 MPa のように低くてよく，とくに貫徹性や分布性は狭い副室内であるので要求されない。

③ 燃料に要求されるセタン価も低い。

④ 排気 NO_x，振動，騒音の公害が低い。

b）欠点

① 副室をもつエンジンは，ガソリンエンジンを含めて正味熱効率が 10 ～ 20 %下がる。その原因は，副室に入・出するときに高速流になるための絞り損失，および狭い室で燃焼するので，壁面への熱伝達が大きい。実際に，副室は特殊な耐熱材で作られる。

② 自発火が早期に起こるためには圧縮の空気温度が不足するので，圧縮比を 20 またはそれ以上にし，かつ始動時に電熱用グロープラグで着火を助ける必要がある。

このような欠点，とくに低熱効率が直噴式の進歩のために，副室式は小型を含めて全面的に直接噴射式に移行されつつあるが，その具体的形状をつぎに示す。

（1）渦流室式 ―――――

渦流室式は，図 4.52 に示すように，副室の渦流室と主室を結ぶ通路の出口の噴口（円形と限らない）の面積をできるだけ広くして，前述の欠点を少なくするために，乗用車用ディーゼルなどの小型・高速エンジンに多く使われる。渦流室の体積は圧縮終わりの隙間体積の 70 ～ 80 %を占め，通路面積はシリンダ断面の 2 ～ 3 %である。

図 4.53 は，燃料消費率および黒煙濃度を出力に対して示したもので，渦室への流入方向に向かって燃料を噴射する A から，噴射方向を空気の渦流に沿った方向にした E まで，5 つの方向で実験した結果を示し，E が最良で順に悪化し A が最悪であることがわかる。

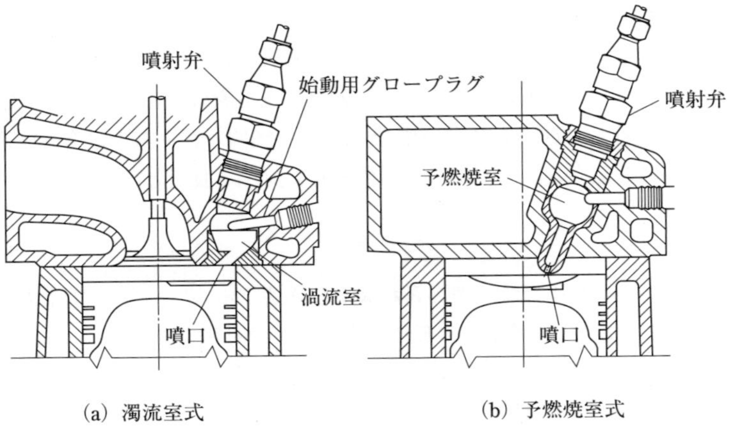

図4.52　副室（IDI）式燃焼室

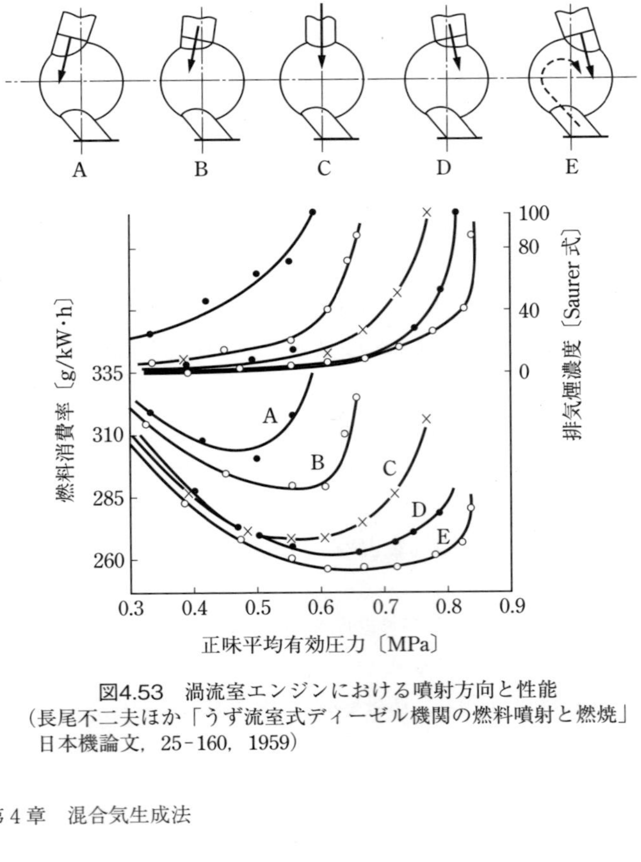

図4.53　渦流室エンジンにおける噴射方向と性能
（長尾不二夫ほか「うず流室式ディーゼル機関の燃料噴射と燃焼」
日本機論文，25-160，1959）

(2) 予燃焼室式

高速ディーゼルに広く使われ，図 4.52（b）の構造で予燃焼室は小さく，すきま体積の 30 ～ 40 %で通路面積もシリンダの約 0.5 %と小さい。そこで着火時の予燃焼室内は高圧で噴出ガス流速も大きく，主室での流動，混合および燃焼を促進する。

第5章

排気の環境対策

5.1 意義

最近，内燃機関は庶民生活に直結した使用に広く利用され，数も増加している。その排出物のうち人体や動植物に有害である，CO，HC（炭化水素），NO_x（各種の窒素酸化物の総称），SO_x（硫黄酸化物），PM（微粒子物質）およびCO_2のように，地球温暖化をもたらすガスなどが急速に増加し続けている。とくに，その使用が拡大している自動車エンジンの排気は社会的に大きな問題となり，その法規制もつぎつぎに厳しくなり，自動車エンジンの排気対策は，今後いっそうの進歩が望まれる。そのためには，従来のエンジン技術とともに，化学，電子情報，またはバイオや医学的知識のいっそうの応用が必要であり，不可能であればエンジンは社会から排除されざるを得ない。

5.2 排気の法規制

自動車1台当たりに許される有害成分の量を算出することはきわめて複雑なことである。その複雑さは，以下のとおりである。ある地区については，そこを通過する車の台数，大きさ，時間的経過，そこで排出したガスの大気中への分散状態，途中で化学反応などで変質する過程，人間が接触したときどれだけが健康上の無害の限度か。これらは，自動車だけが発生源ではない。それらの複合的作用も重要かもしれない。

アメリカのロサンゼルス市で空が曇り，目や喉が刺激される光化学スモッグが発生する問題が起こり，その原因が各方面から究明され，ハーゲン・シュミットらはNO_x–HC– 光系のいわゆる光化学反応（photochemical reaction）説を提唱した。それに基づいてアメリカ政府は乗用車1台当たりのHC，NO_xおよび，それ自身が有毒であるCOの3成分を，1976年までに無対策車の1/10に低減する目標を決め（これをマスキー議員が提唱したことからマスキー法と呼ぶ），順次それに近づくような法規制をつくった。その目標は，アメリカの都市走行を模したLA4–CHモード

（図 5.1（a））と呼ばれる米連邦規制法（FTP: federal test procedure）を定め，1 km 走行当たりの排気中のこれらのガス排出量を，すべての乗用車に対して表 5.1 のマスキー法のような値と定めた。

日本の場合，規制値が厳しいようにみえるが，当初 10 モード（図 5.1（b））で最高速度が LA4 の 90 km/h であるに対して 40 km/h と低い。LA4 では始動直後からの排気を採集するのに対し，10 モードは暖気運転後で，モードによる厳しさが異な

表 5.1　アメリカ，日本政府の乗用車 1 台当たりの許容値〔g/km〕

成分	アメリカ LA 4-CH モード				日本		
	マスキー法	1977 年規制		現在	1978 年規制	1998 年	2010 年
		連邦	カリフォルニア州	連邦	10 モード	10・15 モード	JC08
HC	0.255	0.932	0.255	0.16（非メタン）	0.25	0.17	0.05
CO	2.113	9.321	5.592	2.113	2.1	1.27	1.15
NOx	0.249	1.249	0.932	0.249	0.25	0.17	0.05

0.005（PM）

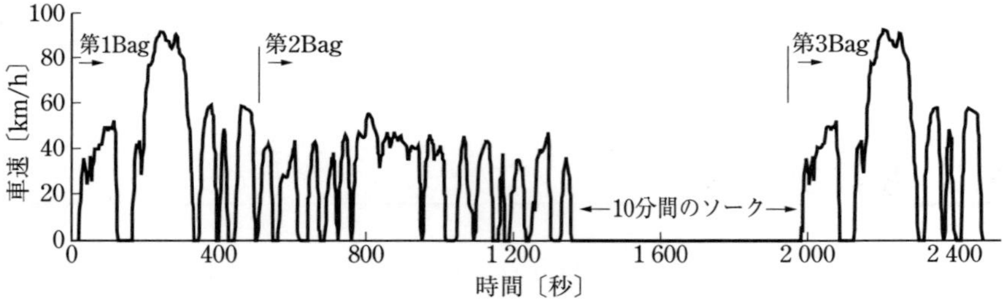

(a) アメリカ　LA4-CH モード（FTP）

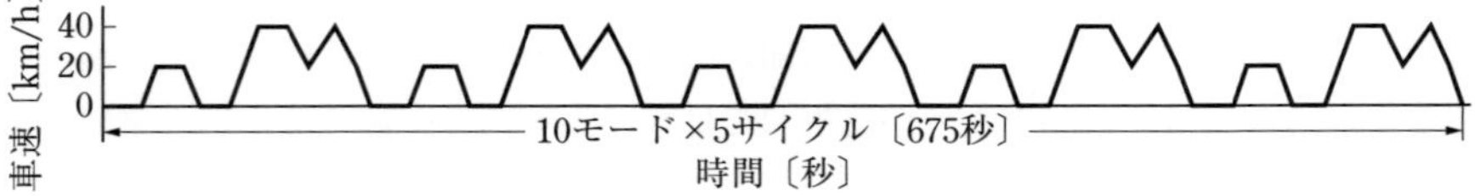

(b) 日本　10 モード

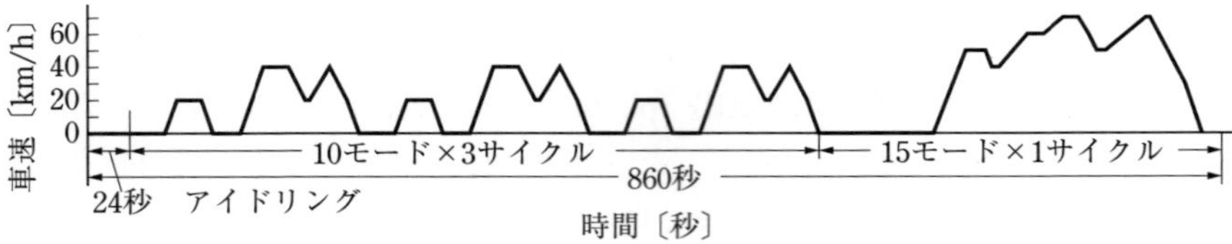

(c) 日本　10・15 モード

図5.1　乗用車の排気テストモードの例

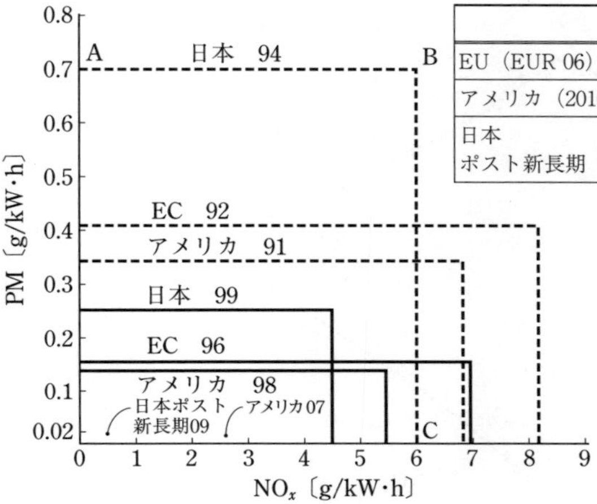

	NO_x〔g/kW·h〕	PM〔g/kW·h〕
EU（EUR 06）	0.4	0.01
アメリカ（2010）	0.27	0.013
日本 ポスト新長期（09-10）	0.7-0.23	0.01

図5.2　大型ディーゼルの PM および NO_x の各国の法規制

っていたので，全体の比較は難しい。その後，最高速 70 km/h を含む 15 モードを加え，また始動直後に 24 秒のアイドリングの CO と HC を測定するモードを加えた 10・15 モード（図 5.1（c））とした。

以上は，乗用車に対する日本とアメリカの例であるが，ディーゼル機関は燃費が低く，大型トラックやバスに使われているが，黒い煙を含む PM と NO_x が排気対策として問題となっている。図 5.2 に日本，アメリカ，EC の NO_x と PM の規制値を示す。図 5.2 の点線は 1990 年代前期，実線は後期のもので，ABC の矩形内にあることを要求するもので，いずれも最近数年間で大幅な減少値になっている。さらに，2015 年に向けて燃費基準も加わり，厳しい規制になっている。

5.3　ガソリン機関を代表とする予混合燃焼の CO, HC, NOx の発生

予混合とは，点火前に空気と燃料が均一に混合していて，一般に火花点火するもので，混合比と点火時期が排気のこれら 3 成分に大きく関係する。図 5.3 は，一般のガソリン機関の排気成分の後処理前の実測値である。図 5.4 は CO，HC，NO（NO_x の主成分）の空燃比（$A/F = m$）に対する生成傾向を示す。C 点は理論空燃比 A/F であり，生成メカニズムを図 5.5 に示す。

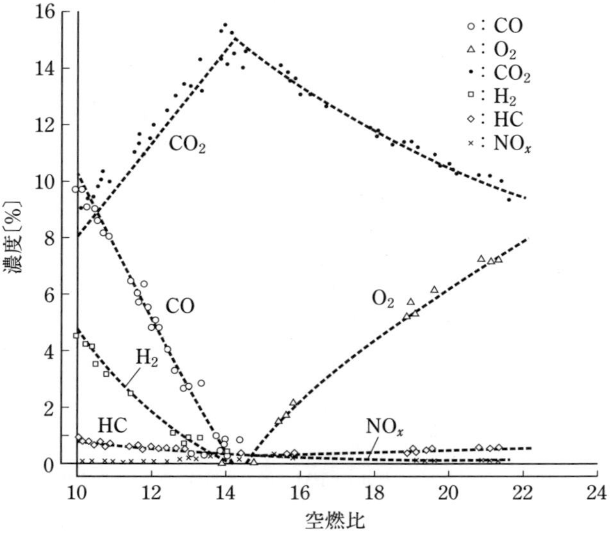

図5.3　ガソリンエンジンの排気成分の例
（中島泰夫他「改訂 自動車用ガソリンエンジン」山海堂）

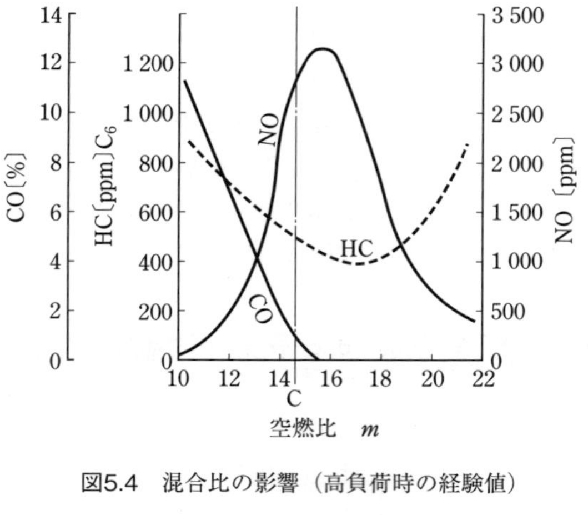

図5.4　混合比の影響（高負荷時の経験値）

5.3.1 CO

図 5.5（b）で過濃混合気の燃焼の場合，燃料のなかの炭素 C すべてを CO_2 にするための O_2 がないので，一部が CO になる。そのとき，不完全燃焼成分として CO と H_2 ができるとして計算した燃焼三角形（前掲図 3.14）の（O_2）＝ 0 の OP 線上

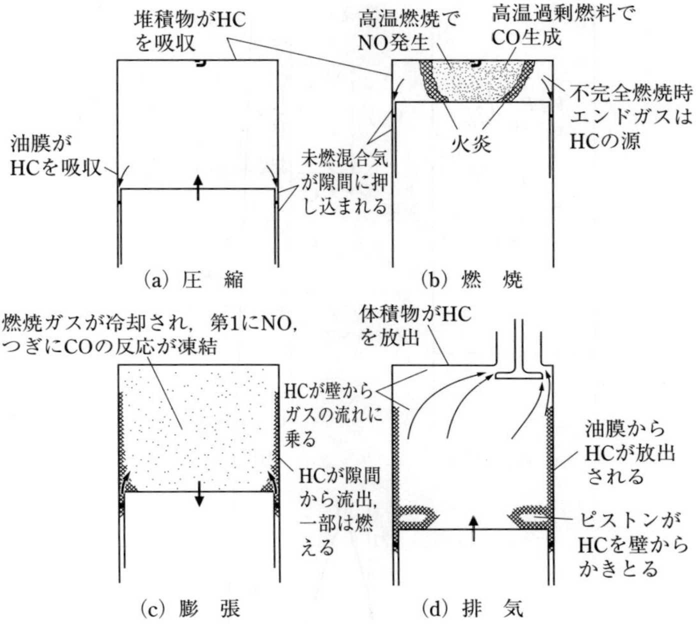

図5.5　予混合エンジンのHC，CO，NO 生成メカニズム

の（CO）の値に近く，また希薄混合気中でも CO_2 が熱解離して一部 CO になり，膨張行程で温度が降下して生成は止まる。*A/F* が小さく，濃混合気で CO は急増する。エンジンスタート時やアイドリングで低温時は，濃混合とせざるを得ないので CO が大量に発生しやすい。

5.3.2 HC

排気中の HC は，未燃燃料と不完全燃焼した種々の炭化水素の総称で，C_6H_{14}（C_6 と略記）または CH_4（C と略記）で表し，換算体積 ppm で測定される。HC は不完全燃焼成分であるので，前掲図 5.4 の左側の空気不足域で増大するのは当然であるが，*A/F* が 17 ～ 18 の希薄域で最小で，さらに希薄になれば再び上昇する。HC 生成のメカニズムについては，つぎのようである。

a）図 5.5 でシリンダ内が高圧になるとき，未燃混合気が狭い隙間（crevice）に押し込められ，燃焼行程中は低温隙間中にあるので未燃のままで，シリンダが低圧になって放出される。この未燃混合気が HC の 1 つのもとである。crevice の代表的なものはピストンとシリンダの隙間で，図 5.6 はその上部トップランド

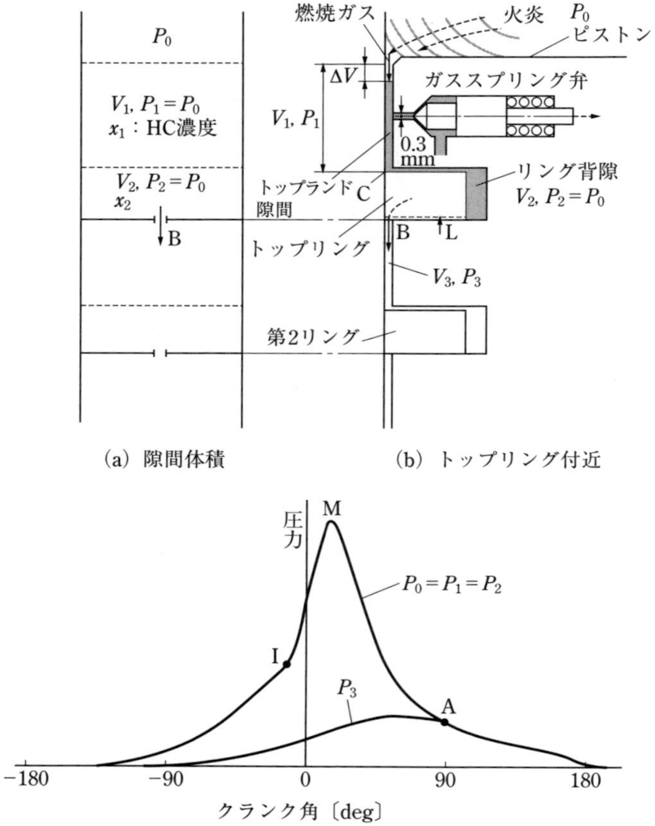

(a) 隙間体積　(b) トップリング付近

(c) 隙間圧力

図5.6　トップランド付近の隙間の形と圧力

の隙間体積を示す。いま圧縮の始めには全隙間に混合気（空気と燃料＝ HC）が入っていて，図 5.6（c）の着火点 I から最大圧力点 M まで燃焼ガスが押し込まれ，$\varDelta V$ だけ押し込まれると，ただちに V_1 のなかに一様混合されると仮定する。一方，C 点より下方へのガス漏れ B は，その 1/2 がリング背隙を回り，残り 1/2 は直接 V_3 に流出するとみなし，それに相当する燃焼ガスが $\varDelta V$ に加わる。この状態が I から M に至って燃焼は終わり，その後 P_0 は降下し，前記隙間の混合気（空気と HC）と燃焼ガスの混合物は隙間が狭く，燃焼反応は起こらずにシリンダへ逆流し，そのなかの HC の一部が排気中の HC になる。なお，$P_3 = P_0$ で，点 A 付近でリングは L のように下面を離れ，隙間のガスは燃焼室に

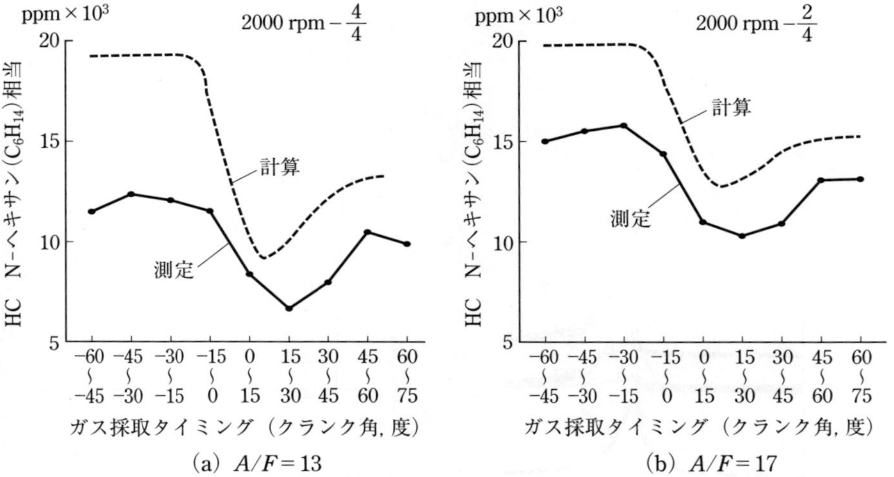

図5.7　トップランド中の HC の濃度の計算と測定値の比較

逆流する。それゆえ，クランク室への漏れガス中には燃焼ガスはわずかしか含まれない。

このようなトップランド隙間ガスをサンプリングして分析するために，サンプリング弁を電磁石でクランク角 15° に 1 回開いてサンプリングしたガスを，外部に特殊な方法で取り出して分析したものが図 5.7 で，絶対値に問題があるが計算値と傾向はよく一致している。

一般にトップランド隙間では燃焼は起こらないと考えがちであるが，実測の結果を図 5.8 に示す。図 5.8（a）の T_0 と T_1 は表面 10 μm の薄膜熱電対による測定温度である。T_0 は燃焼室壁面，T_1 はトップランドでの表面温度変化で，T_0 より遅れて T_1 が上昇し，炎がトップランドに入るまでの時間に当たると考えられる。T_1 の燃焼が毎サイクルでなく，この場合は約半数のサイクルであった。図 5.8（c）は弱い張力の火炎止めリング A を入れたときで，トップランドでの燃焼は起こらない。ディーゼルでは C = 0.75〔mm〕の場合，圧縮による温度上昇のみが T_1 に現れ，燃焼は起こっていないと認められる。C = 1.3 mm の広い隙間では，圧縮熱でトップランドのオイルが燃焼していると考えられる。

b）図 5.5（b）のように，火炎が燃焼室壁に達して消えたとき，0.1 mm 以下の壁面層には未燃 HC が残される。そのとき，壁面が滑らかなときには HC はただちに燃えるが，多孔質の堆積物があるときには図 5.5（d）のように HC を吸収

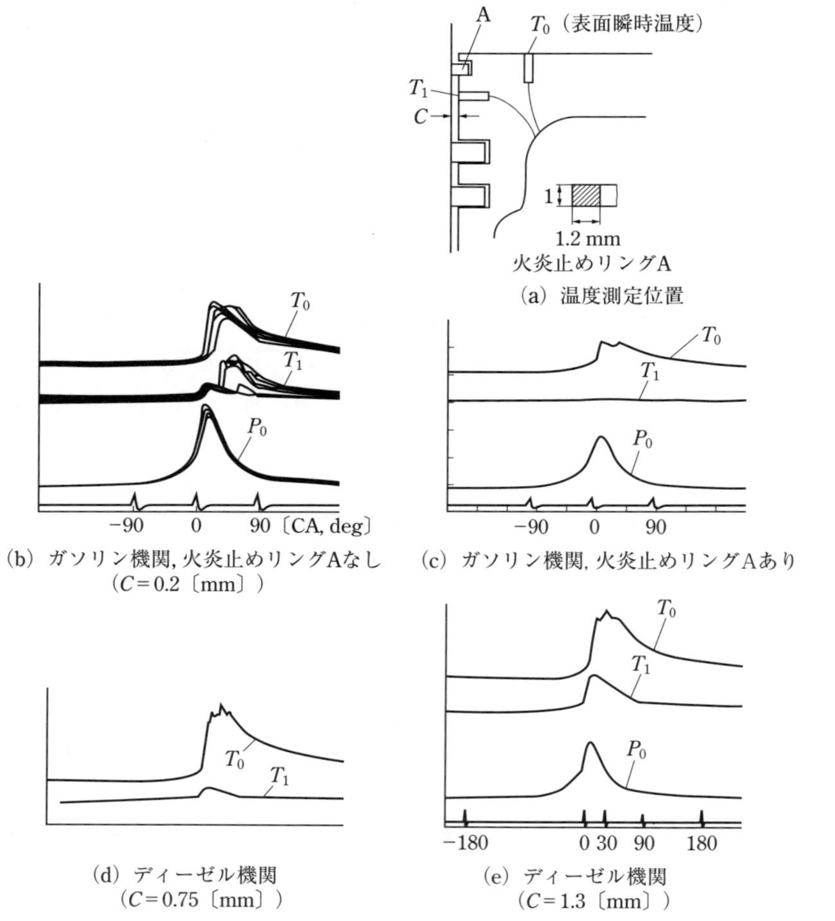

図5.8 トップランドで燃焼が起こっている実験結果

したあとに放出し，HC増加させる。

c) シリンダ，ピストン，シリンダヘッドなどの表面に付着しているオイルがHCを吸収していて，それらが低圧時に放出されて，排気弁が開いた直後に外部との圧力差で排気が本流とともに図5.5 (d) のように流出する。また，ピストンが壁からかき上げたり，トップランドから出てきたHCは排気行程の終了前にピストンによって排出される。

d) 前掲図5.4のように，HCが希薄域で上昇するのは，燃焼が不規則になり，失火をともなうからである。また，始動時のように冷間時には燃料の蒸発が遅く，一部の分子は蒸発できないことから過度の燃料を与えるので，暖気運転中はCOとHCともに高い。

5.3.3 NO_x

シリンダ内で生成される窒素酸化物（NO_x）は主としてNOで，空気の主成分である窒素（N_2）と酸素（O_2）が化合してできるもので，約1 500 ℃以上の高温でのみ生成され，かつ高温ほど急増する。また，図5.9のように，ほかの燃焼成分は1/1万秒以内に平衡濃度に達するが，NOのみは平衡までに長時間を要する。すなわち，反応速度が小さい。それゆえ，平衡論によって排気中のNOを正しく予測することはできず，この後に示すカイネテックモデル（kinetic model; 非定常的モデル）で平衡に至るまでの反応過程を計算する必要がある。したがって，高温が長く続くほどNOの生成は大きい。連続燃焼器では温度は比較的低いが滞留時間が長いのでNOの生成は大きい。その炎の長さを短くしたり，炎を近くの水管などの冷壁に当てて低下させる方法がとられる。

つぎに，燃焼ガス温度が最高になる A/F は約13：1の濃混合比の場合であるが，

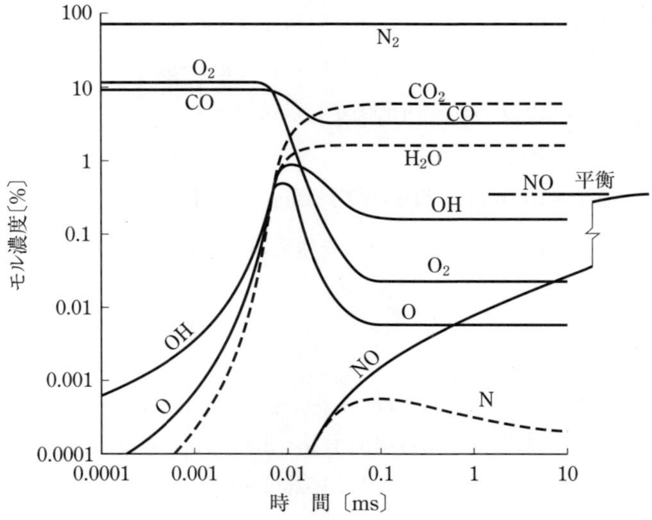

図5.9　平衡までの時間経過
（CH_4 / 空気の理論混合気をCO-H_2-空気と仮定し，圧力火炎温度2 477 Kで計算）
（池上詢「内燃機関」，1972年 Vol.11 11月号臨時増刊，山海堂）

そこでは燃焼中のみ O_2 があるが燃焼後はなくなり，希薄域ほど O_2 を増す。NO の生成速度は高温であるとともに O_2 と N_2 の分子数に比例するので，前掲図 5.4 のように，NO の最大値は 16：1 のような希薄域に移る。結局，NO は高温で長時間，酸素と窒素の存在のもとで多量に発生する。このことを知るためのカイネテックモデル計算は，一般につぎの反応式による。

$$N_2 + O \underset{r_1}{\overset{k_1}{\rightleftharpoons}} NO + N \tag{5.1}$$

$$N + O_2 \underset{r_2}{\overset{k_2}{\rightleftharpoons}} NO + O \tag{5.2}$$

$$N + OH \underset{r_3}{\overset{k_3}{\rightleftharpoons}} NO + H \tag{5.3}$$

（5.1）式と（5.2）式を Zel'dovich 機構と呼び，この 2 式で普通は近似度が高いが，（5.3）式を加える方式を拡大 Zel'dovich 機構という。これらの計算では，これ以外の反応はすべて一瞬のうちにその温度の平衡値に達するものとする。また，上式の反応速度 ν については，多くの実験値があるが Bowman によれば，（3.12）式の $A \cdot e^{-E/RT}$ は

$$\left.\begin{aligned}
k_1 &: 7.6\times10^{13}\exp(-38\,000/T) \quad [\mathrm{cm^3/mol\cdot s}]\\
r_1 &: 1.6\times10^{13} \quad [\mathrm{cm^3/mol\cdot s}]\\
k_2 &: 6.4\times10^{9}\,T\exp(-3\,159/T) \quad [\mathrm{cm^3/mol\cdot s}]\\
r_2 &: 1.5\times10^{9}\,T\exp(-19\,500/T) \quad [\mathrm{cm^3/mol\cdot s}]\\
k_3 &: 4.1\times10^{13} \quad [\mathrm{cm^3/mol\cdot s}]\\
r_3 &: 2.0\times10^{14}\exp(-23\,650/T) \quad [\mathrm{cm^3/mol\cdot s}]
\end{aligned}\right\} \tag{5.4}$$

（5.1）式～（5.3）式から NO 生成速度を求めるために，いま単純につぎの反応を考える。

$$A + B \underset{r}{\overset{k}{\rightleftharpoons}} C + D \tag{5.5}$$

k 方向に反応が進むとき，左辺の反応分子（reactant species）である A と B は同時に減少し，右辺はそれと同じだけ増加する。また，その濃度〔　〕，k および r は（5.4）式のような値である。（5.5）式の反応速度を図 5.10 のようにわかりやすく示せば，A と B を代表して A，C と D を C で記し，k 反応に（+），r に（−）を付す。k 方向では A は $-d/dt[\mathrm{A}]^+$ だけ減少し，それは C の増加速度 $d/dt[\mathrm{C}]^+$ に等しく R_k とする。つぎに，逆方向を R_r とすれば，それは $d/dt[\mathrm{A}]^- = -d/dt[\mathrm{C}]^-$ で

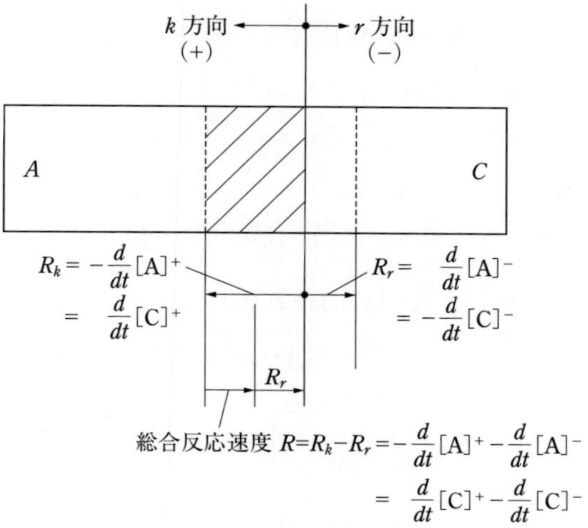

図5.10　総合反応速度の説明図

あり，それらは分子濃度の積に比例する。このことから総合反応速度 $R = R_k - R_r$ は，

$$
\begin{aligned}
R_k &= -\frac{d}{dt}[A]^+ = \frac{d}{dt}[C]^+ = k[A][B] \\
R_r &= -\frac{d}{dt}[C]^- = \frac{d}{dt}[A]^- = -r[C][D] \\
\frac{d[C]}{dt} &= R = R_k - R_r = \frac{d}{dt}[C]^+ + \frac{d}{dt}[C]^- \\
&= k[A][B] - r[C][D]
\end{aligned}
\tag{5.6}
$$

同様に，

$$
\frac{d[A]}{dt} = \frac{d}{dt}[A]^+ + \frac{d}{dt}[A]^- = -k[A][B] + r[C][D] \tag{5.7}
$$

そこで，(5.1) 式～ (5.3) 式より d/dt[NO]は，(5.6) 式により，

$$
\begin{aligned}
\frac{d[NO]}{dt} = &\{k_1[O][N_2] - r_1[NO][N]\} + \{k_2[N][O_2] - r_2[NO][O]\} \\
&+ \{k_3[N][OH] - r_3[NO][H]\}
\end{aligned}
\tag{5.8}
$$

また，$d[N]/dt$ は (5.7) 式を適応して，

$$\frac{d[\mathrm{N}]}{dt}=\{k_1[\mathrm{O}][\mathrm{N_2}]-r_1[\mathrm{NO}][\mathrm{N}]\}-\{k_2[\mathrm{N}][\mathrm{O_2}]-r_2[\mathrm{NO}][\mathrm{O}]\}$$
$$-\{k_3[\mathrm{N}][\mathrm{OH}]-r_3[\mathrm{NO}][\mathrm{H}]\} \qquad (5.9)$$

[N] は非常に小さく，$d[\mathrm{N}]/dt = 0$ と過程できるので，(5.9) 式で [N] を求めて (5.8) 式に代入して $d[\mathrm{NO}]/dt$ を求める。その際，[H] を消去するため，(5.2) 式および (5.3) 式で同様に $d[\mathrm{N}]/dt = 0$ と仮定すれば，

$$\frac{d[\mathrm{NO}]}{dt}=\frac{2k_1[\mathrm{O}][\mathrm{N_2}]\{k_2[\mathrm{O}]+k_3[\mathrm{OH}]\}-2r_1r_2[\mathrm{NO}]^2[\mathrm{O}]\left\{1+\frac{k_3(\mathrm{OH})}{k_2(\mathrm{O_2})}\right\}}{k_2[\mathrm{O_2}]+k_3[\mathrm{OH}]+r_1[\mathrm{NO}]}$$

〔$\mathrm{mol/cm^3 \cdot s}$〕

(5.10)

ここで [ ] は $\mathrm{mol/cm^3}$。

(5.10) 式を非混合モデル (2.5.9 項参照) で分割された各区分にあてはめ，すでに計算されている温度を k_1，r_1，…に代入し，dt をクランク角 1° ぐらいにとって数値計算する。図 5.11 はその結果の例で，早期に燃焼した点火栓付近のガスは前掲図 2.32 のように温度が高く，かつ滞在時間が長いので，後期に燃焼するガスに比べて NO が非常に高い。また，重要なことは，その温度で平衡に達するものとして計算すれば図 5.11 の点線のように，排気温度では NO はほとんどなくなるはずであり，

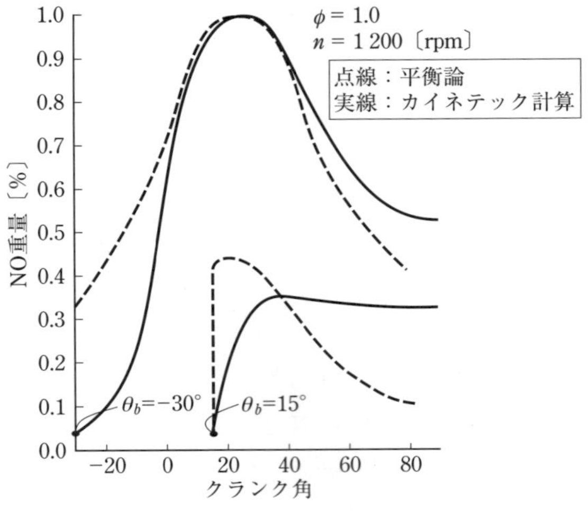

図5.11　早期（−30°）と後期（15°）燃焼ガス中のNO濃度の経過

実際と異なる。これに対してカイネテック論では，低温で反応速度が急に減少して事実上反応が止まり実線のような値で排気中に残る。このような現象を反応の凍結という。

5.4 ガソリン機関の排気対策

ガソリン機関のおもな排気対策である三元触媒などの吸・排気法については第4章で詳しく述べたが，排気の法的規制が世界的に急速に厳しくなり，また燃費の低減がCO_2低減および地球エネルギー保存のために強く要請されている。そのため，エンジンの改良が進み，希薄混合気実現のために筒内ガソリン噴射などが出現し，これまでの三元触媒のみではなく，さらに新しい処理法も登場してきた。これらは，混合比の電子制御法と触媒の開発によるものであるが，その主役は触媒である。

5.4.1 触媒

触媒（catalyst）とは，反応系の中にあってみずからは変化しないが，その反応を著しく促進するものである。三元触媒の場合，表5.2のように，酸化，還元，水性ガスおよび水蒸気改質反応が起こるが，それはつぎのもので構成される。

(1) 活性化成分 ――――

① 活性化金属　貴金属であるPt（白金），Pd（パラジウム），Rh（ロジウ

表5.2 三元触媒上のガス反応

酸化反応	$CO + \frac{1}{2}O_2$	⟶	CO_2
	$C_mH_n + \left(m + \frac{n}{4}\right)O_2$	⟶	$mCO_2 + \frac{n}{2}H_2O$
	$H_2 + \frac{1}{2}O_2$	⟶	H_2O
還元反応	$CO + NO$	⟶	$\frac{1}{2}N_2 + CO_2$
	$C_mH_n + 2\left(m + \frac{n}{4}\right)NO$	⟶	$\left(m + \frac{n}{4}\right)N_2 + \frac{n}{2}H_2O + mCO_2$
	$H_2 + NO$	⟶	$\frac{1}{2}N_2 + H_2O$
	$\frac{5}{2}H_2 + NO$	⟶	$NH_3 + H_2O$
水性ガス反応	$CO + H_2O$	⟶	$CO_2 + H_2$
水蒸気改質反応	$C_mH_n + 2mH_2O$	⟶	$mCO_2 + \left(2m + \frac{n}{2}\right)H_2$

ム）などと，卑金属 Ni，Cu，V，Cr などがあるが，一般的には浄化性能と耐久性に優れている貴金属が活性金属として使われている。

酸化触媒には Pt と Pd が，三元触媒には Pt と Rh が多く使われる。

② 助触媒　活性，選択性および耐久性向上のために，助触媒が用いられている。代表的なものに，三元触媒用酸素吸蔵物質であるセリア（酸化セリウム CeO_2）がある。それは，余剰空気のある希薄・酸化側で酸素を吸蔵し，過濃・還元側で酸素を放出する特性をもち，HC，CO，NO_x を同時に高効率で浄化可能な A/F のウインドウを広げる効果がある。

(2) 担体

活性金属を安定化させ，ガスとの接触面積を大きくして浄化性を向上させるために，活性アルミナが活性金属の担体（substrate）として使われている。

アルミナ（Al_2O_3）は高温で接触面積が低下し，浄化性が低減する原因となるために，熱安定性を計る技術の開発が行われている。

担体は従来，活性アルミナを直径約 2 ～ 3 mm の粒状にしたペレット型が主流であったが，現在は圧力損失や搭載性にも有利なモノリス（monolith）型が広く使われている（図 5.12）。それには，セラミック製とメタル製があり，目的によって使い分けられている。表 5.3 に両担体の特性比較例を示す。

① セラミック担体　自動車用のような熱的および機械的強度に耐えられる材料として，コーディライトを押出製法によって造られるセラミック担体が

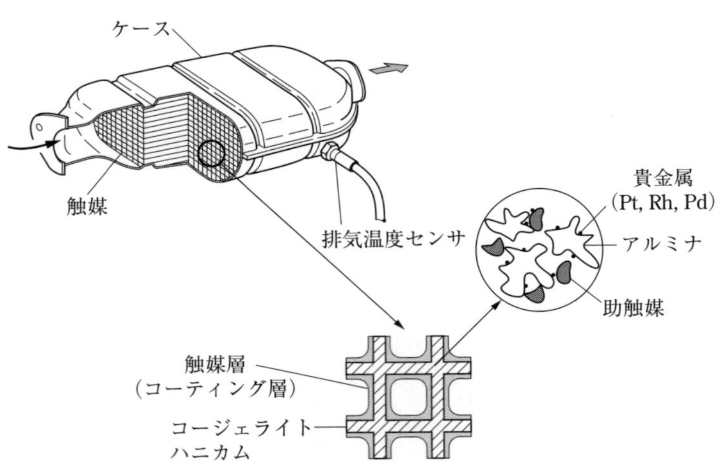

図5.12　モノリス型触媒の構造

表 5.3　セラミック担体とメタル担体の特性比較例

担　体	セラミック	メタル
セル形状 (620kcpsm)	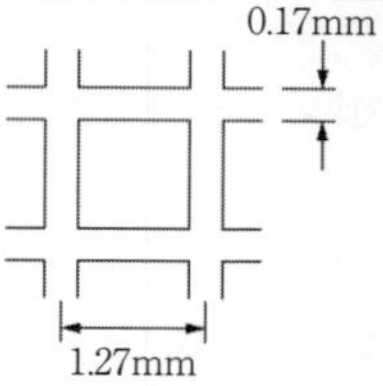	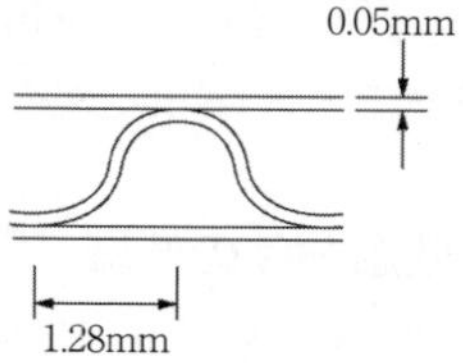
材質	コーディエライト $2MgO\text{-}2Al_2O_3\text{-}5SiO_2$	フェライト系ステンレス 20Cr–5Al–残 Fe
比熱	1.0kJ/kg·℃	0.5kJ/kg·℃
熱伝導度	1W/m·℃	14W/m·℃
開孔率	75%	90%
幾何学表面積	$27cm^2/cm^3$	$32cm^2/cm^3$

広く使われている。

② メタル担体　　メタル担体は，通気抵抗が小さく，ケーシングを含めて小型化が可能で，高出力エンジンに適し，低背圧により高出力化が可能な特長を有する。

5.4.2 三元触媒の実際

(1) Pt/Rh 系触媒 ――――――

貴金属の組み合わせとして，Pt/Rh，Pd/Rh，Pt/Pd/Rh 系が使われているが，単独での性能を比較したものを図 5.13 に示す。Rh は少量で 3 成分の浄化に高い活性を示し，とくに NO_x には優れている。新品では Pt に勝るが，鉛などに被毒されや

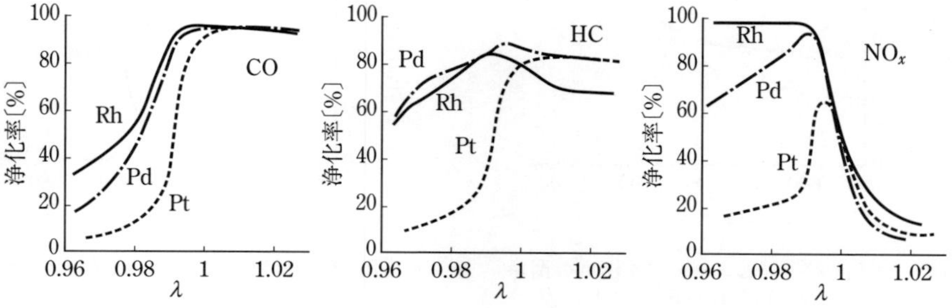

図5.13　Pt，Pd，Rh 触媒の単独性能の比較（新品）

$$\left(\text{Pt, Pd : 1.0 g/L, Ph : 0.2 g/L, 400℃, 空間速度}SV=\frac{\text{触媒通路ガス } d\,〔m^3/h〕}{\text{触媒体積 } d\,〔m^3〕}=122\,000/h\right)$$

すく，還元雰囲気で焼結しやすいなどから，主としてPtが使われている。

(2) Pd系触媒 ―――――

Ptの資源節約と低温HC浄化性向上のために，代替としてPd系が使われる。高温で劣化が大きく，NO_xのウインドウが狭いが，その欠点は改良されつつある。

5.4.3 低温HCの低減

自動車排気規制の始まりは，ロサンゼルスの光化学スモッグの対策であったが，現在もその現象は完治されていない。そこで，その元凶の一つであるHCのいっそうの低減が求められている。

(1) 直結触媒システム ―――――

触媒取付位置を排気マニホールドに近づけ，触媒の昇温を早める方法が一般的に採用されている。しかし，この方法は高温耐久性が問題である。たとえば，Ptでは図5.14のように，高温で焼結が始まり粒子径が大きくなり，表面積が減少して活性化が劣化する。

(2) 低温活性触媒 ―――――

低温から反応が始まるライトオフ（light-off）特性に優れた貴金属はPdで，図5.15のように，HC50％浄化開始温度でPt/Rhに比較して約50℃低い。一方，Pdは硫黄Sによる被毒を受けやすく，図5.16のように，SとPdの影響を受ける。

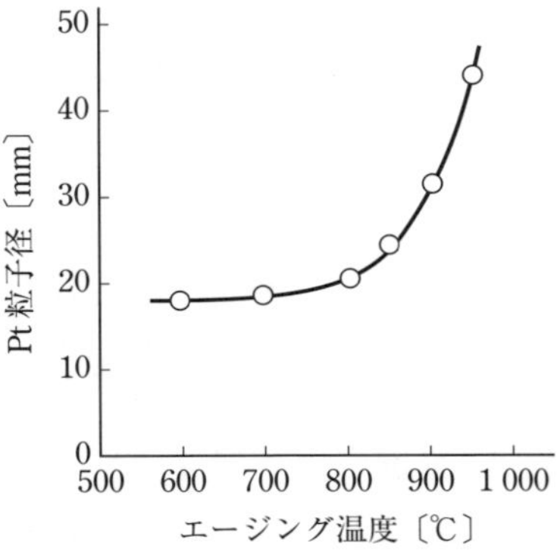

図5.14　Pt粒子径とエージング温度の関係（触媒：Pt/Rh = 5/1，1.4〔g/L〕）

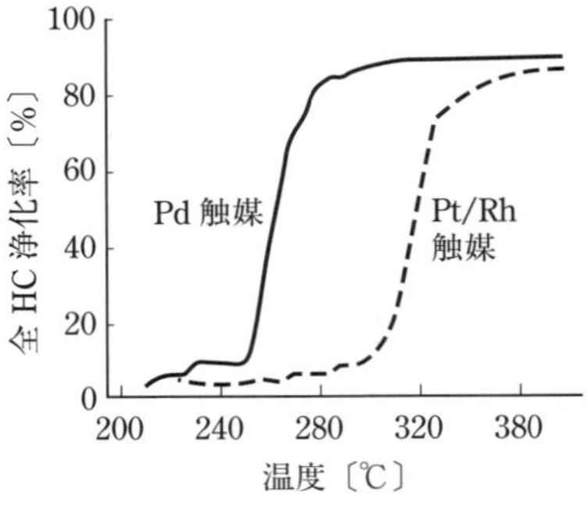

図5.15　Pd触媒とPt/Rh触媒のエージング後のライトオフ特性

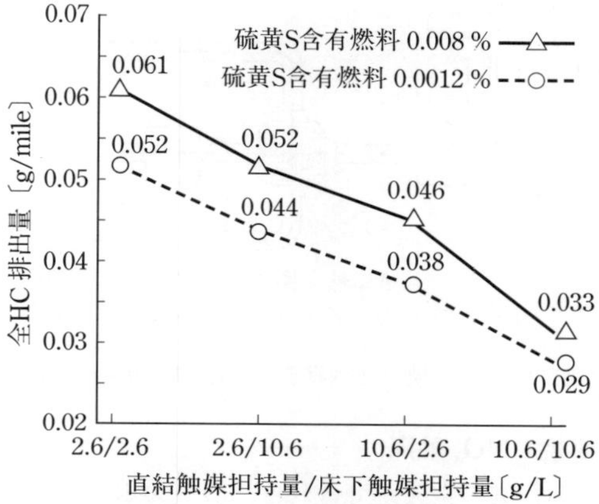

図5.16　燃料の硫黄Sと触媒位置の影響
（Pd 触媒，エイジング）

（3）外部からの加熱法

①電気加熱触媒

電気力・熱触媒は，外部から電気ヒータで加熱して冷間時の HC を早期に低減するもので，金属粉末の押出形成によるものと，金属箔によるものがあり，それらを電気加熱触媒（EHC: electrically heated catalyst）という。両者とも，小容量のライトオフ触媒と主触媒を組み合わせて使うことが多い。電力の供給は，バッテリまたは発電機による。

②バーナによる加熱

触媒上流のバーナに燃料と空気を供給して加熱するもので，始動後 6 秒で 300 ℃まで触媒入口ガス温度が高まり，HC は 1/10 に減少との報告がある。

（4）HC 吸着法

低温時に排出される HC を一時的に吸着するもので，吸着剤にはゼオライト（zeolite）や活性炭が使われる。吸着剤の温度上昇で HC が放出され，その HC を浄化する種々の方法が研究されており，図 5.17 はその一例である。A はクロスフロー熱交換の働きを兼ねる触媒で，低温時にそこを通過した HC は B の吸着剤に吸着され，高温になればそこから出て A で浄化される。

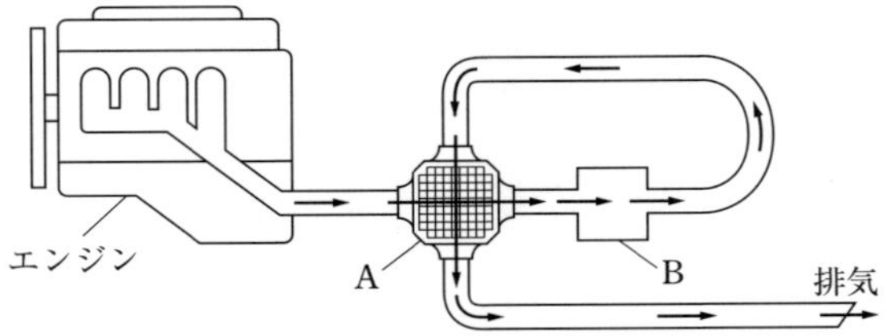

図5.17　熱交換三元触媒を使った HC 吸着法の例

(5) リーン（希薄燃焼）NO_x 触媒

低負荷時にリーン混合気の点火ができれば，吸気のポンプ損失が減少し，燃焼ガス温度も低下する。比熱比が増加し，熱解離が少なくなり，伝熱損失も減少するので，リーン燃焼の達成は火花点火機関の長い間の課題であった。しかし最近，ガソリンのシリンダ内噴射が成功して，従来の三元触媒のように A/F が $\lambda = 1$ に近い混合気制御でなく，$\lambda > 1$ の過大な排気中の酸素で NO_x を還元することになり，特別な NO_x 触媒が開発されている。

a）直接分解型触媒　　HC を還元剤として NO_x を浄化するもので，

① Cu/ ゼオライト触媒　　酸素過剰下で HC があるとき，Cu イオン交換 /2SM—5 と呼ばれる触媒は NO の分解浄化率が高い。しかし，熱により浄化性が下がる欠点をもつ。

② 貴金属系触媒　　耐熱性のため，融点の高い貴金属をゼオライトやアルミナに担持したリーン NO_x 触媒の研究・開発が行われている。これは，Pt/ ゼオライト系が主対象で，Pt，Ir，Rh を複合化させることで，図 5.18 のように浄化性を高め，かつ耐熱性を向上させる。これらのことから，リーン NO_x 浄化性能は触媒表面上への NO_x 吸着特性に大きく影響されると考えられる。これはまた，図 5.19 のように，一般三元浄化特性も有している。

b）NO_x 吸蔵還元型触媒　　$\lambda > 1$ 時に排出される NO_x を吸蔵し，それを $\lambda \leq 1$ にして還元浄化するもので，触媒はアルミナに Pt 系と Ba，La などのアルカリ，アルカリ土類および希土類の塩が担持されたものである。NO_x 吸蔵成分には適度な塩基性をもち，図 5.20 のように，NO_x と HC 両方に高い浄化性をもつ Ba がもっとも優れているとされている。図 5.21 は，NO_x 吸蔵還元のメカニズムを示し，リーン時の NO が Pt 表面上で NO_2 に酸化され，吸蔵成分 R に硝酸塩 NO_3^- として吸蔵される。つぎに，$\lambda \leq 1$ に混合比を短時間制御し，HC，CO，

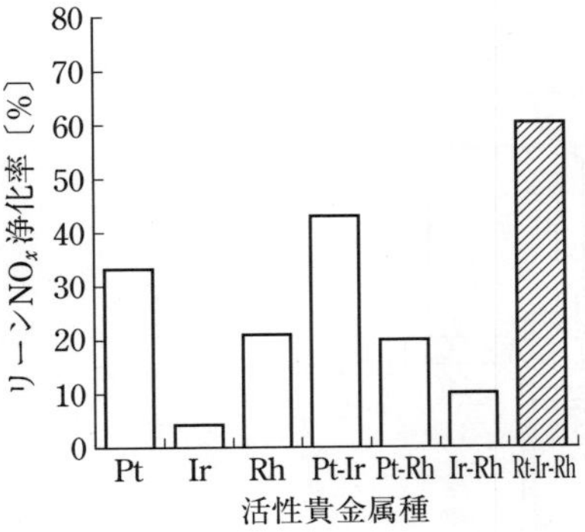

図5.18　活性貴金属種とリーンNO$_x$浄化率
（触媒エージング条件：800℃ ×6 h in Air）

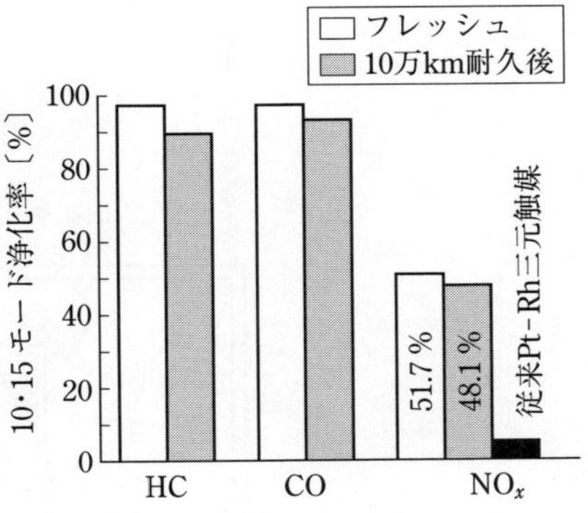

図5.19　Pt－Ir－Rh 触媒三元特性

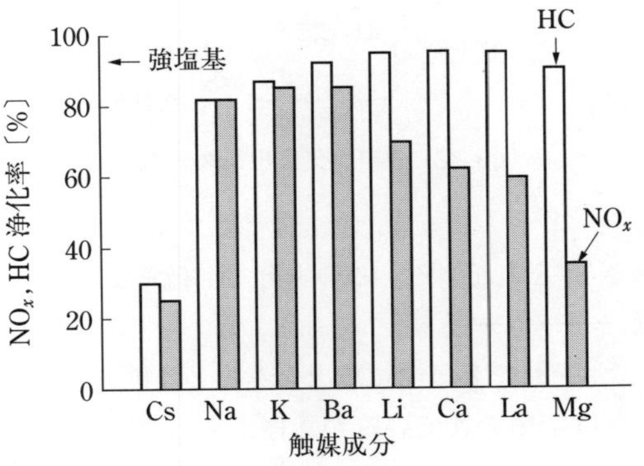

図5.20　NO$_x$吸蔵材とNO$_x$, HC 浄化性能の関係

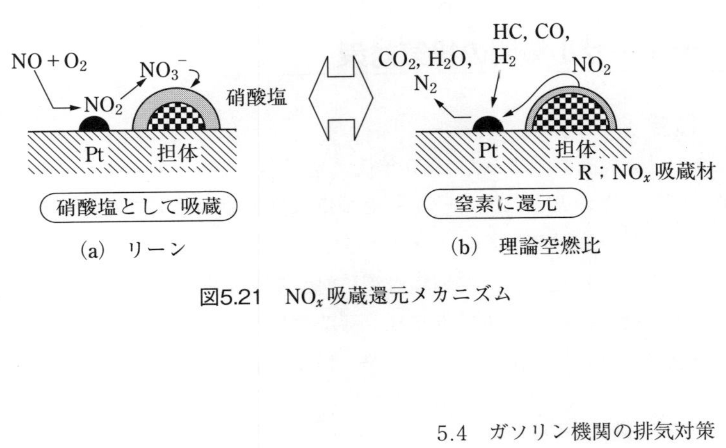

図5.21　NO$_x$吸蔵還元メカニズム

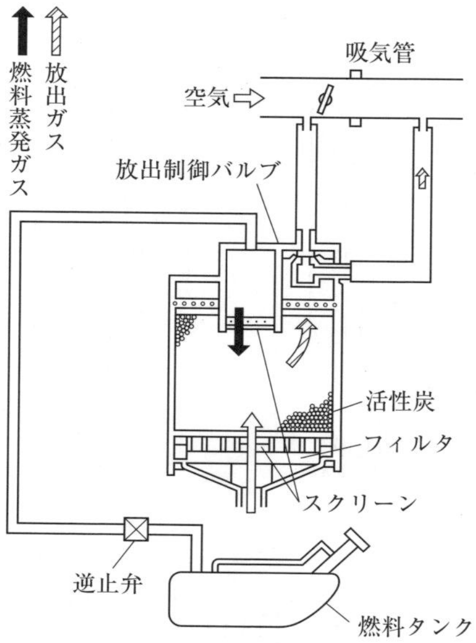

図5.22　燃料蒸気放出システム

H_2 などで吸蔵 NO_x を還元する。この場合も，硫黄による被毒が問題である。

(6) 蒸発燃料対策

燃料蒸気はHCで，それを大気中に放出することは排気の処理とは別に要求されている。燃料タンクは密閉されているが，停止中にタンクから蒸発する燃料は図5.22のように活性炭に吸着されていて，始動すると吸着された燃料は吸気管に吸入され，大気に放出はされない。

5.5 ディーゼル機関の排気対策

5.5.1 概要

アメリカの排気規制が始まった1970年代は光化学スモッグ対策で，それにはディーゼル排気は関係ないとされて，ディーゼル車は排気規制に入らなかった。しかしその後，ディーゼル乗用車の多いヨーロッパを含め，各国で図5.23のような規制の強化をしている。それだけ社会的環境対策に対する要求が強いことを示す。

一方，ディーゼルの排気対策はガソリン機関に比べて，つぎの点で異なる。

① 予混合ガソリン機関の燃焼ガスが一様な生成であるのに対し，ディーゼル

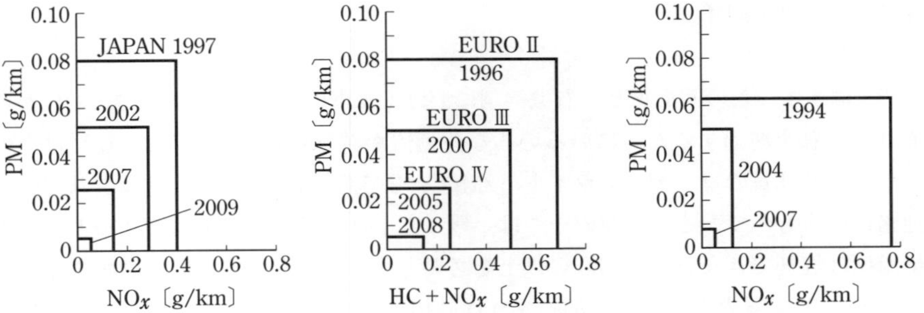

図5.23　各国のディーゼル乗用車の排気規制値

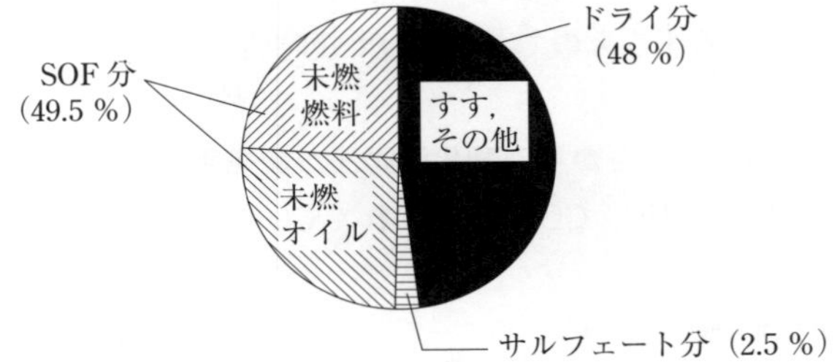

図5.24　PM 成分割合（浄化処理なし）

および筒内噴射ガソリン機関では前掲図 4.26 の点線で示されると同様の噴霧の燃焼で，全体の A/F は希薄であっても燃焼部は過濃で，NO_x が生成されやすい高温である。また，空気不足で CO や HC にもなれず，黒煙（C）などの微粒子（PM）になる。

② このPMは社会的にもっとも嫌悪されていて，図 5.24 のような成分からなる。このなかでドライ分がすす（soot）などの微粒子が約半分，残りの約半分はSOF（soluble organic fraction）で未燃の燃料と潤滑油で，潤滑油消費量（LOC と略記）低減の意義がここにある。

PMの浄化に対しては，それを濾過する DPF（diesel particulate filter）法と触媒法が従来から盛んに研究，開発されている。

③ 排気の温度が 450 ℃以下と低いので，触媒の活性に問題であり，アイドリングなどで HC やサルフェートが触媒表面に付着・吸着され，温度上昇で脱離して白煙で排出される。

5.5.2 PM 対策

（1）DPF

PM はすすなどの固形物と，有機溶剤に溶ける水素の多い未燃炭化水素 SOF から成り，これを濾過するためにいろいろな濾過器が試みられた。図 5.25（a）はその一つで，多孔質のコーディエライト（$2MgO—2Al_2O_3—5SiO_2$）壁で濾過されて隣の通路に出るものである。問題の一つは，残った PM はそのままではディーゼルの排気温度は焼却できない。約 580 ℃以上を必要とする。また，濾過壁に触媒を担持させると 450° で着火できるが，加熱すれば破損に至る。さらに，PM のうち SOF は上記のように蒸発して白煙で素通りする。

そこで，DPF を再生するシステムも数多く開発された。図 5.25（b）は入口に 6 mm 深さの電熱線を装着するもので，小電力で短時間で再生できるとされている。

（2）酸化触媒

DPF の実用化が困難なことから，酸化触媒法が開発された。これは，図 5.26 に示すように，SOF と O_2，HC，CO が酸化されて CO_2 と H_2O になることを期待するものである。

（3）燃料噴射の改善

第 4 章の高圧噴射法で述べたように，従来は噴射圧力は数十 MPa であったが，100 MPa 以上に上げ，また噴孔径を小さくして噴霧の粒径を小さくし，空気との混合域を拡げて酸素不足の燃焼を避け，噴射期間を短くでき，図 5.27 のような結果が得られている。また，コモンレール電子制御噴射でパイロット噴射など，噴射率を広く変えて効果を上げている。

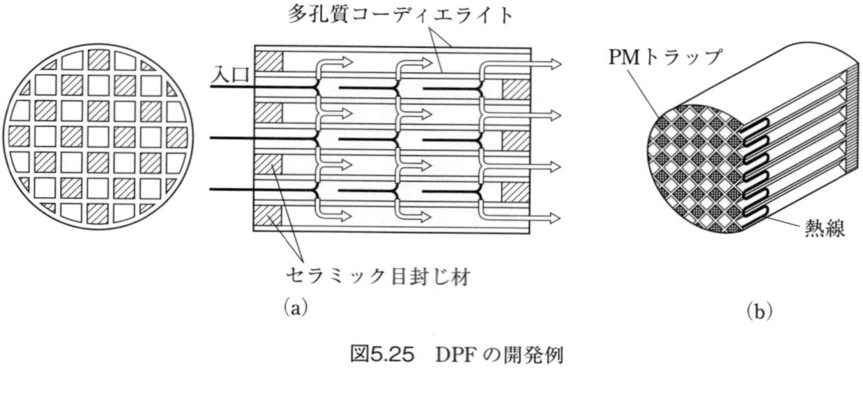

図5.25　DPF の開発例

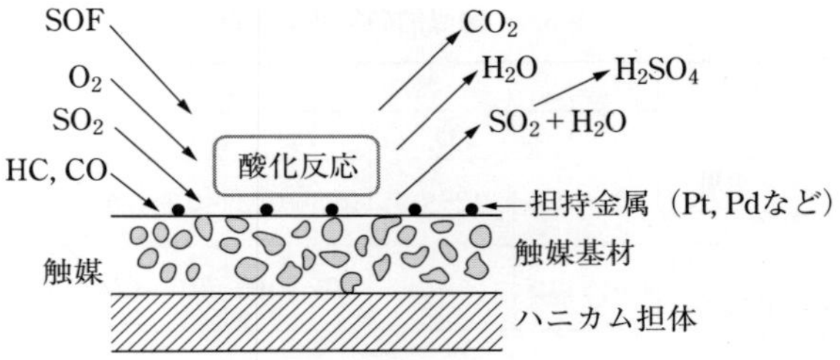

図5.26　酸化触媒による SOF の変換
（吉川滋他「エンジンテクノロジー」1999 年 5 号 11 月，山海堂）

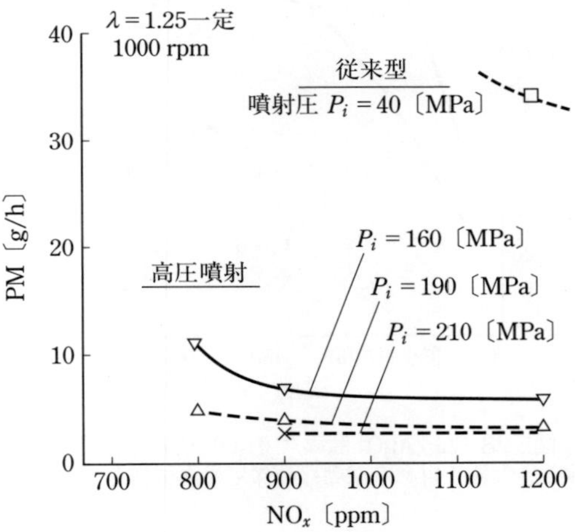

図5.27　高圧噴射によるPM減少効果
（吉川滋他「エンジンテクノロジー」1999 年 5 号 11 月，山海堂）

5.5.3 NO_x 対策

(1) NO_x 還元触媒

予混合エンジンでの三元触媒のように，NO_x，HC，CO および PM の四元触媒が理想であるが，表 5.4 に示すように，NO_x の還元を妨げる酸素は三元触媒の 30 倍にも達し，還元物質の HC，CO，H_2 は平均して 1/10 と少ない。

$$O_2 + (HC, CO, H_2) + NO_x - \text{還元触媒} \rightarrow N_2 + H_2O + CO_2 \quad (5.11)$$

実際の開発は，触媒の金属種，担体種，HC 種，活性温度域の 4 つが考慮される。ヨーロッパでは，Pt/Al_2O_3 触媒と Cu/Al_2O_3，Ag/Al_2O_3 との複合触媒が実用に近いとされるが，後者は燃費が 7 %悪化するといわれている。また，メタノールやエタ

表 5.4　触媒前の排気の比較

	燃焼排ガスの組成〔%〕				
	NO_x	O_2	HC	CO	H_2
ガソリン車用 三元触媒	0.05～0.15	0.2～0.5	0.03～0.08	0.3～1.0	0.1～0.3
ディーゼル車用 NO_x 還元触媒	0.04～0.08	6～15	0.01～0.05	0.01～0.08	0.01～0.05

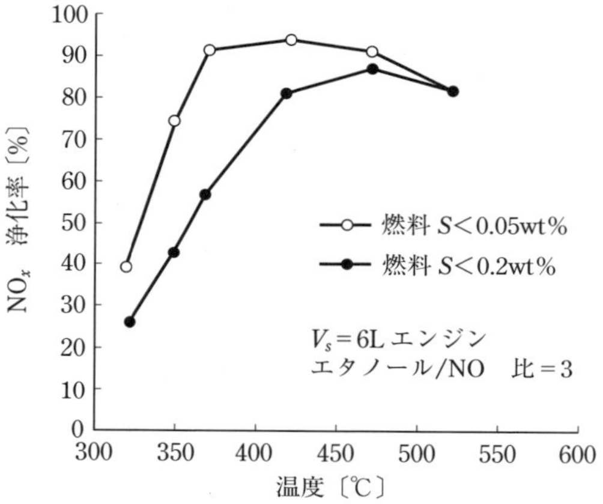

図5.28　Ag/Al_2O_3 触媒/C_2H_5OH 添加の還元性能
（井上悳太他「自動車原動機の環境対応技術」，朝倉書店）

ノールのようなアルコール添加による効果も大きい。図 5.28 は，銀アルミナ触媒にエタノールを添加したときの NO_x 還元効果を示す。

また，燃料の軽油や各種の HC（炭化水素）の添加も有効である。

(2)　EGR ――――――

EGR（exhaust gas recirculation system）は，図 5.29 に示すように，排気 E の一部 R を吸気に再循環して，吸気中の CO_2，H_2O など比熱の大きいガス成分を増して燃焼ガス温度を下げ，また吸気中の O_2 も減少し，単に過剰空気の減少だけより NO_x の低下が大きい。なお，EGR における EGR 率および空気過剰率は本文では図 5.29 のように定義する。

図 5.30 は，定性的性質を示すため水素直接噴射で，e を 20 % まで R を変えたときの実験結果を示す。水素燃料の燃焼ガスはほとんど H_2O であるので，EGR システムで水蒸気を凝縮・除去すれば NO_x 低減効果は空気による希薄効果と同じになる。

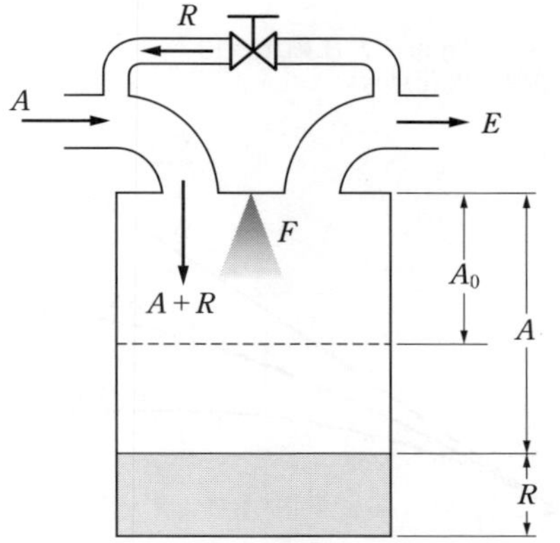

A＝吸入空気量，F＝噴射燃料
A_0＝F に対する理論空気量
R＝EGR 量，E＝排気
e＝EGR 率＝$R/(A+R)$
λ＝空気過剰率＝$(A+R)/A_0$

図5.29　EGRに関する本文の記号

図 5.30 は e と λ の NO_x に対する影響で，高出力で $e = 0$ のⒶより λ を増して希薄燃焼させればⒷまで NO_x は下がる。しかし，そのためには負荷を $p_e = 0.57$〔MPa〕から 0.1 MPa まで下げなければならない。一方，EGR では $p_e = 0.57$ のままで，$e = 20$〔%〕でⒸの NO_x まで下がる。全体として，Ⓐから $e = 0$ で低負荷・希薄化による NO_x 低下と，e の増加による低下は，ⒷとⒹで一致する。そこで，EGR の効果はⒶのような高負荷時に大きい。

しかし，e が増せば燃焼が不安定になるので，燃焼室内のガス流動を強くする必要がある。また，後述のように，エンジン摩耗が増加する実用的問題もあり，一般には e は 20 ～ 30 %が限度であり，EGR だけでは NO_x 規制に合格することは困難である。

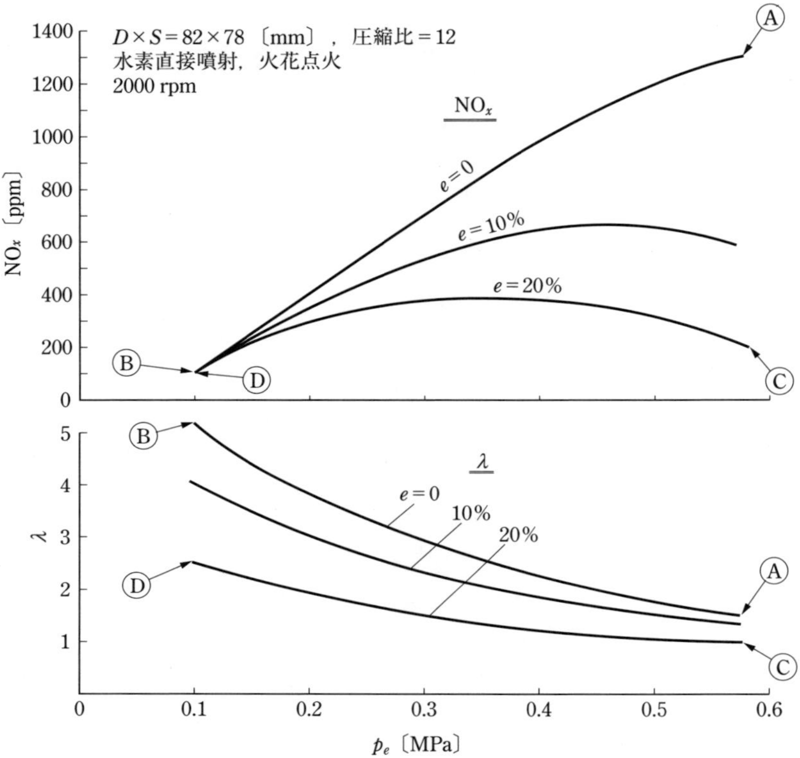

図5.30　EGRによるNO_x低減特性

第6章

吸・排気系統

6.1 基本的事項

6.1.1 概要

同じ大きさの内燃機関で高出力を得るためには，単位時間に大量の空気をシリンダに供給して燃焼できる燃料を増し，発生熱量を増加しなければならない。一方，4サイクル機関の吸・排気は，図6.1（a）に示すような構造の弁をピストンに同期された開閉で行われていて，ピストン機関の実用初期からこのきのこ弁（poppet valve）に変わりはない。そこで，つぎの諸項目が必要である。

① 前のサイクルの排気を十分に排出する。

② 高圧・低温吸気を供給する。

③ ガス通路面積 A を大きくし，内外圧力 p_1 と p_2 の差を小さくする。

④ ガスの流れは，弁の開閉で大きく変動する非定常流である。

弁リフトが図6.1（b）の h_0 にすみやかに達し，点線のリフト曲線に近づけることが望ましい。慣性力は回転数 n の二乗に比例するために，軽量化を要する。

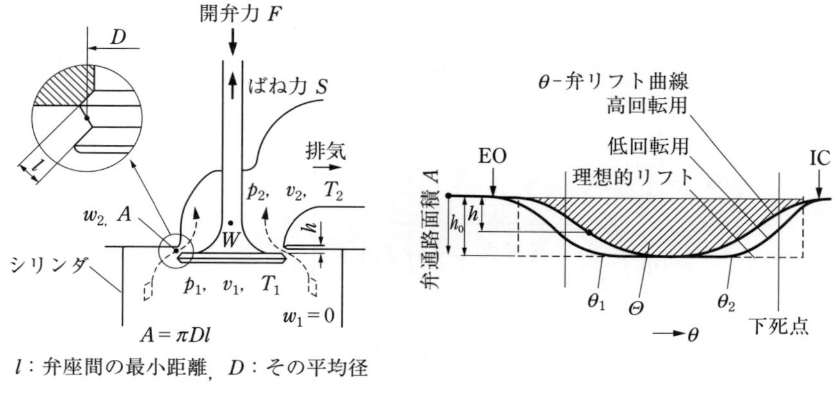

（a）弁の構造

（b）

図6.1　弁を通るガスの通路

6.1.2 ガスの流れ

弁前後の流れの基本について確認する。図6.1のように，速度 $w_1 = 0$ で圧力 p_1，比体積 v_1，温度 T_1 のガスが弁通路面積 A を通って低圧 p_2，v_2，T_2 の w_2 で流出するとき，定常流れ（時間で変わらず，位置で変わる）で熱の出入りがなく，完全ガスと仮定すれば，流路の各位置において，そのエネルギーの総和は一定であることから，ガス 1 kg について次式で表すことができる。

$$u_1 + p_1 v_1 + \frac{w_1^{\ 2}}{2} = u_2 + p_2 v_2 + \frac{w_2^{\ 2}}{2} \tag{6.1}$$

ここで，u は内部エネルギー，pv^{κ} = 一定，$w_1 = 0$，$u + pv = i$ である。

これにより，流速 w_2 は次式で表すことができる。

$$w_2^{\ 2} = 2(i_1 - i_2) = 2c_p(T_1 - T_2) = \frac{2c_p}{R}(p_1 v_1 - p_2 v_2) = \frac{2\kappa}{\kappa - 1} p_1 v_1 \left(1 - \frac{p_2 v_2}{p_1 v_1}\right)$$

$$\begin{aligned} w_2 &= \sqrt{\frac{2\kappa}{\kappa-1} p_1 v_1 \left\{1 - \left(\frac{p_2}{p_1}\right)^{\frac{\kappa-1}{\kappa}}\right\}} \ \text{〔m/s〕} \\ &\equiv \phi\sqrt{p_1 v_1} = \phi\sqrt{RT_1} \end{aligned} \tag{6.2}$$

ここで，

$$\phi = \frac{2\kappa}{\kappa-1}\left\{1 - \left(\frac{p_2}{p_1}\right)^{\frac{\kappa-1}{\kappa}}\right\} \quad , \quad \kappa = \frac{c_p}{c_v} \tag{6.3}$$

ϕ の p_2/p_1 に対する値を図6.2に示す。w_2 は p_1，v_1，T_1 および p_2/p_1 で決まり，w_2 のガスの状態は p_2，v_2，T_2 である。

また，$v_2 = v_1(p_1/p_2)^{1/\kappa}$〔m³/kg〕で，最小断面積 A からの Δt 間の流出量 ΔG は次式で表される。

$$\begin{aligned} dG &= \frac{A\mu w_2}{v_2}\Delta t \\ &= A\mu\sqrt{\frac{2\kappa}{\kappa-1}\frac{p_1}{v_1}\left[\left(\frac{p_2}{p_1}\right)^{2/\kappa} - \left(\frac{p_2}{p_1}\right)^{\frac{\kappa+1}{\kappa}}\right]}\Delta t \end{aligned} \tag{6.4}$$

$$\equiv A\mu\phi\sqrt{\frac{p_1}{v_1}}\Delta t = \frac{A\mu\phi p_1}{\sqrt{RT_1}\cdot\Delta t} \ \text{〔kg〕} \tag{6.5}$$

ここで，μ は流量係数，ϕ は図6.2に併記してある。また，流量は $Q = dG/dt$〔kg/s〕である。

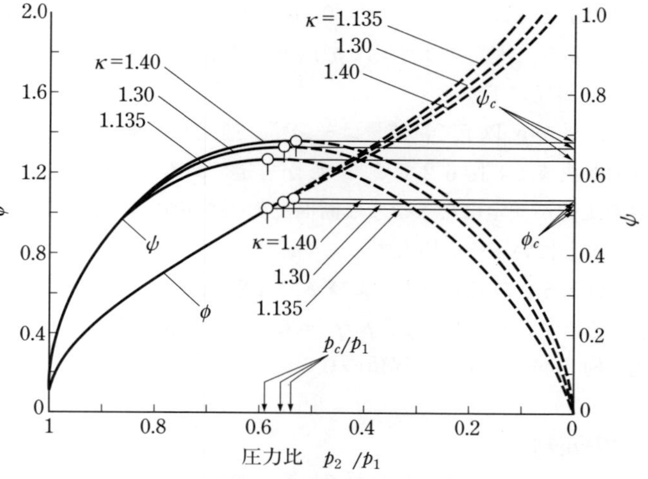

図6.2 圧力比に対する臨界値特性
（「機械工学便覧 基礎編 A6 熱工学」，日本機械学会）

つぎに，(6.2) 式と (6.4) 式の圧力比 p_2/p_1 の p_1 を一定にして p_2 を下げれば，ϕ と ψ がともに増し，流速と流量も増す。一方，p_2 が下がれば温度も下がるが，v_2 は増加して密度が下がる。そこで，ある p_2/p_1 の臨界値 p_c/p_1 において流量は最大値に達する。図 6.2 の ψ_c に当たる。そのときの圧力比は (6.4) 式を p_2/p_1 で微分して 0 とおいて求めることができる。

$$\frac{p_c}{p_1}=\frac{2}{\kappa+1}^{\frac{\kappa}{\kappa-1}} \tag{6.6}$$

ここで，$\kappa = 1.40$ では $p_c/p_1 = 0.528$ である。

すなわち，上流の圧力の約半分の圧力のところへ流入するときに当たる。(6.6) 式を (6.2) 式に代入すれば，次式で表すことができる。

$$w_c=\sqrt{\frac{2\kappa}{\kappa+1}\cdot p_1 v_1}=\sqrt{\frac{2\kappa}{\kappa+1}RT_1} \tag{6.7}$$

また，$T_1/p_1(\kappa - 1)/\kappa = T_c/p_c(\kappa - 1)/\kappa$ から，$T_1 = (\kappa + 1)/2T_c$ となり，w_c は次式で表される。

$$w_c=\sqrt{\kappa RT_c} \tag{6.8}$$

これは，下流の状態での音速である。

それゆえに，p_2/p_1 が p_c/p_1 より大きく図 6.2 の左方では，流速と流量は (6.2) 式と (6.4) 式で計算できる。右方の領域では，ψ は (6.5) 式で p_2 が p_c 以下で，点線のようにそれ以上とほぼ対称的に $p_2 = 0$，$\psi = 0$ まで下がり，流量が減少する計算結果になる。しかし，実際には背圧は p_c 以下にはならず一定で，外圧がそれ以下では排出後 p_c から外圧に下がる。

したがって，p_2 が p_c 以下では流量は一定で，速度も音速 w_c であるので上流の状態のみで流量が決まる。図 6.2 で ϕ_c と ψ_c が一定であることはそのことを示す。もし，各断面の流量が一定になるような断面で膨張させれば，流量は変わらないが，流速は点線のようにいっそう増大する。

吸・排気では図 6.2 の実線の ϕ および ψ で計算すればよい。その際，p_2/p_1 が 1 に近いところで急増する。たとえば，$p_2/p_1 = 0.9$（超大型台風で $p_2 = 910$〔hPa〕）で速度は音速の約 0.44，流量で臨界値の 0.6 に達する。

6.1.3 弁の運動

前掲図 6.1 のように，弁はばねの力で相手の弁座に押しつけられて通路を閉じていて，開弁時にピストンに連動して，クランク軸・カム軸・カム・タペットで弁を押し開く。そのときの弁の運動（リフト h）を図 6.1（b）で示すが，この場合は排気弁で EO（exhaust open）で座を離れ，加速されたあと減速され最大リフト h_0 に達する。加・減速を大きくして点線に近づけるためには，開弁力およびばね力を大きくする必要があるが，各部の強度，摩擦，騒音などで制限され，高速機関では弁が h_0 にある $\theta_1\theta_2$ 期間は短く，h_0 となるとただちに下降せざるをえない。それが h_0 の限界である。

図 6.1（b）のように，A をガス通路の最小面積，θ をクランク角，ω をクランク角速度 $= 2\pi n/60$ とすれば，横軸 θ に対して弁運動は t で示した方が便利で，$A = \pi Dl \propto \pi Dh$ とみなせるので，次式で表すことができる。

$$
\begin{aligned}
\Theta &= \int_{EO}^{IC} A d\theta = K\omega \int_{to}^{tc} h dt \\
\therefore \quad \frac{\Theta}{K\omega} &= \int_{to}^{tc} h dt
\end{aligned}
\qquad (6.9)
$$

Θ は θ 軸で一定面積であるが，t 軸では回転数に逆比例して変化し，一定時間には開閉回数が変わる。しかし，等加速度 α で $t = 0$ から t 時間に h まで運動するためには，$\alpha = 2h/t^2$ となる。

t は回転数に逆比例するので，加速度または開弁力は回転数の二乗に比例して大きくしなくてはならない。

6.2 4サイクル機関の場合

6.2.1 体積効率

同一行程容積および回転数で最大出力は吸入空気の質量に直接関係するので，行程容積 V_s を基準にして1サイクル当たりにシリンダに流入する空気量を表現する方法が使われる。それには，体積効率（volumetric efficiency）η_V と充填効率（charging efficiency）η_c の2つがある。そのうち η_V は，機関入口の乾燥空気の密度 γ_s，全圧 p_s，温度 T_s から次式で表される。

$$\eta_V = \frac{1\text{サイクル中に吸入された空気の質量}}{V_s \gamma_s} \tag{6.10}$$

一方，η_c は高地や高空などで外気状態が変化したときの吸気量の絶対値を表すもので，周囲の大気の代わりに標準状態（一般に 293 K，0.101325 MPa，関係湿度 60 %，水蒸気分圧 0.0014 MPa，乾燥空気の密度 $\gamma_0 = 1.188$〔kg/m^3〕）をもとにするので，η_c は次式で表される。

$$\eta_c = \frac{1\text{サイクル中に吸入された乾燥空気の質量}}{V_s \gamma_0} \tag{6.11}$$

機関入口の空気状態が上記の標準状態のときは，η_V と η_c は同じになる。

以上の定義から，η_V は機関の出力性能に対する設計の特性を評価する値であり，η_c は出力の絶対値を予想する値である。

つぎに，η_V に対する残留ガスの影響を検討する。いま排気弁が閉じたときのシリンダ体積とそのなかのガス密度，圧力，温度を V_R，γ_R，p_R，T_R または吸気弁が閉じたときの同様な値を $(V_e + V_c)$，γ_1，p_1，T_1 とする。ただし，V_c は隙間体積である。このとき，吸入空気量 G_s は吸気弁閉時のガス量と排気弁閉時の残留ガス量の差で，図 6.3 から次式で表される。

$$G_s = V_s \eta_V \gamma_s = (V_e + V_c)\gamma_1 - V_R \gamma_R \tag{6.12}$$

$(V_e + V_c)/V_c = \varepsilon_e$，有効圧縮比 $V_R \fallingdotseq V_c$ とすれば，次式で表される。

$$\eta_V = \frac{\varepsilon_e}{\varepsilon - 1}\frac{\gamma_1}{\gamma_S}\left(1 - \frac{\gamma_R}{\varepsilon_e \gamma_1}\right)$$

残留ガスと通気のガス定数は等しく，$\gamma = p/RT$ の関係が成立すると仮定すれば，η_V は次式で表される。

$$\eta_V = \frac{\varepsilon_e}{\varepsilon - 1}\frac{p_1}{T_1}\frac{T_s}{p_s}\left(1 - \frac{p_R}{T_R}\frac{T_1}{p_1}\frac{1}{\varepsilon_e}\right) \tag{6.13}$$

そこで，ε_e が大きく，p_1/T_1 が大きく，逆に残留ガスの密度に当たる p_R/T_R が小さ

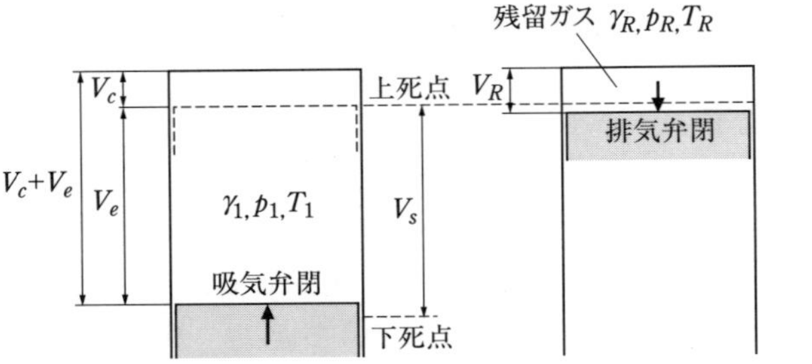

(a) 吸気終わりのガス体積 V_c+V_e　　(b) 排気の残留体積 V_R

図6.3　シリンダ1サイクル当たりの両弁閉止時の体積

いほど η_V は大きい。

6.2.2 吸・排気系の圧力および音速

(1) 排気 ――――

図 6.4 は，吸・排気中のシリンダ内圧力に対する吸・排気管内圧力を示す。流量は両者の圧力だけでなく，弁通路面積 A にもより，弁開・閉時の近くでは A はごくわずかである。排気弁の開き始めを除けば圧力差も小さく，実際には θ_2 と θ_3 が 15°ぐらいはガスが流れない。このような角度を無効角と呼ぶ。それゆえ，少なくとも

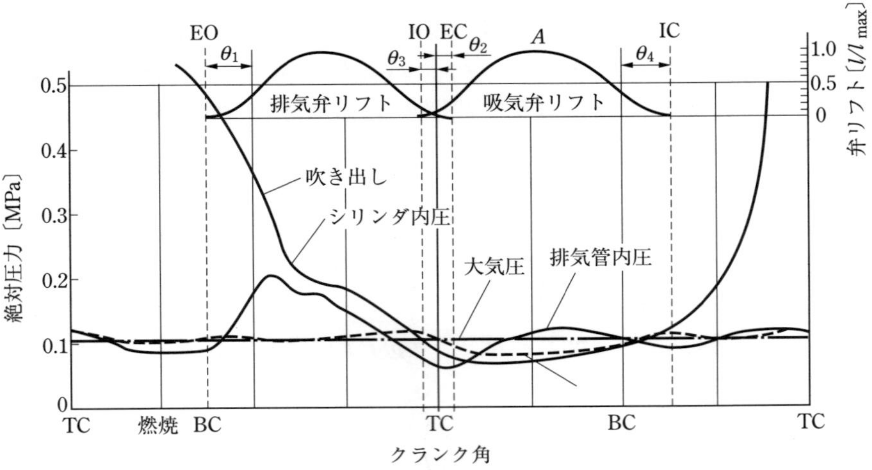

図6.4　吸・排気中の圧力変化

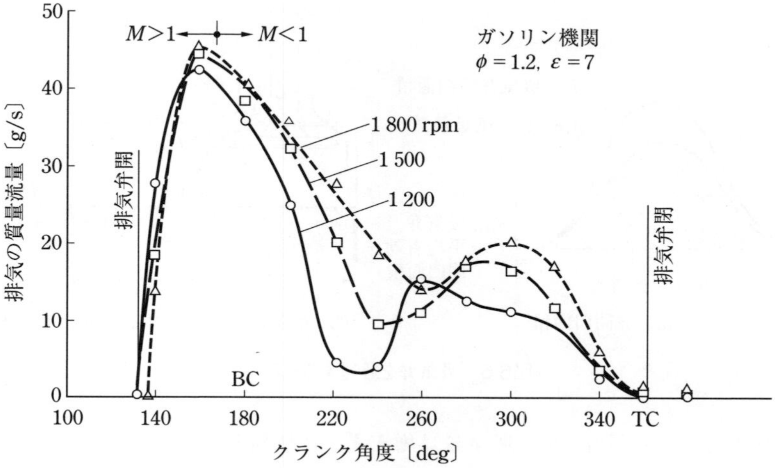

図6.5　排気弁を流出する質量流量の測定値
（R. J. Tabaczynski 他　SAE Trans. Vol.81, 1972 SAE paper 720112）

それだけは早く弁を開いたり，遅く閉じなければならない。

図 6.5 は排気弁出口で測定したガス質量流量で，下死点前 40 ～ 60° で排気が始まる。そのときシリンダのガス圧は高く，排気管圧をこれで割った値は臨界値以下で，ガスは音速で流出する。そこで管内圧は上昇し，シリンダ圧は急落し，両者は近づく。このように，主として下死点前の流出を排気吹き出し（blowdown）と呼び，それに対してピストンによる押し出す流出を排気押し出し（displacement）と呼ぶ。

（2）吸気 ――――――

つぎに，吸気弁での流れについては，吸気速度係数（inlet Mach index）M_s を図 6.6 によりつぎのように定義する。

F_i を吸気弁の設計上の吸気弁の開口面積とし，各位置での流量係数 μ_i を乗じた有効開口面積 $\mu_i F_i$ を傾斜部で示し，その開弁中の平均値を吸気弁平均有効開口面積 F_{im} とすれば，M_s は次式で表される。

$$M_s = \frac{V_s \cdot n}{30\, a_i \cdot F_{im}} \tag{6.14}$$

ここで，V_s は行程容積，n は回転数，ピストンが吸入する平均体積速度は $\pi/4D^2 2sn/60 = V_s n/30$，これを弁入口の音速で F_{im} を通過する $a_i F_{im}$ で割った値が M_s である。M_s は吸気弁流速のマッハ数を意味し，M_s が 1 以上では流速は増えない（前掲図 6.2 で p_2/p_1 が臨界値以上）。

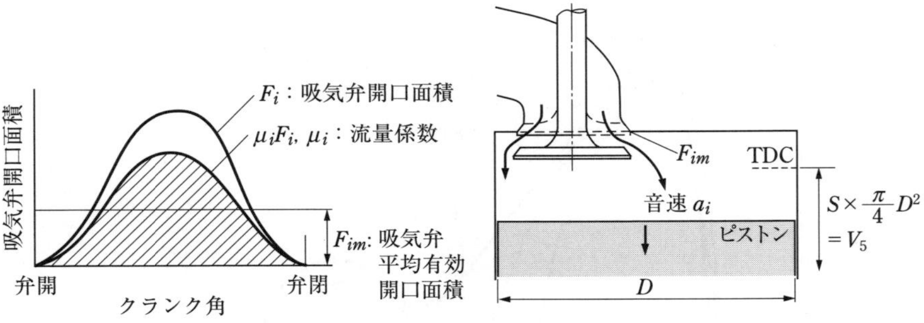

(a) 弁開口面積　　(b) 弁通過流れとピストン押し退け体積

図6.6　吸気弁を通過する流れ

高速運動時は n が増えても吸気量は増えず，体積効率 η_V が下がる。このことは吸気がチョーク（choke）されることになる。また，この M_s は弁およびピストン速度の平均で計算されたもので，実際には（6.14）式の分子の意味するピストン体積速度も分母の意味する弁開度も弁開中大きく変動するので，M_s が 1 以下から部分的に音速に達する。図 6.7 のように M_s が約 0.5 以上で η_V は急に下がるので，それ以上 n を高めても無意味となり F_{im} などで対策をすべきである。

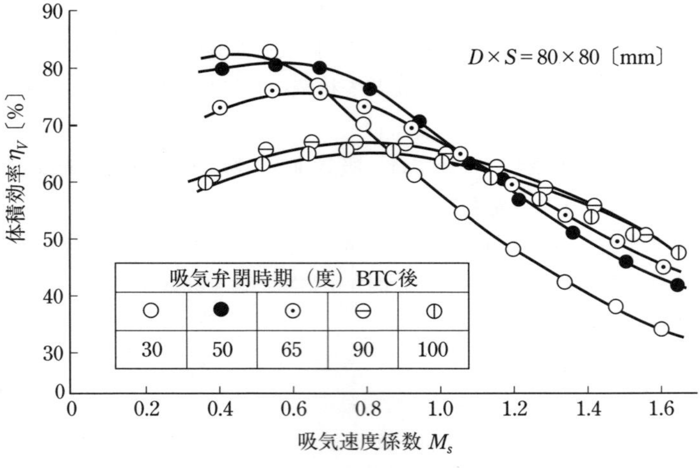

図6.7　体積効率と吸気速度係数 M_s の関係
（渡部英一「エンジンの事典」，朝倉書店）

6.2.3 弁のタイミング

吸・排気作用においては弁開閉の時期すなわちタイミングを適当に選び，損失仕事，ポンプ損失を小さくするとともにガスの運動のエネルギーを有効に利用することが重要である。とくに，高回転では開弁時間が短いが運動のエネルギーは大きいので，その利用の巧・拙はエンジンの性能に大きく影響する。つぎに，その具体的事項を示す。

前掲図 6.4 の排気弁開時期 θ_1 はクランク角または時間で示したもので，図 6.8 中の①②③はピストン位置で示す。それは無効角を考慮し，左斜影で示すのは吹き出し損失で圧力が下がり，$b + d$ は排気を押し出すための仕事で，これらを最小とする②のタイミングを選ぶ。それより早すぎれば吹き出しによる有効圧力損失が大きく，③のように遅ければ排気吹き出しでの圧力降下が少なく押し出し仕事が増える。

また，排気弁を閉じるタイミング（前掲図 6.4 の θ_2）については，図 6.9 のパイプ中の流速 w による動圧 $r_e w^2/2$ を利用して排気を引き出すために，閉止をつぎのように延ばす。すなわち，パイプ中の全圧 p_e の静圧 $p_e - r_e w^2/2$ がピストン降下でシリンダ内圧力 p_c に等しくなったときに流出は止まるので，その時点で弁を閉じるとき排気流出は最大になる。これらのことは吸気弁についても同様に成り立ち，θ_3 だけ上死点より早く開き，下死点より θ_4 だけ遅く閉じる。その結果，$\theta_2 + \theta_3$ だけ両弁は同時に開いており，これを弁の重なり（valve overlap）といい，高回転機関または過給機つきディーゼルではとくにこの期間を長くとる。

運転条件に適合させるためには，すべての開閉角を自由に運転中調整しなくてはならないので，多くの開発が続けられている。それゆえ，実際は最も重要な運転条

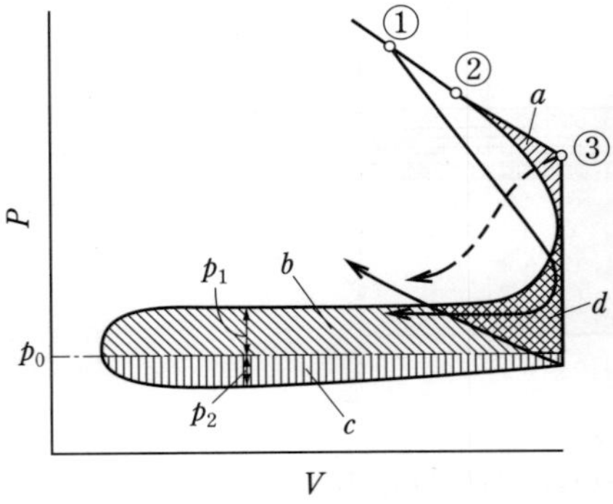

図6.8　4 サイクル機関の吸・排気損失

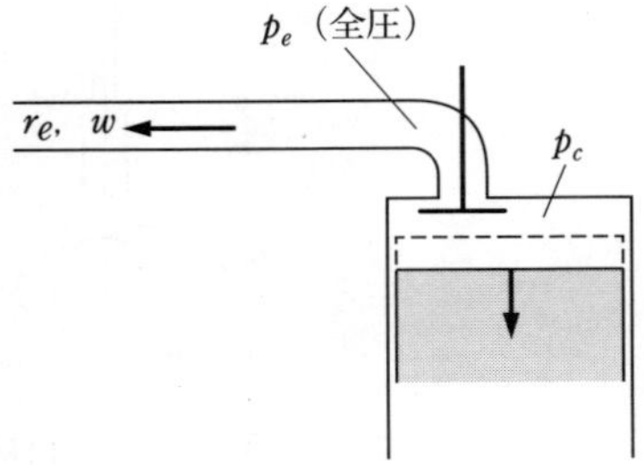

図6.9　ガス流れの動圧とシリンダ内圧力

件で最適角度とし，他の条件でも性能を大きく低下させない値とする。その大略値は $\theta_1 = 30 \sim 80°$，$\theta_2 = 10 \sim 30°$，$\theta_3 = 0 \sim 40°$，$\theta_4 = 20 \sim 70°$ である。

6.3 動弁機構の力学

6.3.1 揚程・加速度

図 6.10 は以前から使われている頭上弁（over head valve; OHV）と呼ばれる弁開閉機構である。クランク軸の回転速度の 1/2 のカム軸と一体のカムで，タペット（tappet），押棒（push lod），揺れ腕（rocker arm）を経て，ばね力に打ち勝って弁を開き，閉じるときはこれらの部分をばねで動かす。弁が閉まっているとき揺れ腕端との間には隙間 s があり，各部の熱膨張で弁が押し開かれないようにしてある。

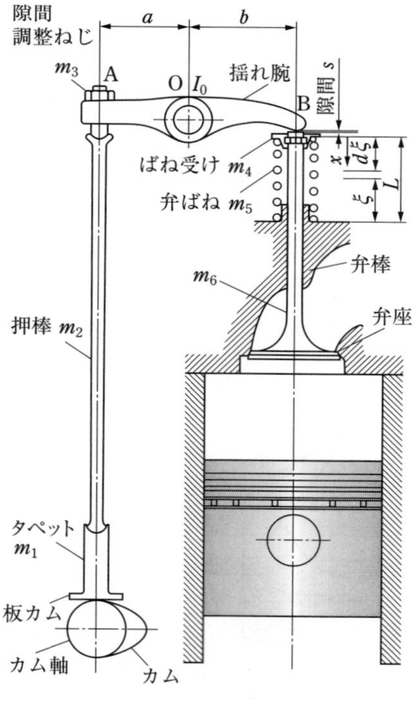

図6.10　動弁機構とその力学のための記号

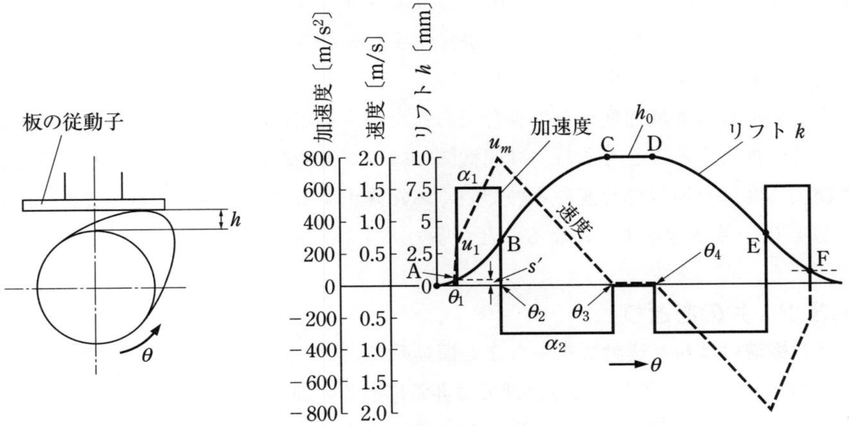

図6.11　等加速度カムの特性例

いま，等加速度カムで弁を動かすときの運転を解析してみる。図6.11で s' は s に相当し，$s' = s \cdot a/b$ でカムリフトが s' に達したときが θ_1 で，ここで弁開速度は突然 u_1 になるので衝撃が起こる。つぎに，リフト曲線ABは等加速度 α_1 で $\theta_1 \sim \theta_2$ まで，u_1 から最大速度 u_m まで加速される。すなわち，α_1 は次式で表される。

$$\alpha_1 = \frac{d^2 h_{AB}}{dt^2} = \frac{d^2 h_{AB}}{d\theta^2} w^2 = 一定 \tag{6.15}$$

そこで，A − B間のリフト h_{AB} は次式で表される。

$$h_{AB} = \frac{\alpha_1 \theta^2}{2w^2} + K_1\theta + K_2$$

$\theta = 0$ で $h_{AB} = 0$，$dh_{AB}/d\theta = 0$ とすれば，K_1，K_2 は0で，次式で表される。

$$h_{AB} = \frac{\alpha_1 \theta^2}{2w^2} \quad , \quad \frac{dh_{AB}}{d\theta} = \frac{\alpha_1}{w^2}\theta \tag{6.16}$$

つぎに，減速部BC，$\theta_2 \sim \theta_3$ では一定減速 α_2（負）で，α_2 は次式で表される。

$$\alpha_2 = \frac{d^2 h_{BC}}{d\theta^2} w^2 = 一定 \tag{6.17}$$

$\theta = \theta_3$ で $h_{BC} = h_0$，$dh_{BC}/d\theta = 0$ であるので，B − C間のリフト h_{BC} は次式で表される。

$$h_{BC} = \frac{\alpha_2}{2w^2}(\theta_3 - \theta)^2 + h_0 \quad , \quad \frac{dh_{BC}}{d\theta} = -\frac{\alpha_2}{w^2}(\theta_3 - \theta) \tag{6.18}$$

また，B 点で両線は接するので，θ_2 では $h_{AB} = h_{BC}$ および $dh_{AB/d\theta}$ である。

以上のように，開弁力としてカムが弁に与える力のもとになる加速度は，w^2 すなわち回転数の二乗に比例する。

上記の計算は等加速度カムの場合であったが，実際には低速機関ではカム曲線より単純に加工することもある。高速機関ではリフト曲線は連続的であるが，速度および加速度は不連続で急変するのでいくぶん修正するのが普通である。また，C 点と D 点は一致させるようになることが多い。

6.3.2 弁のおどり

動弁機構はばねと運動質量からなる振動系で，その固有振動数は比較的低く数百 Hz である。一方，弁の運動は高速では非常に激しい加・減速運動であり，そのため弁がカムの静的リフトに忠実に従わないで，それから離れ，予定外の運動をする場合がある。図 6.12 は実働中の弁リフトがカム曲線から離れる現象の測定結果で，弁の開き始めが遅れるのは押棒などの変形によるものである。4 000 rpm ではいったん閉じた弁が再び飛び上がり，吸・排気作用を乱し，エンジン性能の低下をきたす。このような現象を，「弁のおどり」（jump）と言う。

弁ばねのばね定数 k を，x 締めるに要する力は kx，取付力を F_0 とすれば，ばね力は $kx + F_0$ である。また，ばねの一端で動く質量は前掲図 6.10 の記号で，ばね受け m_4 と弁 m_6 はそのまま，ばね m_5 はその 1/3，揺れ腕はその軸心 O のまわりの慣性モーメント I_0 を B 点の質量 m_b だけに置き換え，$m_b = I_0/b^2$ となる。

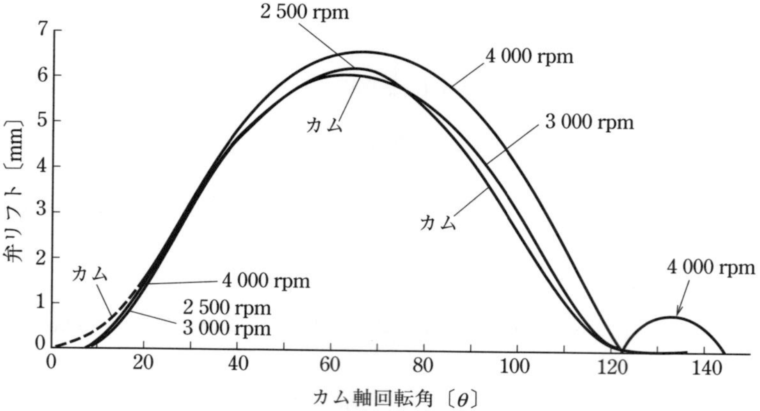

図6.12　等加速度カムによる弁作動特性例

同様に，揺れ腕 A 端と一緒に運動する $m_1 + m_2 + m_3$ を B 点に置き換えれば，m_a は次式で表される。

$$m_a = \frac{a^2}{b^2}(m_1 + m_2 + m_3)$$

全質量 M は次式で表される。

$$M = \frac{a^2}{b^2}(m_1 + m_2 + m_3) + \frac{I_0}{b^2} + m_4 + \frac{1}{3}m_5 + m_6 \tag{6.19}$$

ばね力より慣性力が大きいときは弁はおどる。次式の関係である。

$$kx + F_0 < M\frac{d^2x}{dt^2} \tag{6.20}$$

このようなおどりは開弁時の加速域では起こらないが，減速時および閉弁時には起こり得る。4 000 rpm では前掲図 6.11 の B 点で離れ，固有振動数 $\sqrt{kM}$ が小さいので最後までカム曲線に戻らず，減速部を通り越して弁座に衝突して飛び上がり，明らかに弁の作動を乱す。

(6.20) 式の条件で起こるおどりを防止するには M を小さく，また強いばねで k を大きくし，固有振動数を高めることであるが，その際は大きい開弁力を要し，動弁機構の剛性を高め，接触すべり面の摩擦低減対策も要する。

6.3.3 動弁機構の実例

図 6.13 は汎用エンジンに広く使われ，クランク軸からカム軸が近くにあることから，押棒および揺れ腕が省略できる長所があり，側弁 (side valve) 式と言われている。しかし，このような偏平形の燃焼室はノックが発生しやすい欠点があるので，前掲図 6.10 のような頭上弁方式が自動車用として広く使われている。

また，いっそう運動部の質量を減らすために OHC (over head cam-shaft) が使われる。図 6.14 (a) は SOHC (single OHC) で，カム軸をシリンダヘッドの上に 1 本置き，揺腕のみで弁を駆動するものである。図 6.14 (b) は DOHC (double OHC) で，頭上カム軸を吸・排気弁のそれぞれに配し，カムと弁を直結し，もっとも単純化したもので，これらは高速・高出力ガソリン機関に広く利用されている。また吸・排気弁を 1 シリンダ 1 つずつではなく複数使うことが多い。その際は，構造が複雑であるが，全開口面積が同じでも各弁は小型で質量は小さくなり，リフトを大きくできる。

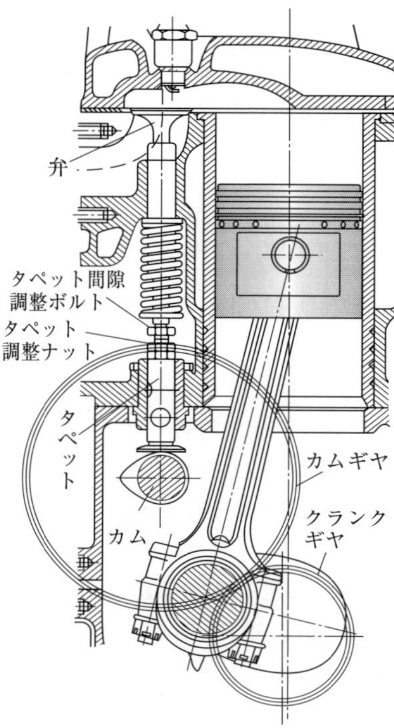

図6.13　側弁式弁機構とカム軸の駆動

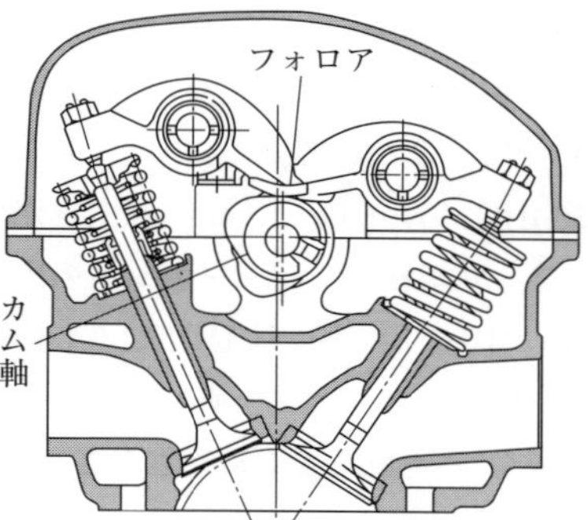

(a) シングルオーバヘッドカム（SOHC）

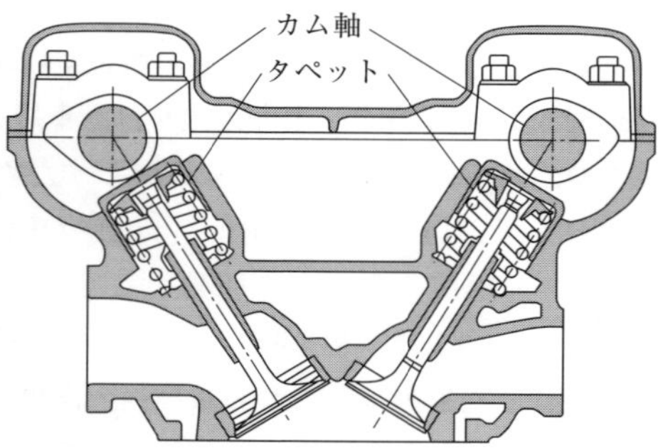

(b) ダブルオーバヘッドカム

図6.14　OHC 式弁機構の例

6.4 吸・排気の動的効果

6.4.1 概要

吸・排気通路の開き始めに発生する圧力波の位相を弁のタイミング適時に調整することにより，吸・排気作用を促進することができる。このような効果を動的効果と呼び，実際に位相の調時作用は主としてパイプの長さによる。じつはパイプの長さを変えることによって，圧力振幅が大きい高速時にある回転数で異常な高出力が得られることは古くから経験でわかっていたが，その現象がこの動的効果であることがわかったのはあまり以前のことではない。ここでは，4サイクル機関の場合を示すが，2サイクル機関にもほぼ同様に適応できる。

図6.15は吸気管の長さを0から3.5 mまで変え，モータで駆動したときの回転数に対する体積効率を測定した結果である。長い管では大きい山と，そのなかに小さい山が重なっていて，その最大値はパイプがなくて流れの抵抗がないときよりもむしろ増大している。

一方，吸気管内に同調する圧力波の振動数または周期は，弁が閉まっているときには図6.16（a）のように，いったん閉止のパイプ内の振動とみなせる。Bでは圧力の振動，Aではガス分子の振動運動が許されるからで，図6.16（b）のように1/4 l，図6.16（c）のように3/4 l の波長，一般には振動数 f_s は次式で表される。

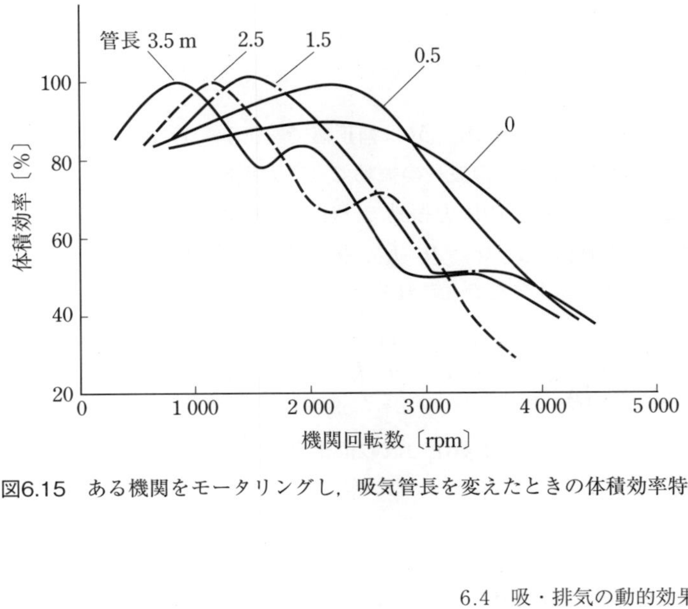

図6.15　ある機関をモータリングし，吸気管長を変えたときの体積効率特性

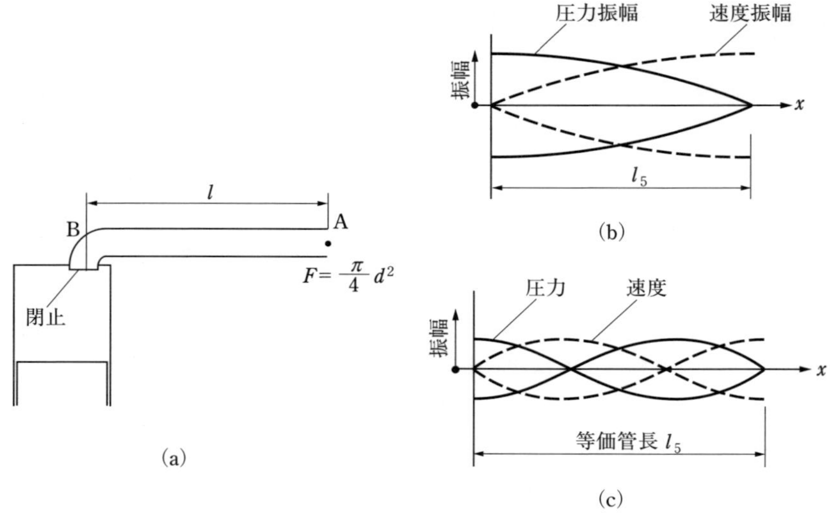

図6.16　一端開放管内に発生する定常波の長さ x 方向の振幅分布

$$f_s = \frac{2c+1}{4} \cdot \frac{a_s}{l_s} \tag{6.21}$$

ここで，a_s は管内ガスの音速 $a_s = \sqrt{\kappa R_c T}$，$R_0 = 8.314$〔J/mol·k〕，空気の 1〔mol〕 = 0.029〔kg〕である。

$$R = \frac{8.314}{0.029} = 286.7 \text{〔m}^2/\text{s}^2\text{〕} \quad , \quad a_s \fallingdotseq 20\sqrt{T} \text{〔m/s〕} \tag{6.22}$$

l_s は吸気管の等価管長 $= l + \Delta l$，Δl は補正値で（0.5 ～ 1）d，c は整数で $c = 0$ では図 6.16（b）に当たり $4\,l_s$ の波長の振動で，圧力振幅は最大である。$c = 1$ では図 6.16（c）で，$3/4\,l_s$ の波長の圧力振動で，圧力振幅は図 6.16（b）よりも低い。パイプ中のガスの固有振動数（$c = 0$）f_s と吸気回数または回転数 n〔rpm〕の比を脈動次数 q とすると，q は次式で表される。

$$q = \frac{f_s}{\dfrac{n_s}{2\times 60}} = \frac{120}{n_s}\frac{1}{4}\frac{a_s}{l_s} = \frac{30}{n_s}\frac{a_s}{l_s} \tag{6.23}$$

図 6.17 はクランク角に対する圧力波の位相を示し，$q = 1$ は 1 サイクルが 1 波長に当たる。

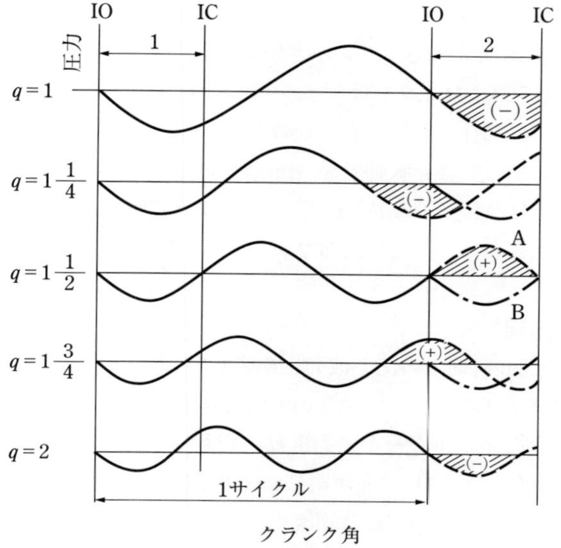

図6.17　吸気弁直前の圧力波の位相と吸気弁開閉時期の関係

6.4.2 脈動効果

1 サイクル間の圧力波は，その間の約 3/4（大部分）は弁が閉じているので，f_s はすべてをいったん閉止のパイプの固有振動数とみなしてよく，q = 1 および 2 はち

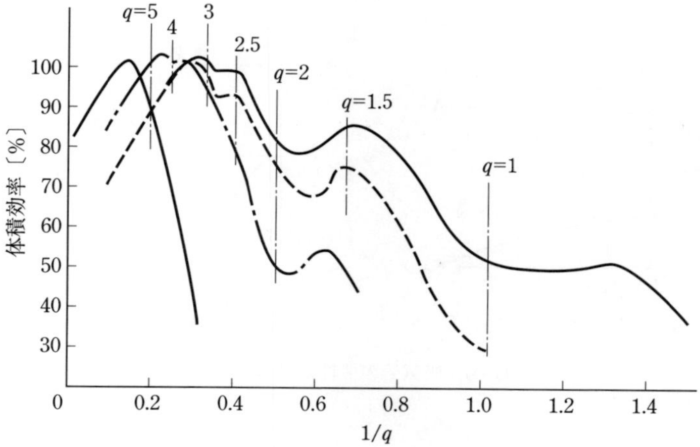

図6.18　脈動次数 q と体積効率の関係

ょうどつぎのサイクルの開弁時（2のIC）に弁直前が負圧となって吸気流入を妨げる。これは，図6.18でわかるように小さい波の谷の部分とほぼ一致する。

つぎに，q = 1.5および2.5ではちょうど正の圧力波が開弁時に重なるので吸気量を増大させ，山の部分と一致する。このような圧力波のサイクルに対する位相関係による吸気に対する影響を脈動効果（pulsation effect）と呼び，パイプ長さで有効に利用できる。しかし，この効果は図6.18のように吸気量の極大値を与えることが最大値を与えることになるとは限らない。

6.4.3 慣性効果

前掲図6.17の開弁時間1の圧力波発生を図6.19に示す。吸気行程前半はピストンによる負圧でパイプ内に大きい速度の吸気流ができ，その後ピストンが減速されると吸気流の運動のエネルギーが圧力上昇に変わり，図6.19（b）のようにその圧力が最大値に達したとき（2）で弁が閉じれば吸気量を増大できる。もし，閉弁が遅ければいったん入った吸気の一部は逆流する。このように，吸気流の慣性を利用するものを慣性効果（inertia effect）と呼び，実はこの作用が最大吸気量を与える動的効果である。このときは開弁中で，吸気系の固有振動数f_sは行程容積V_sに，断面積Fで等価管長l_sが結合した場合で，全体の等価管長l_s'は次式で表される。

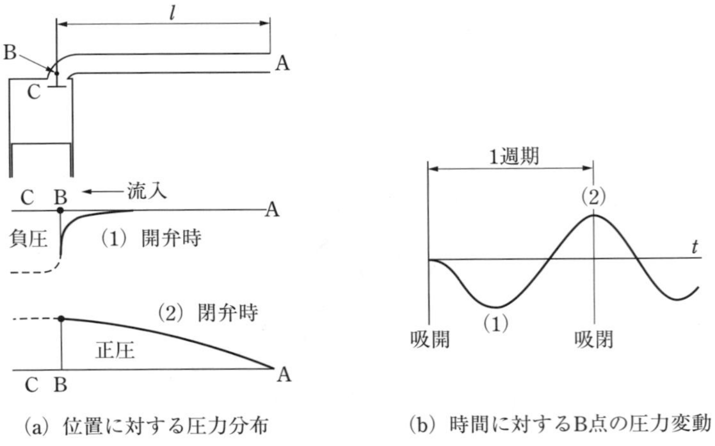

図6.19　吸気管の慣性効果の作用

$$\left.\begin{array}{ll} l_s \ll \dfrac{V}{F}\text{のとき} & l'_s=\dfrac{\pi}{2}\sqrt{l_s\cdot\dfrac{V}{F}} \\ l_s \gg \dfrac{V}{F}\text{のとき} & l'_s=l_s+\dfrac{V}{F} \\ f_s=\dfrac{a_s}{4\,l'_s} & \end{array}\right\} \tag{6.24}$$

図6.19でわかるように，慣性効果が最大になるのは1周期 = $1/f_s$が開弁時間と等しいときで，回転数n_s，開弁時間t_{s}，クランク角でθ_sとの間には回転速度として$\theta_s = 360° \ n_s/60 = 6\,n_s$〔回 /s〕，および$\theta_s/t_s$，これが等しいので$n_s = \theta_s/6t_s$である。(6.23) 式より動脈次数は次式で表される。

$$q=\frac{720\,f_s t_s}{\theta_s} \tag{6.25}$$

ただし，θ_s =（設計上の開弁角）−（無効角）である。

慣性効果の条件は吸気期間t_sと振動周期が同調することで，次式となる。

$$t_s=\frac{1}{f_s} \qquad \therefore \quad q=\frac{720}{\theta_s} \tag{6.26}$$

たとえば，$\theta_s = 180°$では$q = 4$であり，図6.18の結果とほぼ一致する。実際には，パイプの長さlを適当に選んで，(6.24) 式のf_sが (6.26) 式を満足するようにする。

6.4.4 排気管の場合

排気管内の圧力波による動的効果は，吸気管の場合とほぼ同様であるが，つぎの点が異なる。

① 図6.20に示すように，開弁直後に正の圧力波ができる。この圧力の大きさは吸気弁のときより非常に大きいので，最大効果を利用すれば吸気管の場合よりいっそう大きい出力増大が得られる可能性がある。

② 図6.20 (b) に示すように，排気行程後半に負圧が発生しシリンダ内のガスを吸い出す作用をするときに排気作用が助長され，吸気量を増大させる。

③ 排気は高温で，音速a_eが吸気のa_sより大きい。最大効果を得る条件は吸気管の慣性効果と同様に排気期間と振動周期がほぼ同調するときで，θ_eを排気弁の有効開弁角度とすれば，qは次式で表される。

$$q=\frac{720}{\theta_e} \tag{6.27}$$

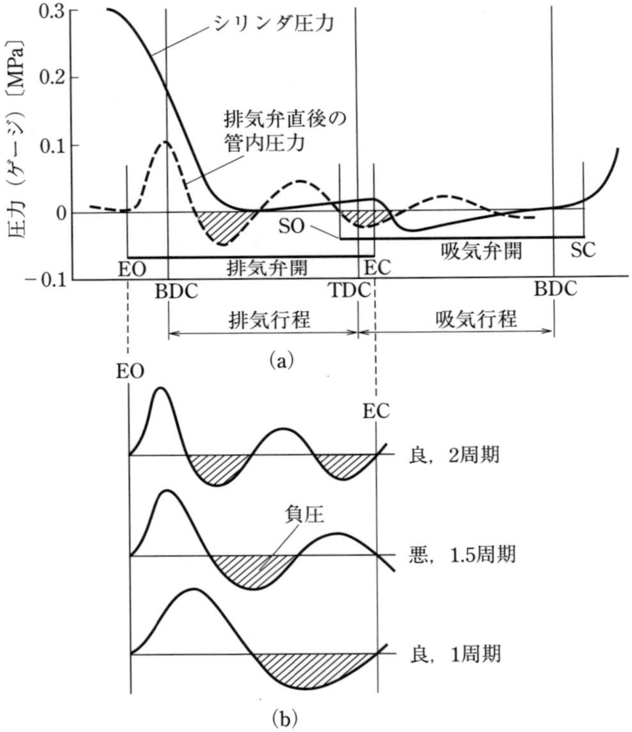

図6.20　排気管における動的効果の説明

6.4.5 実用上の問題

パイプの真の固有振動数は形が単純でなく，曲がっているときなどではf_sは(6.21) 式または (6.24) 式で正確に算出することができないので，最終的には実験で最適長さを決める。

動的効果は，系の固有振動数の周期と1サイクル間の時間または開弁時間とがある関係のときに最高であるので，回転数が変われば，これらの時間が変わり，ある回転数に近い運動域でのみ効果が大きく，それ以外は逆に性能が下がる場合もある。それゆえ，実用車などのように使用速度範囲の広いものには利用し難い。一方，競争車のように高出力で圧力波が大きく，またほぼ一定回転数で運転されるものでは効果は非常に大きい。

多シリンダの場合は，各シリンダで発生する圧力波は隣のシリンダの吸気または排気口に伝わり，干渉するので動的効果の利用はできにくい。その対策として，各シリンダが独立の系になるように気化器や吸・排気管をそれぞれ別々のものをもつ。または各シリンダの排気管を離れたところで共通管に集合させ，隣の出口に圧力波が到達するまでには減衰するようにする。

6.5 過給

6.5.1 意義

内燃機関の出力は単位時間に供給される空気質量によるので，行容容積当たりではつぎの方法がある。

① 回転数を高める。

② 体積効率の向上。

③ 給気密度を高める。

最後の③には低温給気，たとえば液体水素（LH_2: 沸点－253℃），液化天然ガス（LNG: 沸点－162℃）による給気温の低下もあるが，一般には給気を圧縮する方法が実用されている。しかし，ガソリン機関ではそれによってノックが起こりやすくなるので，かつては航空機の低密度空気の対策として過給（surpercharge）が実用されていたが最近では耐ノック策が講じられ，広く実用化されている。一方，ディーゼル機関では燃焼が促進され，過給はきわめて有効な手段である。その実用化により，正味平均有効圧力が無過給機関（natural aspirated engine）で 0.6～0.7 MPa が高過給で 2.5 MPa 以上に達している。

6.5.2 機械式過給

(1) 理論と実際 ――――――

機械式過給（mechanical supercharge）は，過給のための圧縮機をエンジンのクランク軸で駆動し，圧縮機は必然的に低速回転で，図 6.21 の（a）（b）（c）のようなものである。このシステムの簡略 p － V 線図を図 6.22 に示す。シリンダ内では 7 で燃焼ガスを外気へ排出し，7→8→9 とピストンが上死点に達したとき，圧縮機で 1→2 で p_2 まで圧縮された空気を 2→3 と押し出し，それはシリンダに入り 10→2 と圧力 p_2 で吸い込まれ，2 からディーゼルサイクルが始まる。過給は吸気量を増して高出化することにあるが，熱効率に与える影響についてはつぎのとおりである。過給機が必要とする動力 N_c については，まず空気 1 kg を圧縮するための理論仕事 1→2→3→4→1 は次式で表される。

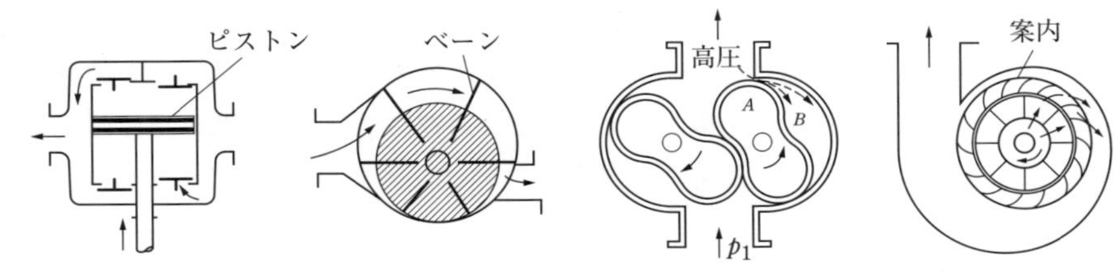

図6.21　過給機の種類

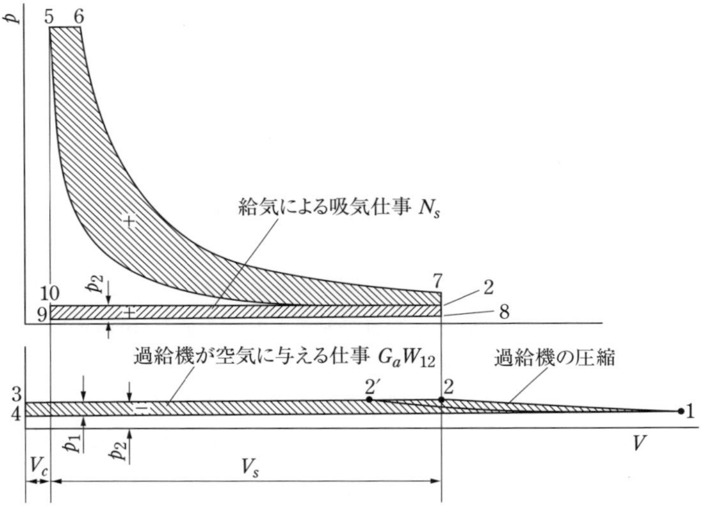

図6.22　機械式過給機をもつディーゼル機関の基本サイクル

$$W_{12} = RT_1 \frac{\kappa}{\kappa - 1}\left\{\left(\frac{p_2}{p_1}\right)^{\frac{\kappa-1}{\kappa}} - 1\right\} \tag{6.28}$$

吸気流量を G_a〔kg/s〕，圧縮機の効率 η_c とすれば，圧縮機用動力 N_c は，

$$N_c = \frac{G_a W_{12}}{\eta_c} \tag{6.29}$$

そのうち，吸気行程でピストンに作用する仕事 10 → 2 → 8 → 9 → 10 に相等する動力 N_s は出力に取り戻される。そこで，$\Delta N = N_c - N_s$ が損失となり，これは圧縮機と機械過給による熱効率低下の因子である。図 6.23 は，過給しないときに燃料 B〔kg/s〕と空気 L〔kg/s〕だけ導入され，機械損失 M，冷却損失 C，排気損失 E で

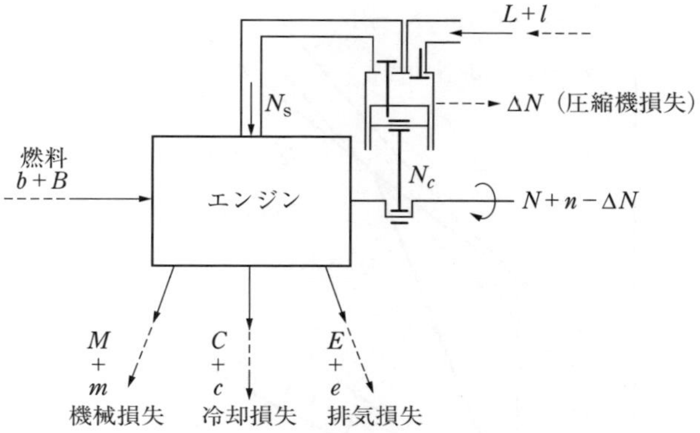

図6.23　機械式過給方式のエネルギー関係

出力が N であったとき，過給によって各小文字のぶんだけ増大したとする。そのときの正味熱効率 η_e は次式で表される。

$$\eta_e = \frac{N + n - \Delta N}{(B + b)Hu} \tag{6.30}$$

ここで，n は前掲図 6.22 における 2 → 5 → 6 → 7 → 2 の増加分で，過給による増加 $(n - \Delta N)$ の増加分が b の増加割合より大きいとき，η_e は過給なしのときよりも増加する。確かに，機械損失および冷却損失はガス圧が高まるので，m および c だけ増すが，b の増加割合より小さく，また圧縮圧力が高いために着火遅れが短くなるなど燃焼が改善される効果も加わる。しかし，全体的に機械過給では出力は上昇できるが，ΔN が大きいために η_e を無過給以上にすることは難しい。

（2）断熱効率 ――――――

重要なことは，過給機は吸気密度を増加するために圧力を高めるもので，圧縮機内の加熱で温度上昇が増せば圧力は上がっても密度の増加は少なくなり，過給の効果が薄れて駆動力が増大し，ピストンやシリンダヘッドなどが加熱されたり，NO_x の上昇が起こる副作用を生じる。前掲図 6.22 で過給機が断熱圧縮すれば 1 → 2′ となるべきで，実際にはそれより密度が小さい 1 → 2 の加熱圧縮になる。

このような流出入ガスの状態変化は図 6.24 のような $i-s$ 線図または $t-s$ 線図で表すほうが便利である。同図は 0.1 MPa，20 ℃の空気を 0.2 MPa まで圧縮して供給する場合で，断熱圧縮では 84 ℃となるが，内部摩擦でもし 120 ℃まで加熱されれば，同じ圧力で比体積 v_2 が 0.68 から 0.74 m^3/N·m^3 に増加し，空気量は約 8 %減る。同じ空気質量を同じ圧力にするために，8 %大きい圧縮仕事を要することを意味す

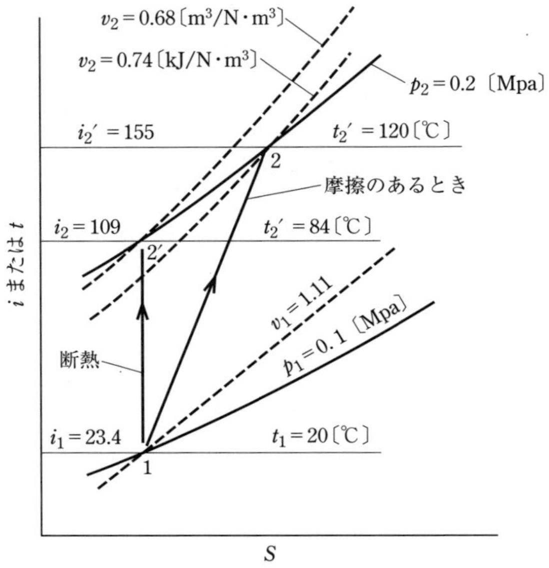

図6.24　過給気内での空気の状態変化の例

る。そこで，過給機の性能を表す因子として，つぎのような断熱効率 η_{ad} が使われる。

$$\eta_{ad}=\frac{\text{断熱圧縮して押し込む仕事}}{\text{実際の圧縮機駆動仕事}}=\frac{i_2'-i_1}{i_2-i_1}$$
$$=\frac{c_p(T_2'-T_1)}{c_p(T_2-T_1)}=\frac{\left(\dfrac{p_2}{p_1}\right)^{\frac{\kappa-1}{\kappa}}-1}{\dfrac{T_2}{T_1}-1} \qquad (6.31)$$

エンジントルクが吸気質量に比例するとみなせば，平均有効圧力上昇率は次式で表される。

$$\text{平均有効圧力上昇率}=\frac{r_2}{r_1}=\frac{p_1}{p_2}\frac{T_1}{T_2}=\frac{\dfrac{p_2}{p_1}}{1+\dfrac{1}{\eta_{ad}}\left[\left(\dfrac{p_2}{p_1}\right)^{\frac{\kappa-1}{\kappa}}-1\right]} \qquad (6.32)$$

この関係を図 6.25 に示す。同図から，圧縮機内での摩擦熱が少ないほど，またできれば積極的に冷却して $T_2/T_1=1$ の等温圧縮に近づければ，いっそう出力向上が得

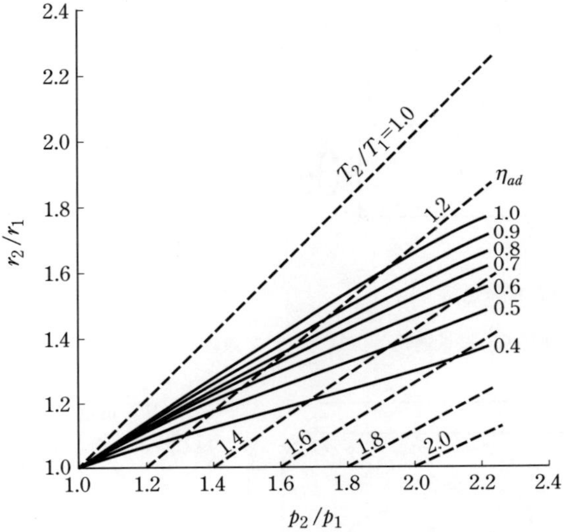

図6.25　圧縮機の効率および温度上昇が機関の吸気密度に与える影響

られることがわかる。過給機を出た空気を冷却器（intercooler）で冷やして，エンジンに入れる方法が広く採用されている。このようなことは，つぎに説明するターボチャージャの場合も同じである。

6.5.3 排気タービン過給

（1）構造 ――――

前述した機械過給に対して排気タービン過給（exhaust-gas turbocharging または turbocharging）は，図 6.26（b）のように，圧縮機を排気エネルギーを回生して駆動するもので，エンジンの動力を使わないことが最大の特長である。その代表的な構造が図 6.27 で，排気で軸流タービンを回し，その出力で遠心式圧縮機を直結で数万から十万 rpm の高速で駆動する。そのため小型で，純回転運動で振動・騒音が少ない長所をもち広く使われている。

一方，エンジンは元来脈動的流れであり，それを定常流のタービンに使うのでつぎの 2 つの方式がある。

① 静圧過給（constant pressure turbocharging）

② 動圧過給（pulse turbocharging）

このうち①は自動車用として，②は大型ディーゼル用の一部に利用されている。

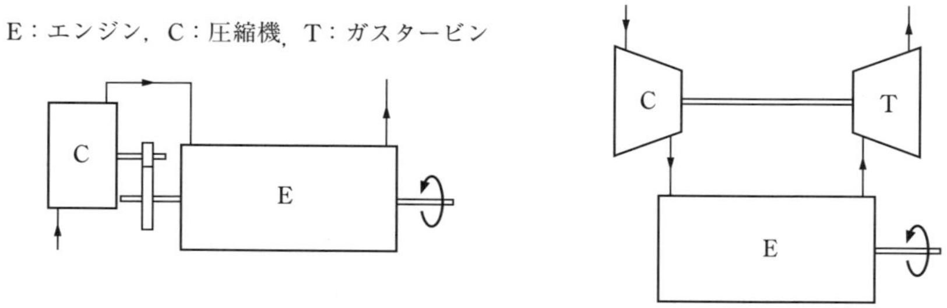

(a) 機械過給　　(b) ターボ過給

図6.26　機械過給と排気タービン過給のシステムの違い

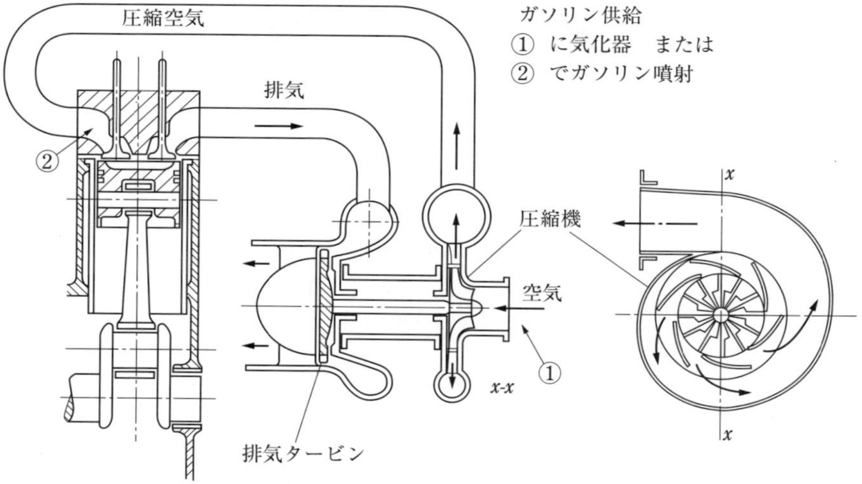

図6.27　ターボチャージャの構造略図

(2) 静圧過給

静圧過給は，排気管を大きくして排気の質量と圧力の脈動を小さくしてタービンへの流入を実質的に定常流とするものである。本法の欠点は，排気口から流出するガスの大きい運動エネルギーを完全には利用できないことである。

図 6.28 は，吸・排気作用を説明するために低圧部圧力を拡大した理想的 $p - V$ 線図で，シリンダ内サイクルは 6 → h → 2 → 5，実際は 7 → a → e → 2 → 5 である。7 のガスはタービンノズル入口の圧力 p_1 で，大きい容積の室またはパイプに流出する。もし，このガスがタービンの抵抗に打ち勝って断熱膨張すれば 7 → 11 の下の面

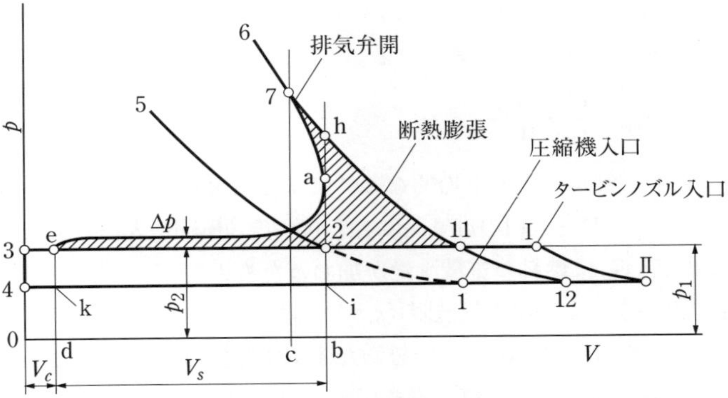

a →e→k→i→a 相当動力：N_1　　I →II →4→3→I：$W_{\mathrm{I\,II}}$

e →2→i→k→e 相当動力：N_s　　上記の 相当動力：N_t

a →e→2→a　相当動力：$N_1 - N_s$　　1 →2→3→4→1：W_{12}

上記の 相当動力：N_c

図6.28　排気タービン過給機付き機関の低圧線図

積に当たる仕事をし，温度も下がる。しかし，この場合はこの仕事はいったん速度エネルギーになり，さらに室内で熱にかえって温度を高め，ガス体積をIIからIに増大する。これによる温度上昇は 150 ～ 250 ℃である。

室内の体積が十分大きく，そのなかに流入するガスとノズルから流出する量が同じで，p_1 で一定と考えられる場合を静圧過給と呼ぶ。このとき，ガスはタービン内でI→IIと大気圧まで膨張するが，その理論仕事はI→II→4→3→Iの面積に当たる。それによって駆動される圧縮機内では，外気を過給圧力 p_2（本例では p_1 と同じ）まで1→2と圧縮し，それに要する理論仕事は1→2→3→4である。

そこで，タービンの出力 N_t と圧縮機の必要入力 N_c の関係を解析すれば，ガス1 kg 当たりのタービンでの理論仕事 $W_{\mathrm{I\,II}}$ は次式で表される。

$$W_{\mathrm{I\,II}} = RT_{\mathrm{I}} \frac{\kappa_g}{\kappa_g - 1}\left\{1 - \left(\frac{p_{\mathrm{II}}}{p_{\mathrm{I}}}\right)^{\frac{\kappa_g - 1}{\kappa_g}}\right\} \tag{6.33}$$

毎秒の排気流量を G_g，タービンの効率を η_t とすれば，N_t は次式で表される。

$$N_t = \eta_t G_g W_{\mathrm{I\,II}} \tag{6.34}$$

タービンと圧縮機を直結すれば，N_t は（6.29）式の N_c と等しい。

$$\eta_t \eta_c \frac{G_g}{G_a} = \frac{W_{12}}{W_{\mathrm{I\,II}}}$$

いま，エンタルピーの差（$i_{\mathrm{I}}-i_{\mathrm{II}}$）のタービンで必要な過給圧 p_2 を得るための最低限の全効率 $(\eta_t\eta_c)_{\min}$ は次式で表される。

$$(\eta_t\eta_c)_{\min}=\frac{G_a}{G_g}\cdot\frac{W_{12}}{W_{\mathrm{I\,II}}} \tag{6.35}$$

図 6.29 はディーゼル機関の平均的な条件による計算値である。$p_{\mathrm{I}}=p_{\mathrm{II}}$ および $p_1=p_2$ の場合で，タービン入口の排気温度 t_{I} を 650 ℃，圧縮機入口の空気温度 t_1 を 20 ℃とした結果で，G_a に燃料の質量流量が加わったものが G_g であり，λ が大きいと G_a/G_g は 1 に近づき，全効率の最低限 $(\eta_t\eta_c)_{\min}$ はほぼ 0.4 であるので，η_t と η_c はそれぞれ 65 %以上であれば上記の条件を満たす。実際には，p_2/p_1 が 2.0 ぐらいまでは 80 ～ 85 %に達して，さらに高い過給圧 p_2 にすることができる。もし，効率が低いか排気エネルギーが不足のときは，タービン出力が不足で過給機の回転数が下がり，p_2 も低下する。このようなときには，機械式過給を併用することがある。

また，排気タービン過給エンジンの圧縮機駆動の動力は排気エネルギーによるので，エンジン全体の熱効率は機械式より有利である。前掲図 6.23 と同様に，エネルギーのシステムを図 6.30 に示す。

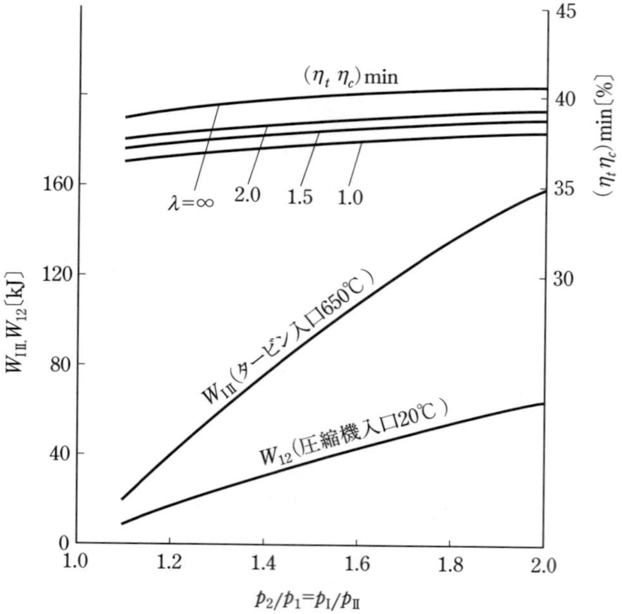

図6.29　タービンおよび圧縮機の断熱仕事および最低の全効率 $(\eta_t\ \eta_c)=(\eta_{tot})$ min

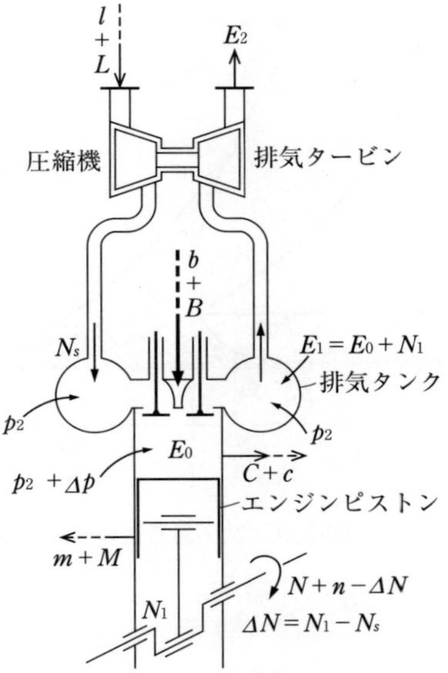

図6.30　排気タービン過給のエネルギーシステム

ここで，E_0 は排出されるべき燃焼ガスのエネルギーで，エンジンのピストンは排気行程中，その圧力 $p_2 + \Delta p$ に抗してガスを p_2 のタンクへ押し出し，前掲図 6.28 の a → e → k → i → a の仕事をしなくてはならない。そのための動力 N_1 は E_0 に加わる。排気タンク内の全エネルギー E_1 は（6.34）式の N_t に当たり，それによってターボチャージャを駆動し，p_2 の圧縮空気が得られ，そのときの圧縮機の出力 W_{12} は 1 → 2 → 3 → 4 → 1 であるが，吸気行程でピストンに還されるのはそのうちの e → 2 → i → k → e である。それに当たる動力を N_s とすれば，動力損失 ΔN は $N_1 - N_s$ で a → e → 2 → a の仕事に相当し，機械過給の ΔN に比べて，圧縮機の損失がわずかであり，負にすることも可能である。

(3) 動圧過給 ————

静圧式では，排気行程初期の高圧ガス吹き出しエネルギーはいったん運動のエネルギーに変わり，さらにそれが熱エネルギーに変わるが，その際エネルギー損失をともなう。また，背圧 $p_2 + \Delta p$ による損失動力 N_1 を要する。したがって，排気弁の直後にガスタービンノズルが置かれて各サイクルごとに直接高圧排気流を受けることができれば，図 6.31 の斜影部の仕事がそのまま過給機の動力となる。また，排気の背圧は静圧式の $p_2 + \Delta p$ に対して p_b のように低く，過給圧 p_2 による仕事 N_s も

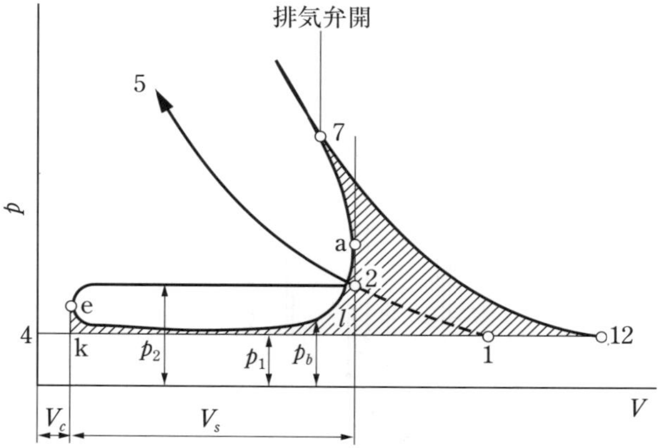

図6.31　動圧過給機の作用

加わるので，全体の効率がさらに高まる長所がある。

この動圧過給の構造は，各シリンダの排気孔からできるだけ小さい体積のパイプでタービンノズルへ等間隔に，また各パルスのオーバラップが最小になるようにパイプをグループ分けして，非定常性をできるだけ避ける方法で排気を送るように設計する。

6.6　2サイクル機関の掃気

6.6.1　掃気作用の意義

2サイクル機関では，4サイクルに比べて排・吸気のための1回転を省略し，下死点前後の短い時間，ほぼ150°ぐらいのあいだで排気と新気の交換を同時に行う。これを掃気作用（scavenging）と呼ぶ。もし，この期間に排気を完全に放出して新気で充満させることができれば，同じ行程容積，回転数の4サイクルの2倍近い出力を得ることができる。さらに，毎回爆発するので，回転トルクのむらが少なく，出力当たりの摩擦損失が小さいなどの長所がある。

逆に，この掃気作用が不完全なときは，多くの燃焼ガスが残留し，供給された新気の一部がシリンダ内にとどまらず，素通りして排気口から放出され，吸気不足で出力は低減する。ガソリン機関のように新気中に燃料を含むものは，素通りの燃料はまったくの損失となり燃料消費率が大きく，排気中に多量の炭化水素を含み，公害対策も困難である。一方，残留ガスは内部EGRであり，窒素酸化物が少ない特長がある。

6.6.2 掃気法の分類

(1) 掃気口の配置，または掃気流の形による分類 ――――――

図 6.32（a）は掃気入口と排気口が向かい合っている横断式（cross type）で，シリンダ上方に掃気流を a のように押し上げるためのピストン頭部形状とするが，上方に燃焼ガスが残留しやすく，b のように新気の素通りも多い欠点をもつ。

図 6.32（b）は 2 つの掃気口より流入する流れが向かいのシリンダ壁に合流して衝突し，シリンダ上方に向きを変え，流入方向とは逆向きに排気を押し出すもので，開発者の名をとってシュニューレ方式と呼ばれ，小型用に広く使われている。

同じループ式でも図 6.32（c）の M.A.N 方式のように，排・掃気口に上・下 2 段にしたものもある。これは大型ディーゼルに使われ，排気孔をピストンで閉じてたのでは遅過ぎるので管制弁を付けて掃気作用の後期に排気を止める（図 6.34 参照）。

(2) 給気圧縮法による分類 ――――――

ガソリン機関または小型ディーゼル機関では，構造を簡単にするために別の掃気用圧縮機を使わないで，クランク室に吸い込んだ給気をピストン裏面で圧縮する方法がとられている。

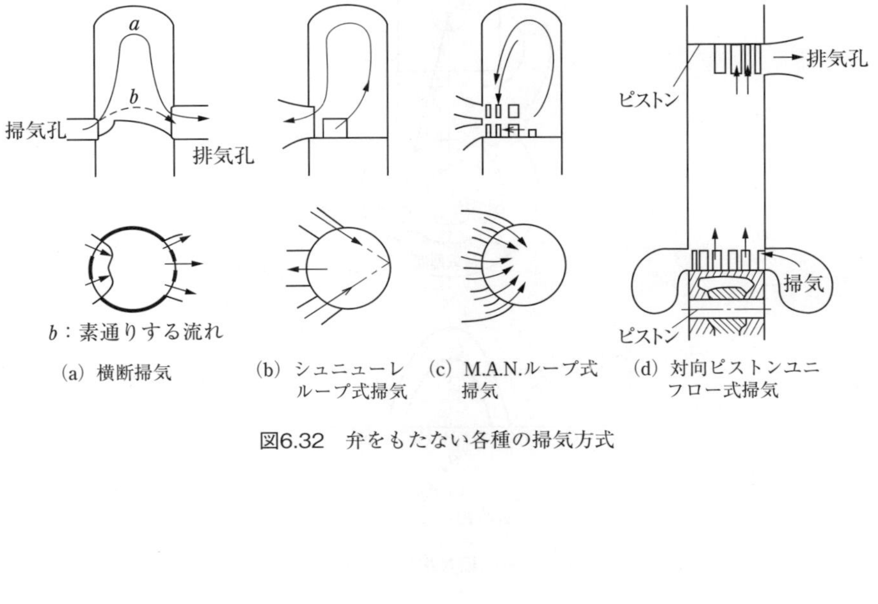

図6.32　弁をもたない各種の掃気方式

6.6.3 構造および作動

(1) クランク室圧縮式

図 6.33 は，クランク室圧縮，シュニューレ掃機単シリンダディーゼル機関の略図である。クランク室の圧縮比を上げるために，クランク室空間体積はできるだけ小さくするが，実際には圧縮比で 1.5：1 ぐらいである。つぎに，ポートタイミングは排気口の開きは遅いほどガス圧力の無駄は少ないが，のちの掃気の時間が短くなるので θ は 110° 前後である。しかし，この 2 つの点が決まれば，実はピストンによるタイミングの欠点として両ポートの閉まる時期は下死点に対して対称で対称掃気と呼ばれる。これは，閉止時期としては不適当なもので，掃気口が閉じて排気口が閉じるまでは，それまで入った新気の一部が排気口から逃げ，有効なシリンダ圧縮が減少するからである。

(2) 排気管制弁付きループ式掃気法

図 6.34 は，大型 2 サイクル舶用ディーゼル機関の非対称ループ式掃気で，排気タ

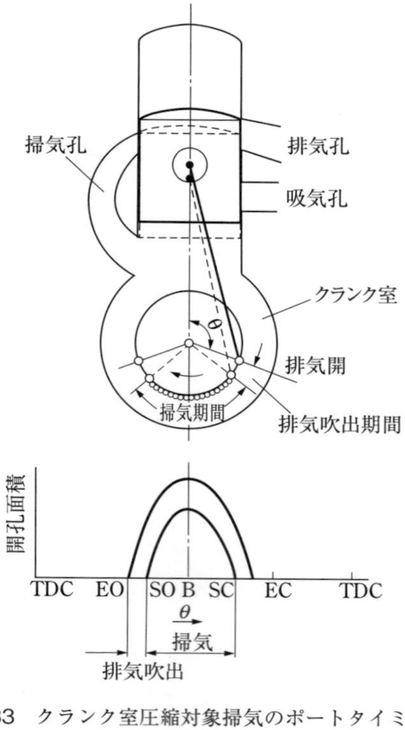

図6.33　クランク室圧縮対象掃気のポートタイミング

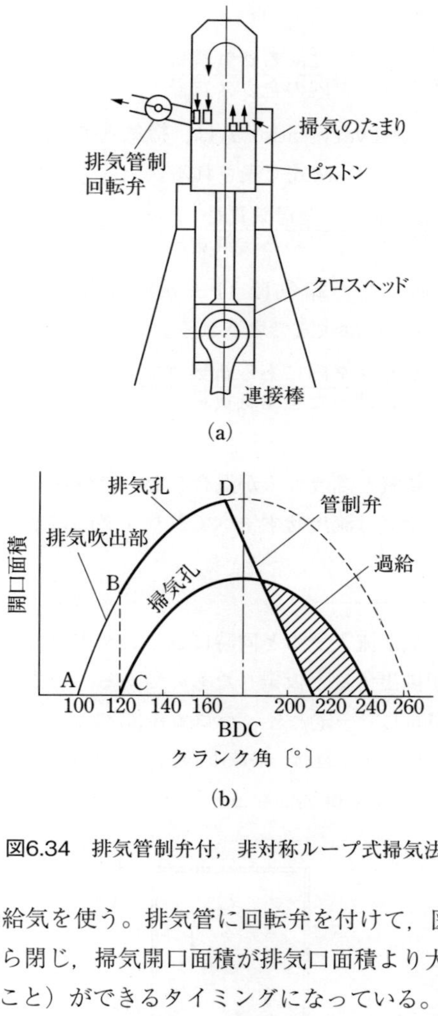

図6.34　排気管制弁付，非対称ループ式掃気法

ービン圧縮機からの給気を使う。排気管に回転弁を付けて，図 6.34（b）で示すように，排気を早くから閉じ，掃気開口面積が排気口面積より大きく，過給（大気圧以上の吸気を入れること）ができるタイミングになっている。また，A 点→B 点は排気が排気管から吹き出し，B 点で掃気口が開き，C 点で掃気が混入する。

6.6.4 掃気作用の効率

（1）表現法 ――――

4 サイクル機関の体積効率や充填効率に当たるものが，2 サイクルの場合はつぎのような表現法が使われる。

a）掃気効率　　掃気効率（scavenging efficiency）η_s は，圧縮されたガス中の新気

濃度で，次式で表される。

$$\eta_s = \frac{\text{掃気シリンダ内にある新気質量}}{\text{掃気後シリンダ内の全ガス質量}} \tag{6.36}$$

b）給気比　給気比（delivery ratio）l_0 は，掃気効果には掃気に供給される掃気量が重要因子であるので，次式で表される。

$$l_0 = \frac{\text{掃気に使った全掃気質量}}{\text{外気状態で}V_s\text{を占める給気質量}} \tag{6.37}$$

c）給気効率　素通りした給気は（$1-\eta_t$）に当たることから，給気効率（trapping efficiency）η_t は次式で表される。

$$\eta_t = \frac{\text{掃気後シリンダ内にある新気質量}}{\text{掃気に使った全給気質量}} \tag{6.38}$$

（2）完全層状掃気

完全層状掃気とは，新気と燃焼ガスが混合しないで分離して流動し，燃焼ガスをすべて排出して，なお新気は流出せずすべてシリンダ内にとどまる理想的な掃気である。

（3）完全混合掃気

完全混合掃気は，新気が流入すると同時にシリンダ内の既存ガスと完全に均一混合し，その混合ガスが排出すると仮定したものである。いま，ごく単純に考えて既存ガスと新気の密度が同じで一定とし，かつ図 6.35 のピストンが下死点で動かない状態で掃気が行われるものとすれば，ある時刻から Δt 間の流入質量はその時刻の流量が G のとき，$G\Delta t = \Delta G$ で排気量も ΔG である。そのときのシリンダ内の新気濃

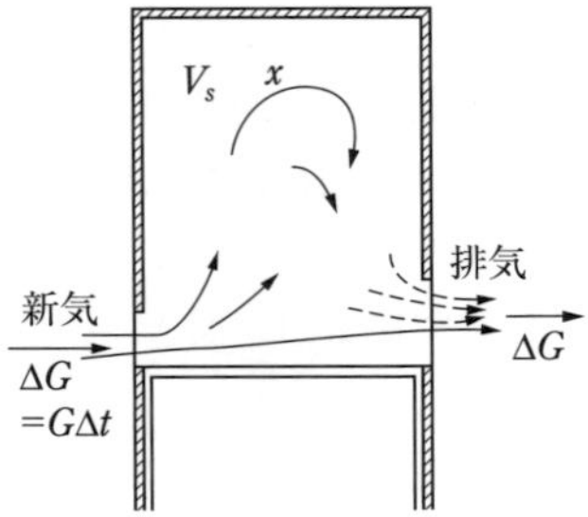

給気量$G_1=\int_1^2 G\Delta t$

図6.35　掃気の性能の説明

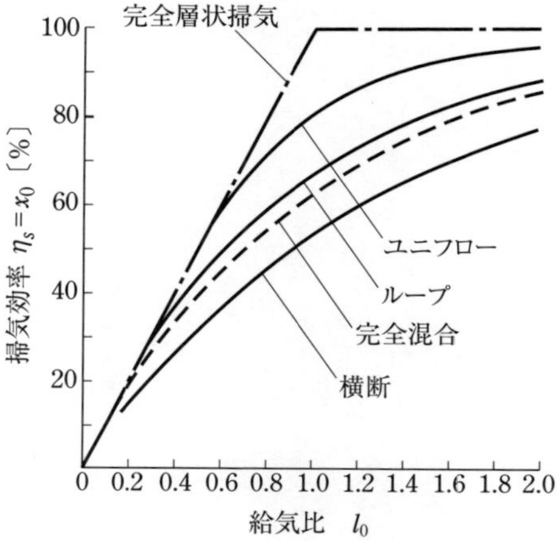

図6.36　各種掃気方式に対する掃気特性

度を x とすれば，Δt 間に増加する濃度 dx は次式で表される。

$$dx = \frac{V_s x + \Delta G - x\Delta G}{V_s} - x$$

$$\therefore \quad \frac{dx}{1-x} = \frac{\Delta G}{V_s}$$

両辺を $x = 0$ から最終濃度 x_0 まで積分し，G_1 を掃気量とすれば次式のようになる。

$$\frac{G_1}{V_s} = l_0 = -\log_e(1 - x_0) \tag{6.39}$$

図 6.36 の点線は（6.39）式を示し，$l_0 = 1$ すなわち V_s の同量の掃気を使えば，η_s は約 62 %，$l_0 = 2$ では 83 %に達する。これに対して完全層状掃気では，$l_0 = 1$ で $\eta_s = 100$〔%〕である。また，図 6.36 は横断式やループ式の大略値を示し，これらは完全混合に近いがユニフロー式はそれらに比べて優れた性能をもつことがわかる。

第7章

クランク機構の力学

7.1 クランク機構の特徴

内燃機関では作動ガスの圧縮，燃焼ガスの膨張による仕事を回転運動の動力として取り出すための機構が必要である。純回転運動のみのガスタービンもあるが，大多数を占めるレシプロエンジンでは，シリンダヘッドで一方がふさがれているシリンダのなかを直線的に往復するピストンの動力をクランク機構によって回転運動に変換している。この方式の長所を以下に示す。

① 気密が簡単で優れている。

② 高温ガスの流動が少なく，伝熱損失が小さく，燃焼室壁面の温度が低い。

③ 構成材料が安価で，加工も容易である。

④ 耐久性が高い。

⑤ 上下死点付近ではシリンダ内の体積変化が遅いので，着火，燃焼および吸・排気作用に都合がよい。

一方，つぎのような欠点をもつ。

① 運動部分の慣性力の不釣り合いで，振動や騒音を起こしやすい。

② 上死点付近でピストン力は大きいが，軸回転力は小さい。

③ 連接棒の傾きによってピストンがシリンダへ側圧で衝突し（ピストンスラップ），振動，騒音，キャビテーション，摩擦損失などの障害のもとになる。

④ 大きい体積，重量を占める。

⑤ はずみ車作用がないと運転できない。その作用が小さいと，1回転中の回転変動が増す。

以上の問題はあるが，これに代わる優れた機構は出現しそうにない。

7.2 ピストンの力学

7.2.1 ピストンの運動

図7.1でクランクピンCはクランク軸心Oのまわりにほぼ一定の角速度 $\omega = d\theta/$

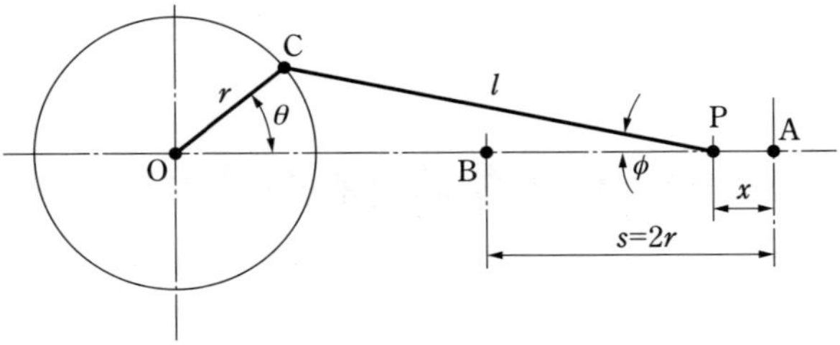

図7.1　クランク機構の回転角 θ と変位 x の関係

$dt \fallingdotseq 0.10472\,n$〔rad/s〕（ここで，$n$：エンジン回転数〔rpm〕）で回転し，連接棒（connecting rod）CP によってピストンピン P の往復運動と連結されている。P は上死点 A と下死点 B の間を往復し，$l/r = \lambda$ は普通 3.5 ～ 4.0 である。いま，ピストンの A からの変位 x をクランク回転角 θ で表せば，次式のようになる。

$$x = r + l - (r\cos\theta + l\cos\phi),\quad r\sin\theta = l\sin\phi \text{より},$$
$$= r(1-\cos\theta) + \lambda r\left(1 - \sqrt{1 - \frac{1}{\lambda^2}\sin^2\theta}\right) \tag{7.1}$$

右辺第 2 項を展開して，第 2 項までとれば近似的に次式で表される。

$$x = r\left\{(1-\cos\theta) + \frac{1}{4\lambda}(1-\cos 2\theta)\right\} \tag{7.2}$$

速度 v は，次式で表される。

$$v = \frac{dx}{dt} = \frac{dx}{d\theta}\cdot\frac{d\theta}{dt} = \omega\frac{dx}{d\theta} = \omega r\left(\sin\theta + \frac{1}{2\lambda}\sin 2\theta\right) \tag{7.3}$$

最大速度 $v_{\max}$ は，$\cos 2\theta = -\lambda\cos\theta$ で発生し，$\theta \fallingdotseq 75°$ である。その値は，クランク腕と連接棒がほぼ直角の点で，次式で表される。

$$v_{\max} \fallingdotseq \omega r \tag{7.4}$$

また，平均速度 v_m は時間平均で，次式で表される。

$$v_m = 2\cdot 2r\cdot\frac{n}{60} = \frac{sn}{30}\ \text{〔m/s〕},\ S = 2r：\text{ストローク} \tag{7.5}$$

この値は，ピストンの摩擦損失やシリンダ内ガス流速に対する目安としてよく使われる。図 7.2 と図 7.3 にそれぞれ $v-\theta$，$v-x$ 特性の例を示す。エンジン作動の位相を示す因子として，クランク角 θ とピストン変位はともによく使われるが，両表示の結果はかなり異なった特性になることがある。一般には，θ は時間を示すので燃焼に関係する経過などに，x は運動変位で仕事に関係するものなどの記述に使

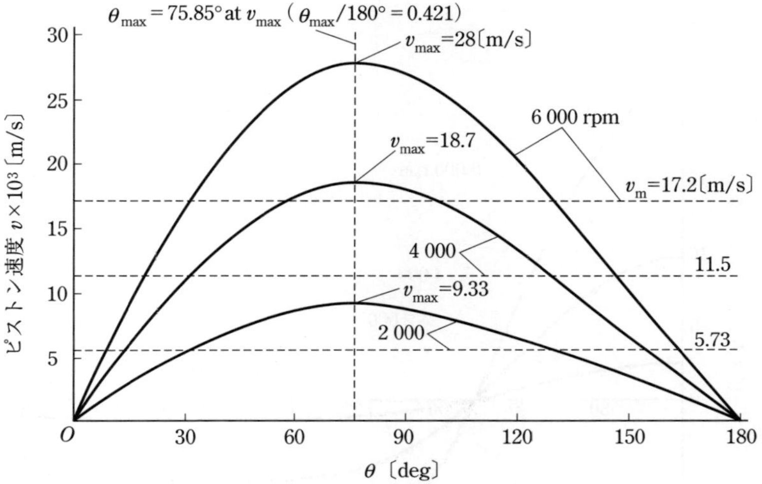

図7.2　v - θ 線図
（$D \times S$ ＝86×86〔mm〕，499.6〔cc〕，l＝155〔mm〕，r＝86/2 ＝43〔mm〕，$\lambda = l/r$＝3.605）

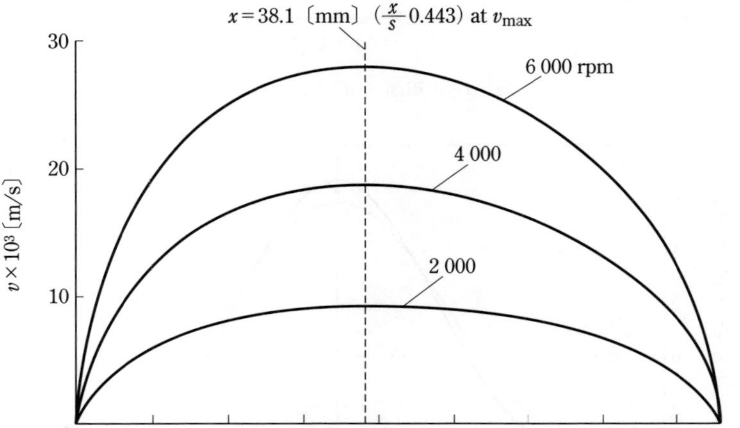

図7.3　v - x 線図（図7.2と同エンジン）

われる。時間 θ に対してピストンは緩やかに速度を増すが，変位に対しては急速に増すことがわかる。また，v_{max} は θ についても x についてもほぼ同じところにある。

つぎに，ピストン加速度 α は（7.3）式を t で微分し，次式で表される。

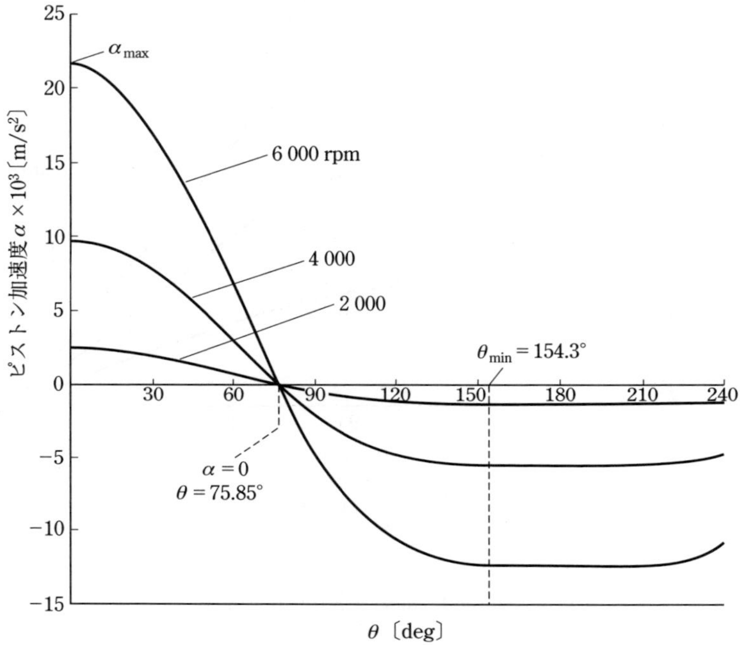

(a) α - θ 線図（図7.2と同エンジン）

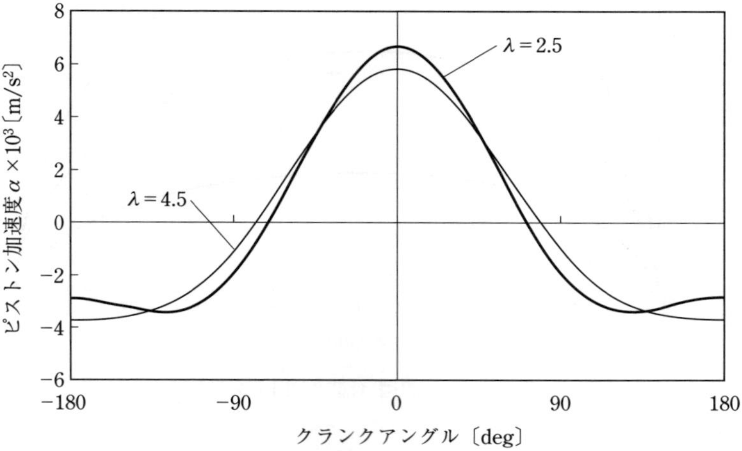

(b) λによるピストン加速度の変化

図7.4　ピストンの加速度

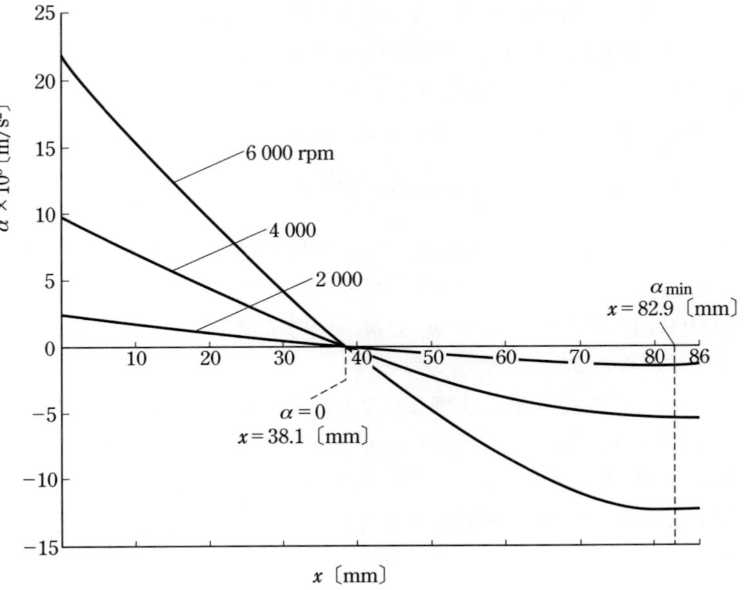

図7.5　α - x 線図（図7.2と同エンジン）

$$\alpha = \omega^2 r\left(\cos\theta + \frac{\cos 2\theta}{\lambda}\right) \tag{7.6}$$

最大・最小の加速度は $d\alpha/dt = 0$ より，次式で表される。

$$\sin\theta = 0 \quad および \quad \cos\theta = -\frac{\lambda}{4} \tag{7.7}$$

図 7.4 に加速度の計算結果を示す。図および（7.7）式より，最大値は上死点で現れることがわかる。一方最小値をとるクランクアングルは図 7.4（b）に示すように λ の値によって異なる。それぞれの絶対値は α_{max} は α_{min} の約 2 倍である。図 7.5 は $\alpha - x$ 線図で，α_{max} は上死点で，さらに急降下するように表される。また，α_{min} の点は $\theta_{min}/180° = 0.857$ に対し，$x_{min}/s = 0.964$ である。

この加速度 α はピストンやリングなどの運動に大きい影響をもつ。また，それは n または ω の二乗に比例するので，小型・高速機関では重要因子である。

7.2.2　慣性力

質量 m の物体を加速度 α で加速させるためには，力 $m\alpha$ を作用させなければならない。そのとき，物体はもとのままでいるように，すなわち慣性のためにαと逆向きの力$-m\alpha$が物体に作用する。この力を慣性力（inertia force）と呼ぶ。

図7.6において，質量m_1のピストンにピストンピンが作用してαでピストンを加速するとき，ピストンによりピンに加えられる慣性力F_iは次式で表される。

$$F_i = -m_1\alpha = -m_1\omega^2 r\left(\cos\theta + \frac{\cos 2\theta}{\lambda}\right) \tag{7.8}$$

（　）内の$\cos\theta$の項を1次（primary），$\cos 2\theta$の項を2次（secondary）の慣性力という。（7.8）式のうちm_1はピストンのみの質量で，連接棒に作用する慣性力はm_1の代わりに図7.6に示す$m_p = m_1 + m_2$を，またエンジン全体に作用する力はmを代入して求められる。

つぎに，αはω^2またはn^2に比例し，たとえば図7.4の6 000 rpmのときのαの最大値は約22×10^3〔m/s^2〕（≒2.2×10^3〔G〕）に達する。すなわちピストン重量の2 200倍の慣性力が発生する。一例を挙げれば$m_1 = 0.35$〔kg〕のとき慣性力は7 700〔N〕となる，この値は燃焼ガス圧力がピストンを下向きに押す力の値を上回ることもある。

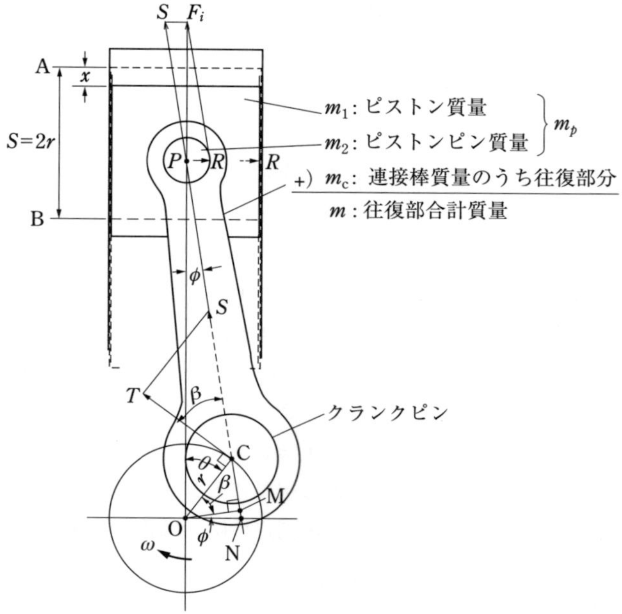

図7.6　ピストン慣性力F_iによる回転力

図7.6のように，連接棒の傾きが ϕ のとき F_i により生じる側圧 R がシリンダを押し，側圧 R は次式で表される。

$$R = F_i \tan\phi \tag{7.9}$$

クランクピンCの方向には $S = F_i \sec\phi$ の力が働き，クランクピン中心Cの接線方向の分力は次式で表される。

$$T = S\cos\beta = F_i \frac{\cos\beta}{\cos\phi} = F_i \frac{\dfrac{\overline{\mathrm{OM}}}{\overline{\mathrm{OC}}}}{\dfrac{\overline{\mathrm{OM}}}{\overline{\mathrm{ON}}}} = F_i \frac{\overline{\mathrm{ON}}}{\overline{\mathrm{OC}}} \tag{7.10}$$

クランク軸中心Oのまわりのトルク C_p は，次式で表される。

$$C_p = Tr = F_i \overline{\mathrm{ON}} \tag{7.11}$$

また C_p は次式で表される。

$$\begin{aligned} C_p &= \frac{F_i r \sin(\theta + \phi)}{\cos\phi} \\ &= F_i r \sin\theta \left(1 + \frac{\cos\theta}{\sqrt{\lambda^2 - \sin^2\theta}}\right) \\ &\fallingdotseq F_i r \left(\sin\theta + \frac{\sin 2\theta}{2\lambda}\right) = F_i v / \omega \end{aligned} \tag{7.12}$$

ここで，v はピストン速度である。

7.2.3　連接棒

(1) 振れ回りの角加速度

連接棒（connecting rod）の小端部はピストンとともに往復運動し，大端部はクランクピンとともに回転運動し，その途中は両運動の合成された運動をしている。まず，ピストンピンPを中心とする連接棒の傾き角 ϕ の動きを解析する。$\mathrm{PC} = l$ とすれば，$l \sin\phi = r\sin\theta$，$\sin\phi = \dfrac{1}{\lambda}\sin\theta$ で，$(\sin\phi)_{\max} = \dfrac{1}{\lambda}$ である。

角速度は次式で表される。

$$\frac{d\phi}{dt} = \omega \frac{\cos\theta}{\sqrt{\lambda^2 - \sin^2\theta}} \tag{7.13}$$

$\theta = 0$ のとき角速度は最大値をとり次式で表される。

$$\left(\frac{d\phi}{dt}\right)_{\max} = \frac{\omega}{\lambda} \tag{7.14}$$

角加速度は次式で表される。

$$\frac{d^2\phi}{dt^2}=\omega\frac{d}{d\theta}\left(\frac{d\phi}{dt}\right)=-\omega^2\frac{(\lambda^2-1)\sin\theta}{(\lambda^2-\sin^2\theta)^{3/2}} \tag{7.15}$$

最大値は $\theta = 90°$ のときであり次式で表される。

$$\left(\frac{d^2\phi}{dt^2}\right)_{\max}=-\frac{\omega^2}{\sqrt{\lambda^2-1}} \tag{7.16}$$

(2) 振れ回りの慣性力 F_a ――――――

a) 角変位による遠心力　図 7.7 の P から x 点における長さ dx，断面積 f，密度 γ に働く，ある瞬間の遠心力の総和は次式で表される。

$$F_{a1}=-\gamma\left(\frac{d\phi}{dt}\right)^2\int_{-r_1}^{l+r_2} fxdx \tag{7.17}$$

b) 角加速度のための慣性力　ϕ の変化による x 点の振れ回り加速度は $xd^2\phi/dt^2$ であるので，ある瞬間の全慣性力は次式で表される。

$$F_{a2}=-\gamma\frac{d^2\phi}{dt^2}\int_{-r_1}^{l+r_2} fxdx \tag{7.18}$$

この力は連接棒に曲げモーメントを与え，$(d^2\phi/dt^2)_{\max}$ は（7.16）式で得られる。

c) 相当力学系　ピストンやクランク軸の力学のためには，連接棒の質量 m_c を

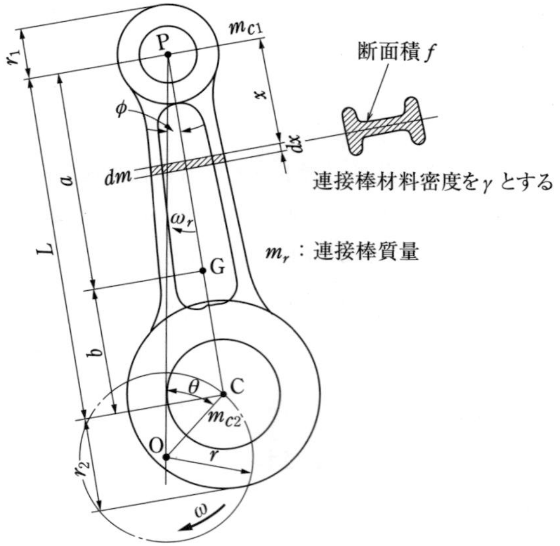

図7.7　連接棒の慣性力

点Ｐと点Ｃに振り分けm_{c1}，m_{c2}の質点として扱い，これらを長さlの質量のない棒で結んだ相当力学系（equivalent dynamic system）に置き換えて取り扱うと便利である。力学的に同じ作用をするための条件はつぎのようである。

① 全体の重量が同じ。 $m_c = m_{c1} + m_{c2}$

② 重心の位置Ｇが同じ。 $m_{c1}a = m_{c2}b$

両式より，m_{c1}とm_{c2}は次式で表される。

$$m_{c1} = m_c \frac{b}{l},\quad m_{c2} = m_c \frac{a}{l}$$

③ 重心のまわりの慣性モーメントが同じ。

上の条件をすべて満足することはできない。しかし，①と②だけで近似計算することが多い。

7.3 ピストンスラップ

7.3.1 現象とその障害

クロスヘッドをもたないエンジンでは，連接棒が傾いてピストンを支える。そのため，ピストンをシリンダの一方の壁に押し付ける力，側圧が発生するが，連接棒の傾きは左右に変化し，かつピストン上下に作用する力の大きさおよび方向も絶えず変化する。またピストンとシリンダ間には隙間も必要である。その結果，ピストンはシリンダ壁の両面に衝突を繰り返す。もちろん，ピストン隙間が大きいほど衝撃も大きい。とくに圧縮上死点直後の衝突が激しく，つぎのような障害のもとになっている。

①振動・騒音（スラップ音）

エンジン騒音の周波数分析によれば，5～10 kHzの高周波は主として燃焼衝撃によるもので，2～5 kHzが機械騒音である。そのうち，低速・低出力時すなわち燃焼騒音が小さくピストン隙間が大きいときの機械騒音の主要部分がピストンスラップ（piston slap）に起因している。

②シリンダ外壁のキャビテーション

ピストンスラップ衝撃によってシリンダが振動し，外壁が冷却水から離れる位相で水が壁の動きに追従できないで空洞（水蒸気を含む泡）ができる。つぎに，近づく位相で空洞は圧縮・破壊されるが，そのとき空洞内は高圧となり，壁面が次々にえぐり取られてピンホールが発生する。とくに，電蝕作用が併発しているときは障害は加速され，ピンホールがシリンダを貫通するに至る。このような現象をシリン

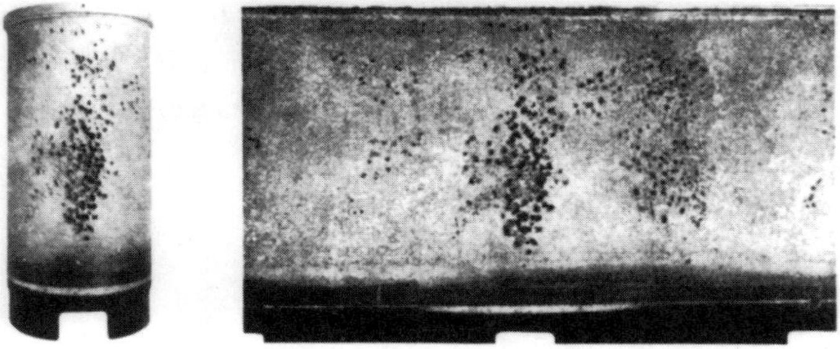

図7.8　ディーゼルのシリンダ外壁にできたキャビテーションの例

ダのキャビテーションエロージョンと呼び，図 7.8 にその外観を示す。キャビテーションはディーゼルエンジンで薄肉シリンダを使うとき起こりやすい。

7.3.2 スラップ運動

図 7.9 は，ピストンの横運動に関する力学系を示すもので，y は運動方向の座標，c は半径隙間である。いま，問題を単純化するために，スカート部をシリンダ内面と平行の剛体と仮定し，側圧 R はその上下端 A，B で支えられるとする。ピストン

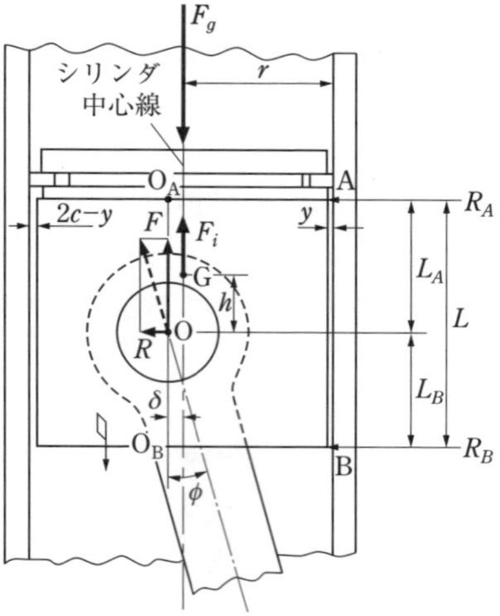

図7.9　ピストンスラップの作用力

ピン中心Oはシリンダ中心とδだけオフセット（offset）され，Gはコンロッド小端部，ピンおよびピストンの往復質量mの重心とする。また，膨張行程でピストンが接している側を，スラスト側と呼ぶ。上下方向の力Fはガス力F_gと慣性力F_iの和で，上死点から下方向を正にとれば，$F = F_g - F_i$である。この力でピンを押し下げ，ピンはϕだけ傾いた連接棒でその力を支えるために，接触部の摩擦を無視すればシリンダに垂直な側圧Rが発生する。側圧Rは次式で表される。

$$R = F\tan\phi \tag{7.19}$$

これを計算した一例が図7.10で，FのうちF_iは回転数の二乗に比例し，圧縮行程と作用行程ではF_gが加わる。

このRを支えるR_AとR_Bは，O_AとO_B点のまわりのモーメントの釣り合いから，次式で表される。

$$\left.\begin{aligned} R_A &= \frac{1}{L}(-L_B R + \delta F_g - \delta F_i) \\ R_B &= \frac{1}{L}(-L_A R - \delta F_g + \delta F_i) \end{aligned}\right\} \tag{7.20}$$

R_AとR_Bが同符号のときは，一方の側に全面が接して上下方向に滑る。しかし，どちらかが符号を変えたあとは他端を中心に回転運動が起こり，つぎに両端が離れたあとはRによるGのまわりの回転と，並進の自由な運動となる。

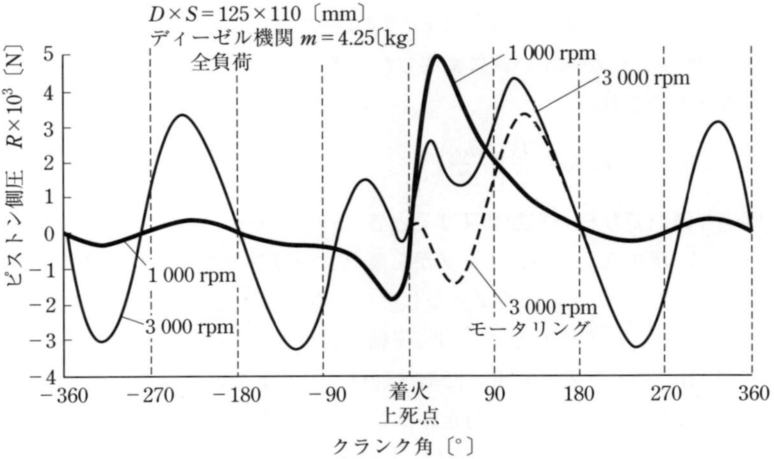

図7.10　高速ディーゼル機関のピストン側圧Rの変化

(1) 衝突までの並進運動 ————

ピストンがシリンダと接触していないときのピストン並進運動は次式に支配される。

$$R = m\frac{d^2 y}{dt^2} \tag{7.21}$$

一方，衝突速度が V のときの運動のエネルギー E は，次式で表される。

$$E = \int_0^{2C} R dy = \frac{m}{2} V^2 \tag{7.22}$$

ばね定数 k のシリンダが，衝突時最大力 Φ を受けて ε だけ変形したときのエネルギーは次式で表される。ここで $\varepsilon = \Phi/k$ である。

$$E = \frac{1}{2}\Phi\varepsilon = \frac{1}{2}k\varepsilon^2 = \Phi^2/2k \tag{7.23}$$

同じ E では k が大きいほど Φ が大きく，ε は小さい。

(2) 一端が離れているとき ————

ピストン上下端 A，B のうちどちらかがシリンダと離れているとき，ピストンは接触している一端を中心として回転運動し，その運動は次式で表される。

$$\left.\begin{array}{l} \text{B が離れたとき，} T_A = RL_A + F\delta = I_A\left(d^2\alpha/dt^2\right) \\ \text{A が離れたとき，} T_B = RL_B - F\delta = I_B\left(d^2\alpha/dt^2\right) \end{array}\right\} \tag{7.24}$$

ここで，T_A は A 点のまわりのモーメント，I_A は A 点に関する往復質量の MOI（慣性モーメント）で，α は回転角を示す。

A 点は離れず，B が向かい側に衝突したとき $\alpha_1 = 2C/L$ で，そのときのエネルギー E は次式で表される。

$$E = \int_0^{\alpha 1} T_A d\alpha = \frac{I_A}{2}\left[\left(\frac{d\alpha}{dt}\right)_{\alpha 1}\right]^2 \tag{7.25}$$

(3) 両端が離れてから一端が衝突するとき ————

ピストンの両端 A，B がシリンダから離れ，シリンダの反対側に衝突するとき，ピストンは図 7.11（a）に示すような状態にある。このときピストンは側圧 R による並進運動と重心 G を中心とする回転運動が合わさった運動をする。並進運動は前述の式（7.21）により表される。回転運動は，ピストンに作用する力によって重心まわりに生じるトルクによって引き起こされる。すなわち，ガス圧力と慣性力の合力の圧力 F' によるトルク $F'\delta$，側圧によるトルク Rh の和が慣性モーメントと角加速度の積と釣り合う形となり，以下のように表される。

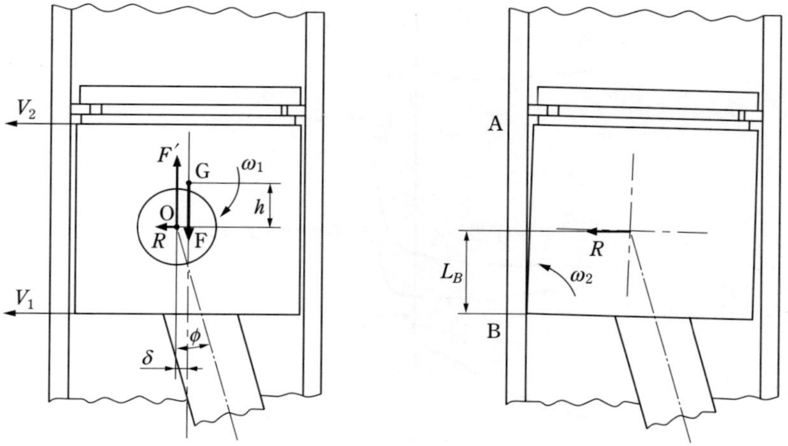

(a) ピストンがシリンダから離れているとき　　(b) ピストンが下端でシリンダと接触しているとき

図7.11　ピストンスラップの計算に用いる力など

$$T_G = Rh + F'\delta = I_G \frac{d^2\alpha}{dt^2} \tag{7.26}$$

これにより図 7.11（a）に示す角速度 ω_1 の回転運動が生じる。このためピストンは下端 B が速度 V_1，力 Φ で先にシリンダに衝突する。この状態を図 7.11（b）に示す。この後，下端 B を中心とするトルク $R \cdot L_B$ により，回転運動は逆方向の速度 ω_2 を生じ，これによりピストンスカート上端 A は速度 V_2，ω_2 でシリンダに衝突する。このようすを測定した結果を図 7.12 に示す。ピストンの下端が①でシリンダに衝突した後に上端は②で減速し，③でシリンダに衝突している。この後，ピストンに押されてシリンダ上部が変形していることがわかる。

このとき運動量の変化は力積 $\Phi\Delta t$ に等しいので，

$$\Phi\Delta t = m(V_1 - V_2)$$

ここで，G に関する回転運動は，$\Phi a = I_G \dfrac{d\omega}{dt}$，$\Phi a dt = I_G d\omega$ である。Φ 一定で積分して，$\Phi a \Delta t = I_G(\omega_2 - \omega_1)$，$I_G$ は重心に関慣性モーメントである。これらより，V_2 は次式で表される。また衝突のエネルギー E は，（7.28）式で表される。

$$V_2 = \frac{a(amV_1 - I_G\omega_1)}{I_G + a^2 m} \tag{7.27}$$

$$E = \frac{m}{2}(V_1^2 - V_2^2) + \frac{I_G}{2}(\omega_1^2 + \omega_2^2) \tag{7.28}$$

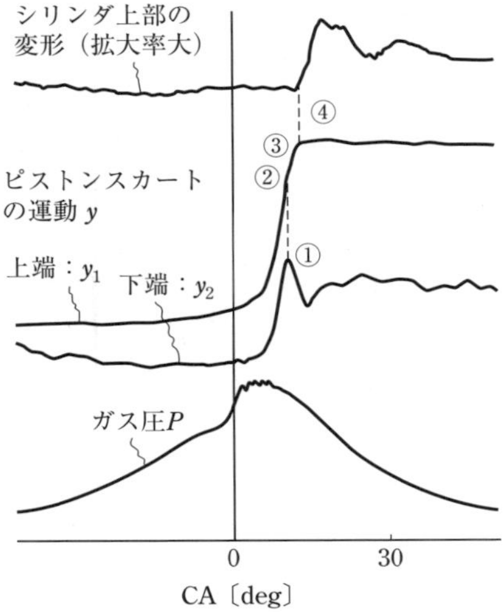

図7.12 ディーゼルエンジンのスラップ現象の測定例（$D \times S = 105 \times 113$〔mm〕，800 rpm，水温 30℃）

7.3.3 ピストンピンオフセット

(1) 理論と実際

図 7.13 (b) は前項の理論式を用いてピストンの挙動を計算したもので，(a) は実測値である。両者を比較すれば，つぎのようになる。

① 実用的にはよく一致している。

② AからBへ，CからDへ当たり面が変わるのに要する時間は，理論値より実測値の方が多少長い。これは，運動にともなう摩擦抵抗のためであると考えられる。

③ (a) の実測値でD′Aのように圧縮時スラスト側の隙間が増すのは，測定はピストンのスラスト側に固定された「隙間センサ」によるものであり，シリンダ上方は熱膨張により直径が拡大しており，ピストンが反スラスト側に沿って上方に移動するとき，スラスト側のセンサはシリンダ径の拡大量を測定している。一方BCではピストンはシリンダのスラスト側に接して滑るため，スラスト側センサとシリンダとの距離は一定値となっている。

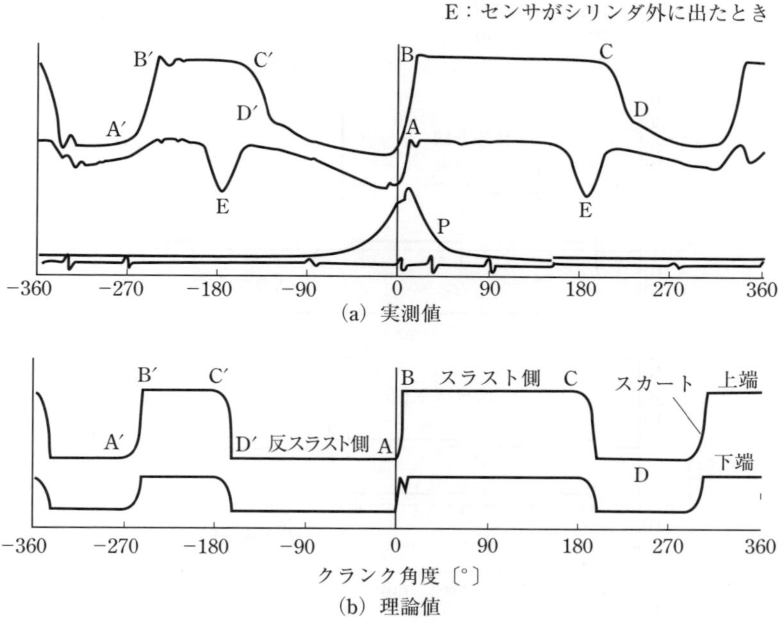

図7.13 ピストンスラップ運動の理論と測定例
($D \times S = 105 \times 113$〔mm〕, $\delta = 0$, 800 rpm, 水温 30℃)

(2) オフセットの効果

図7.14のように，ピストンは直径隙間$2C$の間を交互に衝突し，エネルギーEをシリンダに与える。その際，オフセット$\delta = 0$では$\theta = 0$の直後に$E = 69$〔N·cm〕であるが，スラスト側へ$\delta = 2$〔mm〕オフセットしたときは下端が先に衝突し，$E = 43$〔N·cm〕，つづいて上端が$E = 47$〔N·cm〕の2回に分散し，個々のEは低下する。つぎに，反スラスト側へ$\delta = 2$〔mm〕のオフセットでは上端が先に衝突するがEの低下は少なく，オフセットの効果はわずかである。

図7.15は，このようなオフセットの影響を説明するものもある。圧縮行程でピストンは反スラスト側に押し付けられているが，連接棒傾き角ϕの向きが変わり下降行程に移る際，オフセットδの方向によって，効果が異なる。図7.14と比較検討すれば，つぎのようである。

① $\sigma = 0$では，圧縮行程中シリンダの反スラスト側に側圧Rで押しつけられていたピストンが，ϕの向きが変わってスラスト向きになったRにより速度Vでスラスト側のシリンダ面に衝突するとき，$F'\sigma = 0$であり，ωはRhの

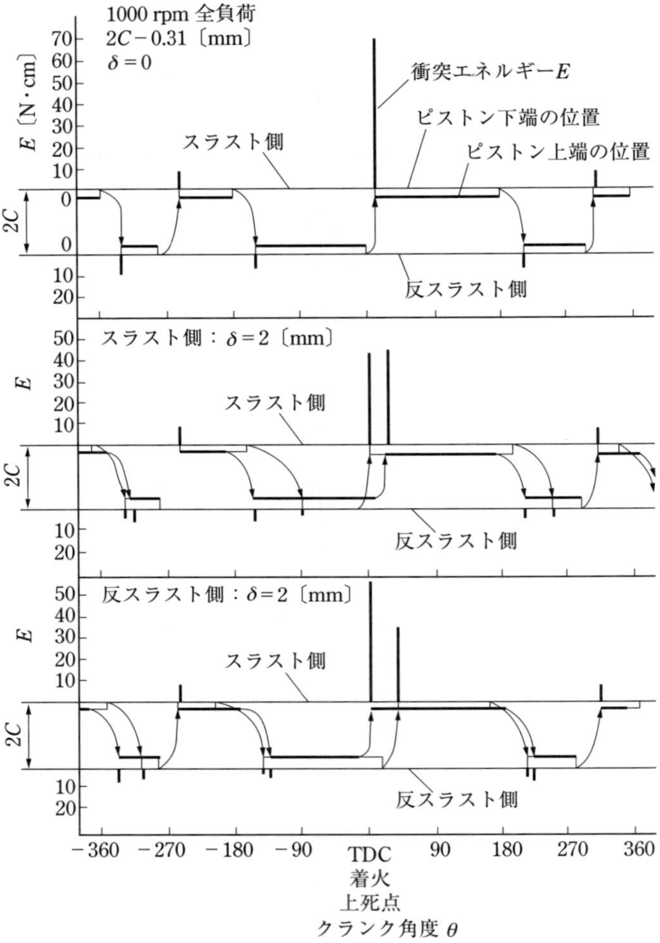

図7.14　ピストンピンオフセットによるスラップ運動の変化

影響のみを受ける。σ の値にもよるが，一般的に Rh の値は $F'\sigma$ より小さい。

② スラスト側 σ：ピストン重心Gは，側圧 R による速度 V による並進と $R\delta + F'\delta$ による角速度 ω の回転合成として運動するが，ω によってピストン下端が先に衝突し，つづいて上端が減速された後に衝突する。この結果，$\delta = 0$ と異なりピストンは2回にわかれて，シリンダに衝撃力を与える。そのため衝突時最大力 Φ は大きく下がり，騒音防止効果がある。さらにこの場合は，

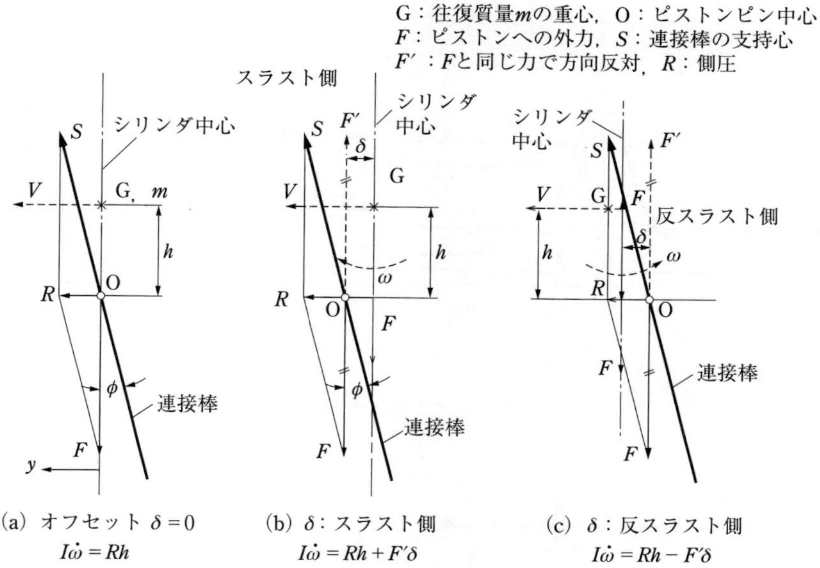

図7.15　ピストンピンオフセットの効果

先に剛性の低いスカート下端が衝突し，その変形により衝突のエネルギーを吸収するため，上部の剛性の高い部分の衝突時エネルギーを弱める効果もある。

③　反スラスト側 δ：②の事例とは逆に，モーメント $F'\delta$ により，剛性の高いスカート上端部が先にシリンダに衝突する。これにより下端が衝突するときのエネルギーを弱めるが，この場合騒音防止の効果は少ない。

(3) ピストン隙間

直径隙間 $2C$ が大きいとピストンの加速期間が長く，シリンダとの衝突エネルギーが増大する。低負荷時はピストンの熱膨張が少なく，スラップ衝撃が大きい。図7.16の L は，シリンダ外面に貼り付けられたストレンゲージの出力である。ピストンの上昇でシリンダ内のガス圧力が上がるので $\theta = -50°$ までシリンダは膨張するが，それ以後はガスをシールしているピストンリングの下に入り収縮する。D の衝撃的歪みはスラップ衝突によるもので，冷却水温が 80 ℃より 30 ℃のほうが隙間が広く歪みが大きい。一方，燃焼による圧力 p の急昇時 $dp/d\theta$ のピークは D より明らかに前で，シリンダに急激な歪みを与えないことがわかる。

さらに，隙間の影響をディーゼル機関で測定したものを図 7.17 に示す。振動はシ

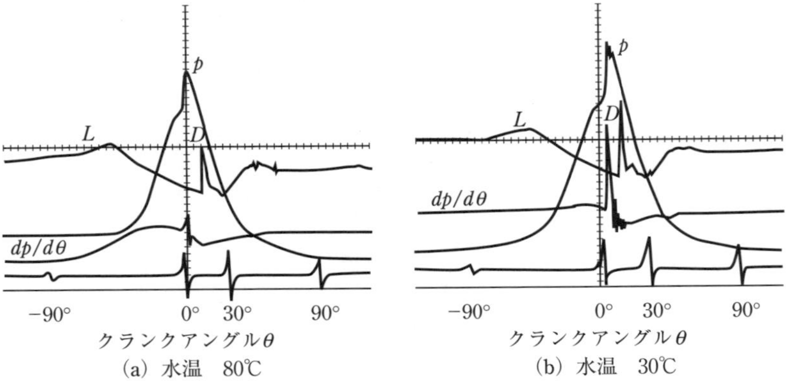

図7.16　シリンダ L のスラップ衝撃による変形 D

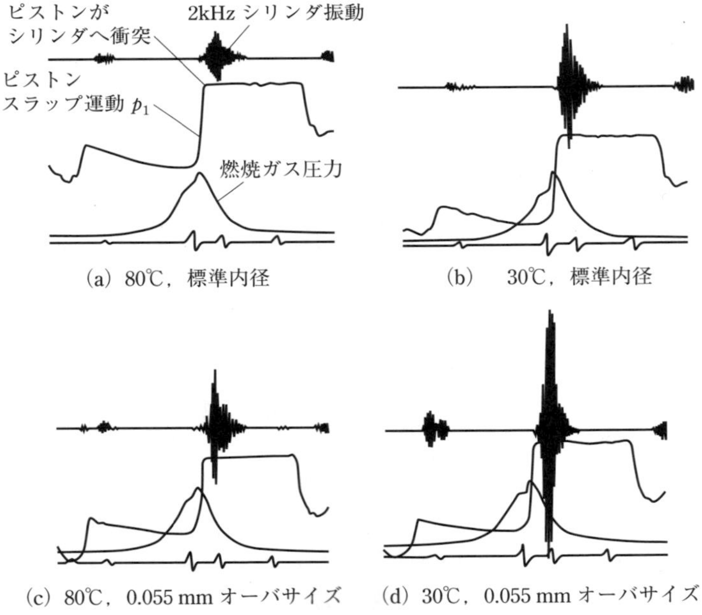

図7.17　ディーゼルエンジンのピストンスラップによるシリンダの振動

リンダ外壁へ固定した加速計の出力を 2 kHz − 1/3 オクターブバンドのフィルタを通したもので，(a) は標準状態で，(b) は冷却水温 t_w を 30 ℃に下げ，ピストン温度も下がり，加速度振幅が倍増した。このとき，ピストン隙間 2C は 0.055 mm 拡大されたと推定されるので，そのぶんだけあらかじめ内径を拡げ，t_w = 80 ℃で運転したものが（c）で，（b）とほぼ同じ加速度振幅となった。そのうえ，t_w = 30 ℃で運転すれば（d）のようにさらに倍増し，実働隙間の影響が大きいことが明らかになった。これが冷間運転時のディーゼルの騒音の一つの原因である。

以上は，冷却水温による隙間の変化について検討したが，実際のエンジンではつぎのような変形も隙間の値に影響を及ぼす。

① シリンダの変形　シリンダヘッドの締付による応力分布やシリンダの温度分布が周方向に一様でない。とくに，多シリンダ間に冷却水が流れないとき周方向の温度不均一は顕著である。第 8 章で詳細は記述する。

② ピストンスカートの変形　アルミ合金製ピストンと鋳鉄製シリンダの組み合わせでは，エンジン実働時には線膨張係数の大きいアルミ合金製ピストンがより大きく熱膨張し，ピストン隙間は冷間時より大幅に狭くなるように思われるが，実際にはそれほどではない。したがってエンジン実働中の隙間は想定されたより広く，スラップ騒音を考える上ではこのことも考慮すべきである。図 7.18 は，冷間ピストン隙間 $2\,C_0$ を標準の 60 μm からシリンダ内

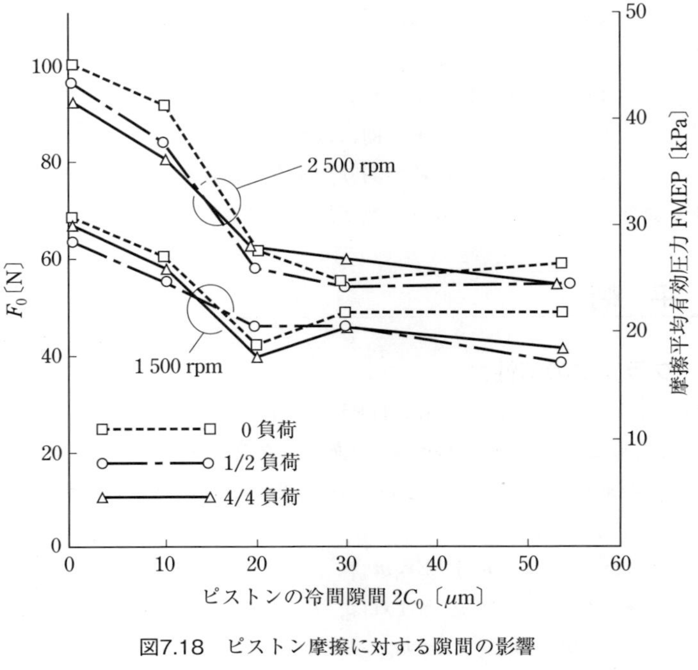

図7.18　ピストン摩擦に対する隙間の影響

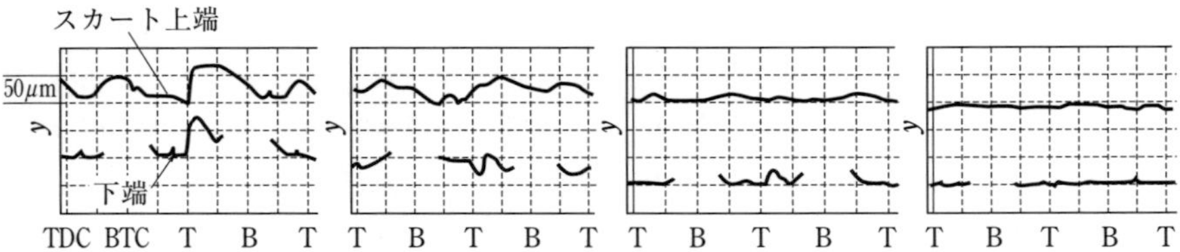

図7.19　ピストン横振れyに対する$2C_0$の影響
（全負荷，2 000 rpm，シリンダ中央温度 363 K）

径を縮小して，行程中央の摩擦力 F_0 を測定したもので，$2\,C_0$ が $20\,\mu$m までは摩擦は増加しないが，それ以下では急増する。そのときのスラップ運動を図 7.19 に示す。摩擦力が急増した $2\,C_0 < 20$〔μm〕では熱膨張によりピストン隙間は狭くなり，シリンダ内でピストンはほとんど動いていないことがわかる。一方，$2\,C_0 = 60\,\mu$m ではピストンはシリンダ内で大きく動いていることがわかる。しかしこの時，線膨張係数とピストンおよびシリンダの直径，さらにそれらの温度から単純に隙間を算出すると，実はピストンの方がシリンダより大きくなってしまう。ピストンには頂面から熱が入り，その大部分はピストンリングを経由してシリンダに流れる。そのため，ピストンの温度は均一ではなく，温度分布をもつ。さらにピストンの構造上の特徴も加わり，ピストンスカートはスラスト方向には熱膨張しづらくなっていると思われる。ただしピストンの構造は複雑であり，また実働中のピストン形状を測定した例も少なく，運動中のピストン熱変形を精度良く予測することは困難である。

7.4 平　衡

7.4.1 クランクの慣性力

図 7.20 で，クランクピンとともに回転する質量は，ピン m_{cp}，連接棒の大端部 m_{c2}，ピンの両脇にあるクランク腕 m_{ca} である。クランク腕とは図 7.20 右の斜線で示す部分でその重心 G は主軸の中心 O から r_G のところにある。これらのピンと腕の遠心力は，次式で表される。

$$F_c=\omega^2\left\{r\left(m_{cp}+m_{c2}\right)+2r_G m_{ca}\right\} \tag{7.29}$$

クランク全体の相当質量を m_0 とすれば，$F_c = m_0 r\omega^2$ で，$m_0 r$ は次式で表される。

$$m_0 r=r\left(m_{cp}+m_{c2}\right)+2r_G m_{ca} \tag{7.30}$$

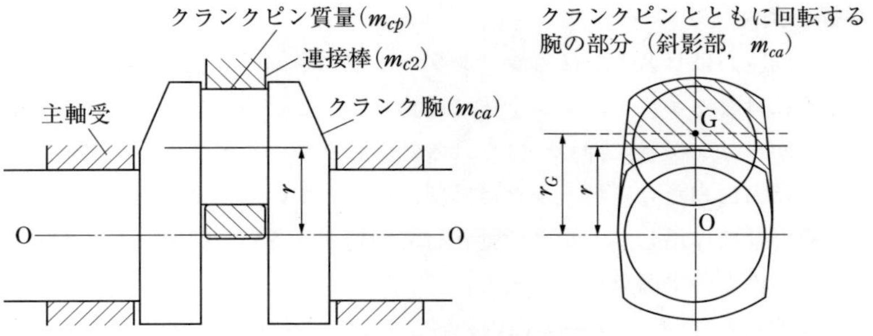

図7.20　クランクとピン部の質量分布

7.4.2　慣性力の平衡

(1) 単シリンダ機関の慣性力

図 7.21 の座標で x，y 方向の力を X，Y とし，往復運動部の質量を m とすれば，往復運動部に作用する慣性力は以下のとおりである。

$$X = m\omega^2 r\left(\cos\theta + \frac{1}{\lambda}\cos 2\theta\right) \tag{7.31}$$

次に回転体質量 m_0 の遠心力の分力は，次式のように表される。

$$\left.\begin{aligned} X_0 &= m_0\omega^2 r\cos\theta \\ Y_0 &= m_0\omega^2 r\sin\theta \end{aligned}\right\} \tag{7.32}$$

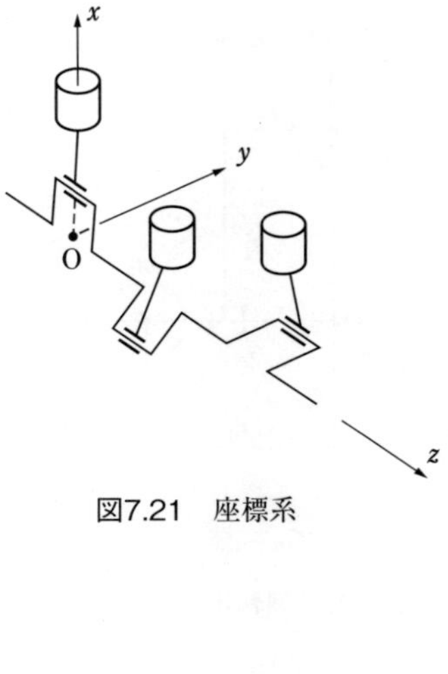

図7.21　座標系

(2) 平衡の条件

シリンダ内圧力はピストンにもシリンダヘッドにも同時に作用するので，変形や振動の原因にはなるが，エンジン全体では釣り合っている。しかし，ガス力によってピストンがシリンダ壁に押しつけられる側圧のクランク軸まわりのモーメントは，軸トルクの反力に当たり，軸トルクは外部に作用しているため，このモーメントはエンジン取付部に作用し，トルク変動として問題となる。ここでは，不釣り合いの主因として慣性力の平衡条件を考える。

① 静的釣り合い　$x-y$ 面内の各シリンダの往復・回転の慣性力を Z 方向に平行移動して1平面に集め，その合力が釣り合う。これを静的釣り合い（static balance）と呼ぶ。

② 動的釣り合い　$x \cdot y \cdot z$ 軸まわりのモーメントが釣り合うことを要する。このうちZ軸まわりのモーメントは，前述のガス力によるものと同様にトルク変動のもとになり，ここでは対象外とする。それに直角な面内にある x および y 軸のまわりのモーメントの釣り合いで，これを動的釣り合い（dynamic balance）と呼ぶ。

7.4.3 回転体の平衡

(1) 静的釣り合い

図7.22のように，主軸Oにいくつもの回転体が付いて同じ角速度 ω で回転しているときの平衡は，それぞれの遠心力が $m_i\omega^2 r_i$ であるので，結局つぎの条件を満た

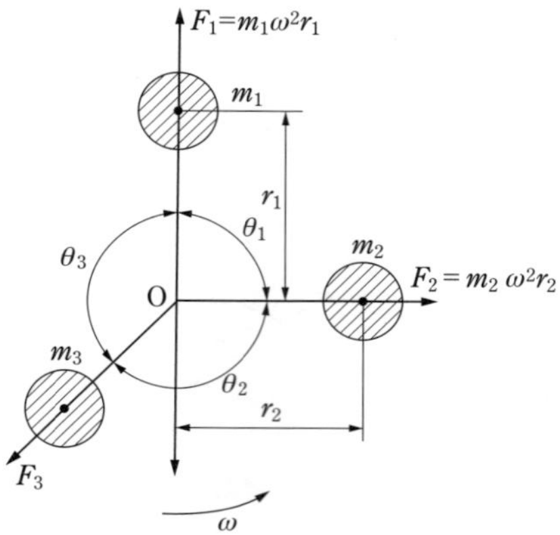

図7.22　回転体の慣性力の平衡

せばよい。

$$\Sigma m_i r_i = 0 \tag{7.33}$$

すなわち，全質量の重心がO点にあればよい。一般に，多シリンダ機関では m_i は等しく，r_i および θ_i も等しいので，そのままで釣り合う。また単シリンダ機関では，m_i の反対側に $m_1 r_1 = m_b r_b$ になるような釣り合い重り（balancing weight）m_b を付ければ釣り合いがとれる。

(2) 動的釣り合い

クランク軸とともに m_1 や m_2 などが回転しているとき，任意の点Aのまわりのモーメントが0になれば釣り合う。

$$C = \Sigma \omega^2 r_i m_i l_i = 0 \tag{7.34}$$

図7.23は7シリンダの例である。いま，A点のまわりのモーメントのベクトル和 $m_1 l_1 + m_2 l_2 + m_3 l_3 - m_5 l_5 - m_6 l_6 - m_7 l_7$ を同図（c）のように加え合わせ，最後のベクトルがO点にくれば釣り合っていることを示す。同図のように不釣り合いモーメント C_u があるときは，それと逆向きのモーメントが発生するよう重りを付ける必要がある。その重りで静的釣り合いが崩れないように，図7.24のように，180°の方

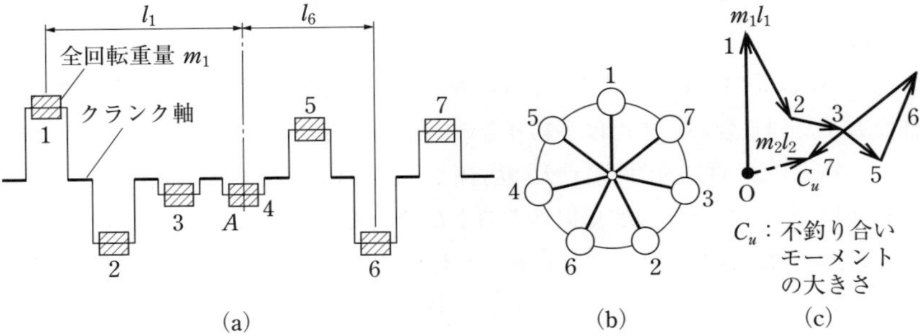

図7.23　回転体の遠心力によるモーメントの釣り合い（7シリンダの例）

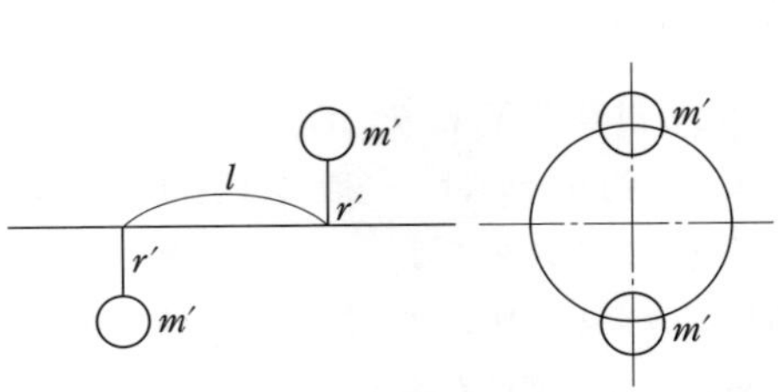

図7.24　不釣り合いモーメント用の釣り合い重りのつけ方

向に分けて，釣り合い重り m' を2つ付ける。ここで，モーメントの方向は遠心力の方向と直角，図7.23で m_1l_1 のモーメントの方向は紙面に直角であることに注意を要する。

7.4.4 直列機関の往復質量の平衡

まず，ピストン，ピストンピンおよび連接棒小端部を含めた質量 m のシリンダ軸方向の慣性力は（7.31）式で表される。各ピストンのこの慣性力が平衡するためには右辺の一次の項，

$$X_1 = \Sigma m\omega^2 r\cos\theta \tag{7.35}$$

および二次の項，

$$X_2 = \Sigma\frac{m}{\lambda}\omega^2 r\cos 2\theta \tag{7.36}$$

の全気筒分の総和がそれぞれ0になることを要する。精密には，四次（4θ）以上の項を考えることがあるが，一般には二次までで十分とされている。

X_1 は回転体の（7.32）式の x 方向の分力と同じかたちであるので，それらの平衡条件も m_0 を m に置き換えた静的釣り合いの条件と同じで，不釣り合い力に対しても釣り合い重りで補正できる。また，モーメントについても回転質量の場合と同様である。

二次の X_2 は θ の代わりに 2θ をとり，かつ $1/\lambda$ 倍すれば，一次の場合とまったく同様な方法で釣り合い，または不釣り合い力が求められる。図7.25は，4サイクル，4シリンダ，すなわち180°間隔点火の場合で（a）のようなクランク配置についての図式解法例で，一次は往復質量慣性力およびそのモーメントもともに釣り合っている。また，二次は各クランクピン位置の角度 θ を2倍にした二次仮想配置を（d）のように画いて，それによって一次と同様に解けば，モーメントは釣り合うが，慣性力は（e）のような不釣り合い力を生じる。その大きさは次式で表される。

$$X_{2u} = 4\frac{m}{\lambda}\omega^2 r\cos 2\theta$$

もちろん，図式解法でなく計算で X_0 に θ，X_{180} に $\theta + 180°$ …として ΣX を求めてもよい。このような二次の不釣り合いは，一般には釣り合い重りによる補正はできない。一方，6シリンダや8シリンダでは，一次・二次の力もモーメントもすべて釣り合うクランク配置にでき，4シリンダに対して振動・騒音の点で優位にある。しかし，シリンダ数が多いときは摩擦が増大し，生産コストが上がる欠点もある。このようなことから，4シリンダの二次バランスをとるために，二次力はちょうどク

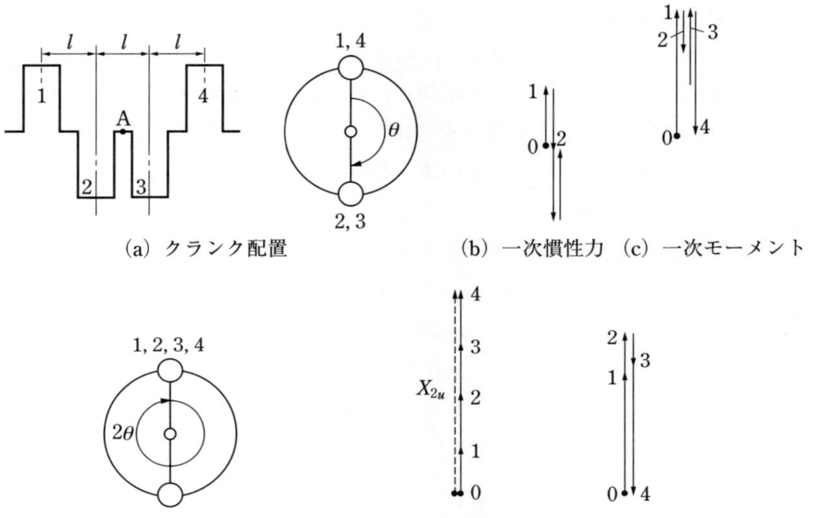

(a) クランク配置　(b) 一次慣性力　(c) 一次モーメント

(d) 二次仮想クランク　(e) 二次慣性力　(f) 二次モーメント

図7.25　往復質量の釣り合いの図式解（4 サイクル 4 シリンダの例）

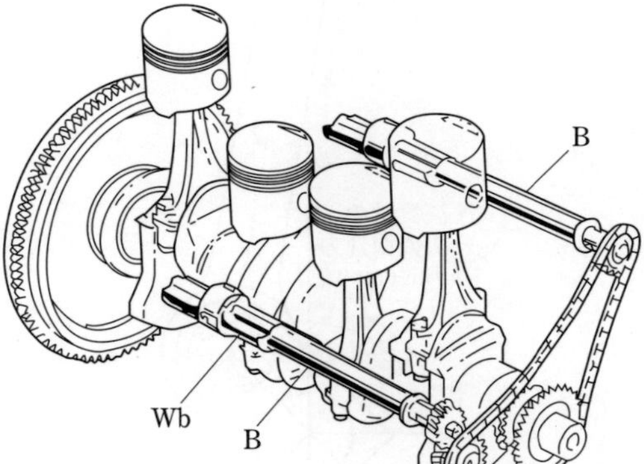

B：バランス軸，Wb：釣り合い重り

図7.26　4シリンダエンジンに二次バランス軸をつけた例（三菱自動車製）

ランク軸の回転数が 2 倍のときに当たるので，クランク軸の 2 倍の回転数の釣り合い軸をエンジンに取り付ける方法が考えられる。図 7.26 はその実用例で，釣り合い軸は 2 倍の回転数で，慣性力は 4 倍になるので，釣り合い重りは小質量でよい。

7.4.5 単シリンダ機関

以上のことから，単シリンダでは，そのままではモーメントはすべて釣り合うが，回転・往復質量ともにその慣性力は不釣り合いであることがわかる。しかし，回転質量は図 7.27 のような釣り合い重りを付けることにより補正できる。一方，往復質量の補正は不可能であるので，同図のような方法がとられることが多い。すなわち，G を重心とする m_b を回転体の不釣り合い m_0r と同じ大きさで反対方向の m_1r_b の m_1 と，往復質量 m の一部との釣り合いのための m_2 との合計 $m_b = m_1 + m_2$ となるようにする。そのうち，m_2 は一般に $m_2r_b = 0.5mr$ にとる。その結果，上下方向は往復質量の不釣り合い力の半分を釣り合わすことができるが，あらたに水平方向に $m_2r_b\omega^2 \sin\theta$ の不釣り合い力が生じ，結局上下と左右に 2 分割され，最大不釣り合い力が低減されることになる。

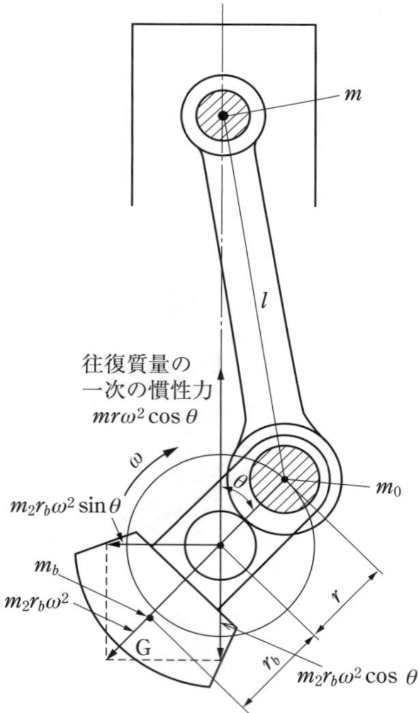

図7.27　単気筒機関の平衡

7.5 トルク変動とその対策

7.5.1 概　要

クランク軸回転力またはトルクは，ピストンに働くガス力 $F_g = \pi/4 \cdot d^2P$（ここで，d：シリンダ経，P：シリンダ内圧）と慣性力 F_i の和が連接棒を経てクランクピンに作用するときのクランク腕に直角な分力と，クランク腕長さ r の積である。クランク腕方向の分力および回転体の遠心力はトルクにならない。したがって，上下死点のピストンの力もトルクとしては0である。さらに，往復慣性力は各時刻でクランク軸にトルクを与え，軸受荷重にもなるが，1サイクルの合計は0で，それによる摩擦仕事を除けば，平均トルクはガス圧のみによって生じることは当然である。

しかし，各部の変形，振動，騒音は各瞬間の力およびトルクによって発生するので，いまピストンに作用する力を $F = F_g + F_i$ とすれば，クランク軸に作用するトルクは次式で表される。

$$C = rF\sec\phi\cos\beta = \frac{Fr\sin(\theta+\phi)}{\cos\phi} \fallingdotseq Fr\left(\sin\theta + \frac{1}{2\lambda}\sin 2\theta\right) \qquad (7.37)$$

このほかに，連接棒の慣性力によるトルクがあるが，一般に無視できる。図7.28はこの式の F_g を実線，F_i を点線，$r_\theta = r\left(\sin\theta + \dfrac{1}{2\lambda}\sin 2\theta\right)$ を鎖線で示したものである。図7.29は C の値を各回転数について計算した例で，慣性力が回転数の二乗に

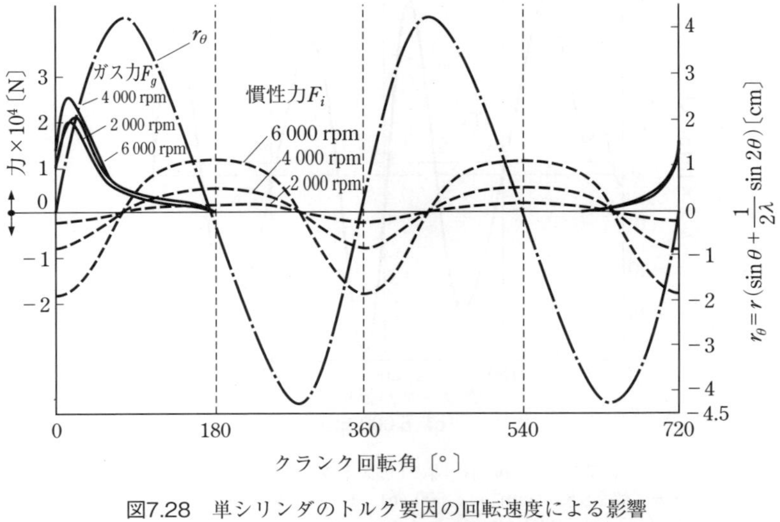

図7.28　単シリンダのトルク要因の回転速度による影響
（$D \times S = 87.2 \times 83$〔mm〕，$m_p = 0.89$〔kg〕，$\lambda = 4$）

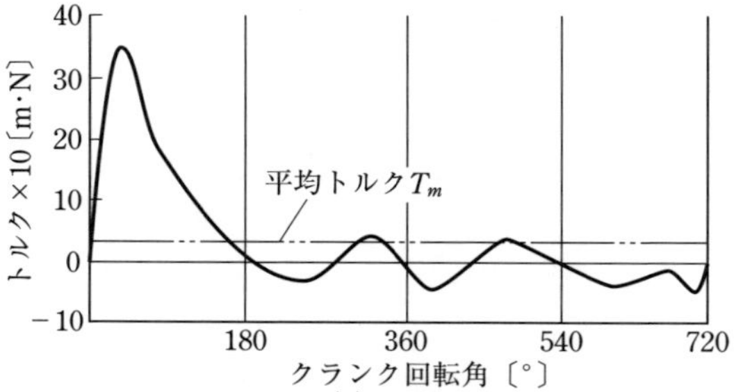

(a) 2 000 rpm

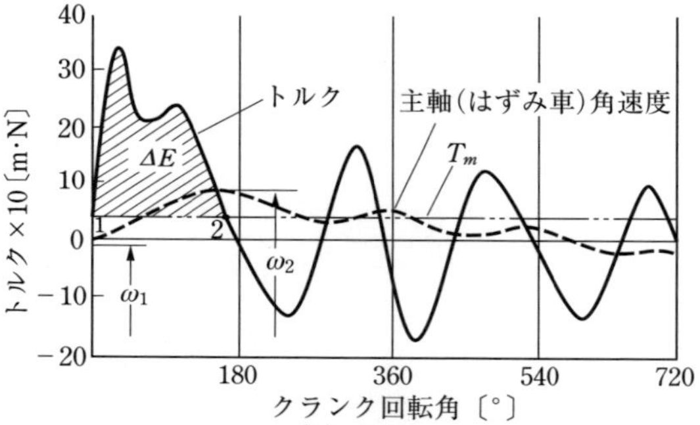

(b) 4 000 rpm

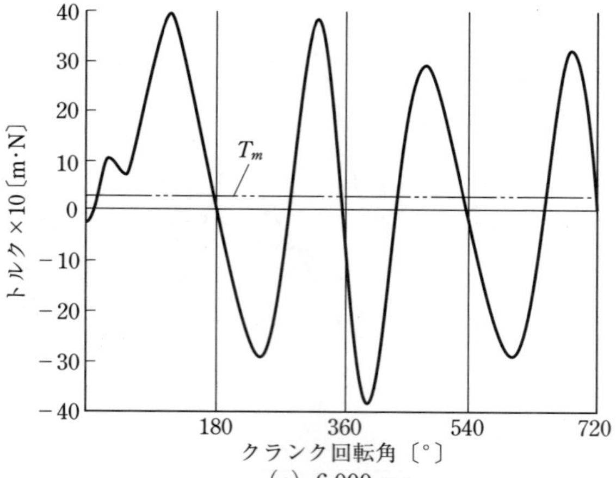

(c) 6 000 rpm

図7.29　往復動機関の1ピストンのトルク変動の例
（$D \times S = 87.2 \times 83$〔mm〕（約500 cc），1シリンダ・ガソリンエンジン，
往復質量（$m_p = 0.89$〔kg〕，$\lambda = 4$）

比例し，それによるトルクは周速度の二乗 $\omega^2 r^2$ に比例するので，(a) のような低速ではガス圧によるトルクが主であるが，(b) や (c) のように高速になるにしたがって慣性力が主になり，ガス力は慣性力と逆方向で打ち消される作用を受ける。なお，この計算は1シリンダについてで，多シリンダではクランク配置に応じ，たとえば前掲図7.24の180°間隔4シリンダでは，トルク曲線を180°ずらした4つの和になる。

7.5.2 はずみ車

前項のように，エンジンが外部に出すトルクは時々刻々大きく変動し，正のトルクだけでなく大きい負のトルクもあり，その平均値で外部の抵抗に打ち勝っている。そこで，抵抗値より大きいトルクの間は軸の回転を加速し，小さいときは減速する。したがって，回転角速度 ω は1回転中一定ではなく（前述の理論では一定と仮定），変動がある。その変動の大きさ，すなわち角加速度は，クランク軸中心に対する回転体の慣性能率に逆比例する。回転体とクランク軸に結合されているすべての運動で，プーリや軸接手，また軸が車や作業機，プロペラなどと歯車で結合しているとき，それらの慣性も加わる。しかし，一般には慣性能率の増加のためのみに，はずみ車（flywheel）をクランク軸に固定する。もし，全体のはずみ車作用が小さいときは，負のトルクによってエンジンは停止し，運転不能であるので，はずみ車は不可欠の部品である。逆に，慣性能率 I が大きいほど角速度の変動は小さくなる。

図7.29 (b) で1サイクル中に点線のような角速度の変動がある場合，その最小 ω_1 と最大 ω_2 との差は，平均トルク線に対する余剰トルク曲線の面積 ΔE で示される運転エネルギーが最大の山によって生じるので，ΔE は次式で表される。

$$\Delta E = \frac{I}{2}\left(\omega_2^{\,2} - \omega_1^{\,2}\right) = \frac{I}{2}\left(\omega_2 + \omega_1\right)\left(\omega_2 - \omega_1\right) \fallingdotseq I\omega^2 k \text{〔J〕} \tag{7.38}$$

ここで，ω は平均角速度，$\omega_1 + \omega_2 \fallingdotseq 2\omega$，$k = (\omega_2 - \omega_1)/\omega$：速度変動率である。

それゆえ，I を大きくすれば，k を小さくできるが，I を大きくするとフライホイールは重くかつ大径になるので，エンジンの使用目的に応じて k を選ぶ。たとえば，交流発電機用ではサイクル波形の歪みを小さくするために，$k = 1/175 \sim 1/200$，通常の動力用は $1/30 \sim 1/40$ である。

つぎに，1サイクル中の出力エネルギーを E とすれば4サイクルエンジンでは，E は次式で表される。

$$E = V_s \cdot P_e = 120\frac{N}{n} \text{〔J〕} \tag{7.39}$$

表 7.1　機関の種類に対する ξ の概略値

機関の種類		$\xi = \Delta E/E$
4サイクル	1シリンダ	1.2〜1.3
	2シリンダ直列	0.5〜1.1
	3シリンダ直列	0.3〜1.0
	4〜8シリンダ直列	0.1〜0.3
2サイクル	1シリンダ直列	0.5〜1.0
	2〜4シリンダ直列	0.3〜0.5
	6シリンダ直列	約 0.1
	8シリンダ直列	約 0.02

ここで，V_s は行程容積，P_e は正味平均有効圧力，N は出力 W〔J/S〕である。

$\Delta E/E = \xi$ とすれば，表 7.1 はエンジンの種類による大略の値である。

そこで，ξ のエネルギー変動のあるエンジンの速度変動率を k にするために必要なはずみ車の慣性能率 I は，つぎの値を要する。

$$\xi = \frac{\Delta E}{E} = \frac{I\omega^2 k}{\dfrac{120\,N}{n}}$$
$$I = \frac{\xi}{k}\,\frac{120\,N}{\left(\dfrac{\pi n}{30}\right)^2 n} = 10.94\,\frac{\xi}{k}\cdot\frac{N}{n^3}\times 10^3 \tag{7.40}$$

ただし，n は rpm，N は W〔kW × 10^{-3}〕，ps では 0.7355 × 10^{-3}〔PS〕である。

一方，はずみ車は図 7.30 のような形状で，その慣性モーメント I はリム部 bt のみで計算しておく，$I_0 = 2\pi br\int_{r_1}^{r_2} rdrr^2$，$M = \pi br\left(r_2^{\,2} - r_1^{\,2}\right)$ より，次式で表される。

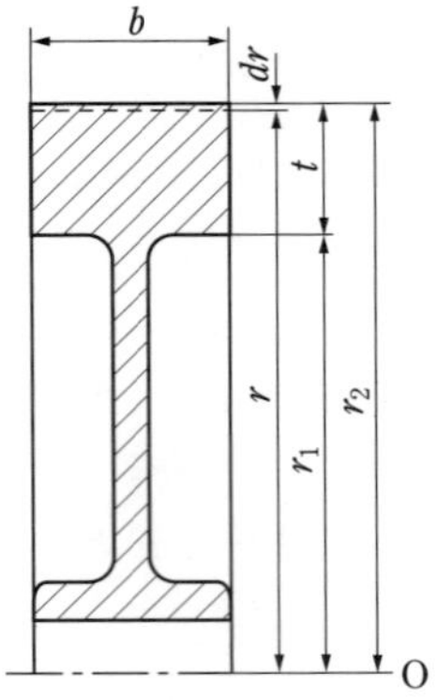

図7.30　はずみ車の断面

$$I_0 = \frac{\pi b r}{2}\left(r_2^4 - r_1^4\right) = M\,\frac{r_2^2 - r_1^2}{2} \tag{7.41}$$

ただし，M は質量である。以上のことから，n^3 に逆比例する I を要するので，低速でシリンダ数の少ないエンジンほど大きいはずみ車を必要とする。また，I ははずみ車の外径の二乗と質量に比例するので，外径が大きいほど軽量になる。しかし，むやみに外形を拡大すると，エンジンの外型寸法が増すとともに遠心力による強度限界を考慮する必要が生じる。

7.6 クランク軸のねじり振動

7.6.1 基礎式

図 7.31 のように軸の一端が固定され，他端に慣性モーメント I をもつ円板があり，それにトルク $T = T_0 \sin \omega t$ が作用しているときは軸のねじれに対する弾性によってねじり振動系となる。その運動方程式は次式で表される。

$$I\,\frac{d^2\phi}{dt^2} + c\,\frac{d\phi}{dt} + k\phi = T_0 \sin\omega t \tag{7.42}$$

ここで，c は粘性抵抗（角速度に比例する抵抗）の係数，$k = \dfrac{G}{l}\,\dfrac{\pi d^4}{32}$：ねじれに対するばね定数，$\dfrac{\pi d^2}{32}$ は軸の極 2 次モーメント，$T = \dfrac{\phi}{l}\,G\,\dfrac{\pi d^4}{32} = k\phi$，$G$：材料の剪断弾性係数で，この式の解はつぎのようである。

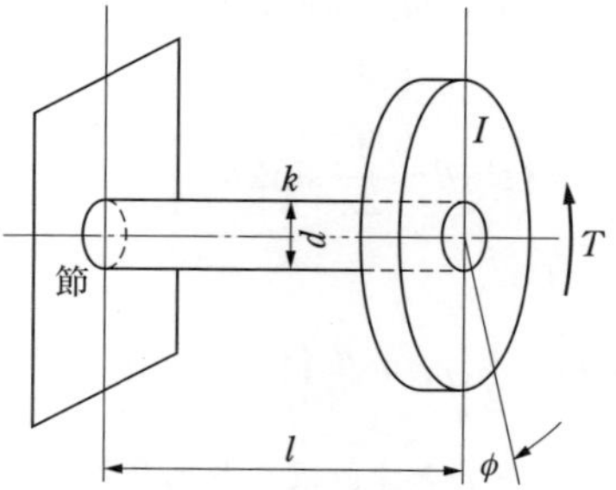

図7.31　ねじり振動の単純な模型

① $c=0$，$T_0=0$ で，減衰のない自由振動の固有振動数は，

$$f_n=\frac{1}{2\pi}\sqrt{\frac{k}{I}} \tag{7.43}$$

② $T_0=0$ で減衰のある自由振動では，

$$f_n=\frac{1}{2\pi}\sqrt{\frac{k}{I}-\left(\frac{c}{2I}\right)^2} \tag{7.44}$$

③ $c=0$，減衰のない強制振動の振動方程式は，

$$\phi=C_1\sin\omega_n t+C_2\cos\omega_n t+\frac{\phi_{st}}{1-\left(\dfrac{\omega}{\omega_n}\right)^2}\sin\omega t \tag{7.45}$$

ここで，$\omega_n=2\pi f_n$，$\phi_{st}=T_0/k$，C_1 と C_2 は定数で，初期条件で決まる。強制トルクの角振動数 ω が ω_n に等しいときは，共振して ϕ は無限大になる。

7.6.2 クランク機構の簡略モデル

クランク軸に往復運動するピストンが連結されている機構のねじれ振動を，そのまま解析するのは複雑であるので，全体の固有振動数などの算出のためにはつぎのような等価モデルで置き換えることが便利である。

(1) クランク軸 ――――――

図 7.32 のように，同じ軸径 d_1 でクランク軸と同じねじれ剛さとなるようなまっすぐな長さ l_e の棒に置き替える。その長さを「等価長さ」と呼ぶ。それは近似的に，主軸受間距離 l に等しいことがわかっている。

(2) クランク機構 ――――――

この場合，全運動のエネルギーに等しい 1 つの円板，いわゆる等価円板をつぎのように求める。

クランク半径 r で，全往復質量 m，全回転質量 m_0 のもつ運動エネルギーは次式で表される。

$$E=\frac{\omega^2 r^2}{2}\left\{m_0+m\left(\sin\theta+\frac{1}{2\lambda}\sin 2\theta\right)^2\right\} \tag{7.46}$$

1 回転の平均は次式で表される。

$$E_0=\frac{1}{2\pi}\int_0^{2\pi}Ed\theta=\frac{1}{2}\left\{m_0+\frac{m}{2}\left(1+\frac{1}{4\lambda^2}\right)\right\}\omega^2 r^2 \tag{7.47}$$

等価円板の慣性モーメントを I_e とすれば，その運動のエネルギーは $1/2\cdot I_e\omega^2$ であるので，I_e は次式で表される。

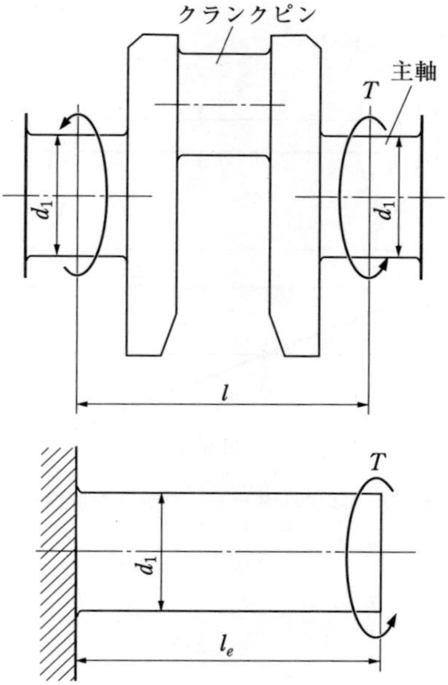

図7.32　クランク軸の等価長さ

$$I_e = \left\{m_0 + \frac{m}{2}\left(1 + \frac{1}{4\lambda^2}\right)\right\}r^2 \fallingdotseq \left(m_0 + \frac{m}{2}\right)r^2 \qquad (7.48)$$

このように，クランク機構を直径 d_1 で長さ l_e の丸棒に，I_e の慣性モーメントをもつ円板が付いている系の振動に置き換えることができる。

7.6.3　ねじり振動の求め方

(**1**) はずみ車とピストンが 1 つずつのとき

図 7.33 の振動系では，I_1 と I_2 が A を節として同じ振動数で反対方向にねじれているので，その自由振動の振動数は（7.43）式で，f_n は次式で表される。

$$f_n = \frac{1}{2\pi}\sqrt{\frac{k_1}{I_1}} = \frac{1}{2\pi}\sqrt{\frac{k_2}{I_2}} \qquad (7.49)$$

ここで，$k_1 = \dfrac{G}{l_1}\dfrac{\pi d^4}{32}$，$k_2 = \dfrac{G}{l_2}\dfrac{\pi d^4}{32}$

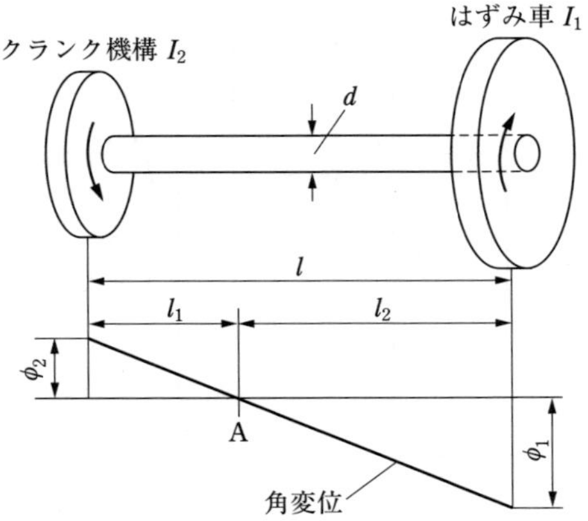

図7.33　単一はずみ車 —— クランク機構の振動系

$$\therefore \quad \frac{k_1}{k_2}=\frac{l_2}{l_1}=\frac{l-l_1}{l_1}=\frac{I_1}{I_2}$$

$$\therefore \quad l_1=\frac{I_2}{I_1+I_2}l,\quad l_2=\frac{I_1}{I_1+I_2}l \tag{7.50}$$

(2) 多シリンダ機関の一般解 ————

図 7.34 の一般モデルで，ある点を基準にした a，b，……のねじれ角を ϕ_1，ϕ_2，……とすれば，それらの間のねじれモーメントは，$k_1(\phi_1-\phi_2)$，$k_2(\phi_2-\phi_3)$，……，自由振動の運動方程式は a については，

$$I_1\ddot{\phi}_1+k_1(\phi_1-\phi_2)=0$$

b については，

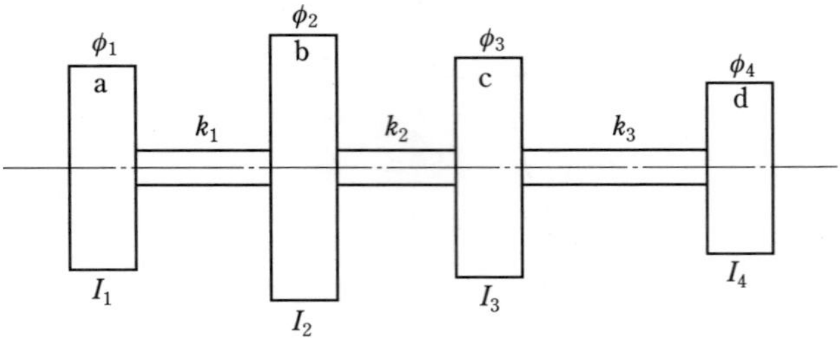

図7.34　多気筒機関の振動系

$$
\begin{array}{rl}
& I_2\ddot{\phi}_2 + k_2(\phi_2 - \phi_3) - k_1(\phi_1 - \phi_2) = 0 \\
+) & I_n\ddot{\phi}_n - k_{n-1}(\phi_{n-1} - \phi_n) = 0 \\
\hline
& I_1\ddot{\phi}_1 + I_2\ddot{\phi}_2 + \cdots + I_n\ddot{\phi}_n = 0
\end{array}
\tag{7.51}
$$

$$\therefore \quad \Sigma I_i\ddot{\phi}_i = 0 \tag{7.52}$$

積分して，

$$\Sigma I_i\dot{\phi}_i = 一定 \tag{7.53}$$

(7.52) 式は $T_i = I_i\ddot{\phi}_i$ で，トルクの総和は外力がないので 0 であり，また (7.53) 式は角運動量の総和は自由振動中不変であることを示し，この定数を 0 とすれば一定回転数での角運動量が除かれ，ϕ_1 や ϕ_2 などはねじり振動による角変位だけを示す。

以上は，振動系は全体が同じ振動数で振動し，振幅のみが長手方向で変わるもので，固有振動数を求めるためには，

$$\phi_1 = \alpha_1 \cos\beta t, \quad \phi_2 = \alpha_2 \cos\beta t,$$

として (7.51) 式へ代入し，

$$
\left.
\begin{array}{l}
I_1\alpha_1\beta^2 - k_1(\alpha_1 - \alpha_2) = 0 \\
I_2\alpha_2\beta^2 + k_1(\alpha_1 - \alpha_2) - k_2(\alpha_2 - \alpha_3) = 0 \\
\cdots\cdots \\
I_n\alpha_n\beta^2 + k_{n-1}(\alpha_{n-1} - \alpha_n) = 0
\end{array}
\right\}
\tag{7.54}
$$

これらの式から，α_1，α_2……を消去すれば β^2 に関する n 次の方程式が得られ，その n 個の根が n 個の振動モードの各振動数である。

(3) 3つの回転円板の解法

(7.54) 式の $n = 3$ までの式の和は，

$$(I_1\alpha_1 + I_2\alpha_2 + I_3\alpha_3)\beta^2 = 0 \tag{7.55}$$

第 1 式，第 2 式より，

$$\alpha_1 = -\frac{k_1\alpha_2}{I_1\beta^2 - k_1}, \quad \alpha_3 = -\frac{k_2\alpha_2}{I_3\beta^2 - k_2} \tag{7.56}$$

これらを上式に代入すれば，

$$\beta^2\left[I_1I_2I_3\beta^4 - \left\{(I_1I_2 + I_1I_3)k_2 + (I_2I_3 + I_1I_3)k_1\right\}\beta^2 + (I_1 + I_2 + I_3)k_1k_2\right] = 0 \tag{7.57}$$

これは β^2 の 3 次式で，その 1 つの根は，$\beta^2 = 0$ で，軸が振動しないので回転しているときに当たる。ほかの 2 つの根は，[　] = 0 の β^2 に関する二次方程式で，それ

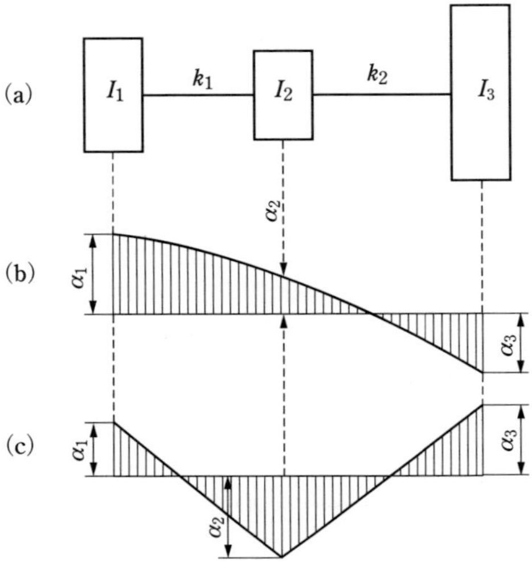

図7.35　3つの円板よりなるねじり振動の振幅の2つの種類

を解いて2つの固有振動数を容易に求めることができる。また，振幅の軸方向の分布については，2つの根をβ_1^2，β_2^2として（7.56）式に代入して，β_1^2では，

$$\frac{\alpha_1}{\alpha_2}=-\frac{k_1}{I_1\beta_1^2-k_1},\quad \alpha_3\alpha_2=-\frac{k_2}{I_3\beta_1^2-k_2} \tag{7.58}$$

もし，$\beta_1^2<\beta_2^2$のときは，この両式の一方が正で他が負になり，図7.35（b）のように，α_2に対して一方が同じ側へ，他方が逆方向に振れる振動モードになる。同様なことをβ_2^2について計算すれば，2式とも負になり，（c）のモードになる。

(4) 多数円板の近似解

円板の数が4つ以上になれば（7.54）式の解法は複雑になるので，種々な簡便法が使われるが，つぎのように2または3円板の問題に変えて，最低およびつぎに低い固有振動数を求める方法がある。たとえば，図7.36のように，発電機I_1とはずみ車I_2に6シリンダのクランク機構が等間隔に並んでいる場合，6シリンダの代わりに，その中央に6つの合計の慣性モーメントIが1つだけついている3つの円板の振動に換えて上記と同様に解析する。その結果は，低次の固有振動数については実際とよく一致する。

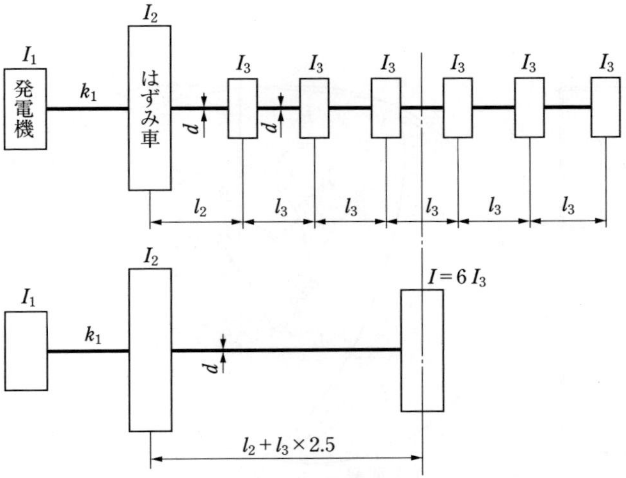

図7.36　多シリンダ機関を1つの円板に置き換える方法

7.7 ロータリエンジンのロータの力学

7.7.1 二葉エピトロコイド曲線

バンケル（wankel）式ロータリエンジンではロータはピストンに当たり，連接棒と弁がなく，クランク軸の代わりに偏心軸がロータに往復運動を与えている。図7.37はこのエンジンの幾何学的関係を示す（図1.17参照）。Oはエピトロコイド曲線 L_0（静止）の中心であり，主軸の中心でもある。また，これと同心で静止ハウジングの一側面に固定されている歯車 G_1（ピッチ円半径 r_1）と，ロータ中心 O_R と同心でそれに固定されている内歯歯車 G_2（半径 r_2）が噛み合って，ロータは $OO_R = e$ だけ偏心してそのまわりを遊星運動する。ここで，$r_1 : r_2 = 2 : 3$ のとき，ロータ頂点A（O_RA = 創成半径 R）は図7.37のような二葉エピトロコイド（two lobed epitrochoid）曲線を描く。実際のセンタハウジングの滑り面は，図中（b）に示すようにこの曲線に平行に a だけ大きい曲線でできている。これは，アペックスシールのセンタハウジングへの接触点を絶えず移動させて摩耗を防ぐためである。ここでは，この a を無視して論じる。また，$r_1/r_2 = 2/3$ と $r_2 - r_1 = e$ より，$r_1 = 2e$，$r_2 = 3e$ であるので，r_1 および r_2 は e によって決まり，r_1 の歯車の内側に主軸が貫通し，e が小さいとエピトロコイド曲線が円に近づき，大きさのわりに行程容積が狭くなる。これらのことから，e の値はある制限される範囲内にある。

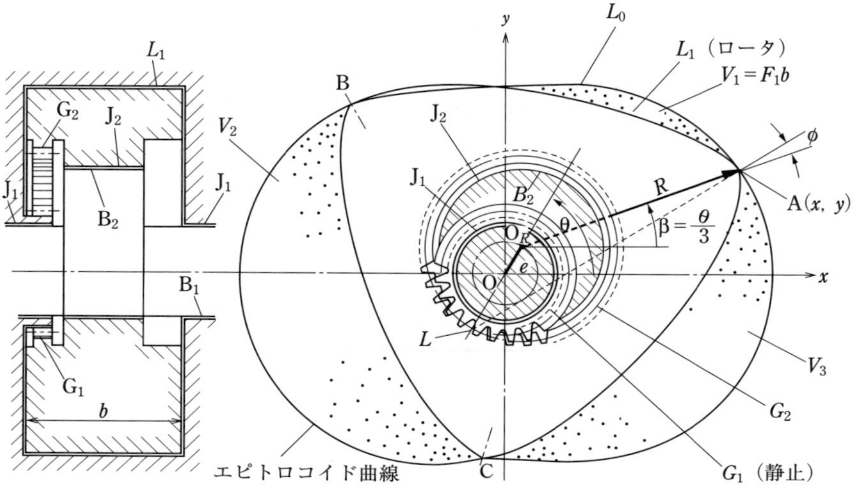

(a)

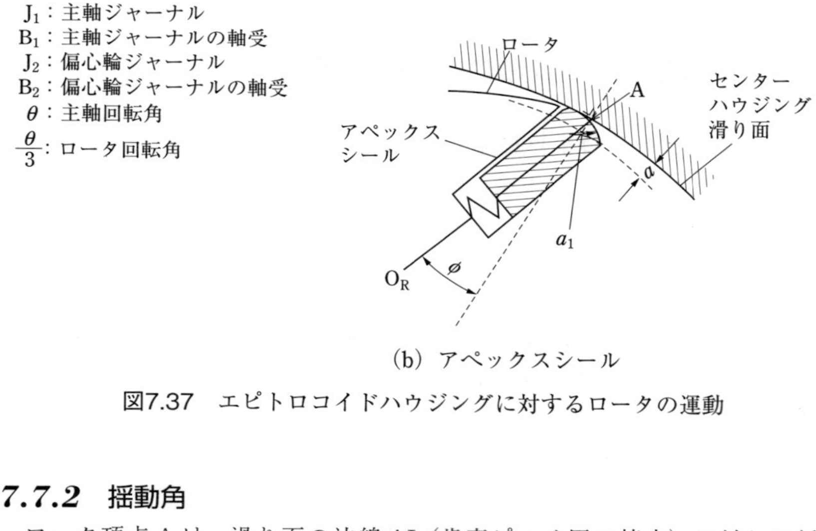

(b) アペックスシール

図7.37 エピトロコイドハウジングに対するロータの運動

7.7.2 揺動角

ロータ頂点Aは，滑り面の法線AI（歯車ピッチ円の接点）に対して揺動角(leaning angle) ϕ だけ傾いて接し，その ϕ は図7.38のように，主軸回転角 θ とともに変化する。したがって，滑り面に対して線接触になる。この関係は，図7.39のように，O_RO の延長上に歯車の噛み合い点Iがあり，Iはそのときの A を含むロータの回転運動の中心であるので，IA は滑り面の法線である。

△IO_RA で，$O_RA = R$，$O_RI = 3e$ であるので，θ に対する ϕ は次式で表される。

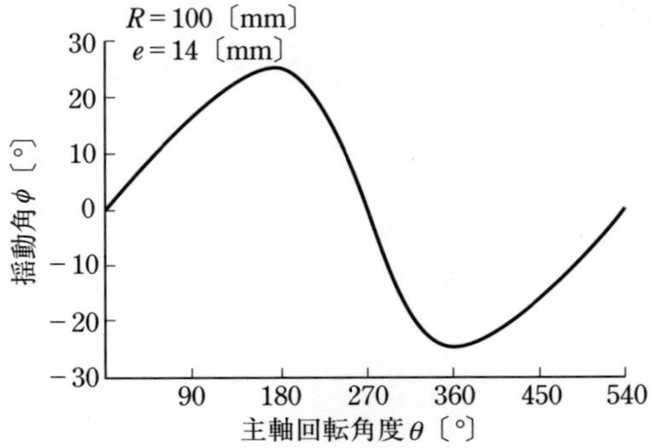

図7.38　アペックスシールの揺動角 ϕ

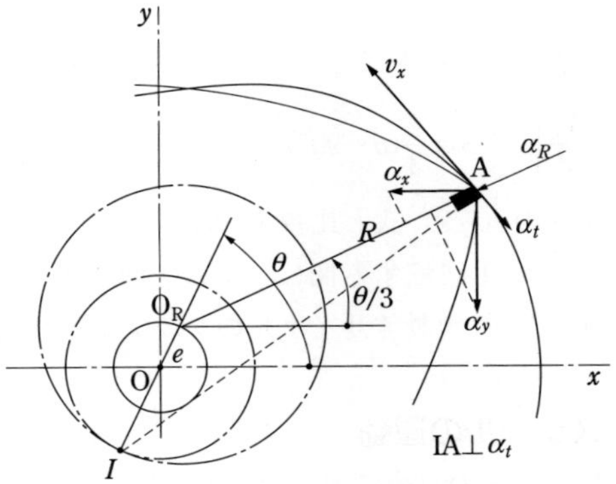

図7.39　アペックスシールの加速度

$$\phi = \cos^{-1}\frac{R+3e\cos\dfrac{2}{3}\theta}{\sqrt{R^2+9e^2+6Re\cos\dfrac{2}{3}\theta}} \tag{7.59}$$

最大揺動角 $\phi_{\max}$ は，$\cos\dfrac{2}{3}\theta = -\dfrac{3e}{R}$ において，次式で表される。

$$\phi_{\max} = \cos^{-1}\sqrt{1-\left(\frac{3e}{R}\right)^2} \tag{7.60}$$

ロータ 1 回転は主軸 3 回転であるので，前掲図 7.37 からアペックスシール A は長径，短径の計 4 点で，$\phi = 0$，その途中で 1 回ずつ $|\phi_{\max}| \fallingdotseq 25°$ に傾きを変える。

7.7.3 行程容積 V_s

1つの作動室面積を F とすれば，その容積は Fb であり，行程容積 V_s は次式で表される。

$$V_s = (F_{\max} - F_{\min})b \tag{7.61}$$

$F_{\max}$ は $\theta = 360°$，$F_{\min}$ は $\theta = 90°$ であり，

$$V_s = 3\sqrt{3}\,Reb \fallingdotseq 5.2Reb \tag{7.62}$$

圧縮比は，

$$\varepsilon = \frac{F_s + F_{\min}}{F_{\min}}$$

ここで，

$$F_{\min} = \frac{3\sqrt{3}\,Re}{\varepsilon - 1} \tag{7.63}$$

θ における作動室体積 $V = Fb$ は，

$$V = V_{\min} + \frac{V_s}{2}\left\{1 - \cos\frac{2}{3}(\theta - 90°)\right\} \tag{7.64}$$

これを往復動エンジンの（7.2）式と比較すれば，$l/r = \lambda$ が無限大の場合に当たる。主軸3回転でロータが1回転する間に，V は2回最小（上死点）および最大（下死点）を繰り返すので，往復動4サイクルのクランク軸2回転に当たる。

7.7.4 アペックスシールの運動

ロータの各頂点には，気密のために前掲図7.37（b）のようなアペックスシール（apex seal）が入っている。滑り面との接触点Aの位置（a があるため実質接点はシール中央ではない）は，Oを原点とする直角座標 $x - y$ で，滑り面エピトロコイド曲線上の点Aを表せば，

$$\left.\begin{aligned} x &= e\cos\theta + R\cos\frac{\theta}{3} \\ y &= e\sin\theta + R\sin\frac{\theta}{2} \end{aligned}\right\} \tag{7.65}$$

その周速度は，

$$\left.\begin{aligned} v_t &= \sqrt{\left(\frac{dx}{d\theta}\right)^2 + \left(\frac{dy}{d\theta}\right)^2 \cdot \omega} \\ v_t &= \frac{\omega}{3}\sqrt{9e^2 + R^2 + 6Re\cos\frac{2}{3}\theta} \end{aligned}\right. \tag{7.66}$$

ここで，ω は主軸回転角速度である。

長軸上で v_t は最大となり，$\theta = 0$，3π（$\beta = \theta/3 = \pi$）である。

$$v_{\max} = \frac{\omega}{3}(R + 3e) \tag{7.67}$$

最小は短軸上 $\theta = 3\pi/2$（$\beta = \pi/2$），$9\pi/2$（$\beta = 3/2\pi$）である。

$$v_{\min} = \frac{\omega}{3}(R - 3e) \tag{7.68}$$

1室の行程容積が同じ往復動エンジンと比較したものが図7.40である。最大速度はアペックスシールがわずかに大きいが，速度変化ははるかに小さく，とくに v_t は0および負にならない特長をもつ。つぎに，接線方向の加速度は次式のようになる。

$$\alpha = \frac{dv_t}{dt} = -\frac{2}{3}\omega^2 \frac{Re\sin\frac{2}{3}\theta}{\sqrt{9e^2 + R^2 + 6Re\cos\frac{2}{3}\theta}} \tag{7.69}$$

この絶対値は，往復動より当然小さい。また，$\theta = 0$，270°，540° で $\alpha_t = 0$。それらの中間 $\theta = 135°$，405° で極大になる。

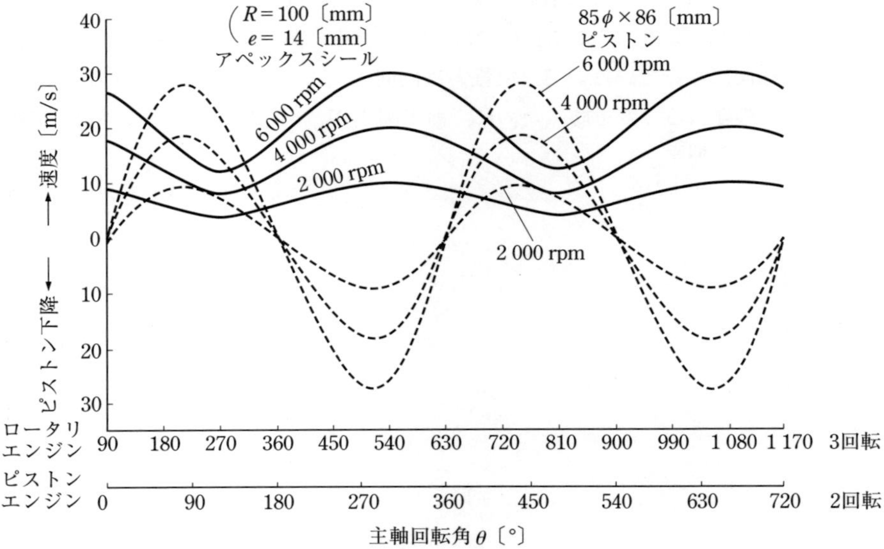

図7.40 アペックスシールの接線速度 v_t の変化と同行程体積のピストン速度の比較

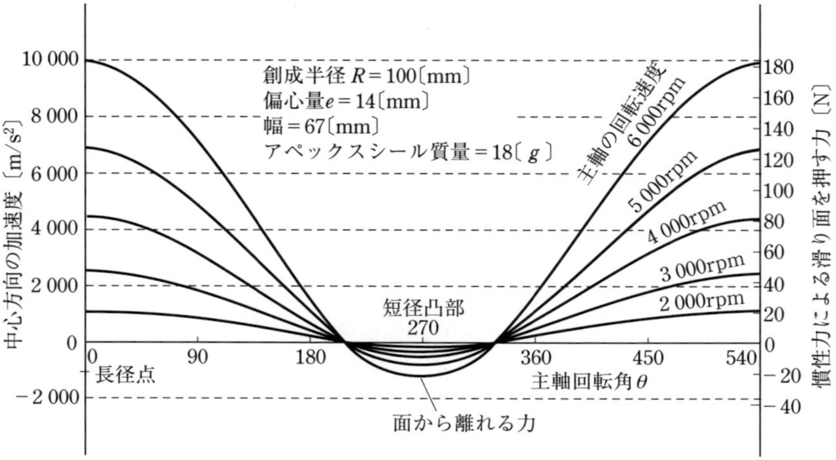

図7.41　アペックスシールの半径方向の加速度およびそのための力

一方，アペックスシールは半径方向に大きい加速度 α_R を受け，

$$\alpha_R = \frac{d^2x}{dt^2}\cos\frac{\theta}{3} + \frac{d^2y}{dt^2}\sin\frac{\theta}{3} = -\,\omega^2\left(\frac{R}{9} + e\cos\frac{2}{3}\theta\right) \tag{7.70}$$

図 7.41 はこの値を示し，これに質量と負号を乗じれば右側の目盛りで示す慣性力，すなわち遠心力になる。そこで長径では外向きの最大遠心力で滑り面を押し，短径近くでは凸面になっているので，慣性力は内向きになり，面から離れる力になる。このシールの離れることを防ぐために，前掲図 7.37（b）に示すようなばねでアペックスシールを押す。

第8章

内燃機関のトライボロジー

8.1 内燃機関におけるトライボロジーの意義

英国のDepartment of Science Committeeは1966年に，潤滑，摩擦，摩耗およびベアリングの分野の科学をTribologyとよぶことを定めた。それは，ギリシア語のTribos（こするの意）に由来する。

内燃機関の実用的諸問題には，トライボロジーに関するものが数多くある。それらは，高出力化，低燃費化，排気対策および耐久性の向上に不可欠である。しかし，理論的にも実用的にも詳細が不明確なまま多くの問題が残されている。本書では，なかでも特にピストンを中心に内燃機関のトライボロジーの大要について記述する。

8.2 基本的現象

部品と部品がこすれ合う摺動面の潤滑状態やそこで発生する摩耗はメカニズムや状況によって分類されている。本節ではこれら分類について概説する。

8.2.1 固体潤滑状態

固体潤滑状態（solid lubrication condition）とは部品と部品が直接接触しこすれ合う状態をさす。内燃機関の摺動面が完全な固体潤滑状態におかれることは極めてまれであるが，その場合には過大な摩耗や焼付きの発生が懸念される。これらは摩擦熱により摺動部の温度が部品を構成する材料の融点に達することで摺動面の金属が溶融し，互いに凝着することで発生する。摩擦熱により金属が溶融するほどの高温になることは実感しにくいが，このことを示す実験がある。図8.1（a）にその実験装置を示す。Aで示す鋼板を回転させ，それに融点1 290 ℃のコンスタンタンBを5 Nの力で押しつけ3 m/sの速度ですべらせる。このときコンスタンタンの非摺動側と鋼板の軸を電気的に接続すると，この回路は熱電対を構成する。摺動部Sは温接点となるため，当該部の温度を連続的に測定することができる。図8.1（b）にGで示すオシロスコープに記録されたこの熱電対の熱起電力を示す。これによると瞬

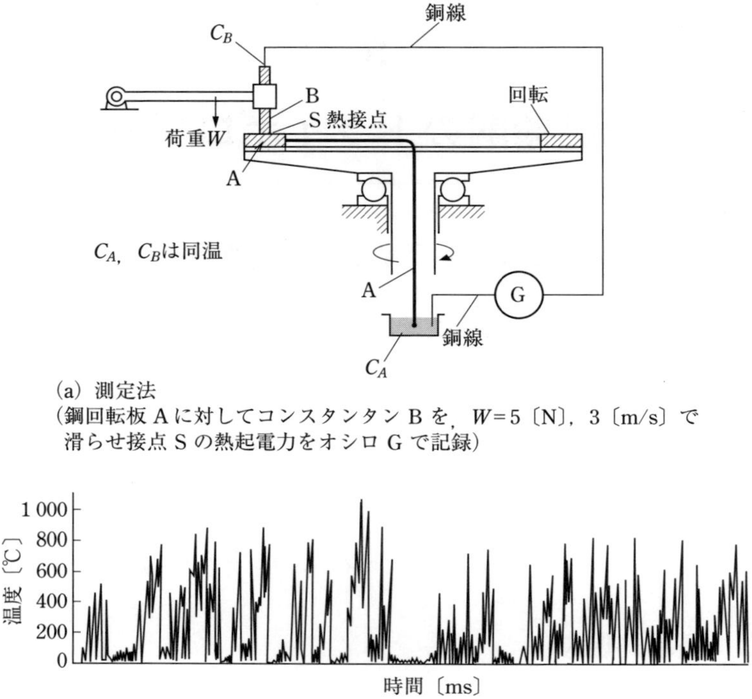

(b) 測定結果

図8.1　固体凝着摩面の瞬間温度測定結果

間最高温度はコンスタンタンの融点とよい一致を示し，凝着を示す有力な実証とされている。

8.2.2　境界潤滑状態

内燃機関の摺動面では，金属の最表面に潤滑油中の油や添加剤が物理的・化学的に作用し，境界層をつくっている。その境界層により金属と金属が直接接触する固体潤滑状態になることを防いでいる。このような状態を境界潤滑状態（boundary lubrication condition）とよぶ。

潤滑油をつくる境界層の代表的なものは添加剤の ZnDTP（Zinc-dialkylthio phosphate）によるものである。ZnDTP は現在市販されているすべての内燃機関用潤滑油に含まれている添加剤である。当初は酸化防止剤として潤滑油に添加されていたが，のちに強固な境界層をつくり摩耗を防止する効果があることがわかった。図

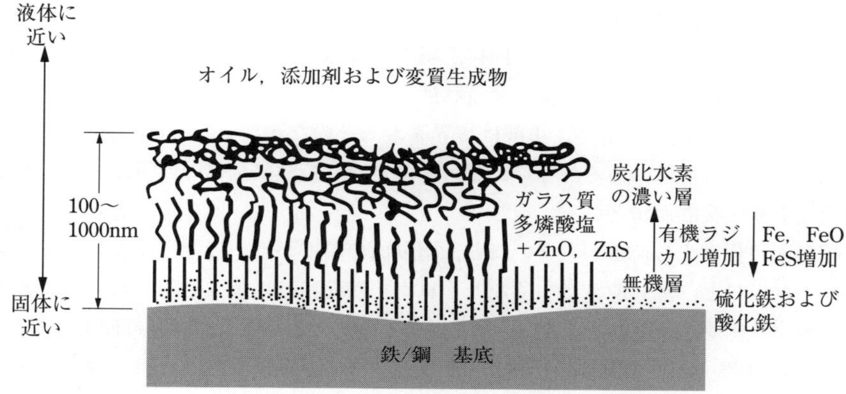

図8.2　非摩耗層の外側にZDTPのアルキルグループによる有機物の存在を示す
（New Drection in Tribology, I Mech E 1977）

8.2は鉄または鋼の表面にZnDTPがつくる境界層の成分分布を示している。母材の上に鉄化合物による無機物の層があり，さらにその上に燐酸塩のガラス状物質の層がある。このガラス状物質により金属の摩耗を防止していると考えられる。

8.2.3 流体潤滑状態

部品と部品が接触することなく，またそれら表面の境界層同士も接触せず，部品が潤滑油に発生する圧力によって支持され浮いたような状態で摺動するときこれを流体潤滑状態（hydrodynamic lubrication condition）という。流体潤滑状態では摩耗は発生せず摩擦も小さい。そのため内燃機関内部の摺動面は流体潤滑状態に保たれることが理想的である。なお油膜に圧力が発生するメカニズムについては，8.4.3項を参照されたい。

流体潤滑状態のなかでも特に高面圧になる場合には，油膜圧力により部品の摺動部が弾性変形し，油膜厚さが確保される。このような状態を弾性流体潤滑状態（elasto-hydrodynamic lubrication condition）とよぶ。弾性流体潤滑状態はローラと平面の接触部や歯車歯面の接触部で発生する。このような接触部では非常に高い圧力が作用するため弾性変形により接触部は平らになる。このため接触面積が大きくなること，および高圧下では油の粘度が増すことにより，流体潤滑が可能な油膜厚さが得られることが証明されている。

8.2.4　混合潤滑状態

内燃機関の実際の摺動面では，固体，境界，流体潤滑状態が入りまじっている場合が多い。このような状態を混合潤滑状態という。図 8.3 にその模式図を示す。図中 A 以外の面は流体潤滑で，A 部は境界潤滑，そのなかの αA は固体潤滑状態で，摩耗を起こす可能性のある部分である。このとき，接触部全体の面積に対し，A 部の面積を真実接触面積という。

摺動面に作用する荷重が大きいほど，摺動面の温度が高いほど，すなわち潤滑油粘度が低いほど，油膜厚さは薄くなり，真実接触面積は増加する。これらのことから，潤滑状態を表す指標として $\mu U/W$ がよく使われる。ここで，μ は潤滑油粘度，U は摺動速度，W は摺動面に作用する荷重である。$\mu U/N$ が大きいほど油膜は厚くなる。図 8.4 は $\mu U/W$ に対する摩擦係数 f の特性の例を示す。これは一般的に Stribeck 曲線とよばれる。図中①の部分では，たとえば W が増加し潤滑状態が苛酷な側に移行するとき，摩擦力 R は増加するが W に比例するほどは増さないので，摩擦係数 f は緩やかに減少する。その後さらに $\mu U/W$ が減少すると摩擦係数が最小値をとる②で一部が境界潤滑になり，摩擦係数 f は急増し，③－④では全面境界潤滑，④－⑤では一部固体潤滑である。しかし実際の摺動面では，これら潤滑状態が混合して存在するため，点線のようになる。

ここで U を大きくすれば安全なように思われるが，内燃機関ではしばしば高速で焼付きなどの障害が発生する。これは高速時には単位時間あたりの摩擦仕事 UR が増加し，これによる熱が潤滑油粘度 μ を低減させること，また潤滑油を劣化させる

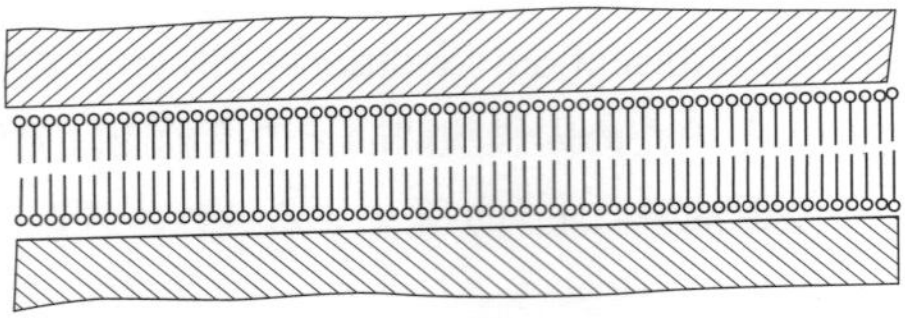

(a) 一様な境界層での接触

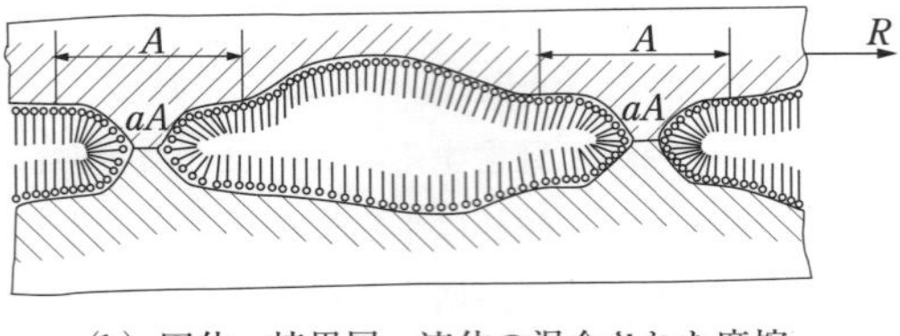

(b) 固体，境界層，流体の混合された摩擦

図8.3　境界潤滑面説明図

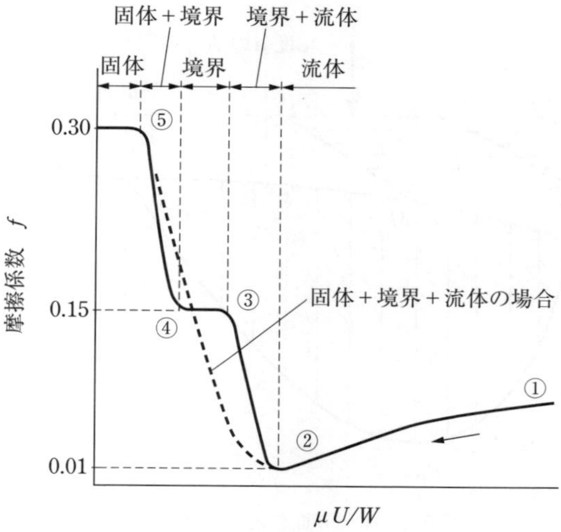

図8.4　各摩擦状態の摩擦係数の例

ことによると考えられる。

8.2.5 摩耗の種類

摩耗はそのメカニズムによって分類される。部品間の金属接触部が摩擦熱によって互いに凝着し，摺動によってもち去られることにより発生する摩耗を凝着摩耗という。エンジン内に入り込んだ砂や切粉などにより部品の表面が削られる現象をアブレッシブ摩耗あるいはざらつき摩耗という。動弁系等高面圧下で使用される部品では金属内部で疲労による亀裂が発生し，表面の金属が脱落することがある。これによる摩耗を疲労摩耗という。酸性の燃焼生成物や金属表面と反応するタイプの潤滑油中添加物および添加剤の分解により生成される酸性物質などにより金属表面が腐食されることで発生する摩耗を腐食摩耗という。

8.3 潤滑油

8.3.1 粘度

(1) 単位および測定

摺動面では，二面間の油は例えば図 8.5 に示すような速度勾配をもつ。この油に生じる速度勾配に比例した剪断応力 τ と油の粘度（絶対粘度ともよぶ）μ の関係は

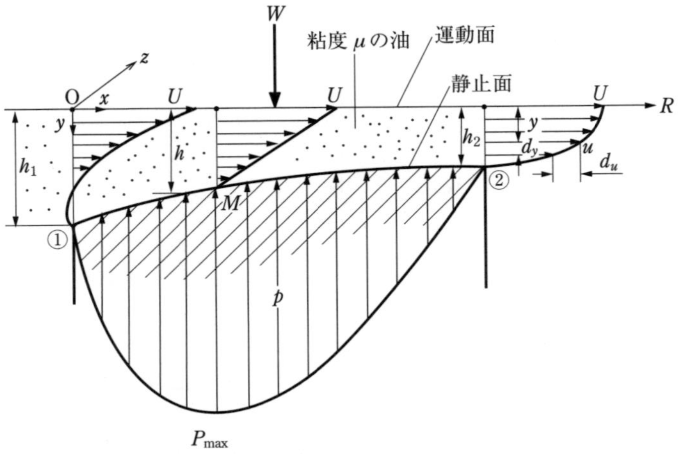

図8.5　すべり面の油に生じる速度勾配

(8.1) 式で表される。

$$\tau = \mu \frac{du}{dh} \tag{8.1}$$

μ の単位は，CGS 単位で P（ポアズ）と表されることが多く，

1〔cP〕（センチポアズ） = 10^{-3}〔Pa/s〕

である。20℃の水の粘度がちょうど 1 cP である。

粘度 μ の測定法にはいろいろな方法があるが，いずれも細い孔（毛細管）を油の自重により層流の状態で一定体積の試料が流れるのに要する時間を測定するしくみである。図 8.6 に一例を示す。粘度計の毛細管部に作用する圧力は油に作用する重力により発生する。それを求めるための油のヘッドを h とする。これは油の流出により変化するが，測定中の平均値をとる。毛細管の長さを L，半径を r，油の密度を ρ とすれば，一定体積 V が t 秒間で流出するとき，

$$\begin{aligned} Q &= \frac{V}{t} = \frac{\pi g h r^4 \rho}{8 \mu L} \\ \therefore \quad \nu &= \frac{\mu}{\rho} = \frac{\pi g h r^4}{8 V L} t \end{aligned} \tag{8.2}$$

ここで ν は動粘度（kinematic viscosity）といい，粘度（絶対粘度）μ をその密度で除した値である。ν の単位は CGS 単位系ではストークス（stokes）を用い st と表記する。SI 単位では m^2/s と表し，これは 10^4 st にあたる。前述の式を用いて，測

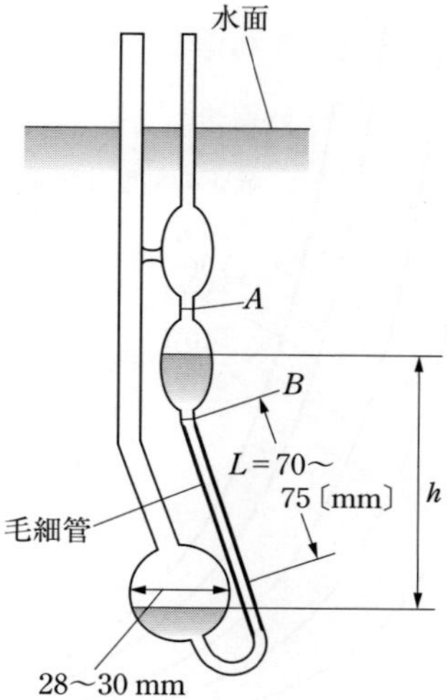

図8.6　改良型Ostwald 粘度計

定により直接求められるのは，この動粘度νである。

(2) 温度が油の粘度に及ぼす影響

自動車用エンジン潤滑油の粘度は図8.7のように，温度上昇とともに急に低下する性質をもつ。一方エンジンには，始動時のように油温が低いときにも摩擦抵抗が増加しないこと，高出力時のように油温が高いときにも十分な油膜厚さが確保できることが求められるため，潤滑油は温度によらず一定の粘度を有することが望ましい。現実的には，温度に対する粘度変化が少ない潤滑油が望まれる。

米国のSAE（Society of Automotive Engineers）は，自動車エンジンの潤滑油の粘度を－17.8℃（0° F）と98.9℃（210° F）における粘度範囲で分類した。これらは低粘度から順に0 W，5 W，10 W，～，20，30，～，60と表される。ここでWが付いているものは，冬用を表す。これらの番号により分類されるいわゆる「シングルグレード油」に対し「20 W － 30」のように表される「マルチグレード油」がある。10 W － 30の場合，－17.8℃では10 Wの，98.9℃では30番の粘度を示す油であることを意味している。

図8.7の曲線を直線で示すことのできる目盛ができれば，2点の粘度を測れば全温度範囲の粘度を容易に求めることができるため便利である。そのために1962年にASTMがとり上げたMacCoullの経験式を以下に示す。

$$\log_{10}\log_{10}(\nu + 0.8) = a\log_{10}T + b \tag{8.3}$$

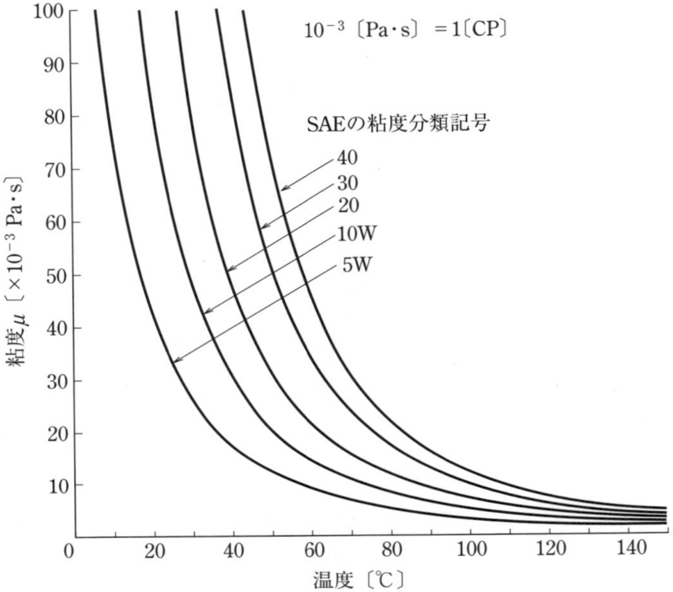

図8.7　自動車エンジン用潤滑油の粘度－温度特性

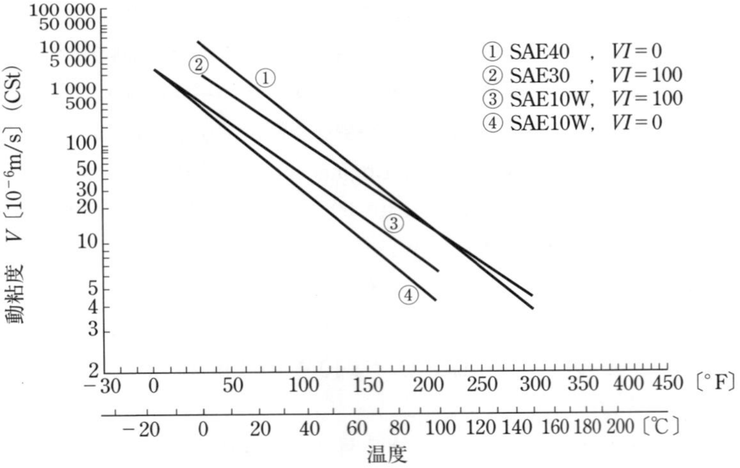

図8.8　粘度指数 VI の異なる油の ν －温度例

ここでνは粘度（cSt），Tは絶対温度，a，bは定数である。

この式は図8.8のように横軸に$\log_{10}T$，縦軸に$\log_{10}\log_{10}(\nu+0.8)$をとったグラフ上で直線となる。実際にほとんどの油の粘度は（8.3）式で表すことができる。

この直線の右下がりの傾きが小さい油ほど粘度は温度に鈍感であり，エンジンにとって望ましい。この傾きの度合いを粘度指数VI（viscosity index）とよび最悪はVI = 0（図中①，④），最良はVI = 100（図中②，③）である。

8.3.2 添加剤

エンジン油は一般に石油の重質部を精製してつくった基油に添加剤を混入してつくられる。添加剤（additives）は，油の劣化防止，部品の摩耗の防止，粘度指数の向上，さらには摩擦力低減などの目的で用いられる。以下に目的別に添加剤を大別する。

（1）酸化防止剤 ――――――

油の劣化の主たる要因は高温下で酸素に触れることで発生する酸化である。そのため，酸化防止剤（inhibitor）としてZnDTPなどが用いられる。これらは当初，酸化防止剤としての機能のみを期待して使用されていたが，のちに，これらが金属表面につくる強固な反応膜は摩耗の防止に有効であり，極圧添加剤としての作用も注目されるようになった。

（2）清浄分散剤 ――――――

清浄分散剤（detergent-dispersant）とまとめて呼称されることが多いが，清浄剤（detergent）と分散剤（dispersant）の機能は異なる。清浄剤は燃焼により発生する酸を中和するために用いられる。重油や軽油などの硫黄を多く含む燃料を使用する場合には重要である。分散剤は燃料により発生するすすがエンジン内で凝集し，油路を閉塞させるのを防ぐ役割をもつ。同じくディーゼルエンジンでは重要な添加剤である。

（3）粘度指数向上剤 ――――――

低温運転に適した低粘度の基油に長い分子の粘度指数向上剤（viscosity index improver：VII）とよばれる添加剤を加えると，高温では長い分子が絡みあって高粘度を呈する。これにより，高い粘度指数を有するマルチグレード油がつくられる。なお，剪断により粘度指数向上剤の分子が切断され高温時の粘度が低下してしまう現象をshear thinningとよぶ。

（4）極圧添加剤 ――――――

極圧添加剤（extreme-pressure additive：E.P.剤）は，歯車やカムのように境界潤滑域で使用される部品の摺動面に無機質の強固な反応膜を形成することで，当該部の摩耗を防いでいる。トランスミッションの歯車のように極めて面圧が高い部分では主に硫黄が，エンジンの動弁系程度の面圧では硫黄とリンが有効である。極圧添加剤は摺動面で発生する摩擦熱や油膜の高い圧力をエネルギーとして金属表面と化学反応を起こすと考えられている。そのため非摺動部には反応膜は形成されない。一方で，極圧添加剤は金属表面と化学反応を起こすため，その作用が強すぎる場合には腐食摩耗と同様の結果をもたらすことがある。

(5) 摩擦調整剤 ――――――

摩擦調整剤（friction modifier）は，エンジンの摺動面の摩擦力低減のために用いられる添加剤で，MoDTC が名高い。MoDTC は近年，ガソリンエンジンの摩擦損失低減ひいては燃費向上のためによく用いられている。一方，ディーゼルエンジンでは油中に混入したすすにより効果が失われるといわれており，使用されている例は少ない。

8.3.3 潤滑油の分類

エンジンの高性能化に伴い潤滑油に対する要求も変化し，かつ厳しくなる。そのため潤滑油は，どのようなエンジンに使用できるかを表すため，分類されている。潤滑油の組成や，評価のためのさまざまな試験の方法が定められており，それらの試験における部品の摩耗量や潤滑油の劣化度合いにより，潤滑油は分類される。

潤滑油の分類のための規格は，米国石油協会 API（American Petroleum Institute）によるもの，欧州の CCMC によるものの 2 種類が古くから存在する。日本は長らく API の分類に従ってきたが，近年 JASO による新たな規格を制定した。これは近年，米国と日本のエンジン設計の乖離（かい）が大きくなり，潤滑油に対する要求も異なってきたことが一因である。

潤滑油に対する要求は，ディーゼルエンジンとガソリンエンジンで異なるため，規格はディーゼルエンジン用とガソリンエンジン用に別々に用意されている。API 規格ではディーゼルエンジン用は CA，CB，CD，FC，F2，CF4，CG4 のように定められ，後の方ほどより新しいエンジンに使用可能な潤滑油となっている。ガソリンエンジン用にも同様に SA，SB，…，SN のように定められている。

8.3.4 潤滑油の供給

(1) 自動車用 4 サイクルガソリンまたはディーゼル機関の場合 ――――――

エンジン各部への潤滑油の供給方法の一般的な例を図 8.9 に示す。オイルパン①

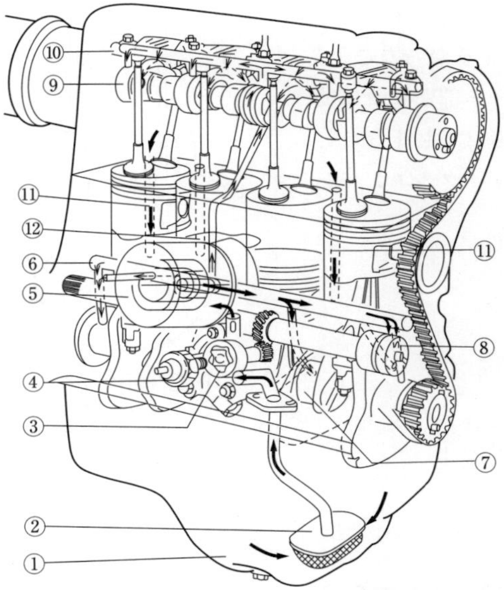

① 油留め
② 金網ろ過器
③ 油圧ポンプ
④ 油圧検知器
⑤ 油ろ過器
⑥ 油の主路
⑦ クランク軸
⑧ ポンプ駆動軸
⑨ カム軸
⑩ ロッカ軸
⑪ 戻り穴
⑫ ブローバイガス上昇穴

図8.9　乗用車ガソリン機関の潤滑油経路
（日本機械学会「機械工学便覧」）

に溜められた潤滑油は，金網のろ過器を有するオイルストレーナ②を介して歯車ポンプ③により吸い上げられる。吸い上げられた油は，微細な不溶解分を除去するためのろ過器（オイルフィルタ）⑤に圧送される。このときエンジン高回転時に油圧が高くなりすぎる場合にはチェックバルブを介して余分な油がオイルパンに戻される。ろ過器を通過した油はエンジンのシリンダブロックに設けられたオイルギャラリ（油の主路，メインホールともいう）⑥に供給される。ここから潤滑油は主軸受に供給され，さらに主軸受からクランクピンやコネクティングロッド小端に供給される場合もある。高負荷エンジンの場合は，オイルギャラリから，ピストンの冷却のためのクーリングジェットにも油が供給される。またオイルギャラリから動弁系の潤滑のための油路が設けられる場合もある。

(2) 2サイクルガソリン機関の場合

2サイクルガソリン機関の場合，燃料のガソリンに潤滑油を1/20～1/40混入して図8.10①のように，吸気孔よりクランクに入れる。ガソリンと潤滑油の蒸発特性の差により，クランク室内が30℃以上であれば，ガソリンと潤滑油は分離し，潤滑油はクランク軸受およびシリンダーに供給される。2サイクルエンジンでは，毎サイクル燃焼させること，空冷エンジンが多く4サイクルエンジンより温度が高くなりがちなこと，さらに吸気孔から供給された油の一部が潤滑に使われることなく掃気孔から排出されてしまうことなどにより，潤滑油消費量は4サイクルエンジンと比較して多くなりがちである。

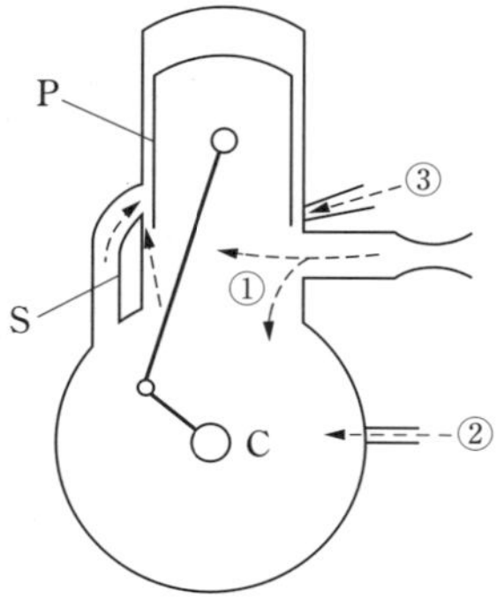

① 混合給油
② クランク室へ分離給油
③ シリンダへ部分給油

図8.10　2サイクルガソリン機関の潤滑油の経路

8.4 ピストンリングのトライボロジー

8.4.1 ピストンリングの機能

ピストンリングは燃焼ガスをシールする，ピストン頂面からピストンに与えられた熱をシリンダーに逃がす等の機能をもつ。さらにシリンダーに供給された油が燃焼室に入り込み消費されてしまうのを防ぐ機能を有する。以下にそれらの機能について説明する。

8.4.2 ピストンリングのガスシール機能

(1) ガス漏れの影響

内燃機関が実用化される当初から，ピストンで高圧ガスの漏れを防止することは技術的に重大な課題であった。このガス漏れ量（Blow-by）は，巧妙な気密作用により高速機関では作用ガスの1％以下が普通である。ピストンとシリンダの隙間は熱膨張の違いを考慮すれば，シリンダ内面直径 d_1 が 80mm 前後の場合，直径隙間は常温で約 0.05mm を要し，ピストンリングなしでは漏れガス量は許容できない。漏れガスは，古くは出力の低下をまねき，現在では漏れガス中の成分により化学的および物理的に滑り面が摩耗したり，油を劣化しリング膠着させたり，スラッジの生成が助長されたりするので，エンジン耐久性の上でガス漏れ量を抑制することは重要である。

排気ガス規制で，未燃 HC や不完全燃焼ガスからなる漏れガスの溜るクランク室内のガスを吸気に還元する方法がとられている。しかし，できるだけクランク室を清浄化するために，一方で新気を導入し，他方で吸気へ送り，クランク室圧力が外気圧以下になるように PCV（positive crankcase ventilation）弁で送入量を調整する方法がとられ，ガス漏れの低減は排出ガス清浄化とも関係をもつ。

(2) 漏れガス通路

筆者がリングの研究を始めた当時（約 60 年前）は，リングのガス漏れはどこで防止されているか明らかではなかった。当時，合口部は段付き型が多く使われ，それで合口部の漏れはわずかと考えられ，外周滑り面の接触不良か，または背隙を回る漏れのどちらかが主通路と考えられていた。その後の実験結果から，漏れの最大通路は合口であることがわかった。

具体的には，トップランドからクランク室までの供試機関の隙の寸法は図 8.11 のとおりで（c）のように合口 s_1 とピストン隙間 c で形成される面積 $s_1 \cdot c$ が最小である。

さらに合口については，その形状の効果はなく，s_1 に比例することが図 8.12 の実験結果からもわかった。また図 8.13 のように，一般的にあまりこだわりもなく付けられているピストン溝やリングの面取りは，ガス漏れ防止効果を大きく低下させ，さらにアンダーカットリングはガス漏れ通路面積が大きくなり，ガス漏れ量が増えることがわかる。これとは逆に，合口部通路を閉止するために図 8.14 のように，背面から流出を止める両面段付きにすれば，s_1 が大きくても漏れは少量にできる。

(3) リング挙動

ガスシールの前提には，リングは溝下面に接触しているものとしたが，実際には，複雑な運動によりガス漏れや潤滑油消費量（oil consumption, OC）に重要な影響を与えている。リングに働く力は，上下方向ではガス圧力と慣性力で，図 8.11 の通路面積分布から合口の⑤はその上方の隙間に比べて極めて小さいので，ここで絞られ，その上方の隙間の圧力はすべてシリンダ圧 p_1 に等しい。リング下面が一様に接触しているときは，図 8.15 の下面の圧力 p_2 は図のように直線的で，上方からの力 $p_1 \cdot a_1$/（単位長さ当たり）の力を押し返し，残りの点線部の力 F_p

$$F_p = \frac{(p_1 - p_a) \cdot a_1}{2}$$

でリングを下面に押し付ける。リングが傾いて内周が接触しているときは，p_2 が増すが，接触力が減少しリングの挙動が不安定になる。

次に，慣性力は上死点近くでは上向きで，下死点近くで下向きとなり，回転数の

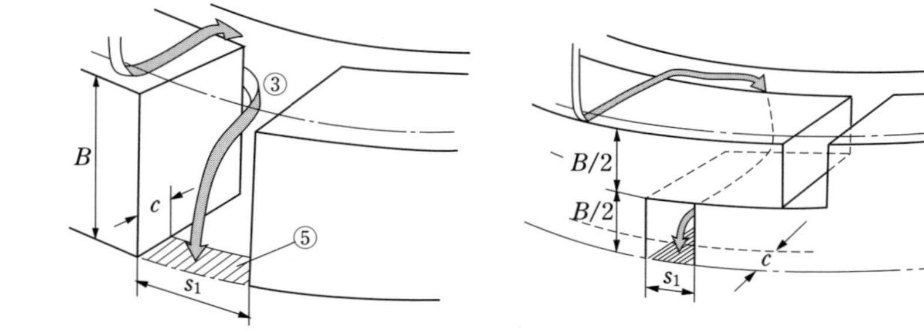

(a) 直角合口　(b) 段付き合口

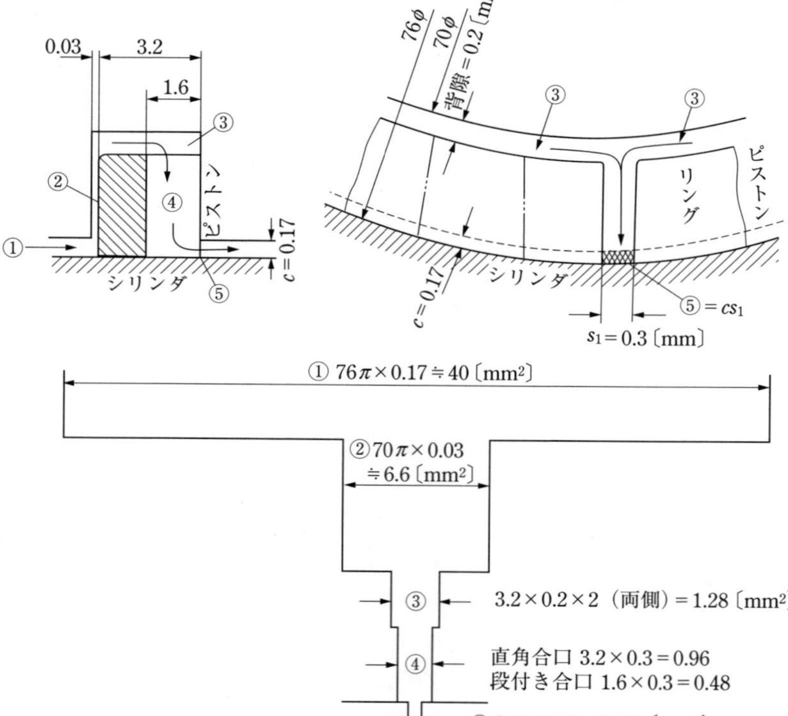

(c) 漏れ通路面積（面積を幅で示す）

図8.11　リングを通過するガス漏れ面積の例

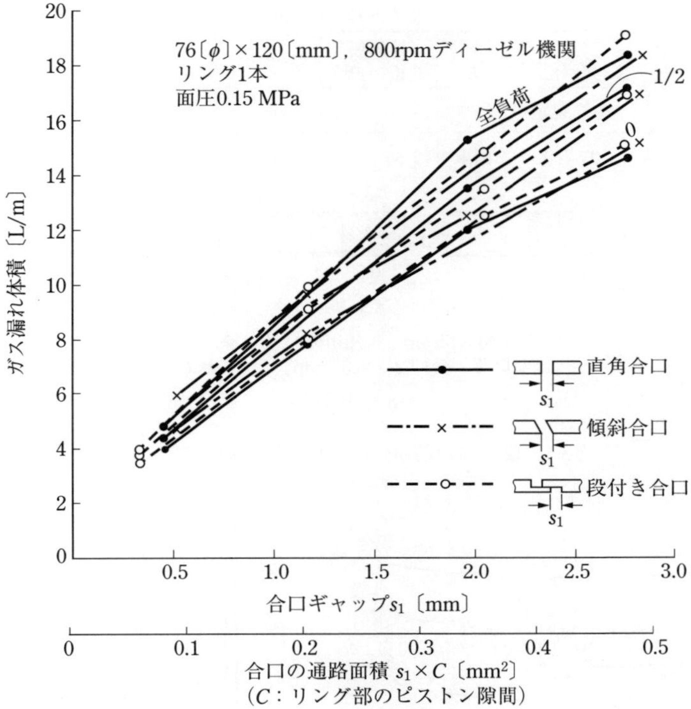

図8.12　合口形状のガス漏れに対する影響

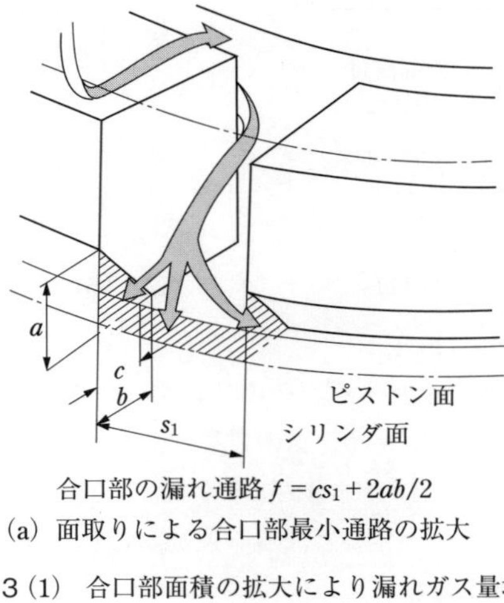

(a)　面取りによる合口部最小通路の拡大

図8.13 (1)　合口部面積の拡大により漏れガス量増大

ガス漏れ〔L/min〕

第2リング／トップリング	鋳鉄製 矩　形	アンダカット	第2リングなし
鋳鉄製矩形	1.55	2.40	2.50
クロムメッキ面取	1.80	2.80	3.00

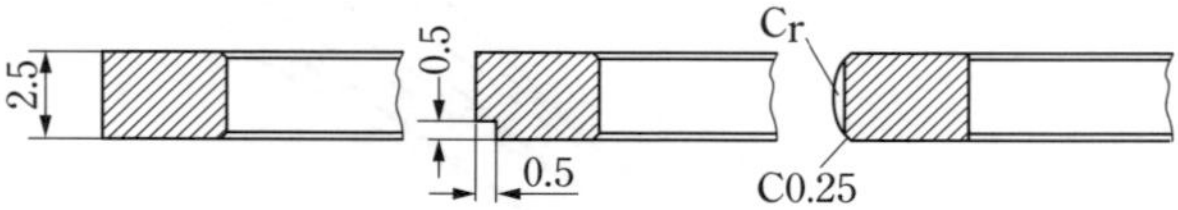

鋳鉄短形　　アンダカット　　クロムメッキ

（55〔ϕ〕×55〔mm〕凡用ガソリン機関，300 rpm，全負荷，合口 $s_1=0.5$〔mm〕，いずれも同じ）

(b) 実験結果

図8.13 (2)　合口部面積の拡大により漏れガス量増大

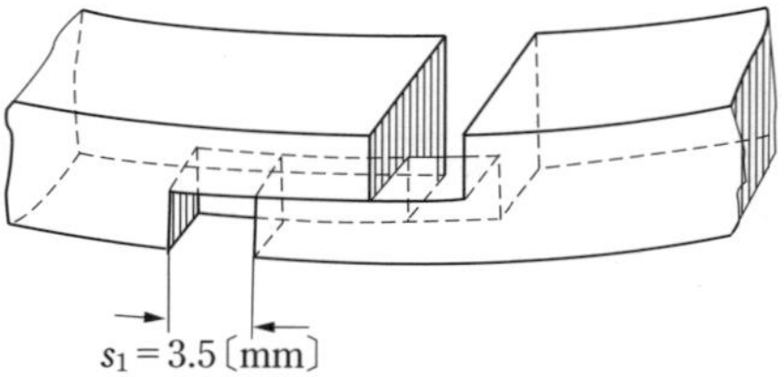

両面段付きリング

ガス漏れ体積〔L/分〕		
出　力	普通段付 $s_1=3.5$	両面段付 $s_1=3.5$
0	15.0	5.7
1/2	16.8	6.5
全	17.7	6.6

図8.14　両面段付きリングの効果

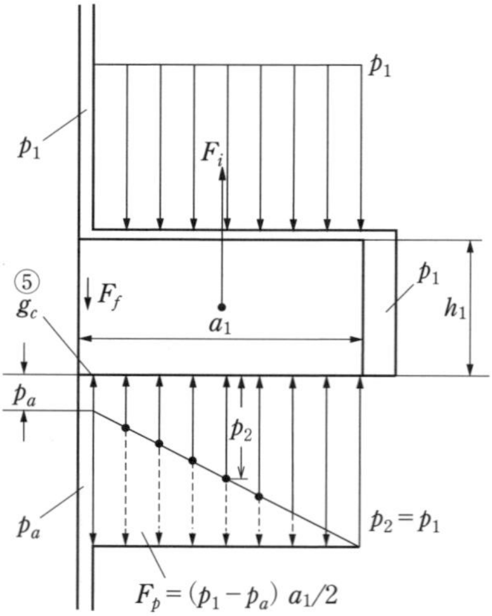

図8.15　ピストンリングに作用する力

2乗に比例することに注意を要する。そのリングにかかる慣性力

$$F_i=\alpha\cdot m \qquad (m=\text{リングの質量})$$

リングの運動方向と反対方向に摩擦力 F_f が働く。これは一般に，F_p および F_i に対して小さいが，F_p と F_i の小さいところの運動，たとえばオイルリングの油掻き作用では F_f の影響は無視できない。

これらを総合して，リングが下面を離れないためには，

- 上死点に近く上昇中は，$F_p > F_i - F_f$　下降中は，$F_p > F_i + F_f$
- 下死点に近く上昇中は，いつも離れない。下降中は，$F_p > F_i - F_f$

リング上下の圧力 p_1，p_2 は後述の方法で決められる。シリンダ圧 p_1 のガスはリング間の空間 V_2，p_2 に隙間 f_1 から流入するが，p_2 が上がって流入量 G_{12} と流出量 G_{2c} と同じになる定常状態になる前に，p_1 は急に降下し，p_2 は定常値より非常に低く，また位相も遅れる。図 8.16 (a) で示すように高回転ほどその非定常性は大きい。そこで，A で $p_1 = p_2$，$F_p = 0$ となりリングは溝下面から浮き上がり p_2 のガスをシリンダへ逆流させる。しかし，リングが浮き上がれば，ガス通路面積は急増するので，わずかに浮き上がったままで，$p_2 = p_1$ を維持する。もしも，リングの持ち上がりが急で，リング溝上面に接して逆流を止めると p_2 は p_1 より大きい p_2' になる。また，

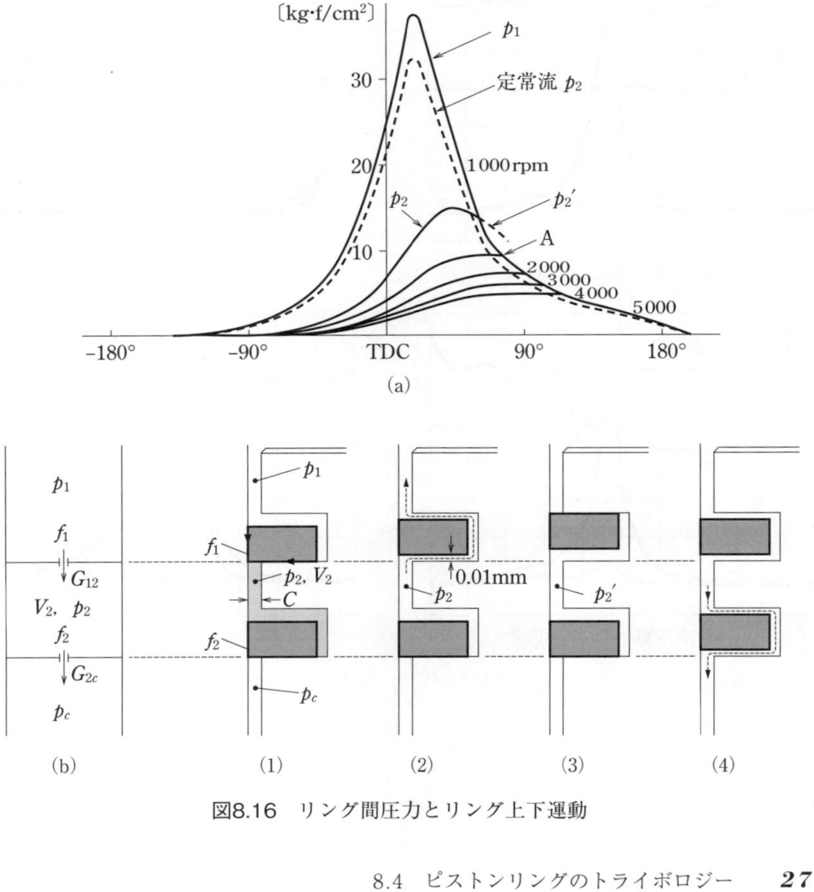

図8.16　リング間圧力とリング上下運動

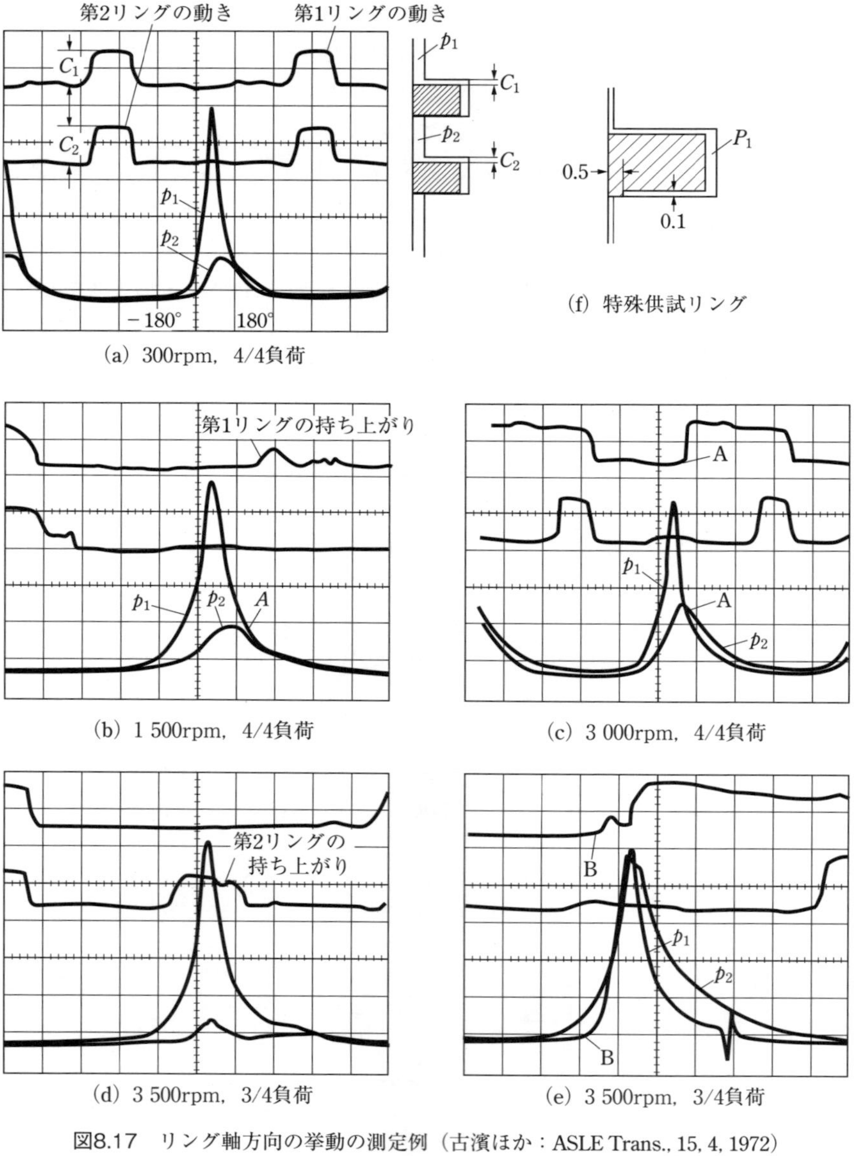

(a) 300rpm, 4/4負荷

(f) 特殊供試リング

(b) 1 500rpm, 4/4負荷

(c) 3 000rpm, 4/4負荷

(d) 3 500rpm, 3/4負荷

(e) 3 500rpm, 3/4負荷

図8.17　リング軸方向の挙動の測定例（古濵ほか：ASLE Trans., 15, 4, 1972）

上死点近くでガス圧が低く，慣性力の大きいときはセカンドリングが浮き上がり機密作用を失う。

図 8.17 は側隙 C_1 と C_2 の測定例で，(a) と (b) は正常な状態で $p_2=p_1$ の A 以降は $p_2=p_1$ を続ける。(c) は A でトップリングは上面に密着し，$p_2'>p_1$ となる。(e) はトップリングが上死点前に慣性力で浮き上がり，その気密作用を失うもので，(c) と (e) はリング下面を (f) のように加工して，下面への p_1 の侵入を容易にして浮き上がりを助けた特殊な場合である。(d) はセカンドリングが上死点近くで浮き上がり，気密作用を失い，ガス漏れ量が上昇する。普通は 3 500 〜 4 000rpm で起こる。リング幅を薄くして質量 m を軽くすれば高回転側に移る。

図 8.18 の矢印のように，リングの一部が振動する現象がある。振動数は約 2kHz で，おそらく合口部付近でリングが溝から離れているときで，側隙が大きいときなどは折損の原因になることも考えられる。

図 8.19 は周方向の回転を測定したもので，リング端部に放射性物質を埋め込み，エンジンの周方向に 90° 間隔に 2 箇所検出器を置いて，合い口からの距離で放射線強さの変わることを応用したもので，回転の方向もわかる。(a) は 3 000rpm 以上で毎分約 10 回一定回転する場合，(b) は周方向に動かないとき，(c) はある範囲を往復している場合の周方向の運動である。

(4) 漏れ低減に関する理論

a) 非定常流れ　　第 6 章の (6.1) 〜 (6.5) 式を参照。トップリングの漏れ通路面積 f_1 の主要部は合口部の $s_1 \cdot c$ で，それより前の隙間の圧力はシリンダ内と同じ p_1 であり，セカンドリングの漏れ面積も同様の f_2 である。dt 時間に f_1 を漏れるガス量 dG は，p_1，p_2，v_1，T_1 などが一定とみなし得る短時間では，

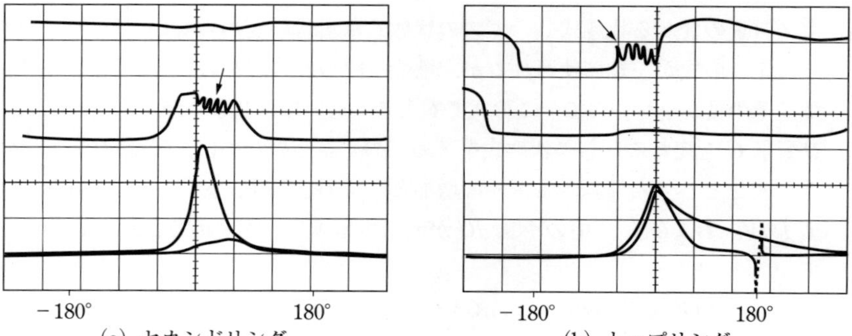

図8.18　リング浮き上がり中の振動（3 500rpm）

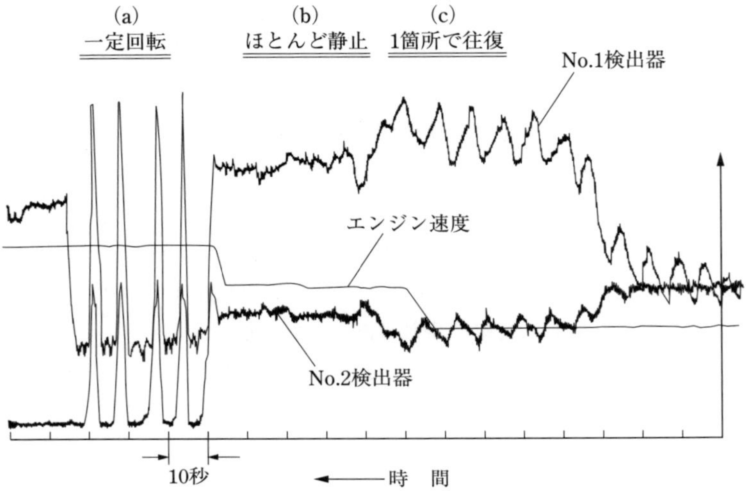

ガソリンエンジン：$D=70$〔mm〕，$S=65$〔mm〕，側弁，単シリンダ

図8.19　リングの周方向回転運動測定例（古濱ほか：機講論，No.150）

$$
\begin{aligned}
dG &= f_1\alpha\sqrt{\frac{2\kappa}{\kappa-1}\frac{p_1}{v_1}\left[\left(\frac{p_2}{p_1}\right)^{2/\kappa}-\left(\frac{p_2}{p_1}\right)^{\frac{\kappa+1}{\kappa}}\right]}dt \\
&= f_1\alpha\Phi\sqrt{\frac{p_1}{v_1}}dt = f_1\alpha\Phi\frac{p_1}{\sqrt{RT}}dt
\end{aligned}
\tag{8.3}
$$

ここで α は流量係数で，かなり広い範囲での模型実験では，$\alpha=0.86$ となる。

以上のように，ガス漏れ現象はリング間体積での非定常性が特徴で，高速ほどその影響が大きい。

b) ガス質量の変わる状態式　　ガスの状態式は質量の変わらない断熱では，$PV^{\kappa}=$一定，の式が一般に使われるが，燃焼室内のガス漏れの影響を議論する場合は，その量が小さいので，この式でも大きい違いは生じないが，P，V，T および質量 G も変わるときの状態式を求めておく。そのために，燃焼室内のエネルギー変化として内部エネルギーの増加として $GCVdT$，膨張による外部への仕事 PdV，および G の中の小量 dG が流出するエネルギー C_pTdG が失われるので，

$$GC_vdT+pdv-C_pTdG=0 \tag{8.4}$$

状態式 $PV=GRT$ を全微分して，

$$PdV+VsP=GRdT+RTdG \tag{8.5}$$

これらの式から T, dT を消去し，$R=C_p-C_v$ を使えば，

$$\frac{PV^{\kappa}}{G^{\kappa-1}}=\text{一定},\ \text{または}\ v=\frac{V}{G}\ \text{より},\ \frac{PV^{\kappa}}{G}=\text{一定} \qquad (8.6)$$

c）漏れ量の計算例　　いま，自動車エンジンの例で，

$$f_1=s_1\cdot c+f_0=0.3\times0.15+0.045=0.09\times10^{-6}\ 〔\mathrm{m}^2〕$$

この場合 f_0 は合口外の通路面積で，図 8.12 の漏れ 0 の $-s_1\cdot c$ でその s_1 を 0.3mm とする。空気の $R=287$〔J/K·kg〕，$T_1=180$〔℃〕のとき，図 8.20

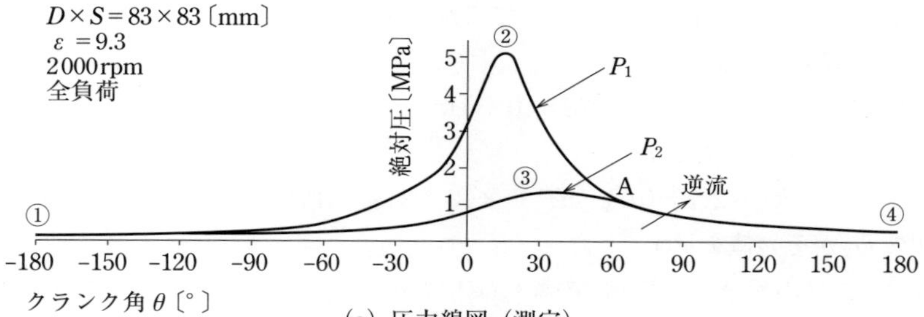

(a) 圧力線図（測定）

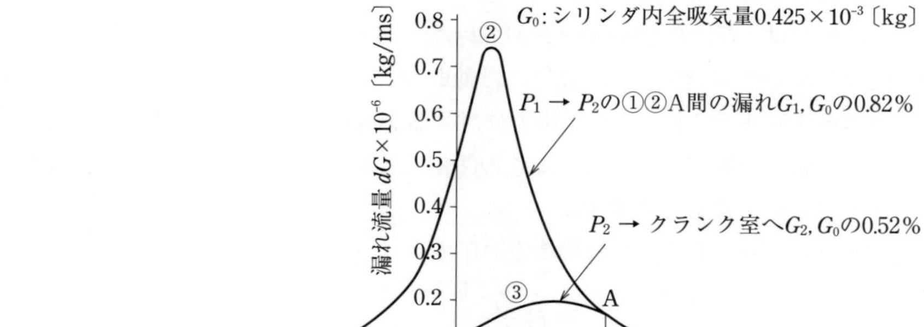

(b) 漏れ流量

図8.20　測定圧力から計算されたガス漏れ流量の例

（a）は P_1, P_2 の実測値，（b）はそれから計算したガス漏れ量で，その要点は短い時間 dt の漏れ量 dG は下記になる

(i)（8.3）式より，$P_1 = 10^6$〔N/m^2〕$=1$〔MPa〕のとき，P_2/P_1 が臨界値以下で，$\Phi C = 0.685$

$$dG_1 = 0.147 \cdot P_1 \times 10^{-6} \text{〔kg/ms〕} \tag{8.7}$$

dG_1 は P_1 に比例するので，図の（a）と（b）は同じ形になる。

(ii) $P_2 = P_1$ の A 以後は，リング間体積 V_2 からクランク室に dG_2 流出するとともに，トップリングが持ち上がって，P_2 が P_1 になる過剰分が逆流する。その量はシリンダの体積膨張によって下がる圧力 dP_c との差（$dP_c - dP_2$）に相当する dG_b である。

V_2 は一定で，ここでは 0.28×10^{-6}〔m^3〕，そのなかは，

$$P_2 V_2 = G_2 R T_2$$

$$dG_b = 2.15\,(dP_c - dP_2) \times 10^{-6} \text{〔kg/MPa·ms〕} \tag{8.8}$$

図の G_b がその値を示す。

d） 漏れガス量の配分　燃焼室の漏れは①② A で全吸気量の 0.82%であり，そのなかから 0.52%が①③ A ④のセカンドリング上の P_2 からクランク室に F_2 を通って流出する量である。この量が漏れ（blow by）として測定されるものである。残りは，G_b：0.3% = 0.82 − 0.52%で，燃焼室へ返って出力を増す。

e） 漏れの出力への影響　一般に，自動車エンジンでは前例のように漏れは作動ガスの 1%以下であるので，出力に対する影響は少ないが，漏れ量の出力に対する影響は複雑で，ガス圧と漏れの関係ほど単純ではないので，以下に前例と同じ場合を例にして説明する。

（8.6）式より，ある時刻の燃焼室の圧力は，

$$P = \frac{P_1 V_1^{\kappa}}{V^{\kappa}} \cdot \frac{G}{G_1} = P_0 \frac{G}{G_1} \tag{8.9}$$

P_0 は漏れのないときの圧力，G ははじめのガス量 G_1 から t までに漏れた量

$$\Delta G = \int_1^t dG dt \tag{8.10}$$

を差し引いたもので，$G = G_1 - \Delta G$ である。圧力の低下 ΔP は，

$$\Delta P = P_0 - P = P \frac{\Delta G}{G}$$

これによる仕事の低下は，

$$\Delta W = P\frac{\Delta G}{G}dV = PdV\frac{\Delta G}{G_1 - \Delta G} \tag{8.11}$$

逆流時は，ΔW の分母は $G_1 + \Delta G$，ΔW は増加である。

図 8.21 は，前図の dG より（8.10）式を使って（8.11）式を計算したもので，前図の漏れ量の線図より形も変わるし，各行程の仕事に対する割合も大きく異なる。その原因の主なるものは次のようである。

(i)　漏れ量は時間に比例する現象であるが，仕事はピストンの変位 dV に比例する。

(ii)　（8.10）式の一定区間の ΔG は同じでも dG の分布によって ΔW 量は異なる。ΔW は燃焼室内ガスの質量 $G = G_1 - \Delta G$ によるが，ΔG は dG の積分値で，図 8.22 はその説明図で，A_1 のように dG が $t_1 \sim t_2$ まで一定のときは，積分値 ΔG は①～②の直線で t_2 で②，この漏れ積分値が同じになるように，dG が B_1 のように直線的に増加するときは，2 次曲線 B_2 のように増加して②に達する。さらに，C_1 のように初期にのみ同じ ΔG が漏れたときは ΔG は以後同じ C_2 で

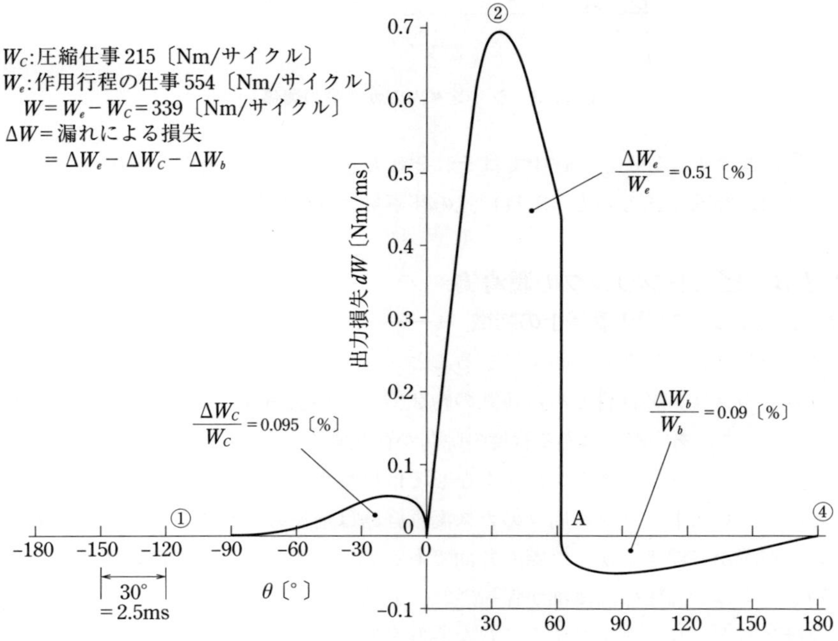

図8.21　漏れによる出力損失

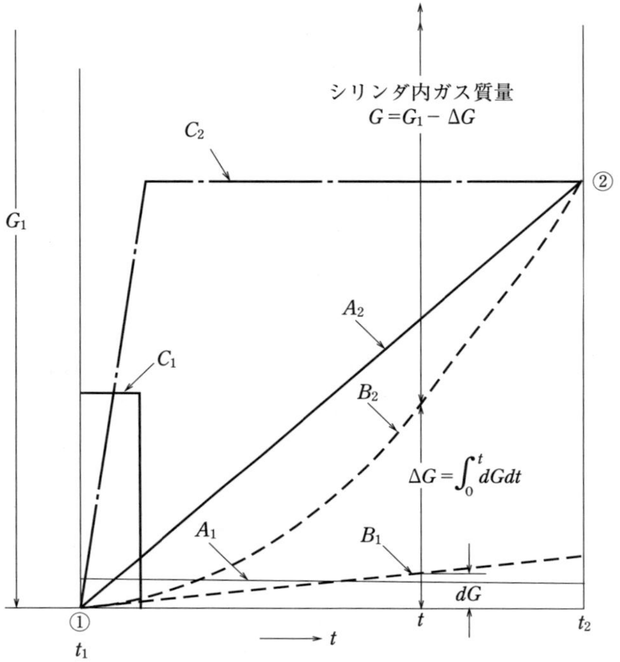

図8.22　シリンダ内のガス量の関係

②に達する。しかし，途中ではそれぞれ大きく異なる経過をたどり，一方 PdV は別の経過であるので（8.11）式の仕事量は ΔG の経過によるわけである。

8.4.3 ピストンリングの潤滑論

(1) ピストンリングの潤滑上の特徴

ピストンはシリンダより高温になること，さらにアルミ合金製のピストンの場合には多くのシリンダ材料である鋳鉄の約2倍の線膨張係数をもつことから，ピストンとシリンダのあいだにはある程度の隙間が存在するように設計せざるをえない。このことはピストンはピストンリングなしでは燃焼ガスをシールできないことを意味している。ピストンリング周りのガス漏れ経路は前述のとおり合口隙間とピストンリングが溝から浮き上がった際の背面である。ピストンリングの摺動面では，実に巧妙なしくみで高圧の潤滑油が保持され，ガス漏れを防いでいる。

今後ピストンリングに対するさらなる低摩擦，低摩耗および低オイル消費という要求に適切に応えていくためには，ピストンリング摺動面で起きる現象を科学的に把握する必要がある。そこでピストンリングの潤滑論および今後解明が待たれる課題についてトップリングを例にとり，以下に述べる。

トップリングの摺動面には，リング背面に作用するガス圧力による荷重およびピストンリング自体がシリンダに張り付く力（張力）が作用する。摺動面では油膜が形成され，ピストンリングとシリンダは直接，接触することのない流体潤滑状態をおおむね維持している。したがってピストンリングに作用する荷重は油膜に発生する圧力によって支持されていることになる。一見，シリンダの内面と平行に見えるピストンリングの摺動面で，どのようなメカニズムで油圧が発生しているのか，さらに摺動速度がゼロとなる上下死点で，油圧が発生するメカニズムとはいかなるものか，これらがピストンリング摺動面の研究の黎明期の大きな課題であった。

ピストンリングの摺動面は，エンジンを運転することにより，図 8.23 のように両端が摩耗により「だれ」てくる。この「だれ」の量 e は，多くの調査により，B'/1 000 程度であることがわかっている。この値は，実験や計算により，油膜形成のために最適であることが示されている。図 8.24 はピストンリング摺動面の上部および下部に電極を埋めてシリンダとのあいだの油膜厚さを測定した事例である。上部と下部の電極の出力は平行ではなく，ピストンリングはシリンダに対し傾き角を変化させながら摺動していることがわかる。測定結果より算出されるピストンリングの傾き角は図 8.23 に示す「だれ」部の角度と大略一致することから，このピストンリングの傾きは，摺動面形状形成のメカニズムに関係していると思われる。

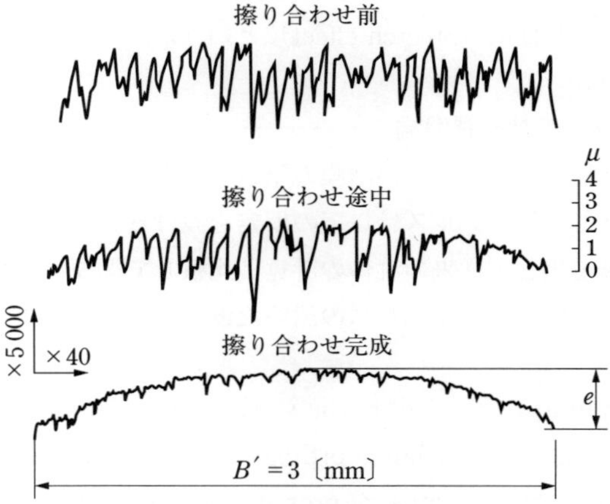

図8.23　ピストンリング滑り面の擦り合わせ経過

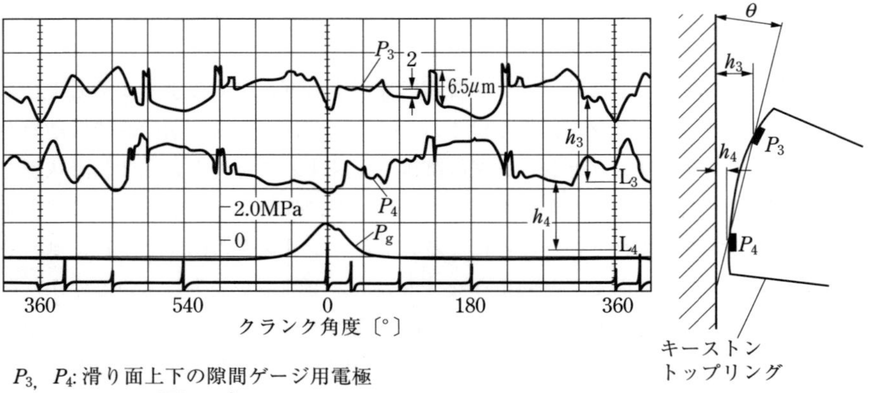

P_3, P_4: 滑り面上下の隙間ゲージ用電極
L_3, L_4: シリンダ面で0点
h_3, h_4: P_3およびP_4点の油膜厚さ

図8.24　リング上下の油膜厚さの測定例
（ディーゼル，$D \times S = 139.7 \times 152.4$〔mm〕，無負荷，1 300rpm）
（新ほか：SAE, 830068）

このような摺動面形状により，ピストンリング摺動時には，摺動部入口は広く，そこから流入した油は摺動面中央部の狭い隙間に押し込まれることになる。これにより摺動面では油圧が発生する。これをくさび膜作用（Wedge effect）という。一方，上下死点のすべり速度がゼロのときには，摺動面にある油が絞り出される際の抵抗により圧力が発生する。これを絞り作用（Squeege effect）という。これらの作用を図 8.25 に簡単に示す。（c）は摺動面の金属が伸び縮みする場合の油圧発生メカニズムで，引き伸ばし作用（Stretch effect）というが，エンジン内ではこのような作用は発生しない。

(2) ピストンリングの動的潤滑論

a)　油膜の支配方程式　　摺動面の油膜の厚さや圧力を求める式は，レイノルズによって導かれた。レイノルズは以下の仮定を設けることで，ナビエストークスの方程式を単純化し，従来の流体の計算と比較して簡便に油膜の計算を行うことに成功した。以下にレイノルズの用いた仮定を原文のまま示す。

(1) The height of fluid film y is very small compared to the span and length x, z in Catesian coordinates (r, θ in cylindrical coordinates). Therefore, the variation of pressure across the film is small and can be neglected.

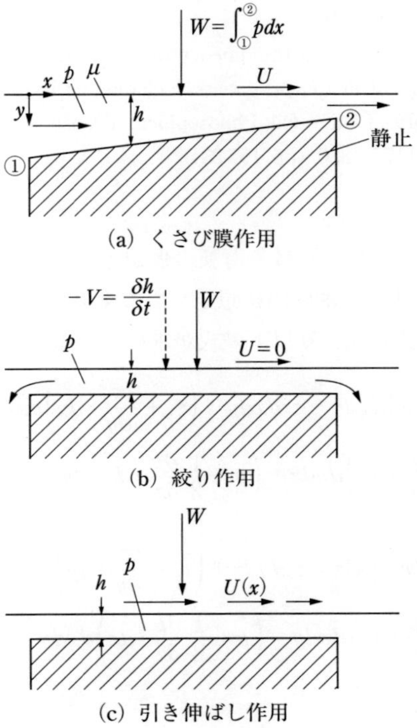

図8.25　油圧pをもつ油膜の発生作用

(2) Compared with the two velocity gradients $\partial u/\partial y$ and $\partial w/\partial y$ in Catesian coordinates ($\partial v_{\gamma}/\partial y$ and $\partial v_{\theta}/\partial y$ in cylindrical coordinates), all other velocity gradients are considered negligible, because y is a dimension much smaller than either x or z (r or θ). The film thickness is so thin that we can ignore the curvature of the fluid film, such as in the case of journal bearings, and replace rotational by translational velocities.

(3) The lubircant is a Newtonian fluid.

(4) The flow is laminar; no vortex flow and no turbulence occur anywhere in the film. Fluid inertia is small compared to the viscous shear. No external forces act on the film.

(5) No slip at the bearing surfaces.

(6) The viscosity and the density are taken as constant through the

thickness of the film.

出典：Osborne Reynolds, On the Theory of Lubrication and Its Application to Mr. Beauchamp Tower's Experiments, Including an Experimental Determination of the Viscosity of Olive Oil, Philosophical Transactions of the Royal Society of London, Vol.177, 1886,（pp. 157-234）

前述の仮説中（1）および（2）は，薄膜の仮定とよばれ有名である。

図 8.26（a）および（b）に油膜内に想定したごく小さい立方体に作用する力を示す。すると，この力の釣合式より以下の式が求められる。

$$\left(\tau_x+\frac{\partial\tau_x}{\partial z}\cdot dz\right)dxdy-\tau_x dxdy+\left(\tau_x+\frac{\partial\tau_x}{\partial y}\cdot dy\right)dxdz-\tau_x dxdz +\left(p-\frac{1}{2}\frac{\partial p}{\partial x}\cdot dx\right)dydz-\left(p+\frac{1}{2}\frac{\partial p}{\partial x}\cdot dx\right)dydz=0 \tag{8.12}$$

$$\left(\tau_z+\frac{\partial\tau_z}{\partial x}\cdot dx\right)dydz-\tau_z dydz+\left(\tau_z+\frac{\partial\tau_z}{\partial y}\cdot dy\right)dxdz-\tau_z dxdz +\left(p-\frac{1}{2}\frac{\partial p}{\partial z}\cdot dz\right)dxdy-\left(p+\frac{1}{2}\frac{\partial p}{\partial z}\cdot dz\right)dxdy=0 \tag{8.13}$$

この式を整理すると，

$$\frac{\partial\tau_x}{dy}+\frac{\partial\tau_x}{dz}=\frac{\partial p}{\partial x} \tag{8.14}$$

$$\frac{\partial\tau_z}{dy}+\frac{\partial\tau_z}{dx}=\frac{\partial p}{\partial z} \tag{8.15}$$

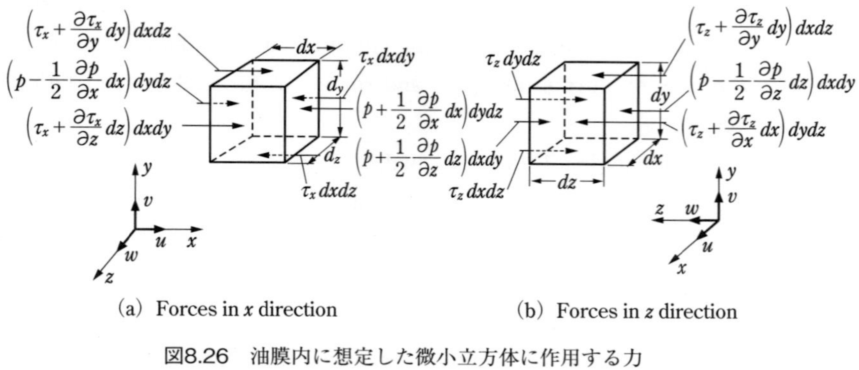

図8.26　油膜内に想定した微小立方体に作用する力

ここでニュートンの法則，すなわち油膜の剪断力は剪断速度の傾きに比例することから，

$$\tau_x = \mu\left(\frac{\partial u}{\partial y} + \frac{\partial v}{\partial x}\right) \tag{8.16}$$

$$\tau_z = \mu\left(\frac{\partial v}{\partial z} + \frac{\partial w}{\partial y}\right) \tag{8.17}$$

であるため，(8.14)，(8.15) 式および (8.16)，(8.17) 式から，

$$\frac{\partial^2 u}{\partial y^2} + \frac{\partial^2 u}{\partial y\,\partial z} = \frac{1}{\mu}\frac{\partial p}{\partial x} \tag{8.18}$$

$$\frac{\partial^2 w}{\partial y^2} + \frac{\partial^2 y}{\partial y\,\partial z} = \frac{1}{\mu}\frac{\partial p}{\partial z} \tag{8.19}$$

ここでレイノルズの仮説 (2) より，左辺第 2 項を省略できるため，

$$\frac{\partial p}{\partial x} = \frac{\partial}{\partial y}\left(\mu\frac{\partial u}{\partial y}\right) \tag{8.20}$$

$$\frac{\partial p}{\partial z} = \frac{\partial}{\partial y}\left(\mu\frac{\partial w}{\partial y}\right) \tag{8.21}$$

ここでレイノルズの仮説 (6) より，μ は y 方向で一定値をとるためナビエストークスの式は以下のように簡単な形となる。

$$\frac{\partial p}{\partial x} = \mu\frac{\partial^2 u}{\partial y^2} \tag{8.22}$$

$$\frac{\partial p}{\partial z} = \mu\frac{\partial^2 w}{\partial y^2} \tag{8.23}$$

次に (8.22) 式を境界条件を用いて二階積分すると (8.24) 式を得る。

$y = 0$ のとき $u = U_{x1}$，$y = h$ のとき $u = U_{x2}$

$$u = \frac{1}{2\mu}\frac{\partial p}{\partial x}y(y-h) + \frac{h-y}{h}U_{x1} + \frac{y}{h}U_{x2} \tag{8.24}$$

同様に，(8.23) 式に以下の境界条件を用い (8.25) 式を得る。

$y = 0$ のとき $w = U_{z1}$，$y = h$ のとき $w = U_{x2}$

$$w = \frac{1}{2\mu}\frac{\partial p}{\partial z}y(y-h) + \frac{h-y}{h}U_{z1} + \frac{y}{h}U_{z2} \tag{8.25}$$

この (8.24) および (8.25) 式は，油膜内 x 方向および z 方向の速度を表す。したがってこれらの式を油膜厚さの範囲で積分すれば，以下のように x 方向および y 方向の流量が得られる。

$$q_x = \int_0^h u\,dy \tag{8.26}$$

$$q_z = \int_0^h w\,dy \tag{8.27}$$

すなわち，

$$q_x = -\frac{h^3}{12\mu}\frac{\partial p}{\partial x} + \frac{(U_{x1} + U_{x2})h}{2} \tag{8.28}$$

$$q_z = -\frac{h^3}{12\mu}\frac{\partial p}{\partial z} + \frac{(U_{z1} + U_{z2})h}{2} \tag{8.29}$$

ここで流量の連続を考慮すると，図 8.26 に示す微小な立方体の質量の変化は，この立方体に流れ込む質量と流れ出る質量の差と等しいため，

$$\begin{aligned}
&\frac{\partial(\rho\,dxdydz)}{\partial t} \\
&= \left(\rho u - \frac{1}{2}\frac{\partial \rho u}{\partial x}dx\right)dydz - \left(\rho u + \frac{1}{2}\frac{\partial \rho u}{\partial x}dx\right)dydz \\
&+ \left(\rho v - \frac{1}{2}\frac{\partial \rho v}{\partial y}dy\right)dxdz - \left(\rho v + \frac{1}{2}\frac{\partial \rho v}{\partial y}dy\right)dxdz \\
&+ \left(\rho w - \frac{1}{2}\frac{\partial \rho w}{\partial z}dz\right)dxdy - \left(\rho w + \frac{1}{2}\frac{\partial \rho w}{\partial z}dz\right)dxdy
\end{aligned} \tag{8.30}$$

これを整理すると以下の連続の条件式が得られる。

$$\frac{\partial \rho}{\partial t} + \frac{\partial(\rho u)}{\partial x} + \frac{\partial(\rho v)}{\partial y} + \frac{\partial(\rho w)}{\partial z} = 0 \tag{8.31}$$

(8.24)，(8.25) 式より u と w が求められているため，(8.31) 式を以下の形に書き直す。

$$\frac{\partial(\rho v)}{\partial y} = -\frac{\partial(\rho u)}{\partial x} - \frac{\partial(\rho w)}{\partial z} - \frac{\partial \rho}{\partial t} \tag{8.32}$$

(8.32) 式の両辺を y に関して積分する。ただし，$y = 0$ のとき $v = V_1$，$y = h$ のとき $v = V_2$ とする。

$$\rho(V_2 - V_1) = -\int_0^h \frac{\partial(\rho u)}{\partial x}dy - \int_0^h \frac{\partial(\rho w)}{\partial z}dy - \int_0^h \frac{\partial \rho}{\partial t}dy \tag{8.33}$$

ここで h は x と z の関数である。そこで，

$$\int_0^{h(\alpha)} \frac{\partial}{\partial \alpha} f(y,\ \alpha)dy$$
$$= \frac{\partial}{\partial \alpha}\int_0^{h(\alpha)} f(y,\ \alpha)dy - f[h(\alpha),\ \alpha]\frac{\partial h(\alpha)}{\partial \alpha} \tag{8.34}$$

の関係を利用すると（8.33）式は以下のようになる。

$$\rho(V_2 - V_1)$$
$$= \frac{\partial}{\partial x}\int_0^{h} \rho u\, dy - \frac{\partial}{\partial z}\int_0^{h} \rho w\, dy + \rho U_{x2}\frac{\partial h}{\partial x} + \rho U_{z2}\frac{\partial h}{\partial z} - h\frac{\partial \rho}{\partial t} \tag{8.35}$$

（8.35）式は以下のようにも表すことができる。

$$\frac{\partial(\rho q_x)}{\partial x} + \frac{\partial(\rho q_z)}{\partial z}$$
$$= -h\frac{\partial \rho}{\partial t} + \rho U_{x2}\frac{\partial h}{\partial x} + \rho U_{z2}\frac{\partial h}{\partial z} - \rho(V_2 - V_1) \tag{8.36}$$

これより，（8.28），（8.29）式を考慮すると，

$$\frac{\partial}{\partial x}\left(\frac{\rho h^3}{12\mu}\frac{\partial p}{\partial x}\right) + \frac{\partial}{\partial z}\left(\frac{\rho h^3}{12\mu}\frac{\partial p}{\partial z}\right)$$
$$= h\frac{\partial \rho}{\partial t} + \rho(V_2 - V_1)$$
$$+ \rho U_{x2}\frac{\partial h}{\partial x} + \frac{h}{2}\frac{\partial}{\partial x}\{\rho(U_{x1} + U_{x2})\}$$
$$+ \rho U_{z2}\frac{\partial h}{\partial z} + \frac{h}{2}\frac{\partial}{\partial z}\{\rho(U_{z1} + U_{z2})\} \tag{8.37}$$

となり，これをレイノルズ方程式とよぶ。

b）ピストンリング摺動面の油膜計算モデル　ピストンリングの油膜を計算するにあたり，ピストンリング周方向の圧力分布を考慮しない，すなわち図 8.26 における z 方向の圧力勾配は 0 であるとする※1。また，ピストンリングは静止しており，シリンダが速度 U で運動するものとする。さらに潤滑油密度 ρ は常に一定であると仮定すると先の（8.37）式は以下のようになる。

$$\frac{\partial}{\partial x}\left(\frac{\rho h^3}{\mu}\frac{\partial p}{\partial x}\right) = 6U\frac{\partial(\rho h)}{\partial x} + 12\rho V \tag{8.38}$$

ここで右辺第一項はくさび作用を，第二項は絞り膜作用を表す。

ピストンリングの摺動面形状は図 8.27 のようにシリンダと平行な部分およびその前後の部分（①－②，③－④）より成ると考え，①－②，③－④の部分は 2 次関数で表した※2。また，ピストンリングが①の方向に移動するときは①－②－③の範囲

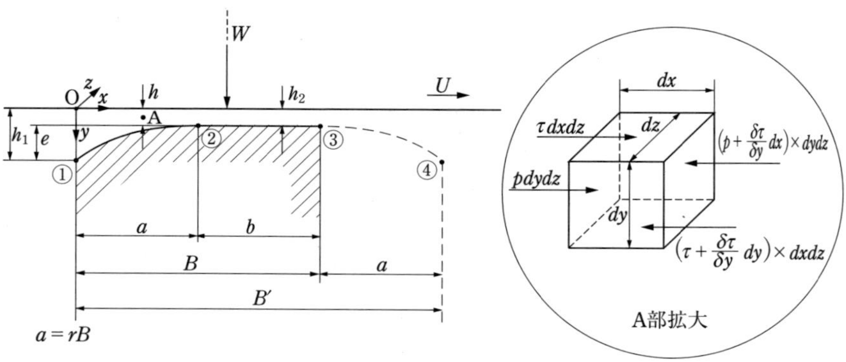

図8.27　リング滑り面の輪郭モデル

が，④の方向に移動するときは④－③－②の範囲が，摺動面として有効であると仮定した。

※1：シリンダの真円度不良やピストンリングの張力分布を考慮する必要がある場合には，この過程は不適切である。

※2：古濱が計算を行った当時は計算機が未発達であったため，摺動面形状をできるだけ簡単な関数で表す必要があった。しかし現在では，摺動面形状の近似式の自由度は非常に大きくなっている。

c)　ピストンリングの油膜計算結果　図8.28にトップリンクの油膜計算結果の例を示す。上段に油膜厚さを，下段にピストンリングの摺動速度を示す。図から，トップリングの油膜厚さは摺動速度が高くなる行程中央部で大きくなり，そのとき摩擦力も大きくなることがわかる。そしてそれらは高回転時ほど大きな値をとる。

図8.29に摺動幅 B が油膜厚さにおよぼす影響を示す。B が小さいほど油膜厚さは小さくなることがわかる。油膜厚さが小さくなれば単位面積あたりの摩擦係数は小さくなり，かつ B が小さければ摺動面積も小さくなるので，全体としての摩擦力も小さくなる。ピストンリングの薄幅化が摩擦力とオイル消費の両方の低減に有効であるのはこのことによる。

ピストンリングをシリンダーに押し付ける力 W の影響を図8.30に示す。W は，トップリングの場合はピストンリング張力とピストンリングの背面に作用するガス圧力の和である。図から W が小さくなると摩擦力は小さくなるものの油膜厚さは大

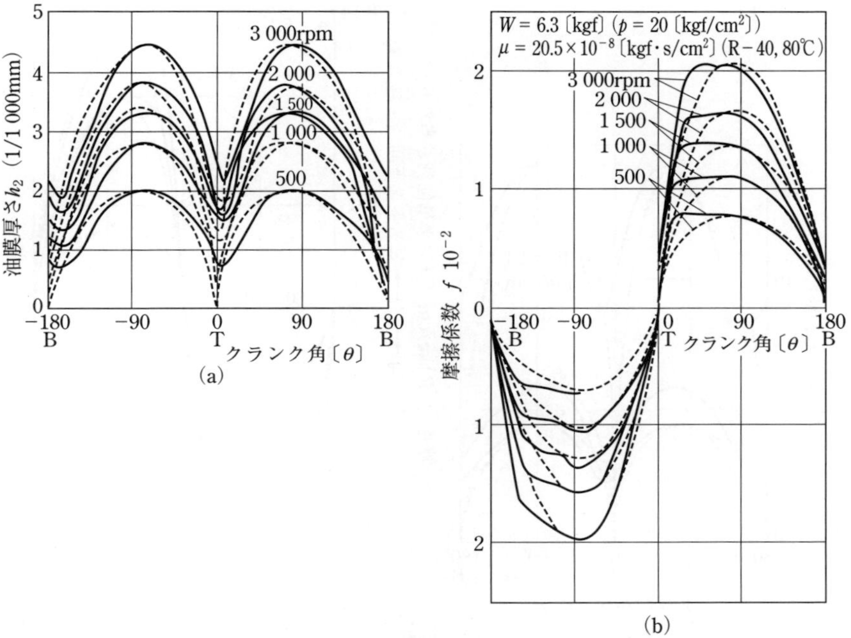

図8.28　油膜厚さおよび摩擦係数に及ぼすエンジン回転数の影響
（「自動車用ピストンリング」山海堂）

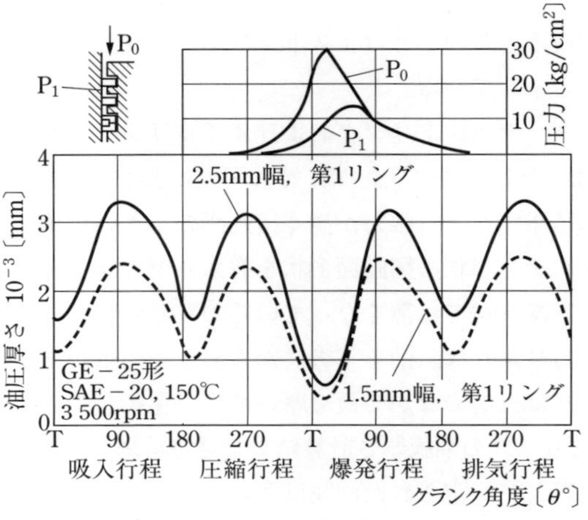

図8.29　ピストンリング摺動幅と油膜厚さの関係
（古濱庄一「自動車エンジンのトライボロジ」ナツメ社）

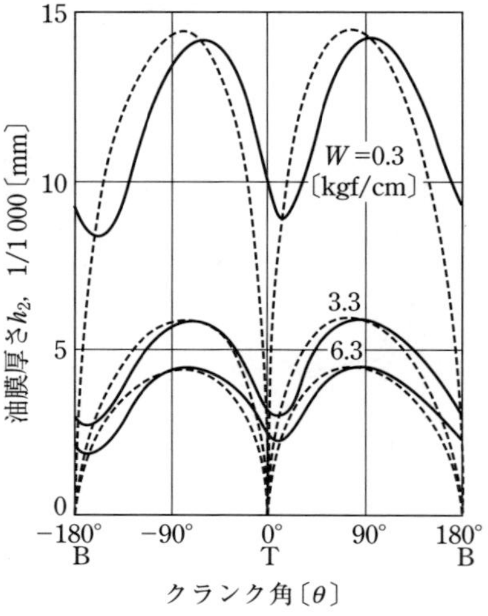

(a) h_2

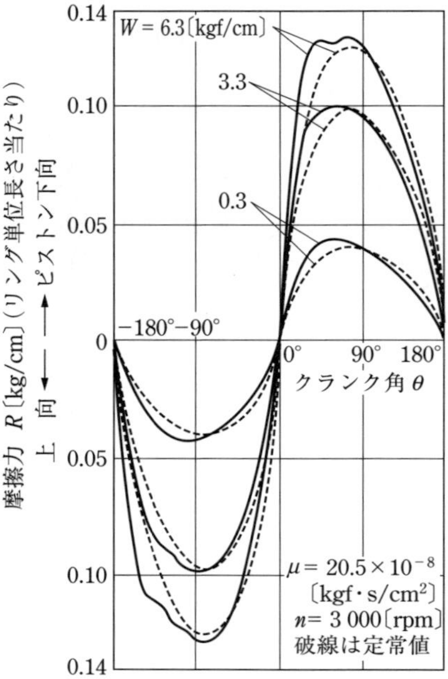

(b) R

図8.30　ピストンリング張力（W）と油膜厚さおよび油膜厚さの関係
（「内燃機関の潤滑」幸書房）

きくなることがわかる。このことはピストンリングの安易な低張力化はオイル消費の増加を招くことを示している。

次にトップリング，セカンドリングおよびオイルリングの油膜厚さ計算結果を図8.31に示す。油は，それぞれのリングに対し潤沢に供給（full flooded）されると仮定した場合の計算結果である。張力が高く摺動幅の小さいオイルリングが最も小さい油膜厚さを示す。テーパ状の摺動面形状を有するセカンドリングでは，上昇行程では油膜は厚く，下降行程では薄くなっているのがわかる。このことはテーパ状の摺動面形状を有するリングは，油を下方にかきおとす作用があることを示している。そしてトップリングは三者のなかで最も厚い油膜を保持している。

図8.32にトップリングの油膜厚さ計算結果と測定結果との比較を示す。行程中央部で計算結果と比較して測定された油膜は薄いことがわかる。これは実際のエンジンでは厚い油膜をつくるための十分な量の油が供給されていない状態（oil starvation）であるためと考えられる。

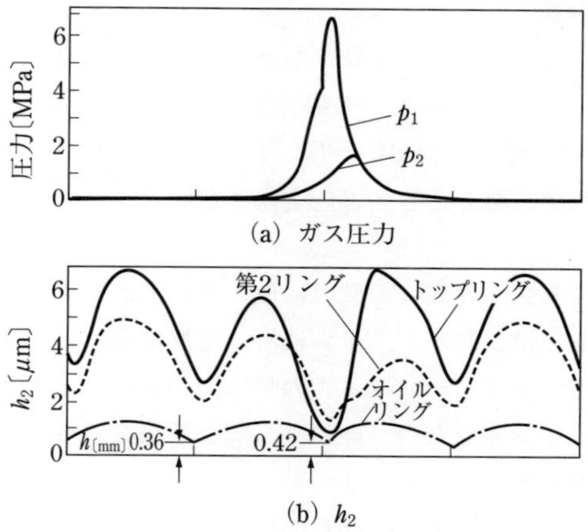

図8.31　トップリング，セカンドリングおよび
オイルリングの油膜厚さ計算例
(「エンジンの事典」朝倉書店)

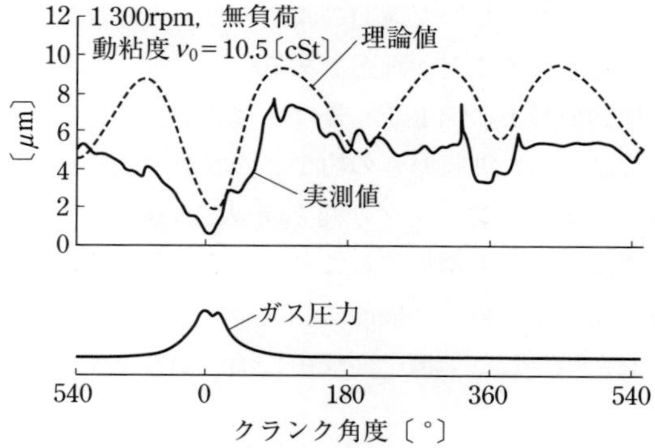

図8.32　トップリング油膜計算結果と測定結果の比較
(「エンジンの事典」朝倉書店)

トップリング摺動面には，下降行程ではオイルリングとセカンドリングがかき残した油が，上昇行程ではトップリング自身がかき残した油が供給されるといわれている。しかしこれは，ピストンリングの摺動面経由の油の流れのみを考慮した場合であり，実際には，リング合口や背面経由で供給される油もあると考えられる。各ピストンリング摺動面に供給される油量についてはさらなる研究が必要である。

8.4.4 オイル消費

オイル消費とは，ピストン周りや動弁系あるいは過給機などの潤滑に使われた油が燃焼室に入り，未燃あるいは既燃の形で消費される現象である。オイル消費は，著しい場合には車両航続距離の低下を招くほか，微量であっても油中添加剤成分が排気後処理装置の触媒被毒を招き，機能を低下させる。そのため，オイル消費は低減される必要がある。

オイル消費のうちピストン周りの潤滑に使われた油が燃焼室に入り込む現象を油上がり，ヘッドにある油がバルブステムに沿って燃焼室に入り込む現象を油下がりという。油下がりはバルブステムシールの緊縛力の最適化により改善されるが，油上がりのメカニズムは複雑なため一概に効果的な手法を述べることができない。そこで以下に油上がりの概要について述べる。

潤滑油は，主にクランクシャフトからのはねかけによってシリンダに供給される。シリンダに供給された油はスカート部を経てピストンリングに供給される。ピストン周りの潤滑油は図 8.33 に示すとおり，ピストンリング摺動面，ピストンリング合口およびピストンリング背面を経由して燃焼室に入る。このとき，ピストンリングの摺動面やピストンリング／リング溝間の潤滑のため十分な量が供給され，かつ油上がりの量を最小にとどめることが理想である。

ピストンリング摺動面経由の油上がり量は，ピストンリング摺動面がかき残した油量であり，前項で説明した油膜厚さの約 1/2 の厚さの油膜がシリンダ上に残される。摺動面の油膜は，ピストンリングの幅 h_1 が大きいほど，張力 W が低いほど厚くなり，したがって油上がりも増加することとなる。一方，潤滑油粘度については低いほど油膜は薄くなるものの，一般的に粘度の低下に伴い潤滑油は蒸発しやすくなることに注意されたい。ここで摺動面経由の油上がりを悪化させる重要な要因の

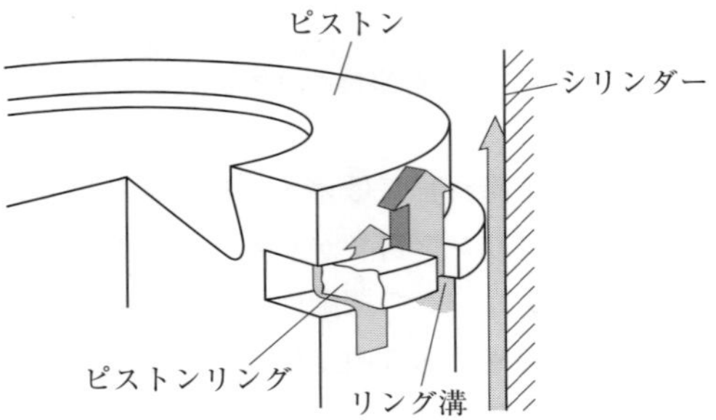

図8.33　油上がり経路

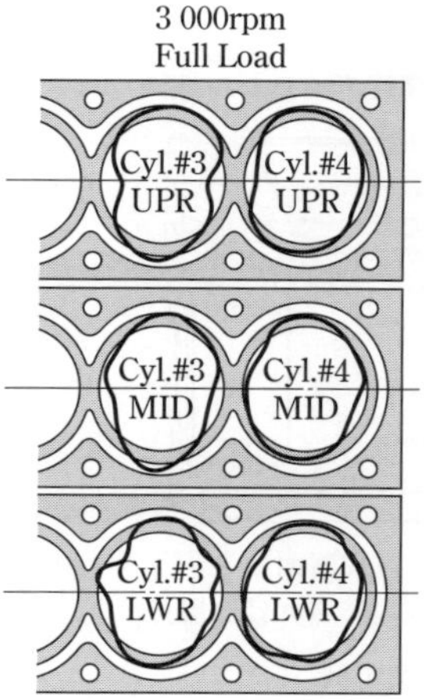

(a) 実働時シリンダボア形状測定例

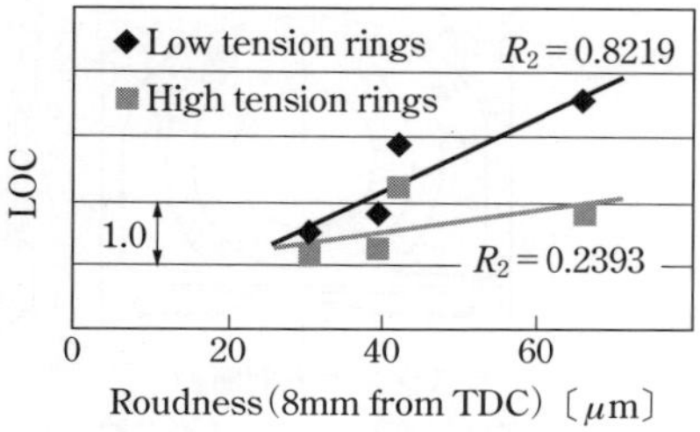

(b) オイル消費と真円度の関係

図8.34　シリンダボア形状とオイル消費
（斉藤誠至ほか「ガソリンエンジンのシリンダ変形およびピストンリング張力とオイル消費に関する研究」自動車技術会 前刷集 20115816）

ひとつに，シリンダの真円度がある。図 8.34 にエンジン実働中のシリンダボア形状測定例および変形量とオイル消費の関係を示す。シリンダボアはヘッドボルトの締結や熱変形により，エンジン実働中には，複雑な形状に変形していることがわかる。またその変形量か大きいほどオイル消費は増加し，ピストンリング張力が低いほど，その傾向が顕著であることがわかる。これは張力が低いほど，ピストンリングが変形したシリンダボアに追従できなくなるためと考えられている。したがって摩擦損失低減のためピストンリング張力を低減させる場合には，a_1 寸法を低減するなど追従性を向上させる配慮を要する。またピストンリング背面経由の油上がりのメカニズムとして，ピストンリングの溝内での上下運動によるポンピング効果が示されている。したがって，ピストンリング挙動はオイル消費にも影響を及ぼす。

8.4.5 ピストンの温度

ピストンリングがピストンの熱をシリンダに逃がす役割をもつことは，ピストンやピストンリングの温度測定により明らかになった。図 8.35 はピストンおよびピストンリングの温度測定例である。熱流束は，温度分布を示す線に直交する線のようになると考えられる。それによるとピストン頂面から入った熱は，ピストンリング

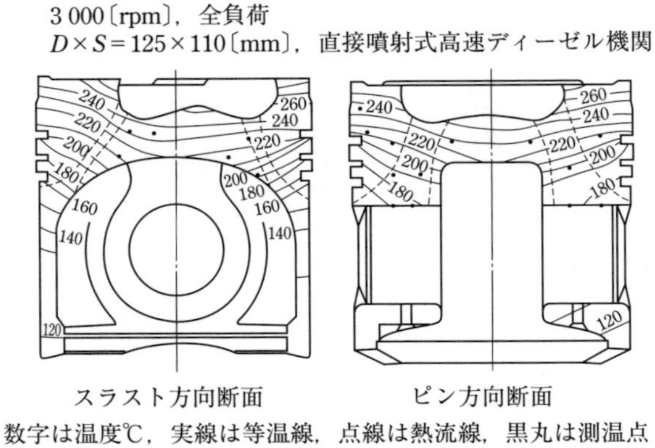

(a) ピストン内部の温度分布測定例

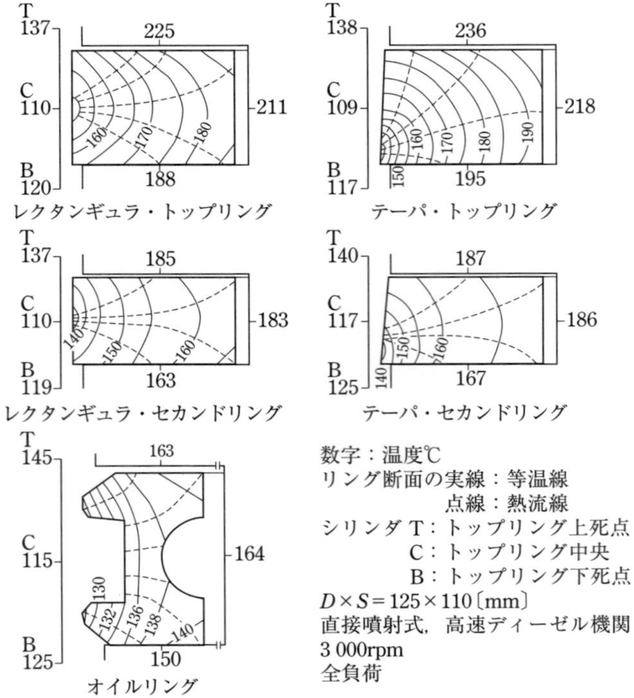

(b) リングの温度分布測定例

図8.35　ピストンおよびピストンリング温度測定例
(「自動車用ピストンリング」山海堂)

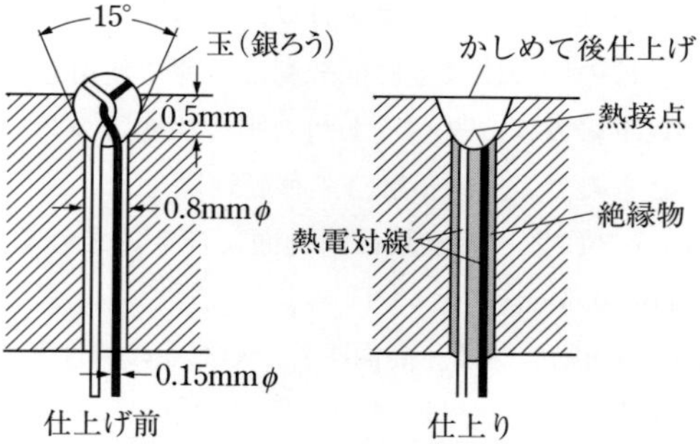

(a) 表面付近の温度を測る場合の熱電対埋め込み例

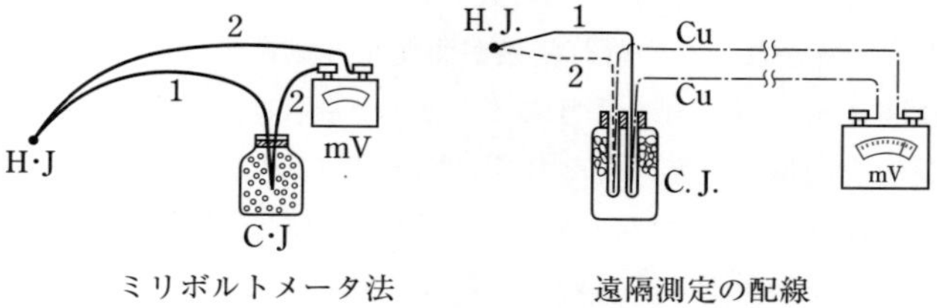

(b) 回路側

図8.36　ピストン等温度測定手法

を経由してシリンダに流れ，さらに冷却水に流れていることがわかる。このことは，ピストンリング本数の低減やピストンリング幅の低減は，ピストン温度の上昇を招く可能性があることを示唆している。

図 8.36 に上述の測定のための手法を示す。測定には J 型熱電対を用いている。熱電対を取り付けたい箇所に，ϕ0.8 程度の穴をあけ，熱電対の素線の一端を銀ろうでろう付けしたものをその穴にかしめこむ。

このときこの熱電対は図に示す熱接点の温度を測定していることに留意されたい。熱電対の他の一端もろう付けし，これを 0 ℃の氷水に浸けておけば図 8.36（b）に示す回路には熱接点（H.J.）と冷接点（C.J.［0 ℃］）の温度差に比例した熱起電力が生じる。この熱起電力を測定することで，温度を得ることができる。

8.5　動弁系のトライボロジー

動弁系のカムとフォロワのあいだは線接触であるため，接触部の面圧が高く，エンジン内で最も潤滑状態の厳しい部位である。フォロワにローラを用いた場合は，カム／フォロワ間は転がりとなるが，フォロワにタペットを用いた場合には転がりとすべりが混在する。この場合には主に混合潤滑状態で使用されるため摩耗等が発生しやすい。そこで以下にカム／タペット間の潤滑状態について概説する。

カムが回転するときのカム上の接触点の移動速度を v_c，タペット上のそれを v_t とすると，$v_e = (v_c + v_t)/2$ によって油膜は摺動面にひきこまれる。この速度 v_e をひきこみ速度（entraining velocity）という。

カム／タペット間の摺動面では，高面圧のため部品の弾性変形を無視できない。そのため当該部の油膜の計算では，弾性流体潤滑（EHL：Elastohydrodynamic lubrication）状態を考慮する。EHL の油膜の計算ではレイノルズ方程式，弾性変形の式および油の圧力による粘度変化の式を連立させる必要がある。この計算は D. Dowson によって解かれ，その計算結果が簡便な近似式で示されている。EHL では摺動面形状は図 8.37 のように変形することがわかっているが，接触中央部の油膜厚さ h_{cen} および最小油膜厚さ h_{min} がそれぞれ図 8.37 に示す式で表されている。

図 8.38 にカム荷重およびカム／タペット間摩擦力測定結果と油膜厚さ計算結果を示す。油膜はカム曲率半径の小さいノーズ部や高回転時に荷重の高いフランク部ではなく，ノーズの両脇のショルダー部で最も薄くなる。図 8.39 にカム摩耗が発生し

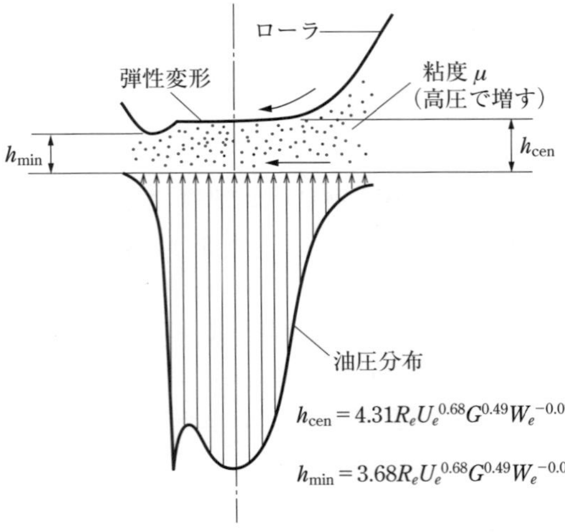

$$h_{\text{cen}} = 4.31 R_e U_e^{0.68} G^{0.49} W_e^{-0.073} \left(1 - e^{-1.23\left(\frac{R_s}{R_c}\right)^{\frac{2}{3}}}\right)$$

$$h_{\text{min}} = 3.68 R_e U_e^{0.68} G^{0.49} W_e^{-0.073} \left(1 - e^{-0.67\left(\frac{R_s}{R_c}\right)^{\frac{2}{3}}}\right)$$

図8.37　接触面が変形し，粘度が圧力上昇で増すときのローラ接触部の油膜の形成

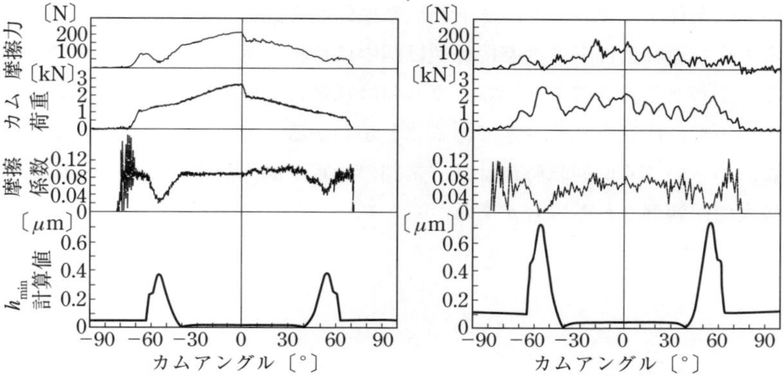

(a) エンジン回転数 1 000 rpm　(b) エンジン回転数 2 900 rpm

図8.38　カム荷重および摩擦力測定結果と油膜厚さ計算結果
(SAE paper 982663 "A Study on Cam Wear Mechanism with a Newly Developed Friction Measurement Apparatus", Akemi Ito, Lisheny Yang, Hideo Negishi, 1998)

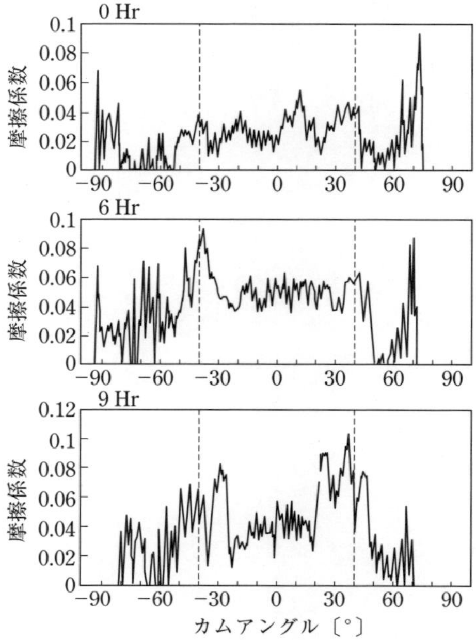

図8.39　摩耗が発生しやすい条件下でのカム/タペット間摩擦係数経時変化
(SAE paper 982663 "A Study on Cam Wear Mechanism with a Newly Developed Friction Measurement Apparatus", Akemi Ito, Lisheny Yang, Hideo Negishi, 1998)

やすい運転条件下でカム／タペット間の摩擦係数を観察した事例を示す。摩耗が発生するような運転条件下では摩擦係数は図中に点線で示すショルダー部で高い値を示すことがわかる。このことから，カムの摩耗量については，ノーズ部よりむしろショルダー部に注意を払うべきであることがわかる。ただし，荷重に対する慣性力の影響が小さいごく低回転時にはノーズ部の荷重が高くなるため，ノーズ部で摩耗量の最大値が観察される場合がある。

索　引

■ さ行

■ た行

■ な行

■ は行

■ ま行

■ や行

■ ら行

■ わ行

【著者紹介】

古濱庄一（ふるはま・しょういち）

学　歴　東京工業大学卒
　　　　工学博士
職　歴　武蔵工業大学教授
　　　　武蔵工業大学学長
　　　　武蔵工業大学（現 東京都市大学）名誉教授
　　　　逝去（2002年）

《内燃機関編集委員》
山根公高　東京都市大学 総合研究所 水素エネルギー研究センター・准教授
伊東明美　東京都市大学 工学部 機械工学科 内燃機関工学研究室・准教授
吉田秀樹　株式会社リケン

内燃機関

2011年11月30日　第1版1刷発行　ISBN 978-4-501-41930-1 C3053
2012年 7 月20日　第1版2刷発行

著　者　古濱庄一，内燃機関編集委員会
©古濱庄一，内燃機関編集委員会　2011
発行所　学校法人 東京電機大学　〒120-8551　東京都足立区千住旭町5番
東京電機大学出版局　〒101-0047　東京都千代田区内神田1-14-8
Tel. 03-5280-3433(営業) 03-5280-3422(編集)
Fax. 03-5280-3563 振替口座 00160-5-71715
http://www.tdupress.jp/

JCOPY ＜(社)出版者著作権管理機構 委託出版物＞
本書の全部または一部を無断で複写複製（コピーおよび電子化を含む）することは，著作権法上での例外を除いて禁じられています。本書からの複写を希望される場合は，そのつど事前に，(社)出版者著作権管理機構の許諾を得てください。また，本書を代行業者等の第三者に依頼してスキャンやデジタル化をすることはたとえ個人や家庭内での利用であっても，いっさい認められておりません。
［連絡先］Tel. 03-3513-6969，Fax. 03-3513-6979，E-mail：info@jcopy.or.jp

印刷：新日本印刷(株)　製本：渡辺製本(株)　装丁：鎌田正志
落丁・乱丁本はお取り替えいたします。　Printed in Japan

東京電機大学出版局 書籍のご案内

自動車工学　第2版

樋口健治・横森求 監修／自動車工学編集委員会 編
A5判　216頁
自動車一般／エンジンの性能／動力伝達機構と懸架装置および操縦装置／車体およびタイヤの力学／運動性能／操縦性と安定性／自動車人間工学

自動車エンジン工学　第2版

村山正・常本秀幸 著　A5判　256頁
内燃機関の歴史／サイクル計算，および出力／燃料，および燃焼／火花点火機関／ディーゼル機関／内燃機関による大気汚染／シリンダー内のガス交換／冷却／潤滑／内燃機関の機械力学

自動車の運動と制御
車両運動力学の理論形成と応用

安部正人 著　A5判　280頁
車両の運動とその制御／タイヤの力学／外乱による運動／操舵系と運動／車体のロールと車両の運動／駆動や制動を伴う運動／運動のアクティブ制御／人に制御される車両の運動／制御しやすい車両

自動車材料入門

高行男 著　A5判　192頁
総論／金属材料の基礎／金属材料・鉄鋼／非鉄金属材料／非金属・有機材料／非金属材料・無機材料／複合材料

カーエアコン
熱マネジメント・エコ技術

藤原健一 監修／カーエアコン研究会 編著
A5判　240頁
冷房の基礎／空気調和／エアコンユニット／カーエアコンの制御／主要構成部品／熱源技術／カーエアコンの環境対応／故障診断と対策／将来

基礎 自動車工学

野崎博路 著　A5判　200頁
タイヤの力学／操縦性・安定性／乗り心地・振動／制動性能／走行抵抗と動力性能／新しい自動車技術／人─自動車系の運動／ドライビングシミュレーターの更なる研究と応用

初めて学ぶ
基礎 エンジン工学

長山勲 著　A5判　288頁
エンジンの概説／エンジンの基本的原理／エンジンの構造と機能／エンジンの実用性能／環境問題と対策／センサとアクチュエータ／エンジン用油脂／特殊エンジン／エンジン計測法

自動車の走行性能と試験法

茄子川捷久・宮下義孝・汐川満則 著
A5判　276頁
概論／自動車の性能／性能試験法／法規一般／自動車走行性能に関する用語解説

電気自動車の制御システム
電池・モータ・エコ技術

廣田幸嗣・足立修一 編著／出口欣高・小笠原悟司 著
A5判　216頁
走行制御システムの設計／フィードバック制御系の設計手順／ハイブリッド車・電気自動車の走行制御／電池と電源システム／走行用モータとその制御

自動車用タイヤの基礎と実際

㈱ブリヂストン 編　A5判　384頁
タイヤの概要／タイヤの種類と特徴／タイヤ力学の基礎／タイヤの特性／タイヤの構成材料／タイヤの設計／タイヤの現状と将来

＊定価，図書目録のお問い合わせ・ご要望は出版局までお願いいたします。
URL　http://www.tdupress.jp/　MC-001